创新创业类系列教材

电力电子变换器实用分析与设计

秦海鸿　卜飞飞　朱梓悦　陈文明　聂　新　编著

電子工業出版社
Publishing House of Electronics Industry
北京·BEIJING

内 容 简 介

本书针对电力电子变换器设计的实际问题，介绍了电力电子变换器的一般设计流程、典型功能电路原理与主要元器件特性，阐述了电力电子变换器中理想情况与实际情况的差异及非理想因素产生的影响；然后介绍了印制电路板的一般设计流程与方法，阐述了电力电子变换器优化设计的一般方法及典型实例；最后介绍了电力电子变换器的一般调试与排故方法及典型案例分析。

本书可作为高等学校电气工程及其自动化、自动化、电子信息工程专业的高年级本科生和研究生教材，也可供参加大学生科创训练或相关电子竞赛的教师和学生作为参考书籍。

图书在版编目（CIP）数据

电力电子变换器实用分析与设计 / 秦海鸿等编著. —北京：电子工业出版社，2022.4
ISBN 978-7-121-43376-4

Ⅰ. ①电…　Ⅱ. ①秦…　Ⅲ. ①变换器－高等学校－教材　Ⅳ. ①TN624

中国版本图书馆 CIP 数据核字（2022）第 073657 号

责任编辑：章海涛　　文字编辑：路　越
印　　刷：北京虎彩文化传播有限公司
装　　订：北京虎彩文化传播有限公司
出版发行：电子工业出版社
　　　　　北京市海淀区万寿路 173 信箱　　邮编：100036
开　　本：787×1092　1/16　印张：17.5　　字数：448 千字
版　　次：2022 年 4 月第 1 版
印　　次：2023 年 12 月第 3 次印刷
定　　价：65.00 元

凡所购买电子工业出版社图书有缺损问题，请向购买书店调换。若书店售缺，请与本社发行部联系，联系及邮购电话：（010）88254888，88258888。

质量投诉请发邮件至 zlts@phei.com.cn，盗版侵权举报请发邮件至 dbqq@phei.com.cn。

本书咨询联系方式：luy@phei.com.cn。

前　　言

电力电子技术在国民经济领域中得到了广泛的应用，正在成为国民经济发展中的关键支撑技术。高性能电力电子变换器的研制不仅要求从业人员对其基础理论有较深的理解，而且要对电力电子变换器的实际问题有较深的认识。

本书针对电力电子变换器的实际问题，介绍了电力电子变换器的一般设计流程、典型功能电路和常用元器件的特性、电力电子变换器中的实际问题、印制电路板的一般设计方法、电力电子变换器优化设计的一般方法及调试排故的一般方法。本书的编写采用原理解释、对比分析与实际问题讨论相结合的方法，遵循了深入浅出、循序渐进及理论联系实际的原则。在介绍了电力电子变换器的基本功能电路原理和典型元器件特性的基础上，阐述了电力电子变换器中理想与实际的差异，针对非理想因素对电力电子变换器性能产生的影响进行了深入分析，探讨了印制电路板的一般设计方法，阐述了电力电子变换器优化设计的一般方法，最后介绍了电力电子变换器的一般调试与排故方法，并以典型实例对调试和排故过程进行了详实的剖析。

全书共分为 6 章。第 1 章阐述了电力电子变换器的一般设计流程；第 2 章对电力电子变换器的典型功能电路基本原理和主要元器件的工作特性进行了介绍，对闭环基本工作原理进行了分析；第 3 章阐述了电力电子变换器中的实际问题，包括功率器件、电抗元件、PCB、功率电路理想与实际的对比分析，损耗与散热问题、应力与降额设计考虑、电磁干扰设计考虑，以及可靠性与寿命分析等；第 4 章对印制电路板的一般设计流程、相关规则和注意事项进行了介绍，并结合实例对 PCB 热设计进行了分析；第 5 章阐述了电力电子变换器的参数优化设计方法，并以全桥变换器参数优化设计为例给出案例分析；第 6 章阐述了电力电子变换器的一般调试与排故方法，通过典型实例剖析了常用调试排故思路和具体过程，以及需要注意的细节问题。

本书可作为高等学校电气工程及其自动化、自动化、电子信息工程等专业的高年级本科生和研究生教材，也可用作这些专业学生参加电力电子、开关电源类竞赛的参考资料。

本书出版得到了南京航空航天大学新能源发电大学生主题创新区魏佳丹、陈杰、王宇、王世山、张方华等指导教师和常州大学数字孪生技术应用联合实验室莫琦、徐淑玲、储开斌等指导教师的支持。书中的一些观点和实例来自与这些指导教师研究讨论时的心得体会以及指导大学生科创训练和相关竞赛的积累。书中还参考和引用了相关同行专家的著作和学术论文，均在书后参考文献中列出，在此表示衷心的感谢！

本书由国家级一流本科专业建设项目、江苏高校品牌专业建设工程项目和南京航空航天大学 2019 年校级教育教学改革项目-精品教材建设专项、2021 年项目式课程建设专项（2021JG0323A）、2021 年研究生教育教学改革研究项目（2021YJXGG07）和常州大学数字孪生技术应用联合实验室创新基金资助，作者对这些相关部门在本书编写过程中给予的支持表示感谢。

本书的整体框架和章节安排得到了南京航空航天大学严仰光教授的悉心指导。本书由南京航空航天大学秦海鸿副教授编著，卜飞飞副教授、朱梓悦讲师、陈文明实验师和聂新工程师参与编著。其中，第 1、3 章由秦海鸿副教授编写，第 2、5 章由卜飞飞副教授编写，第 4 章由朱梓悦讲师编写，第 6 章由陈文明实验师和聂新工程师共同编写。复旦大学工程与应用技术研究院毛赛君研究员和南京航空航天大学公共教学部主任洪峰教授仔细审阅了本书初稿，并提出了十分宝贵的修改意见；南京航空航天大学教务处朱建军、袁磊、施璐、赵子玥老师在本书的编写过程中给予了很大的帮助。作者在此一并向他们表示衷心的感谢。

由于作者学识水平有限，书中难免出现错误及不当之处，敬请专家和读者给予批评指正。

作　者
2022 年 4 月

目　录

第1章　电力电子变换器的一般设计流程

电力电子变换器根据变换形式、功率等级、应用场合等有多种分类，然而不同电力电子变换器虽有较大差异，但其设计研制的过程却大体相同。对于电力电子初学者，很有必要对其共性的设计研制流程有一定程度的了解，从而更好地从整体上来把握设计研制的具体步骤，并逐步积累从事电力电子技术研究与开发工作的专业知识与相关技能。

本章介绍了电力电子变换器的一般设计研制流程和基本设计方法，简述了技术指标及其分析、文献检索、总体方案论证、具体电路设计、电路仿真、电磁兼容技术、PCB 设计、结构设计、整机调试等基本专业知识与方法。

1.1　电力电子变换器的一般设计流程

电力电子变换器种类很多，图 1.1 为几种典型电力电子变换器的外观照片，图 1.1（a）为 DC/DC 变换器，图 1.1（b）为 AC/DC 变换器，图 1.1（c）为 DC/AC 变换器，图 1.1（d）为 AC/AC 变换器。非电力电子专业人员或电力电子初学者很难从外观上判断其类型，即使打开机壳，观察其内部结构（见图 1.2），就算有一定工作经验的工程师也可能很难快速判断出属于何种电力电子变换器类型。

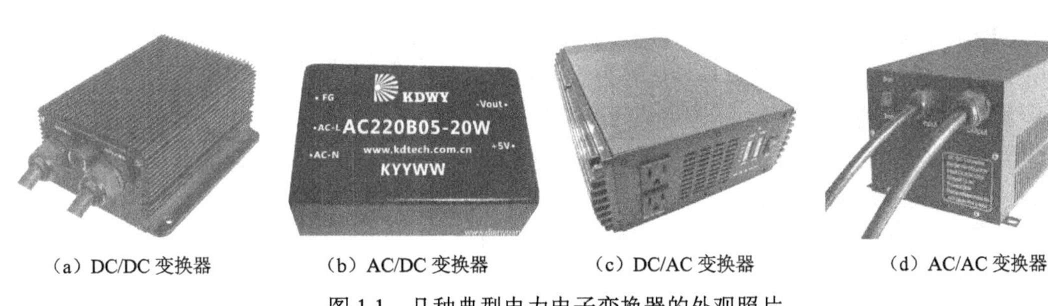

（a）DC/DC 变换器　（b）AC/DC 变换器　（c）DC/AC 变换器　（d）AC/AC 变换器

图 1.1　几种典型电力电子变换器的外观照片

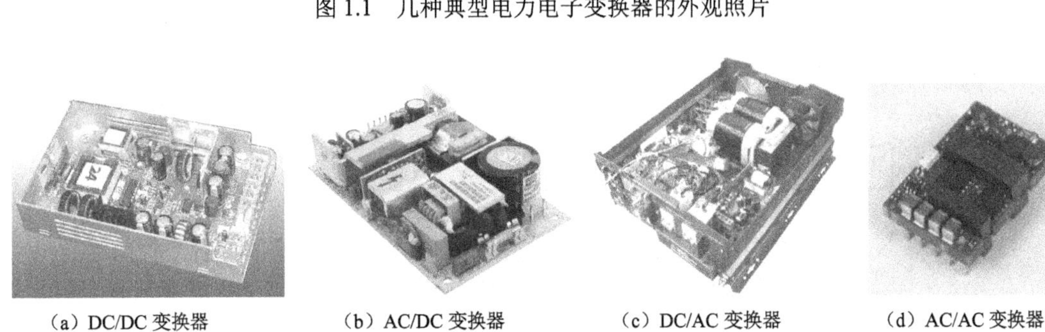

（a）DC/DC 变换器　（b）AC/DC 变换器　（c）DC/AC 变换器　（d）AC/AC 变换器

图 1.2　几种典型电力电子变换器的内部照片

这些电力电子变换器的主要功能是进行电能变换，即从某一电压等级的交流电或直流电变换为另一电压等级的交流电或直流电，有些还能实现频率的转换，并保持较高的变换效率。

对于从事电力电子技术的研究与工作人员，无论其目前所侧重的是预先研究，还是产品开发；也无论其侧重的是研究开发中哪一个阶段的工作任务，我们针对电力电子技术进行分析、设计、制作、调试等工作均是为了最终能够研制出满足某种要求的电力电子变换器而服务的。

因此，对于介入电力电子技术这一领域的初学者或设计人员，都很有必要对最终要设计研制的电力电子变换器建立一定的认识。我们可以尝试着从一些问题入手，并努力去思考寻找答案。

我们可以从以下问题入手：

（1）怎么知道做出来的电力电子变换器是类似如图 1.1、图 1.2 这样的结构、外形？在刚开始设计时有没有一个电力电子变换器“模子”供参考？

（2）要把电力电子变换器研制出来，有什么可以参考的步骤、方法？

（3）在每个步骤中，应当具体怎么设计、操作？

（4）需要掌握哪些专业知识与技能？

我们会发现，在电力电子变换器设计、研制时，很少是直接按照“模子”或“样品”来设计的（当然不排除有些新入行公司为了加快其产品开发进程，直接参照市场上成熟的电力电子变换器产品进行模仿设计）。电力电子变换器往往是根据客户要求定制的，由用户以“技术指标”的协议形式提出，包括电力电子变换器的输入条件、要满足的输出指标及工作环境等要求。对于通用电力电子变换器，往往由生产厂家根据当前市场情况提出有竞争力的技术指标，比市场现有同类产品有更高的技术指标或性价比指标。

这就是说，电力电子变换器研制人员与需求方是以技术指标作为依据来设计、验证所研制的电力电子变换器的。因此，作为电力电子技术人员，必须对每一项技术指标术语的含义很清楚，并能够掌握为实现这些指标所需的技术和方法。

“技术指标”就像一个指挥棒一样，决定了最终研制的电力电子变换器的性能，如图 1.3 所示。作为设计人员，怎么去解读技术指标的含义，然后去完成设计、制作、调试，直至做出满足技术指标要求的电力电子变换器呢？

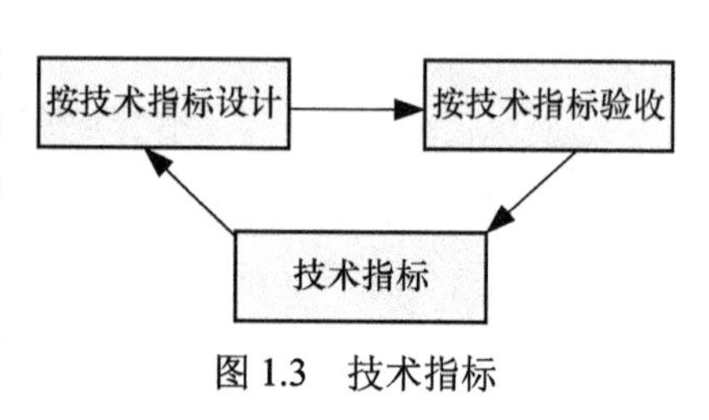

图 1.3　技术指标

经过电力电子理论与实践工作的提炼，很多电力电子科技人员都在使用如图 1.4 所示的电力电子变换器的一般设计流程。

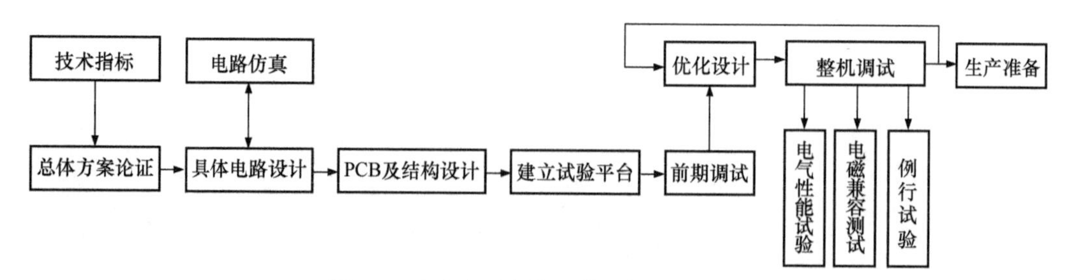

图 1.4　电力电子变换器的一般设计流程

根据技术指标要求，需要对各种备选的主电路拓扑结构和控制方法进行比较，选择合适的方案，并对所选择的方案进行初步论证，确认方案的可行性后再对电路的具体参数进行选择和设计，必要时可结合仿真对所选参数进行验证，然后按照设计的电路购买元器件、加工机械结构件、绘制 PCB 板图、焊接元器件、构建试验平台。按技术指标要求在试验平台上进行调试和各项试验，根据试验结果对设计参数进行调整，再试验，直到电气性能满足技术指标要求，再进行优化设计。优化设计不仅要考虑电气性能，还要考虑结构设计等问题。优化设计后，还需进一步调试，并且通过相关试验，通常包括电气性能试验、电磁兼容试验和例行试验。后两项试验分别要到专门的电磁兼容试验室和例行试验室进行，应达到的指标均有相应的国家标准和行业标准。

在实际设计中，根据应用场合的不同以及科技人员对相关技术的熟练程度不同，可在如图 1.4 所示的一般设计流程基础上做适当调整。图 1.5 给出类似的电力电子变换器设计流程，图 1.5（a）与图 1.4 基本一致，图 1.5（b）侧重更为详细的功能电路和部件设计步骤。

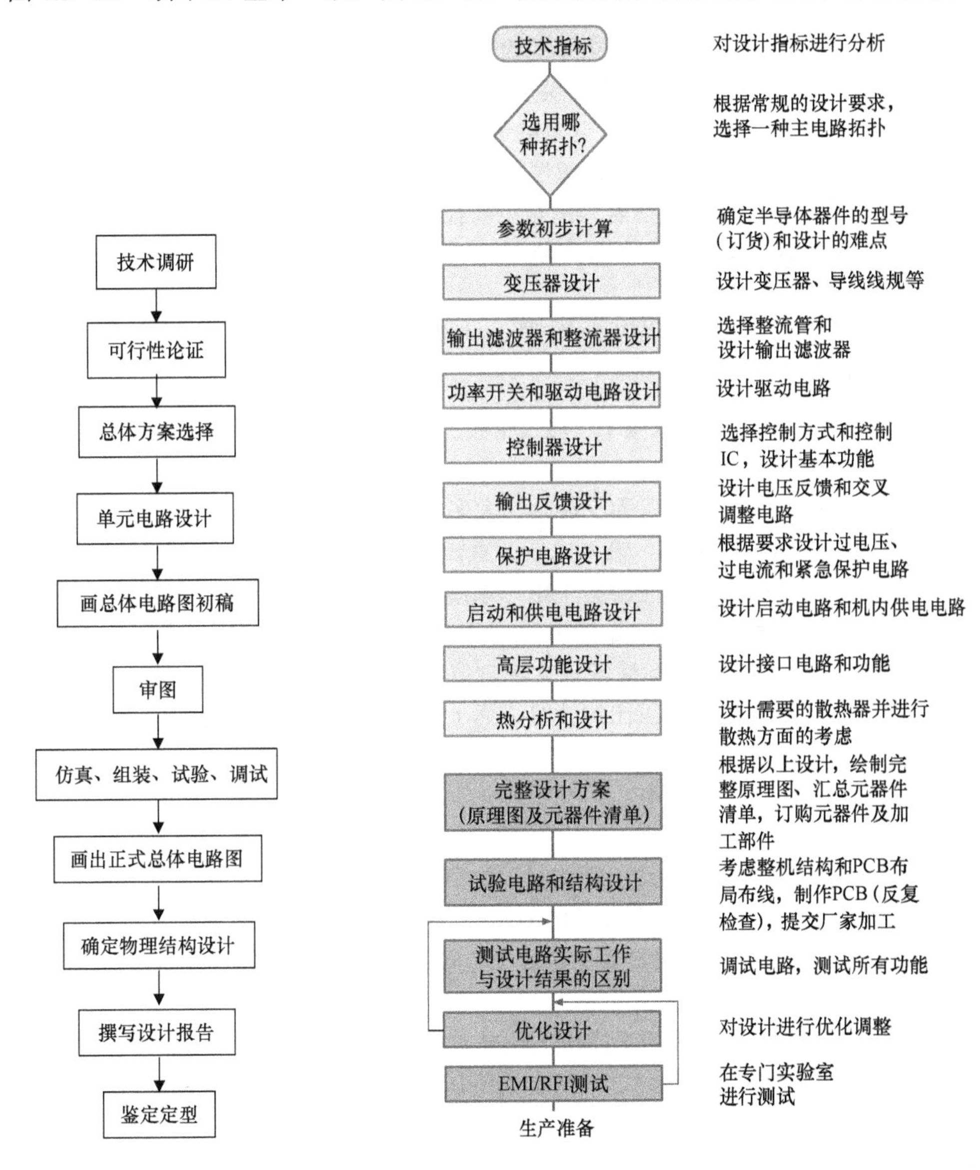

（a）电力电子变换器的一般设计流程　　（b）DC/DC 变换器典型设计流程

图 1.5　类似的电力电子变换器设计流程

1.2 电力电子变换器的技术指标和分析

在设计研制电力电子变换器时，若整机性能达到了各项指标要求，说明研制是成功的；反之，若有任一项技术指标达不到要求，则说明研制是失败的。因此对于电力电子变换器的设计研制应从深入分析和理解待设计的电力电子变换器的技术指标开始。

一般应从以下几方面入手去认识技术指标：

（1）每项技术指标术语所代表的含义；

（2）每项技术指标分别依靠哪些环节和技术保证其实现；

（3）技术指标之间的内在联系和相互制约关系。

虽然不同种类电力电子变换器的变换形式不同，应用场合的要求及功率等级也存在差异，使得技术指标有所差别，但任一电力电子变换器一般都包括以下主要技术指标：输入/输出电气指标、电磁兼容指标、环境适应性指标、体积重量指标及可靠性指标等。

这里以 DC/DC、AC/DC 变换器为例对主要技术指标进行简要介绍，其他类型电力电子变换器的技术指标，读者可查阅相关技术资料。

1.2.1 电力电子变换器的技术指标

1）输入参数

输入参数包括输入电压、输入频率、输入相数、输入电流、输入功率因数和谐波含量等。

（1）输入电压

国内应用的民用电源输入电压为交流时，大多是三相 380V/50Hz 或单相 220V/50Hz，出口电源需要参照出口国电压标准。输入电压为直流时情况较复杂，24～600V 都有可能。对于航空航天等领域应用的电源，应根据主电源系统电压来确定变换器输入电压，对于交流主电源系统，输入电压一般为 115V 或 230V，对于直流主电源系统，输入电压目前有 28V 和 270V 两种规格。输入电压的指标通常包含额定值和变化范围两个方面。输入电压范围的下限影响电力电子变压器设计时电压比的计算，而上限决定了主电路元器件的电压等级。输入电压变化范围过宽，在设计中必须留过大裕量而造成浪费，不利于优化设计，因此变化范围应在满足实际要求的前提下尽量小。

（2）输入频率

国内电力系统采用的是 50Hz 工频体制，航空航天及船舶用的交流主电源系统通常采用 400Hz 中频体制。采用变频交流电源系统的飞机（如 A380、B787 等）采用宽变频 360～800Hz 体制。中频电压整流后的脉动频率远高于工频，因此直流侧的滤波电容可以减小很多。

（3）输入相数

在三相输入的情况下，整流后直流电压约是单相输入时的 1.7 倍，当开关变换器的功率为 3～5kW 时，可以选单相输入，以降低主电路功率器件的电压等级，降低成本；当功率大于 5kW 时，应选三相输入，以避免引起电网不平衡，同时也可以减小主电路中的电流，以降低损耗。

（4）输入电流

输入电流指标通常包含额定输入电流和最大输入电流两项，用于帮助选取输入开关、接线端子、熔断器和整流桥等。

（5）输入功率因数和谐波含量

目前，对保护电网环境、降低谐波污染的要求越来越迫切，许多国家和地区都已出台相应的标准，对用电装置的输入谐波电流和功率因数做出较严格的规定，因此电力电子变换器的输入谐波电流和功率因数成为重要指标，也是设计中的一个重点。但降低谐波电流和提高功率因数往往需要付出电路复杂程度增加、成本上升、可靠性下降的代价，因此应根据实际需要和有关标准制定指标。目前，单相有源功率因数校正（PFC）技术已经基本成熟，附加的成本也较低，可以很容易地使输入功率因数达到 0.99 以上，输入总谐波电流小于 5%。三相 PFC 技术尚不尽人意，如果功率因数要求很高，如高于 0.99，则需要采用相对复杂的六开关 PWM 整流电路，而且其成本很可能会高于后级变换器的成本；如果不允许成本增加很多，则只能采用三相单开关 PFC 技术，其功率因数通常只能达到 0.95 左右，而且具体电路还存在不少问题，或采用无源 PFC 技术，通常其功率因数只能达到 0.9 左右。

2）输出参数

输出参数包括输出功率、输出电压、输出电流、电源的输出特性、纹波、稳压稳流精度、效率等。

（1）输出电压

输出电压通常给出额定值和调节范围两项内容。输出电压上限影响变压器设计中电压比的计算，过高的上限要求会导致过大的设计裕量和额定值特性变差，因此在满足实际要求的前提下，上限应尽量靠近额定值。相比之下，下限的限制较宽松。

（2）输出电流

输出电流通常给出额定值和一定条件下的过载倍数，有稳流要求的电源还会指定调节范围。有的电源不允许空载，此时应指定电流下限。

（3）输出功率

输出功率为输出电压与输出电流的乘积。对于多路输出变换器，若所有输出并非同时达到其额定电流值，则输出功率并非各路输出电压和输出电流的乘积之和，应根据实际负载情况计算给出。

（4）电源的输出特性

电源的输出特性与应用场合的要求有关，变换器类型即使相同，其输出特性也可能有较大的差异。设计中必须根据输出特性的要求来确定主电路和控制电路的形式。很多应用场合都对直流输出变换器提出了恒压恒流的输出特性要求，如图 1.6 所示。具备这种特性的变换器在负载电流未达到限流值时工作在恒压状态，随着负载的加大，电流达到限流值，输出电压开始下降，变换器处于恒流工作状态。

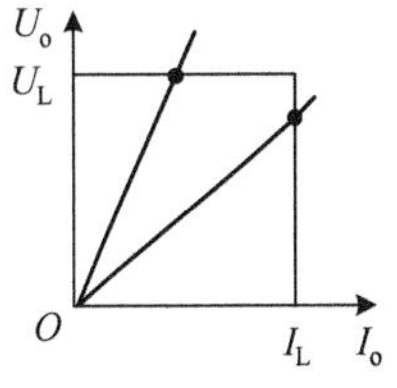

图 1.6　恒压恒流输出特性

（5）稳压稳流精度

通常以正负误差带的形式给出稳压稳流精度。影响电源稳压稳流精度的因素很多，主要有输入电压变化、输出负载变化、温度变化及元器件老化等。通常精度可以分成三个项目考核：①电压调整率；②负载调整率；③时效偏差。与精度密切相关的有基准源精度、检测元器件精度、调节器和运算放大器精度等。

（6）纹波

开关变换器的输出电压纹波较为复杂，典型的输出电压纹波波形如图 1.7 所示。通常纹波按频带可以分为三类：

① 高频噪声纹波，即图 1.7 中频率远高于开关频率 f_s 的尖刺；

② 开关频率纹波，即开关频率 f_s 附近的频率成分，即锯齿状成分；

③ 低频纹波，是频率低于 f_s 的成分，即低频波动，如图 1.8 所示。

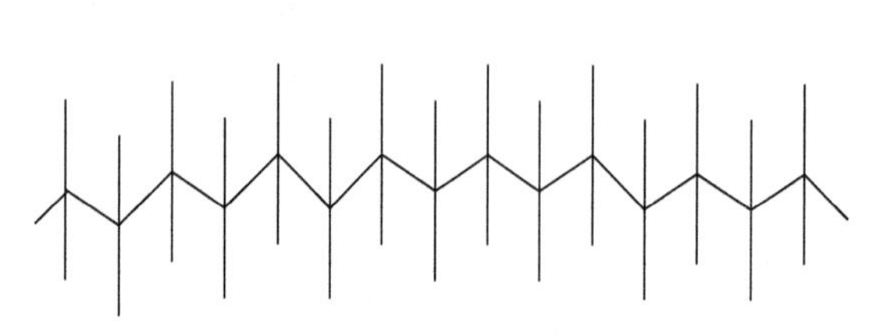

图 1.7 典型的输出电压纹波波形

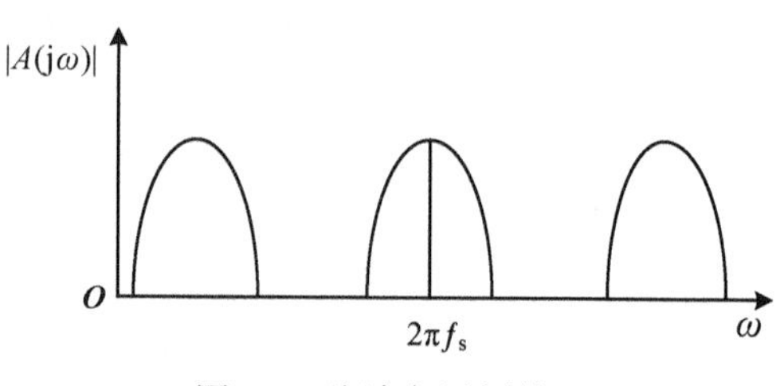

图 1.8 纹波电压频谱

对纹波有多种量化方法，常用的有以下几种。

① 纹波系数法

输出电压中交流分量总有效值与直流分量的比值定义为纹波系数，这是最常用的量化方法，但基本不能反映幅值很高、有效值却很小的尖峰噪声的含量及其影响。而且由于纹波包含的频率成分从 1Hz 以上直到数十 MHz，频带极宽，很难用常规仪表精确计量其总有效值。

② 峰峰电压值法

该方法仅计量了纹波电压的峰峰值，不够全面。

③ 按三种频率成分分别计量幅值法

该方法最为直观、详细，也容易用示波器直接测量，常用于通信电源技术指标中，但对负载的干扰程度不容易界定。

④ 衡重法

该方法侧重纹波对负载的影响，仅用于通信电源。

任一种方法都难以全面反映纹波，因此通常应同时给出几个纹波指标。

（7）效率

效率是变换器的重要指标，它通常定义为

$$\eta = \frac{P_o}{P_{in}} \times 100\% \tag{1-1}$$

其中，P_{in} 为输入有功功率；P_o 为输出有功功率。

通常给出在额定输入电压和额定输出电压、额定输出电流条件下的效率。

对于大功率开关变换器来说，效率有较小幅度提高就意味着功率损耗绝对数值有很大程度下降，从而降低变换器温升，有利于提高可靠性，同时节能的效果也会很明显，所以应尽量提高效率。

但效率的提高也是有限度的，开关变换器的各种损耗见表 1.1。需要说明的是，引起损耗的原因是多方面的，因此表 1.1 中分类的原则并不是绝对的，而是表明了产生损耗的原因的倾向性。

在众多的损耗中，有些损耗（如通态损耗受元器件水平限制）是较难大幅度降低的，而有些损耗（如开关器件的开关损耗和吸收电路的损耗）则可以通过采用软开关技术或无损吸收技术而大幅度地降低。

表 1.1　开关变换器的各种损耗

损耗种类	内　容
与开关频率密切相关的损耗	开关器件的开关损耗、变压器的铁损、电抗器的铁损、吸收电路的损耗
电路中的通态损耗	开关器件的导通损耗、变压器的铜损、电抗器的铜损、线路损耗
其他	控制电路损耗、冷却系统损耗

一般来说，输出电压较高的变换器的效率高于输出电压较低的变换器。通常高输出电压（>100V）的变换器效率可达 90%～95%，甚至更高。

3）电磁兼容能指标

电力电子变换器的大量使用会带来电磁干扰的问题，轻则影响电路的性能，重则会使得变换器无法正常工作，甚至会导致致命后果。例如，在飞行的飞机机舱内使用无线电话或便携式电脑就有可能干扰机载电子设备，从而造成飞机失事。因此，电磁兼容成为近年来电力电子变换器研制中备受关注的问题。

电磁兼容（ElectroMagnetic Compatibility，EMC）包含两方面的内容：①电磁敏感性（ElectroMagnetic Susceptibility，EMS）；②电磁干扰（ElectroMagnetic Interference，EMI）。它们分别指出电力电子变换器抵抗外来干扰的能力和自身产生的干扰强度。针对电磁兼容的国际和国内标准有很多，有些要求设备能够抵抗一定形式和强度的干扰，另一些要求设备产生的干扰强度不能超过一定限度。一个 EMC 合格的产品应能同时满足两方面的要求。各国均制定了相应的军用标准和民用标准。如美国军标 MIL-STD-461E、国际电工委员会（IEC）制定的一系列电磁兼容标准，以及我国的军标 GJB151、152 等和国标 GB/T 4365—1995 等。

开关变换器是一种能产生较强的宽频带电磁信号的设备，很有可能对其周边设备造成干扰，同时它又是一种较容易受到干扰的设备。多数电子设备在受到干扰时仅表现出性能的劣化，而开关变换器则不同，一定形式和强度的干扰甚至有可能造成开关变换器自身的损坏，同时还可能危及负载。因此开关变换器的电磁兼容问题更为严重，应引起充分重视。

4）其他指标

体积和重量是密切相关的，减小体积通常也意味着重量的下降。而小型化、轻量化，也即高功率密度正是电力电子变换器的发展趋势。除合理的结构设计外，减小体积和重量的最有效途径是提高开关频率。采用软开关技术可以有效地降低开关损耗，从而便于提高开关频率。就目前的技术水平来说，小功率变换器的开关频率为几百 kHz～几 MHz，较大功率变换器一般为 20～100kHz，更大功率变换器的开关频率更低，一般只有几百 Hz。

高结温元器件，如 SiC、GaN 器件，以及高温封装技术、高温无源元器件等的发展也为进一步提高电力电子变换器的功率密度提供了新的手段。

环境温度指标同热设计的关系很大，从散热的角度来看，环境温度上限是最恶劣的工况，但如果环境温度下限低于−40℃，则可能要考虑风扇、电缆及液晶显示器等的防冻问题。

通常民用电源的环境温度范围为 0～40℃，工业用电源为−10～+50℃，而军用、航空航天及舰船用电源则可能达到−55～+75℃，甚至−55～+105℃。

一些特殊场合，如地下钻井、太空探测的工作环境温度更高或更低，需要电力电子变换器能在极端环境下可靠工作。这些都给电力电子变换器设计带来很大的挑战。

1.2.2 技术指标分析

对开关变换器技术指标的含义有一定认识后，还必须针对技术指标，分析每项技术指标分别与哪些设计变量有关，应由哪些技术保证其实现。

这里以效率指标为例进行说明。

如表 1.1 所示，开关变换器的典型损耗包括与开关频率密切相关的损耗、电路中的通态损耗及其他损耗。但仅了解这些损耗的含义仍不够，必须分析每一种损耗与哪些设计变量、设计参数及支撑技术有关。

例如，功率器件的开关损耗与元器件的寄生电容、开关速度和开关频率有关，若采用软开关技术或无损吸收电路，可望使开关损耗降低，但有些软开关电路本身也会消耗功率，采用软开关电路后，并不一定会使整机效率明显改善，所以在实际电路中要通过试验验证才能确认其效果。

开关器件的通态损耗与元器件的导通电阻（导通压降）、流过元器件的电流有效值有关，采用低导通电阻的元器件、低有效值的电流波形更有利于减小通态损耗，因而必须从具有相近电压、电流定额的元器件中进行对比，优选性能较好的元器件，当然仍需兼顾成本要求进行选择。不同的电流波形，平均值可能是相同的，但有效值却不相同。从损耗角度看，选择有效值较小的电流波形更有利，但同时必须考虑控制闭环构成的难易程度，尤其是在利用该电流信号构成电流型控制时更是如此。

在指标分析时，理解一些指标之间的相互制约关系对于在实际设计电力电子变换器时进行合理折中考虑较为重要。这里以效率、功率密度和可靠性为例进行简要说明。

高效率、小型化、轻量化一直是电力电子变换器的发展趋势。尽管设计人员希望电力电子变换器能在达到最高效率的同时，电力电子变换器的体积、重量也降至最小，但实际情况却可能并非如此。一般而言，电感、电容会占据开关变换器的较大体积和较大重量，因此减小开关变换器体积和重量的最有效途径之一是提高开关频率，减小对电感值、电容值的要求，从而减小电抗元件的体积和重量。然而开关频率的提高会引起频率相关损耗的增加，特别是功率器件开关损耗的增大，使效率下降，而且增加的损耗又必须依赖更大的散热器或更昂贵的散热措施来有效散热，否则会使元器件工作温度升高，降低可靠性。

从以上简要分析可见，开关变换器技术指标之间存在相关制约关系，在技术指标分析阶段，就需要详细分析，对此有充分的认识，才有利于后面的设计、制作与调试。

这部分内容若展开分析，需很大篇幅，且需要后面章节的专业知识作为基础，故本书仅在此提醒读者在实际工作中，需要根据要研制的电力电子变换器技术指标要求，注意技术指标方面的细化分析，这里不再一一展开，读者可查阅相关专业书籍和技术文献加以细化分析。

1.3 总体方案论证

所谓总体方案，是指针对设计指标要求和条件，用一些功能电路构成一个整体，来实现各项性能要求。在总体方案阶段，要确定系统框图、主电路拓扑、控制电路架构等，并完成初步的设计和估算，但不涉及详尽具体的电路设计。在较复杂的电力电子变换器系统中，总体方案有时也可称为“顶层设计”，它指导着之后的具体电路设计。

实现同一技术指标要求的方案很可能并不唯一，在有多种备选方案时，需要进行分析论证，判断方案的合理性和可行性，并通过比较选择最为合适的总体方案。

方案的形成一般有三种途径，每种途径各有其特点。

1）技术储备方案

如果本单位已有与技术指标较为接近的技术储备，则应当优先考虑技术储备方案。因为新方案在实际制作和调试时，可能会出现很多问题，影响项目进度。即使样机通过初步的测试，也并不能确保就能成功应用，很有可能还有隐性问题没有充分暴露，冒然选择新方案在开发产品时风险较大。

2）文献资料中的方案、方法

在电力电子技术教科书和相关书籍中，因篇幅有限，一般只概要介绍几个基本的主电路拓扑，分别说明这些主电路拓扑的基本概念、输出与输入关系，以及对元器件的基本要求等，而很少详细指出该电路拓扑在具体应用中的优缺点及适合采用的应用场合。对于控制方法、控制电路的分析与介绍也较为概要，一般教材中很少会详细地剖析控制方法的优缺点、控制电路的具体设计等。然而在相关文献中讨论的主电路拓扑和控制方法就非常多，且相对较为详尽和深入。因此作为电力电子科技人员，掌握文献检索的方法十分重要。

文献主要包括科技图书、科技期刊、专利文献、会议文献、科技报告、学位论文、标准文献和产品资料等类型。下面简介与电力电子技术密切相关的文献。

（1）国外期刊

与电力电子技术相关的国际著名学术机构有：美国电气电子工程师学会（The Institute of Electrical and Electronics Engineers，IEEE）、英国电气工程师学会（The Institution of Electrical Engineers，IEE）等。各学会均有自己的期刊和年会会议录。期刊有：IEEE 功率电子学汇刊（IEEE Transactions on Power Electronics）、IEEE 工业电子汇刊（IEEE Transaction on Industrial Electronics）、IEEE 工业应用汇刊（IEEE Transaction on Industry Applications）、IEEE 新兴和选定主题杂志（Journal of Emerging and Selected Topics in Power Electronics）等。

（2）国内期刊

国内相关的学术组织有中国电机工程学会、中国电工技术学会、中国电力电子学会、中国电源学会等，出版有期刊和年会论文集。期刊有《中国电机工程学报》《电工技术学报》《电工电能新技术》《电源学报》《电力电子技术》《电气工程学报》等。

（3）会议文献

相关的年会有 IEEE 工业应用学会年会、国际电力电子学会议、中国电工技术学会会议、中国电源学会会议、中国高校电力电子与电力传动学术年会等，对应的论文集反映了当今国内外电力电子技术的应用现状和发展趋势。

（4）专利

相关的专利机构和网站有美国专利局、欧洲专利局、中国知识产权局以及专利搜索引擎等。

（5）专业技术网站

一些专业技术网站以及相关公司的网站会提供一些技术文档，其中会有一些技术类讲解、分析、技术报告和论坛等，也是较为重要的学习和交流平台。

（6）专业相关的公众号

近几年，随着手机 App 技术的迅速发展，一些承载电力电子相关专业知识的公众号不断出现，如电力电子与新能源、电力电子网、宽禁带半导体技术创新联盟、半导体技术天地等公众号上都有一些经常更新的关于专业性知识与技术要点的介绍性文章。

通过文献的检索与消化，电力电子科技人员可以学习借鉴其他研究人员的研究思路和方法，做进一步的深入研究，从而形成本单位的技术储备。

值得注意的是，虽然文献资料中的研究成果、方案和方法比现有方法有一定程度的性能改进，但作者给出的实验结果往往主要针对实验室的样机，直接针对实际产品的较少，因此对于技术细节一般不会有十分具体的阐述，特别是对于关键问题的解决方法一般也不会讲得很透彻，大都是用描述的方式进行讲解。因此，如果要直接采用文献中提供的方案开发产品，一定要预留充足的时间，先对文献中的方案、方法进行复现试验，确认其实施的可行性与难易程度，而不宜冒然采用文献中介绍的方案、方法去承担需求方对时间要求非常紧迫的研制任务。

3）创新的思路、方案、方法

对于创新的思路、方案、方法，电力电子科技人员更要留出充足的时间先进行前期试验研究，确定关键技术问题，并尽快加以解决，确认方案的可行性。并根据应用场合的特点，全面剖析暴露设计中的薄弱环节，及早锁定可能出现的隐患问题，优化设计方案，而不宜盲目乐观地直接用于产品开发中。

1.4 具体电路设计

在确定总体方案后，便可画出详细框图，设计功能电路，进行具体电路设计。

功能电路是电力电子变换器的重要组成单元，任一功能电路的电路性能达不到要求，就可能会使整个电力电子变换器达不到预定设计指标或故障瘫痪。

功能电路设计包括以下几个步骤：①选择功能电路的构成形式；②电路参数计算；③元器件选择。

1）选择功能电路的构成形式

实现每一功能电路的具体构成形式有多种可能，在选择时应尽量选用成熟的先进电路，也可以根据需要对成熟电路稍加改进。如果有些功能电路暂无成熟电路，应查阅有关文献资料，从中进行分析比较，选择一个合适电路。如果确实找不到性能指标完全满足要求的电路，可选用与设计电路较接近的电路，然后调整电路参数，使之达到要求。有些参数很难用公式计算确定，需要设计者具备一定的实际经验，也可查阅相关文献给出的经验取值。如果仍无法确定，个别参数可待仿真或搭接电路试验后再确定。

在功能电路设计过程中，要有全局观念，要特别注意保证各功能电路协调一致的工作。在模拟电路系统中，要根据需要选择合适的耦合方式把它们级联。在数字电路系统中，主要通过控制器使之协调一致的工作。控制器不允许有竞争冒险和过度干扰脉冲出现，以免发生控制失误，产生误动作。对所选的功能电路进行设计时，要根据集成电路技术指标和功能块应完成的任务，正确计算外围电路的参数、选择元器件。对于数字集成电路，各功能输入端应正确处理、连接。

2）电路参数计算

电路参数计算是保证电路达到性能指标的基础和选择元器件的依据。电子元器件性能参数的离散性及标称规格分级有限且存在误差，电路焊接组装后必须进行调试，故元器件参数的计算常称为估算。设计者应熟知电路工作原理、性能特点，正确利用计算公式，所计算的参数才能准确，达到设计要求。计算电路参数时应注意以下问题。

（1）在设计计算过程中，若出现理论计算结果不统一，应根据性能、体积、价格、货源等诸方面条件综合考虑、选择。

（2）元器件的工作电压、电流和功耗都要符合要求，并留有适当裕量。

（3）对于环境温度、交流电网电压等工作条件，设计计算时应按照最不利的情况考虑。

（4）对元器件的极限参数必须留有足够裕量，一般应大于额定值的 1.5～2 倍以上。

3）元器件选择

在进行电路参数计算后，即可进行元器件选择。选择时，应根据电路工作条件如环境温度、供电电源、电磁干扰及可靠性要求等来选择。选择元器件时应注意以下问题。

（1）在保证电路性能指标的前提下，应尽量减少电力电子变换器中所用元器件品种、规格、体积和厂家数量。

（2）在元器件选择时优先考虑选用集成电路，尽量避免分立元器件，从而减少电路元器件数量，简化设计，减小电路体积和成本，提高可靠性，便于安装调试。

（3）电阻值应尽可能在 1MΩ 以内范围选用，一般最大不应超过 10MΩ。其数值应在常用电阻值标称系列之内选定，并根据设计要求及电路具体情况，正确选择电阻的品种。

（4）非电解电容尽可能在 100pF～0.1μF 范围内选择，其数值应在常用电容器标称系列之内选定，并根据设计要求及电路工作具体情况选择电容器品种。

（5）电位器阻值也应在标称范围内选择，电位器种类繁多，应根据设计电路的要求及电路工作的具体情况选定。

具体电路设计应和电路仿真相互配合，从而确定各功能电路结构形式和元器件参数、型号，完成总体电路图和元器件清单。有时也在这阶段就在电路图上标出关键节点的电位和波形图，以方便调试时进行参照。

1.5　电路仿真

在具体电路设计时，往往把整个电力电子变换器分割成多个功能电路，分别进行参数设计。虽然对于各功能电路来讲，这样的参数计算和设计结果可行，但多个功能电路连成整体后，是否需要对部分参数进行调整才能获得整体性能的优化，却很难通过计算确定。若能够配合电路仿真，不仅可以初步验证电路原理和参数设计的准确性，还能对极限条件下的特殊情况进行模拟，从而在实际样机进行试验之前即能对一些特殊情况掌握其规律，从而有效地缩短电力电子变换器的设计周期，优化参数设计，提高电力电子变换器的可靠性。

在电力电子电路的仿真中，目前还没有一种仿真软件和方法可以完全替代所有的试验，不同的仿真方法和软件有不同的特点和针对性，因此必须对各种方法的特点有所了解，弄清楚各种建模仿真方法的性质和局限性，并进一步了解这些局限性对仿真结果的影响。

比较有代表性的是系统级方法和元器件级方法。

1）系统级方法

系统级方法是以尽可能考虑每个元器件所有特性后建模为基础的仿真。

2）元器件级方法

电力电子电路仿真的特点是电力电子电路含有开关这种非线性时变元件，使得电力电子电路难以直接用线性时不变方程来直接描述，从而给仿真带来麻烦，因此电力电子电路仿真的关键是如何处理好开关器件在仿真模型中的描述问题。

计算机仿真时对电路中开关器件模型的处理方法有很多种，如等效电阻法、状态方程法、状态空间平均法，其中我们应用得较多的是状态空间平均法。

目前电力电子电路仿真可用多种专用软件来进行，较成熟的商用软件包括 SPICE、SABER、Simplorer、PSIM、MATLAB、PLECS 等。这些商用软件各有各的特点和适用范围，表 1.2 列出电力电子技术常用仿真软件及其特点。对于 SPICE 来说，其主要应用于电子电路的仿真，虽然近几年很多科研工作者在 SPICE 下实现了大功率器件模型，但是在将这些模型用于电路仿真并采用比较灵活的控制策略时仍有很大的局限性；SABER 和 Simplorer 是功能强大的电力电子电路仿真软件，是被很多大公司采用的仿真和设计工具，适用于长期开发同类产品的设计，ABB 公司的 ACS1000 变频器仿真平台、国内外很多研究单位的飞机电源系统仿真平台都是以 SABER 为核心的，一般需要专业的软件工程师来开发和维护；PSIM 是针对电力电子和电机控制而设计的仿真软件包，在该软件包中，大部分的元器件采用的都是理想模型，例如双电阻的理想模型开关、理想的受控电压源、电流源及理想的传感和控制元器件等，这些理想元器件没有涉及元器件本身的诸多物理特性，模型简单，参数少，为采用子电路法实现功能模型带来了方便。MATLAB 在系统级仿真方面具有较大的优势，MATLAB 下的 SIMULINK 工具包也具有仿真电力电子电路的功能，但是其采用的功率器件模型较简单。PLECS 是一个用于电路和控制结合的多功能仿真软件，以 MATLAB/SIMULINK 作为运行环境。与很多电路仿真软件相比，PLECS 的独特优势是将热设计纳入电力电子的电路设计中，使用者可定义与温度相关的热传导和每个半导体器件的开关损耗能量分布，也可收集由半导体和电阻器损耗的能量，使用热阻和热容元件来模拟热的行为。

表 1.2　电力电子技术常用仿真软件及其特点

仿真器	SPICE	SABER	Simplorer	PSIM	MATLAB	PLECS
数值积分法	梯形法（默认）GEAR	GEAR（默认）梯形法	梯形法和欧拉法	梯形法	R-K 法（默认）	梯形法
电路的建模	改进节点法	改进节点法	状态变量分析	节点分析	状态变量分析	离散状态空间方法
计算步长	可变步长（自动）	可变步长（自动）和固定步长	可变步长（自动）	固定步长（自动）	固定步长或可变步长	固定步长或可变步长
开关模型	理想开关和详细元器件模型	理想开关和详细元器件模型	理想开关（双电阻模型）	理想开关（双电阻模型）	可变电阻+串联电感	理想开关器件
开关时刻的确定	通过对计算误差的判断调整步长	对过零点前后值插值，其后返回再次计算	根据前后值进行插值	零点校正	不明	不明

（续表）

仿真器	SPICE	SABER	Simplorer	PSIM	MATLAB	PLECS
开发的目的	集成电路设计	系统设计	通用电路仿真软件	电力电子电路	控制系统设计	系统的多功能仿真
主要应用	包括详细元器件模型的电力电子电路分析	电气系统、机械系统和热力系统综合分析	电力电子电路分析	电力电子电路分析	控制系统设计与分析	电路和控制结合的系统的多功能仿真分析
其他	具有大量用户；具有功率器件模型	利用MAST语言建模；具有与SPICE通用的元器件库	可以利用电路、框图和状态图进行仿真	具有电力电子元器件和电路模型	具有包括元器件理想开关模型的Sim Power System	PLECS独立版本和PLECS嵌套版本兼容

除以上常用的仿真软件外，许多电力电子集成控制器生产厂家为了推广和普及该公司的产品，还提供了专用仿真设计软件，如美国PI公司的PI Expert1.6、美国国家半导体公司的WEBBENCH、美国凌特公司的SwithCAD III、美国IT公司的TINA、意法半导体公司的VIPer2.24等，以帮助用户将复杂的设计过程简化，节省开发时间。

电路仿真前要仔细分析仿真的目的，从而有针对性地建立模型和选择仿真软件。

1.6 电磁兼容设计

电力电子变换器的电磁兼容是它能否“生存”的必要条件之一，设计人员必须具备一定的电磁兼容常识。

1.6.1 电磁兼容概念

电磁兼容简称EMC（ElectroMagnetic Compatibility），俗称抗干扰，是指干扰可以在不损害信息的前提下与有用信号共存。电力电子变换器的电磁兼容应从两个方面考核，一是不干扰其他设备，不影响其他设备的正常运行；二是自身不受其他设备的干扰，对于电磁兼容容许的干扰信号，电力电子变换器应该能够正常工作。国际电工委员会（IEC）对此制定了一系列电磁兼容标准，如IEC555、IEC917、IEC1000等。我国电磁兼容问题目前已广泛受到政府、企业和消费者的关注，政府已采用相关国际标准，制定了GB/T 4365—1995等100多项电磁兼容国家标准，EMC认证工作也于1999年正式展开。为了解决电磁兼容问题，下面简单分析形成电磁干扰的原因和抑制电磁干扰的原则。

1. 形成电磁干扰的条件

（1）向外发送电磁干扰的源——噪声源。

（2）传递电磁干扰的途径——噪声耦合和辐射。

（3）承受电磁干扰的客体——受扰设备。

2. 抑制电磁干扰的原则

（1）抑制噪声源，直接消除干扰原因。这就需要采用合适的电路结构和缓冲技术，使变换器输入、输出波形良好，并使 di/dt 和 du/dt 尽可能小。

（2）消除噪声源和受扰设备之间的噪声耦合与辐射，切断电磁干扰的传递途径，或者提高传递途径对电磁干扰的衰减作用。

（3）加强受扰设备抵抗电磁干扰的能力，降低其对噪声的敏感度，使系统抵抗电磁干扰的能力与其所处的电磁环境相适应，并且不影响其他设备正常工作而进行的设计工作，这称为电磁兼容设计。

电磁兼容设计的任务应从上述 3 个方面采取相应措施。

1.6.2 常用的抑制电磁干扰的措施

有关电磁兼容的理论至今并不完善，往往通过一些电噪声抑制措施来进行电磁兼容设计。电噪声是指叠加于有用信号上，扰乱信号传输，使原来的有用信号发生畸变的变化电量，简称噪声。常用的抑制电磁干扰的措施如下。

1. 用电路和元器件抑制电磁干扰

电压尖峰的出现很容易引起电磁干扰信号，抑制电压尖峰是抑制噪声源的方法之一。抑制电压尖峰的措施比较多，例如，电路中继电器、线圈等感性负载在断电时产生的反电势引起的电压尖峰可采用并联二极管续流，或接入 RC 电路等办法加以抑制，还有浪涌吸收器、压敏电阻、瞬态抑制二极管等都可以抑制电压尖峰。

为了防止干扰信号通过电路传递，在一些电路中可以利用光电耦合器、变压器等进行电路的电隔离。

用电路和元器件抑制电磁干扰的方法比较多，可以根据情况采用不同的方法。

2. 滤波

开关模式的各种电源接在线路上，不仅要受到线路中的各种干扰，而且它本身又是一个大的干扰源，会通过传导和辐射方式向交流电源和空间传播，不仅污染电网，而且可能对通信设备及电子仪器的工作造成影响。干扰主要是由于电源的开关管、二极管、储能电感、变压器等元器件上的电压、电流急剧的上升、下降而产生的。通常应用线路滤波器克服这种干扰。

滤波器是由电阻、电感和电容构成的电路网络，它利用电感和电容的阻抗与频率的关系，将叠加在有用信号上的噪声分离出来。用无损耗的电抗元件构成的滤波器能阻止噪声通过工作电路，并使它旁路流通；用有损耗元件构成的滤波器能将不期望的频率成分吸收掉。在抗干扰措施中用得最多的是低通滤波器。滤波电路中很多专用的滤波元件，如穿心电容器、三端电容器、铁氧体磁环，都能够改善电路的滤波特性。恰当的设计或选择滤波电容器，并正确地安装和使用滤波器，是抗干扰技术的重要组成部分。

按照干扰信号的流通路径不同，分为差模干扰和共模干扰。差模是指两线间的差值干扰信号，共模是指两线对机壳地的干扰信号。差模滤波与共模滤波分别是对上述两个信号的阻止或吸收。

图 1.9 给出了一般线路滤波器的基本电路，各个元器件的作用如图中所标。差模电容（又称 X 电容）跨接在输入端之间，对差模电流起旁路作用。电容值一般为 0.1～1μF。

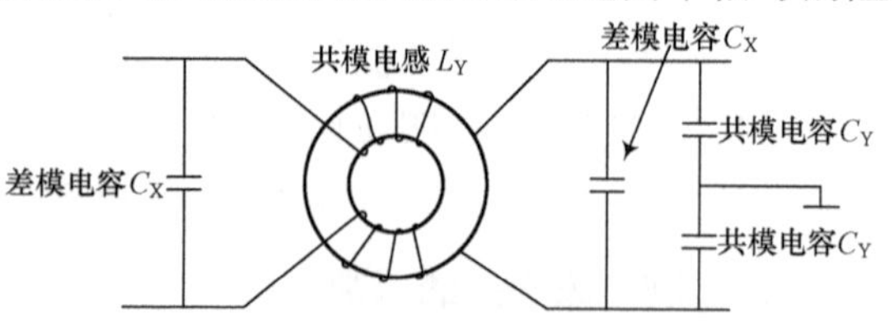

图 1.9 线路滤波器的基本电路

共模电容（又称 Y 电容）跨接在线路与

机壳地之间，对共模电流起旁路作用，电容值不能过大，否则会超过安全标准中对漏电流（3.5mA）的限制要求，一般在 10000pF 以下。医疗设备中对漏电流的要求更严格，在医疗设备中，这个电容值更小，甚至不用电容。

共模扼流圈的结构是：将传输电流的两根导线（如直流供电的电源线和地线，或交流供电的火线和零线）按照如图 1.10（a）所示的方法绕制，两根导线中流进和流出的电流在磁芯中产生的磁力线方向相反、强度相同，磁芯中总的磁感应强度为零，磁芯不会饱和。而对于两根导线上方向相同的共模干扰电流，在磁芯中产生的磁力线方向相同，呈现较大的电感。因而这种电感只对共模电流有抑制作用，而对差模电流没有影响，因此称为共模扼流圈。共模扼流圈的电感量范围为 1mH 到数十mH，取决于要滤除的干扰的频率，频率越低，需要的电感量越大。

在要求比较高的电力电子变换器中，往往不仅需要安装共模电感，还应该有差模电感，起到对差模电流的抑制作用。在图 1.10（b）中，L 是在一个铁芯上的两个线圈，两根导线中流进和流出的电流在磁芯中产生的磁力线方向相同，它们组成差模电感，由 1、2 端引入的差模干扰信号由于 L 的阻止和 C_2 的回路作用，到达 3、4 端就被大大衰减；由 3、4 端引入的干扰信号由于 L 的阻止和 C_1 的回路作用，到达 1、2 端也被大大衰减。在图 1.10（a）中，L 也是在一个铁芯上的两个线圈，但是，两根导线中流进和流出的电流在磁芯中产生的磁力线方向相反，它们组成共模电感，由 1、2 端引入的共模干扰信号由于 L 的阻止和 C_3、C_4 的对地旁路作用，到达 3、4 端就被大大衰减；由 3、4 端引入的共模干扰信号由于 L 的阻止和 C_1、C_2 的对地旁路作用，到达 1、2 端也被大大衰减。

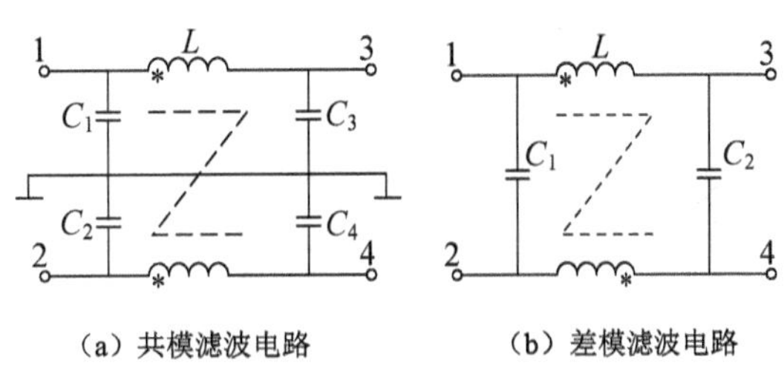

图 1.10　常用抗扰滤波电路

对于低频差模干扰用陷波器滤波比较合理，陷波器利用 L、C 对需要滤除的谐波发生串联谐振（等效阻抗为零），谐波电流会“陷入”该电路。

3. 屏蔽

屏蔽是指通过各种屏蔽物体对外来电磁干扰的吸收或反射作用来防止噪声侵入；或相反地，将设备内部产生的辐射电磁能量限制在设备内部，以防止干扰其他设备。用良导体制成的屏蔽体适用于电场屏蔽，用导磁材料制成的屏蔽体适用于磁场屏蔽。屏蔽体分为电磁屏蔽体和静电屏蔽体，电磁屏蔽体主要用来抑制高频开关干扰，它利用电磁场在屏蔽体内产生涡流而起屏蔽作用。电磁屏蔽体和静电屏蔽体使用的材料相同，只是后者接地才有效；而对于电磁屏蔽体，即使不接地，对抑制高频电磁干扰也是有效的，但由于导体没有接地，因静电耦合效应，也增加了对干扰电压的感应。所以为了防止磁路耦合，应用高磁导率的材料将相关部分隔离。

对抑制电磁干扰，屏蔽起着和滤波同等重要的作用，并且屏蔽、滤波和下面叙述的接地技术紧密相关。

4. 布线

合理布线是抗干扰措施中的又一重要方面。导线的种类、线径的粗细、走线的方式、线间的距离、布线的对称性、屏蔽方法及导线的长短、捆扎或绞合方式等都对导线的电感、电阻和噪声的耦合有直接影响。

在布线时，大电流正、负直流母线应该尽量靠近，以减小强磁场的发射区域。每个开关管的驱动线宜采用单独绞合的方式，避免接收其他开关管的驱动信号的干扰，如果是同一个桥臂的驱动信号相互干扰，会使得电路发生桥臂直通的短路故障。如果检测电流的连接线通过强磁场区域，也应该采用绞合的方式走线。

5．接地

屏蔽、滤波和接地技术紧密相关。电力电子变换器中需把各级电路和结构件的接地线按类划分为信号地、控制地、电源地和安全接地等，应根据具体设备的设计目标决定分别是采用单点接地、多点接地还是混合接地方式。为避免出现接地环路，必要时还要采用隔离技术。

在电力电子变换器调试过程中，可能发生各种干扰现象，可以分别考虑以上措施处理，灵活应用。

当前绿色电源变换器的研制是解决电磁干扰的有效方法，这是 21 世纪电力电子技术研究的热点。很多国家和地区对电源变换器都在制定各自的电磁兼容标准或参照国际的电磁兼容标准。

1.6.3 电磁兼容测试

电磁兼容设计是否合理往往需要经过电磁兼容测试。测试内容及指标要求与产品的应用场所相关。通常对电力电子变换器要求的测试项目包括电源线传导发射测试、电源线传导敏感度测试、电源尖峰信号传导敏感度测试、电场辐射发射测试、磁场辐射敏感度测试、电源频率及尖峰信号磁感应场辐射敏感度测试，以及电场辐射敏感度测试。测试方法及应达到的指标均有相应的国家标准。

随着宽禁带半导体器件的出现，电力电子元器件在更短的时间内导通、关断，电压和电流的变化非常快，EMI 相关问题更为突出。作为电力电子初学者，应注意在电力电子变换器设计和项目开展中，不断积累电磁兼容设计的实用方法和经验。

1.7 PCB 及结构设计

当电力电子变换器的具体电路设计确定后，接下来的主要工作就是印制电路板（PCB，简称印制板）及结构设计。

结构设计主要包括机箱设计、各块 PCB 和未安装在 PCB 上的较重元器件及连接辅件等的结构设计。

机箱设计表面上是机械设计问题，实际上它关系到整机运行的可靠性。机箱设计与内部部件的布局紧密相关，机箱内的空间分成哪些区域、各自放什么部件、需要几块 PCB、PCB 的尺寸及连接，机箱接口布置等这些都需要统筹考虑。因此，PCB 及结构设计应由电气设计人员与机械设计人员共同协调完成。

机箱设计需要考虑到机械强度、重量、散热、屏蔽、美观、标准化，以及装配、调试、维修是否方便等诸多方面的因素。

从强度方面考虑，机箱应有结实的框架和较厚的底板，以承担变压器、电抗器、散热器等的重量，其他侧面的盖板可以用较薄的板以减轻重量。

从屏蔽角度考虑，机箱各盖板和底板间的搭边应有良好的电接触，机箱的开孔应尽量少，辐射电磁场较强的元器件应远离开孔。有时开孔的形状也是很重要的。

从调试、维修方便的角度考虑，需要调整的元器件和易损的元器件应该比较容易接触到。

对于放置在机柜或屏中的变换器，其机箱尺寸还需满足机柜或屏的尺寸标准。

散热问题可能是机箱设计时考虑最多的问题，需要考虑的主要问题有发热元器件的摆放位置、风道的设置、冷却元器件的分离等。散热设计有很多可行的方案，各有其优缺点，很难确定一个最佳的标准方案，实际设计时要根据应用场合合理选择。图 1.11 是几种常见的机箱布局方案。

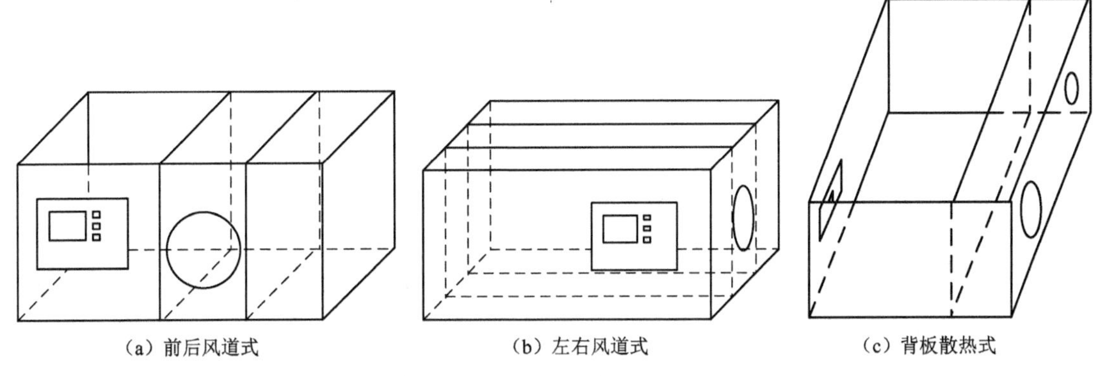

（a）前后风道式　（b）左右风道式　（c）背板散热式

图 1.11　几种常见的机箱布局方案

PCB 设计、较重元器件的布局要和机箱设计统筹考虑确定。当 PCB 尺寸确定后，要注意 PCB 上元器件布局、地线布线及反馈电压采样点选择等问题。

结构设计除需要考虑机械强度、元器件及 PCB 的布置、整体屏蔽、散热等设计外，在一些恶劣环境下仍需要着重考虑防腐设计，如做三防（防盐雾、防霉、防潮）处理，增强其抗腐蚀能力。一般方法是喷三防漆，喷漆时应该注意接插件、散热器、风机等不能喷漆。接插件喷漆会影响接插件的可靠接触，散热器喷漆会影响散热效果，风机喷漆会影响它的正常运转。

以上所述结构设计是针对工程产品而言的，有些科研机构，如高等院校或研究所的研究人员在做一些预先研究项目时，因为并不立即针对产品，所以并不十分强调结构设计，往往只侧重于电气性能的验证。也有厂家在开发新产品时，因为预期投放市场的时间周期比较宽裕，因而在产品早期试验时为了节约验证电气性能的时间，并不特别强调完整的结构设计，因而往往只侧重于 PCB 设计，而没有在整机结构设计上花很多精力。但必须清楚的是，这只是产品设计中的某个阶段，不能因为这样的研发体验误认为做好单块 PCB 的布局就是结构设计了。在实际产品开发中，结构设计非常重要，机箱内部的 PCB 设计需与整体结构设计统筹考虑。

1.8　建立试验平台

电路设计经过仿真验证后，需进行性能试验，必须建立试验平台或试验电路。

试验平台或试验电路主要以电气性能试验为主，当然也应当尽量考虑 EMC 设计、结构与工艺方面的设计，以期加快从原理试验电路到工程样机的研制进程。

试验平台常常是把各部分电路以“铺在桌面上的方式”进行的。实验前要准备好相关仪器设备。一般电力电子变换器的试验平台需要准备包括隔离变压器、自耦调压器、电压表、电流表、负载箱、示波器、电烙铁等基本设备和工具，其中电压表、电流表可用几块同型号的数字万用表代替。

1.9 前期调试

电力电子变换器一般都需要通过调试，才能最终达到规定的技术指标要求。电力电子变换器通常由多个功能电路组成，在前期调试中，通常采用边焊接安装边调试的方法，通过分块调试直至完成整个变换器的调试。

一般按照以下步骤进行：

（1）通电前检查；

（2）通电后观察；

（3）性能测试。

新设计的变换器电路焊接安装完毕后，不要急于通电，先要认真检查电路接线是否正确，元器件引脚之间有无短路，二极管、开关管和电解电容极性有无错误等。然后连接相关测试仪器仪表，检查仪器仪表档位是否正确，通电前确保自耦调压器触头处于足够低的输出电压位置，电路是否需要接入最小负载以及负载连接是否正确等。接线检查通常采用以下两种方法。

（1）按照电路原理图检查线路。把电路原理图上的连线按一定顺序在安装好的线路中逐一对应检查，这种方法较容易找出错线与少线。

（2）按照实际线路对照电路原理图，把每一种元器件引脚连线的去向依次查清，检查每个去处在电路原理图中是否存在，这种方法不但可以查出错线和少线，而且很容易查出多线。

在电力电子变换器内大多有机内辅助电源，调试时应先进行机内辅助电源电路调试。机内辅助电源调试完成后，再调试控制电路、驱动电路。对于模拟或数字控制电路，要能输出正常的 PWM 控制信号，然后此 PWM 控制信号接到驱动电路后，调试驱动电路使之正常工作。为防止设计、焊接、组装过程中出现的不足，以及一些意外故障威胁变换器的安全，必须在主功率电路加电之前调试好保护电路，使之能在设定的保护点正常动作以实施可靠保护。以电流保护为例，可用外部电源和可调电阻构成电路，使其电流穿过电流检测元件，观测电流达到保护设定值时，控制电路是否能够及时动作以封锁功率器件的脉冲。这种方法可以排除电流检测元件、驱动电路、接线等故障。

电源接通后不要急于测量数据，应首先观察有无异常现象。调节自耦调压器触头，使输入电压逐渐升高，用示波器观测功率开关管的集电极或漏极的电压波形，这一点最为重要。该电压波形可以反映出尖峰电压大小及开关管是否饱和导通，是防止开关管损坏的最佳观测点。此外，还要观察输入电流是否过大、有无冒烟、是否闻到异常气味、元器件是否发烫等现象。

在调试过程中，主功率电路加电时按输入电压从小到大逐渐升高、负载从轻到重的顺序逐渐增加，随时监控驱动信号及开关管的电压波形和电流波形，若驱动波形上有明显的干扰信号，需要调整驱动电路参数或走线等。若开关管上有明显振荡或较高电压尖峰，应调整缓冲电路或驱动电路等有关参数，同时注意观测各个部件的温升。若电流波形出现异常，应立即关机检查排故。

电力电子变换器正常工作之后，可以进行性能测试。在轻载条件下，将输入电压从最小值开始逐渐升高到最大值，观察输出电压是否稳定。然后是负载特性的测试，在额定输入电压条件下，将负载电流从最小值开始逐渐升高到最大值，观察输出电压是否稳定。在最大负载时，将输入电压从最小值逐渐升高到最大值，观察输出电压变化情况。

在调试电路过程中，要对测试结果做详尽记录，以便经深入分析后对电路与参数做出合理的调整。最后根据设计指标要求，可对电源调整率、负载调整率、输出纹波、输入功率及效率、动态负载特性、过压及短路保护等性能参数进行更为详细的测试。

1.10 优化设计

电力电子变换器设计中涉及的设计变量较多，性能指标之间也互相影响、互相制约。现有的一般设计方法是基于系统效率、体积、重量等性能指标的要求，根据设计者对电力电子变换器及应用场合的熟悉程度做一些假定和简化，然后采用以“试凑法”为主的方法进行参数选取和设计，当某组设计的结果能达到指标要求后即认为合格了。有些设计经验丰富的设计者凭借积累的实际经验和专业水平通过进一步参数调整，也能获得一个相对较好的设计结果。以 DC/DC 类电力电子变换器为例，图 1.12 为其一般设计方法的流程图。从图 1.12 可见，其设计结果在本质上是一组“能用”的参数，但在其所要求的情况下很可能并不是最优的，适当改变某些设计参数或对变换器的热、磁及结构设计进行适当优化，有可能会进一步提高变换器的性能。

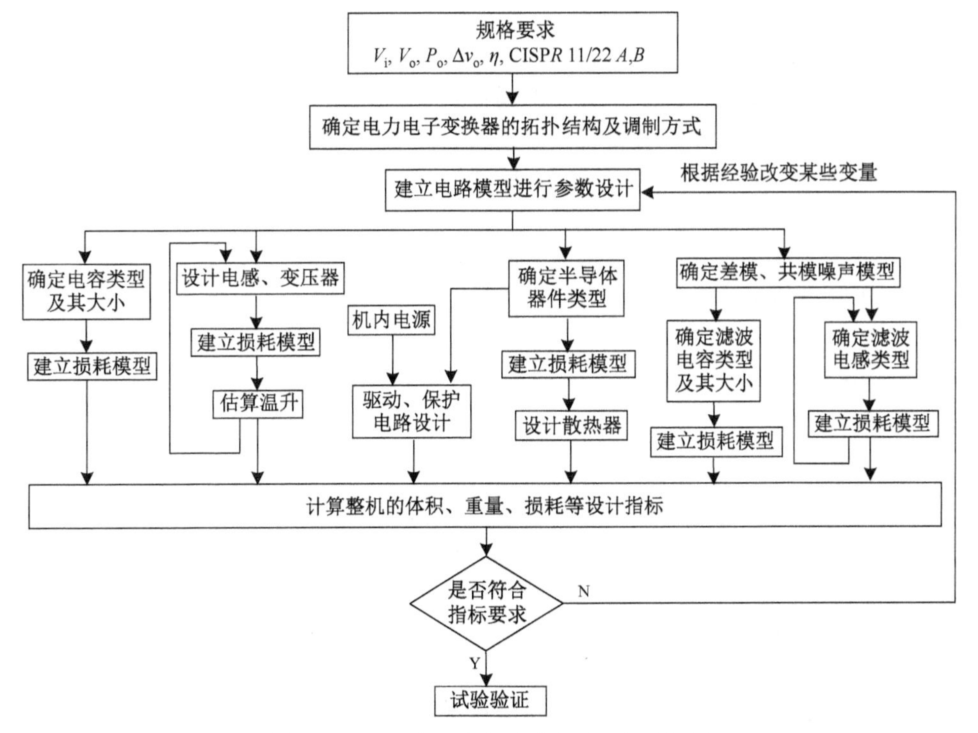

图 1.12 传统的电力电子变换器设计流程图

为此，需要针对多指标进行电力电子变换器的优化设计。变换器优化设计方法是在最优化设计理论的基础上，利用数学模型和优化算法程序，借助计算机进行计算，建立电力电子变换器性能指标与多个设计变量和参数之间的对应关系，从而确定最佳的电路参数。优化设计的本质是将优化目标、约束条件及设计变量用数学方式来描述，以便使用数学方法进行求解，设计过程包括数学模型的建立、数学模型的求解及优化设计结果的修正。变换器的设计涉及电、磁、热等方面中的很多变量，其中很多变量是非线性的，所以变换器的优化设计属于非线性规划问题。读者可在掌握电力电子变换器的基本设计方法后，再进行优化设计方法的研究，最大程度地提高电力电子变换器整机性能。

1.11 后期整机调试

经过优化设计后，再对整机进行调试，不仅要考核整机的电气性能是否满足性能指标要求，还要根据国家标准、行业标准或用户要求进行电磁兼容测试和例行试验等。

1）电气性能测试

电气性能测试主要包括电压调整率、纹波、效率、功率因数、过载能力、动态特性等性能测试。这些测试结果要与技术指标相对照以考核是否达到预定要求。

2）电磁兼容测试

通常对电力电子装置要求的电磁兼容测试项目包括以下方面。

（1）电源线传导发射测试：测量装置电源线上的传导发射。

（2）电源线传导敏感度测试：考核装置对注入其电源线上的标准规定的电磁量是否敏感。

（3）电源尖峰信号传导敏感度测试：考核装置对加入其电源线上的标准尖峰信号是否敏感。

（4）电场辐射发射测试：测量装置的电场辐射发射。

（5）磁场辐射敏感度测试：考核装置对施加的标准磁场辐射是否敏感。

（6）电源频率及尖峰信号磁感应场辐射敏感度测试：考核装置对400Hz磁感应场及尖峰信号磁感应场辐射是否敏感。

（7）电场辐射敏感度测试：考核装置对施加标准规定的辐射电场是否敏感。

测试方法及应达到的指标均有相应的国家标准。

3）环境试验

一些电力电子变换器产品还要求在通电工作条件下做环境试验（例行试验）。环境试验一般包括以下项目。

（1）高温试验

高温试验的目的在于评定电力电子变换器在高温环境条件下的适应性。

这项试验能否达标，关键在于散热技术及元器件的老化筛选。一般元器件自身也有对工作环境的要求，例如，工业级芯片在−25℃～85℃可正常工作，军品级芯片在−55℃～125℃可正常工作，但价格相差很多。

（2）低温试验

低温试验的目的在于评定电力电子变换器在低温环境条件下的适应性。

本项达标的关键在于元器件的筛选及变压器加工工艺。

（3）湿热试验

湿热试验的目的在于评定电力电子变换器在相对湿度、温度环境条件下的适应性。

该项试验能达标的关键技术是绝缘处理及加工过程处理。整机电气性能试验完成后，产品应喷三防漆，增强抗腐蚀能力。

（4）振动试验

振动试验的目的在于评定电力电子变换器在振动环境条件下的适应性。

（5）冲击试验

冲击试验的目的在于评定电力电子变换器在冲击环境条件下的适应性。

以上两项试验能达标的关键在于合理的结构设计、减震器的正确选择、焊接和安装的工艺等。若 PCB 上有虚焊等问题，在试验中会导致电气性能不正常，甚至损坏元器件。

在设计产品时，应该全面考虑，不仅应该具有良好的电气性能，还应该有良好的电磁兼容和可靠的结构。

表 1.3 给出某实际电力电子变换器产品的整机测试项目清单示例。

表 1.3　某实际电力电子变换器产品的整机测试项目清单示例

序　号	试验项目	序　号	试验项目
1	外形尺寸检验 安装尺寸检验	10	加速度试验
		11	振动试验
2	重量检验	12	冲击试验
3	绝缘电阻检验	13	湿热试验
4	功能性能试验	14	盐雾试验
5	高温贮存试验	15	霉菌试验
6	高温工作试验	16	温度、湿度、高度试验
7	低温贮存试验	17	电磁兼容试验
8	低温工作试验	18	电源特性试验
9	温度冲击试验	19	可靠性试验

1.12　生产准备

在各项试验完成后，做出针对性调整，进入产品生产阶段。对电力电子变换器进行小批量试制生产，并再次进行相关试验，验证其可靠性和各项性能指标。

在小批量试制通过后，可进入批量生产阶段。

1.13　小结

本章给出电力电子变换器的一般研制流程，对于不同的研究生产单位，可能会根据这一基本流程做进一步的调整或细化，以适应其机构或单位的具体情况。但不管怎么说，流程化的设计在电力电子变换器整机和部件设计中都非常重要。作为电力电子初学者，不宜只进行理论知识学习和仿真研究，而应尽可能早地参与实践，完整地走一遍设计流程，从而对电力电子变换器中的很多实际问题建立较强的直观感性认识，并在进一步技术研究与产品开发中不断积累在相关设计环节中的专业知识与技能，提高设计水平。

思考题和习题

1-1 简要说明电力电子变换器的一般设计流程。

1-2 电力电子变换器的技术指标一般包括哪些方面要求？试以某款商用 DC/DC 或 AC/DC 变换器为例，对其指标进行说明。

1-3 简述开关变换器技术指标之间存在的相关制约关系。

1-4 电路仿真有哪些常用仿真软件？各仿真软件有什么特点？

1-5 阐述产生电磁干扰的条件。

1-6 简要说明环境试验一般包括哪些试验项目。

第2章　电力电子变换器的功能电路、元器件与理想原理分析

电力电子变换器主电路形式较多，功率等级、技术规格、应用场合均有所差异，若从表象上来看，这些电力电子变换器各不相同，似乎要把这些电力电子变换器都逐一分析设计、大有“穷其所有”的态势之后，才能熟悉其原理，掌握设计方法。然而，实际上各类电力电子变换器之间存在很多的共性。使用功能电路的思路可把电力电子变换器划分为一些基本的功能电路，不同电力电子变换器的功能电路具有很大的相似性，对这些基本功能电路学习和掌握后，可直接采用这些功能电路，或做些改进，利用功能电路“搭积木”组合的方法，把各个功能电路连接为完整的电力电子变换器。在功能电路的认知与学习中，若同时结合对元器件的认知，则可以较为深入地掌握功能电路的组成结构、原理与参数设计。

本章主要介绍电力电子变换器的典型功能电路及主要元器件的特性参数，并对典型电力电子变换器的稳态工作原理进行分析。

2.1　电力电子变换器的功能电路

在认识和设计电力电子变换器时，有两种常用的做法。

1）侧重于主电路拓扑

这是很多电力电子类教科书通常采用的方法，即通过多种电力电子变换器的主电路拓扑，讲述其稳态工作原理，这种认识方法因对电力电子变换器的控制电路、保护电路等未进行同步介绍而使电力电子初学者未能建立起对电力电子变换器的整体认识。

2）侧重于详细的电路原理图

这是很多电力电子工程实践所通常采用的方法，通过详细的电路原理图，认识每一个元器件的功能及作用，分析整个电路的工作原理，完成设计。然而这种做法使很多电力电子初学者望而生畏，感到很难进展下去，因为对于较简单的电力电子变换器，其元器件总数至少有几十个，对于复杂些的电力电子变换器，元器件的总数会更多，可达数百个，甚至数千个。

图 2.1 是采用 UC3842 作为核心控制单元构成的 AC/DC 开关电源的典型电路原理图。对于电力电子初学者，若直接分析该原理图，会觉得颇有难度，不易弄清楚。对于更为复杂的原理图，直接分析和理解就更加不易。

为了让电力电子初学者建立对电力电子变换器的整体认识，同时又不致于让其望而生畏，非常有必要让初学者从电力电子变换器的“功能电路”角度来切入电力电子变换器的学习。

所谓功能电路，即把一个较为复杂的实际电力电子变换器分解为多个功能模块，如图 2.2 所示。这些功能模块由一些元器件有机组合起来，分别完成相对独立的一些功能（见图 2.3）。通过电力电子变换器的功能电路，有利于电力电子初学者建立模块化设计思路，以功能电路

为单元，掌握其组成元器件的基本特性，并以其作为功能模块，在电力电子变换器设计时可利用功能电路“搭积木”的方式完成整个电力电子变换器的设计。

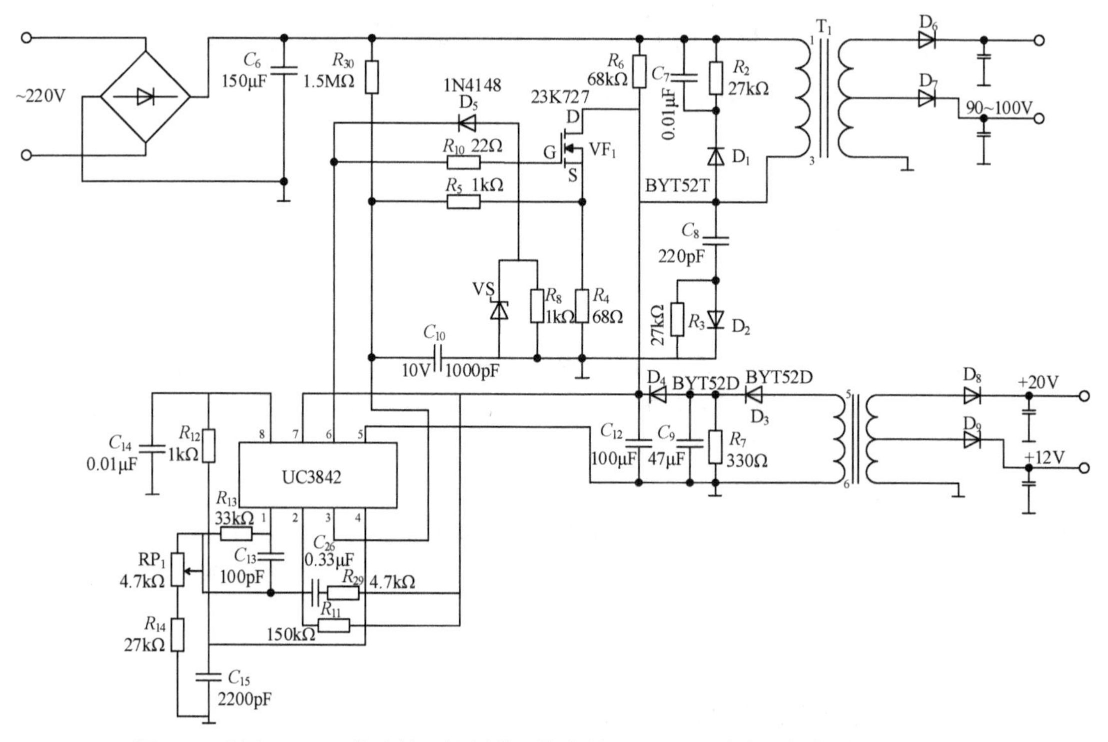

图 2.1　采用 UC3842 作为核心控制单元构成的 AC/DC 开关电源的典型电路原理图

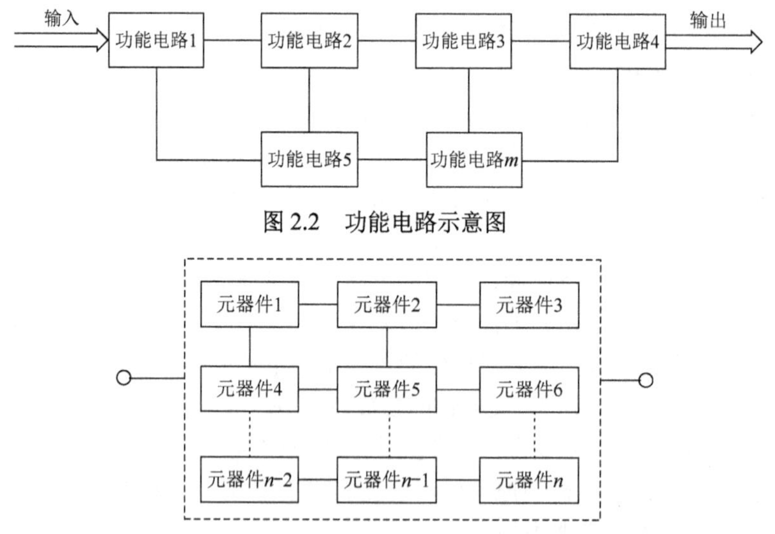

图 2.2　功能电路示意图

图 2.3　功能电路中的元器件

尽管电力电子变换器的电路形式千变万化，但每一类电力电子变换器的基本功能电路都大致相同。为进一步说明功能电路思想，以下以 DC/DC 变换器为例进行说明。

根据隔离与否，DC/DC 变换器可分为不隔离式 DC/DC 变换器和隔离式 DC/DC 变换器。

不隔离式 DC/DC 变换器的典型功能电路如图 2.4 所示，由输入环节、功率变换拓扑、驱动电路、PWM 控制器、输出滤波电路、取样、稳压环路、启动供电与机内电源以及输入过欠压保护单元、输出过压保护单元、限流保护、短路保护等组成。隔离式 DC/DC 变换器的功能电路如图 2.5 所示，两者的主要区别在于隔离式 DC/DC 变换器在输入和输出之间采取了具有电气隔离的高频变压器。

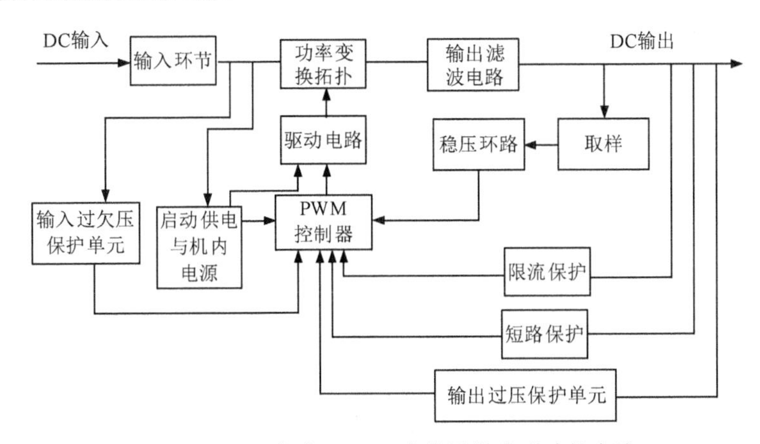

图 2.4　不隔离式 DC/DC 变换器的典型功能电路

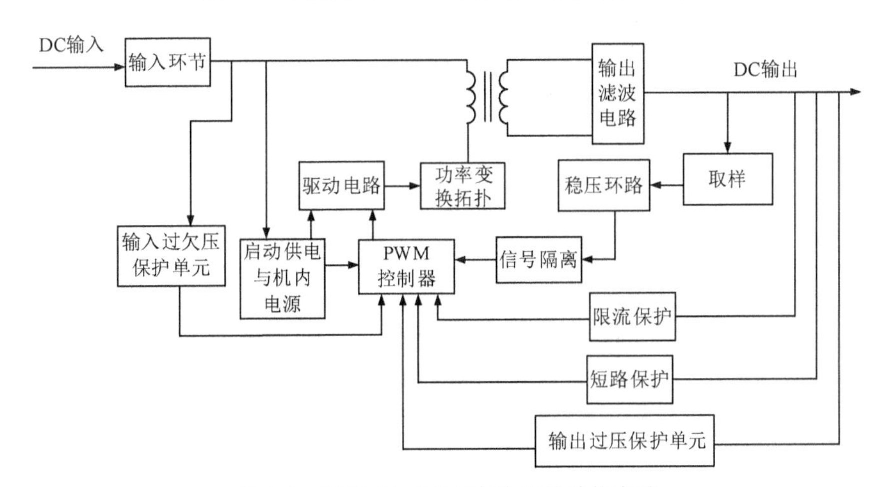

图 2.5　隔离式 DC/DC 变换器的功能电路

DC/DC 变换器由多个功能电路组成，习惯上又把处理高电压、大电流的功能电路归为主电路，包括输入环节、功率变换拓扑、变压器、输出滤波电路等。与主电路处理功率不同，控制电路主要处理信号，包括 PWM 控制器、驱动电路、取样电路、稳压电路、启动供电与机内电源和各种保护电路。控制电路属于“弱电”电路，但它控制着主电路中的功率开关器件，一旦出现失误，将造成严重后果，使整个电源停止工作或损坏。DC/DC 变换器的很多技术指标，如稳压稳流精度、纹波、输出特性等也都与控制电路相关，因此控制电路的设计质量对电源的性能至关重要。同时控制电路功能众多，相对复杂，设计的内容也较复杂，周期较长，甚至可能出现反复，有时一些参数的确定还需要通过试验来得到。

2.1.1　不隔离式 DC/DC 变换器

不隔离式 DC/DC 变换器的各功能电路分析如下。

1）主功率拓扑

主功率拓扑是功率变换的核心功能电路，一般由功率开关管、二极管、电感、电容组成，如图 2.6 所示，通过功率开关管有规律的接通与关断完成电压电流变换和功率传输。基本的不隔离式 DC/DC 变换器共有 6 种，即降压式（Buck）变换器、升压式（Boost）变换器、升降压式（Buck-Boost）变换器、Cuk 变换器、Sepic 变换器和 Zeta 变换器，其中最常见的是前三种。前三种变换器的主功率拓扑如图 2.7 所示。

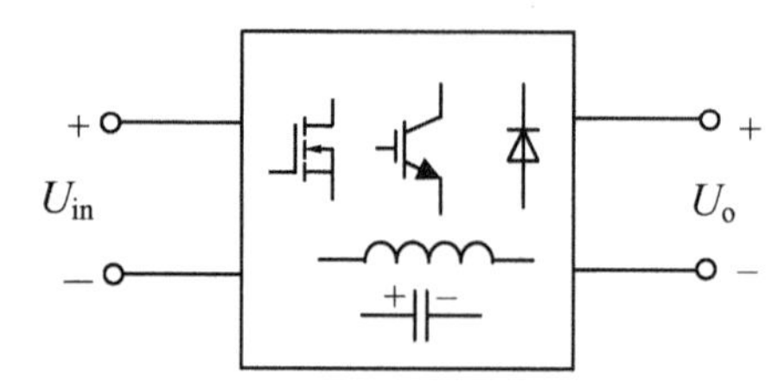

图 2.6 不隔离式 DC/DC 变换器的主功率拓扑电路组成示意图

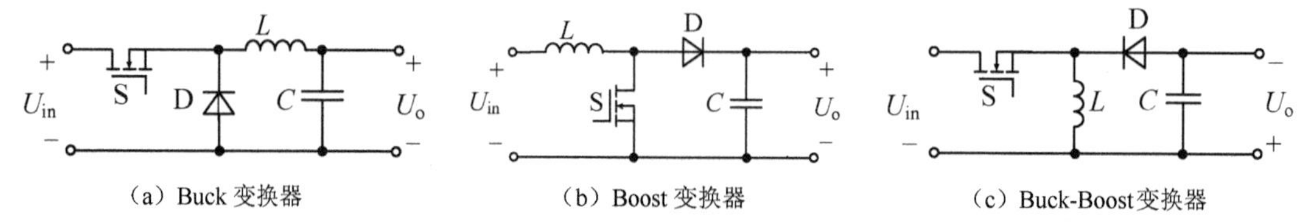

图 2.7 三种基本的非隔离式 DC/DC 变换器主功率拓扑

这三种变换器的输入、输出关系和特征如表 2.1 所示，可根据应用场合的需要合理选择拓扑形式。

表 2.1 三种变换器的输入、输出关系和特征

变换器类型	输入、输出电压关系	稳态电压关系	输入电流	输出电流	功率开关管驱动
Buck 变换器	$U_o = DU_{in}$	输出电压低于输入电压	断续	连续	需要隔离
Boost 变换器	$U_o = \frac{U_{in}}{1-D}$	输出电压高于输入电压	连续	断续	不需要隔离
Buck-boost 变换器	$U_o = \frac{DU_{in}}{1-D}$	输出电压既可高于输入电压，也可低于输入电压，且极性相反	断续	断续	需要隔离

注：$0 \leqslant D \leqslant 1$。

Buck 变换器因其降压特征和优越的动态特性，广泛应用于 VRM、POL 的非隔离开关电源变换器中。Boost 变换器已成为单相 PFC 的标准功率级电路，并在那些由电池供电，需要升压后给 IC 供电的便携式设备、消费电子产品中得到广泛应用。Buck-Boost 变换器自身的应用较少，但由其衍生出来的反激变换器的应用非常广泛。

2）输入环节

输入环节通常包括输入滤波电路、输入保护电路和浪涌抑制电路。图 2.8 给出输入环节的构成示意图。

（1）输入滤波电路

DC/DC 变换器中开关器件在高频工作，会产生电磁干扰，为防止 DC/DC 变换器经电源线传导出噪声，同时为防止外部干扰影响 DC/DC 变换器正常工作，须在 DC/DC 变换器的输入端采用 EMI 滤波器。EMI 滤波器通常由共模电感、差模电感及电容以一定的方式组合而成。

（2）输入保护电路

这里的输入保护电路指由熔断器（保险丝）和压敏电阻构成的电路。

（3）浪涌抑制电路

在紧邻主功率拓扑的输入端，往往需要放置容量较大的电容。这一电容在上电瞬间，相当于短路状态，会使输入元件和电容上流过很大的浪涌电流，这不仅会给输入元件带来很大压力，也会给同一直流供电线路的其他设备造成干扰。根据变换器功率等级和应用场合的不同，通常可选用串联电阻、串联电阻并接开关、负温度系数热敏电阻和有源抑制电路。输入环节的电路示例如图 2.9 所示。

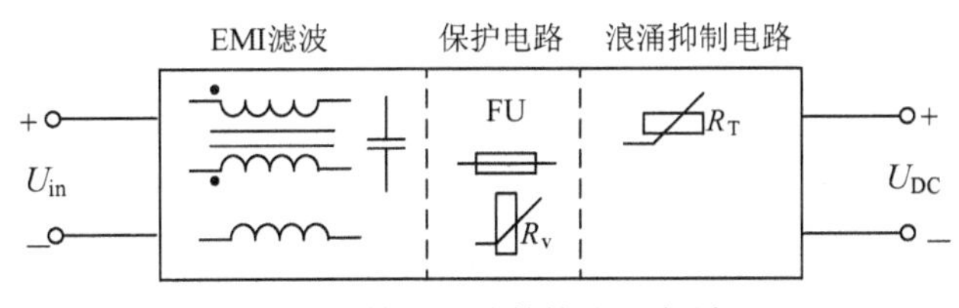

图 2.8　输入环节的构成示意图

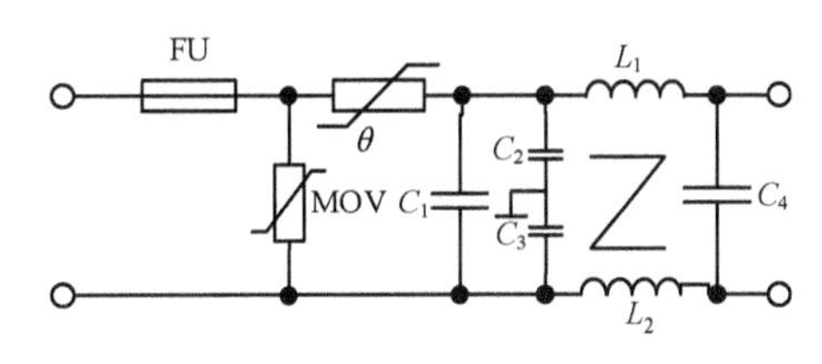

图 2.9　输入环节的电路示例

3）输出滤波电路

输出滤波电路把 PWM 开关动作得到的脉动电压变换成直流输出。不同的电力电子变换器采用的输出滤波方案不同，有双极点 LC 滤波器、单极点电容滤波器等，如图 2.10 所示。

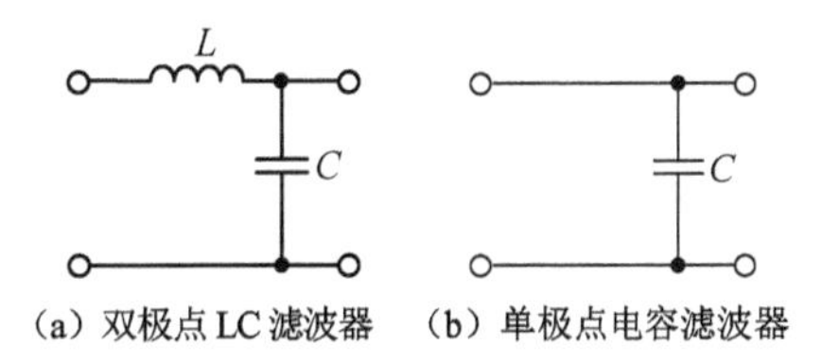

（a）双极点 LC 滤波器　（b）单极点电容滤波器

图 2.10　输出滤波器典型电路形式

由于大容量电解电容存在等效串联电感（Equivalent Series Inductance，ESL）和等效串联电阻（Equivalent Series Resistance，ESR），其高频特性相对较差，且有因 ESR 引起的纹波电压，为此输出滤波器往往要采用多个小容量电解电容并联，并且并联高频特性好的瓷片电容或采用两级 LC 滤波器，如图 2.11 所示。

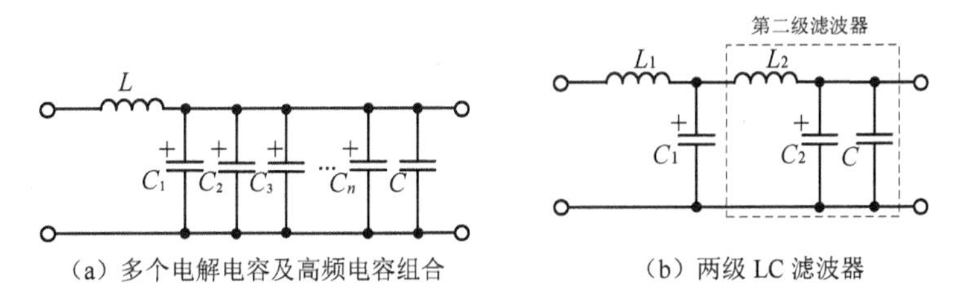

（a）多个电解电容及高频电容组合　（b）两级 LC 滤波器

图 2.11　实际输出滤波器的组合

4）驱动电路

驱动电路是控制电路与主电路的接口，与开关电源的效率、可靠性等性能密切相关。驱动电路需要有很高的快速性，能提供一定的驱动功率，并具有较高的抗干扰和隔离噪声能力。

驱动信号施加在功率开关器件的栅极-发射极（IGBT）或栅极-源极（MOSFET）间，少部分电路拓扑，如 Boost 变换器，可以采用如图 2.12 所示的直接驱动电路。还有很多电路拓扑结构，特别是桥式电路，不同开关器件的发射极（或源极）间的电位差很大，而且在高速变化，因此要求驱动电路具备隔离功能。

图 2.12（a）为比较简单的直接驱动电路，其中，逻辑电路可以是 TTL 或 CMOS 缓冲器、驱动器或其他逻辑电路。该电路可以产生足够高的栅压，保证元器件充分导通。不过这种驱动电路由于其末级是单管输出，受其灌电流的限制，外接电阻 R 会取得比较大，因此开通速度相对较慢。图 2.12（b）为直接驱动的一种改进电路，其输出级采用晶体管组成的互补驱动电路，增加了驱动功率，可以同时提高开通、关断时的速度，更适合大功率 MOSFET 的驱动。

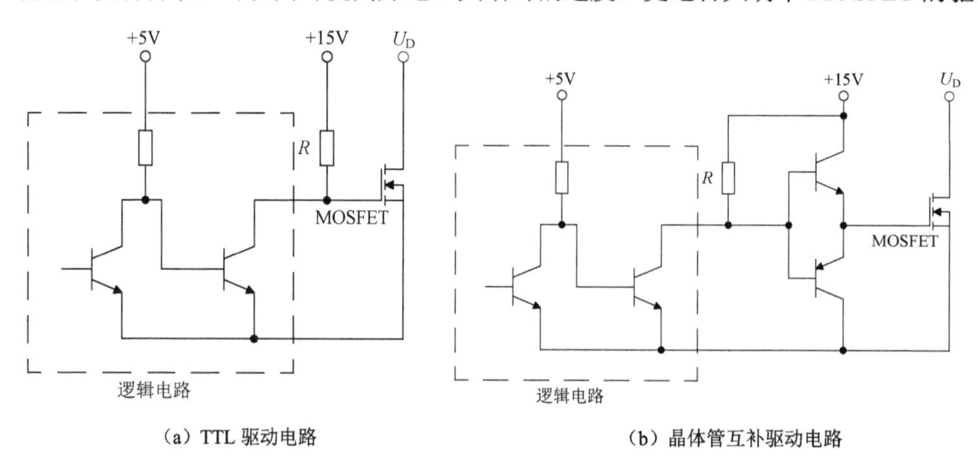

（a）TTL 驱动电路　　（b）晶体管互补驱动电路

图 2.12　直接驱动电路

隔离式驱动电路根据其隔离元件的不同，又可以分为磁隔离和光隔离。

变压器是常用的磁隔离元件，如图 2.13 所示为最简单的脉冲变压器隔离驱动电路。由于脉冲变压器必须保证伏秒平衡，因此驱动脉冲的占空比变化范围不可以太宽。光电耦合器是典型的光隔离元件，利用光电耦合器的隔离驱动电路如图 2.14 所示，光电耦合器由于体积小，没有驱动脉冲占空比的限制，因此获得广泛应用。但光电耦合器的响应速度比变压器隔离的响应速度慢，并且一次侧、二次侧之间存在较大的寄生电容，抗干扰能力不及变压器隔离驱动。

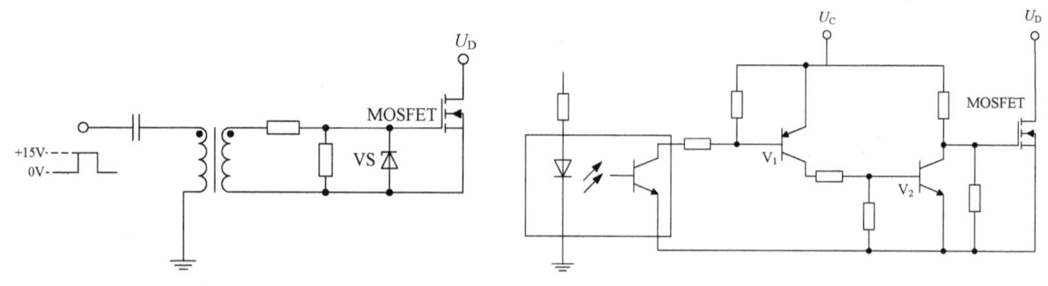

图 2.13　脉冲变压器隔离驱动电路　　图 2.14　利用光电耦合器的隔离驱动电路

除用分立元件构成驱动电路外，现在已经有很多专用驱动芯片，例如，IR 公司的 IR2110 就是一款双通道 MOSFET 集成驱动芯片，具有双路输出，均采用由两只峰值电流为 2A 以上、内阻为 3Ω 以下的 N 沟道 FET 组成的图腾柱输出，输出级可提供的驱动电压为 10～20V。可用于驱动耐压不超过 500V 的 MOSFET。

图 2.15 为将 IR2110 用于驱动一个桥臂的典型电路图，固定栅极参考地的一路输出用于驱动桥臂下管，浮动输出的一路用于驱动桥臂上管。

对于新型宽禁带（SiC 或 GaN）器件，由于其驱动要求与 Si 器件有较大不同，因此不能直接沿用 Si 器件的驱动电路，需要根据其器件特点以及待应用的具体电力电子变换器类型设计专门的驱动电路。

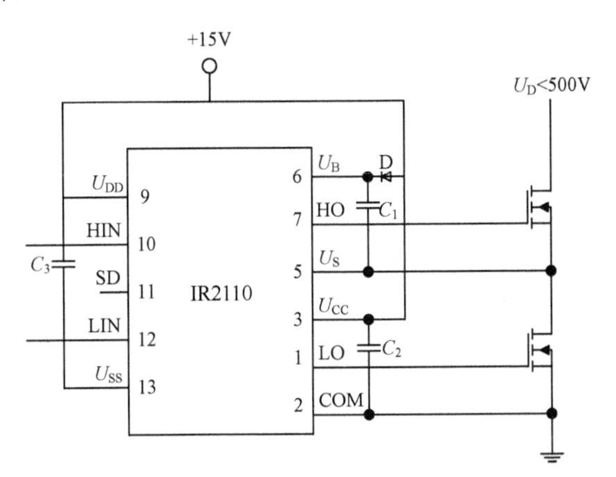

图 2.15　IR2110 用于驱动一个桥臂的典型电路图

5）PWM 控制器

PWM 控制器的作用是将在一定范围内连续变化的模拟量信号转换为占空比跟随输入信号连续变化的 PWM 信号。常用的集成 PWM 控制器有 SG3525、TL494 和 UC3825、UC3842～UC3846、UC3875～UC3879 等。

这些集成 PWM 控制器可以分为电压模式控制器和电流模式控制器，电流模式控制器又可以分为峰值电流模式、平均电流模式和电荷模式。在设计中，需要根据实际情况有针对性地选用 PWM 控制器。

集成 PWM 控制器的典型结构框图如图 2.16 所示。该控制器将误差电压放大器、振荡器、PWM 比较器、驱动电路、基准源、欠电压保护电路等常用控制电路，集成在同一芯片中形成集成电路，各部分电路作用如下。

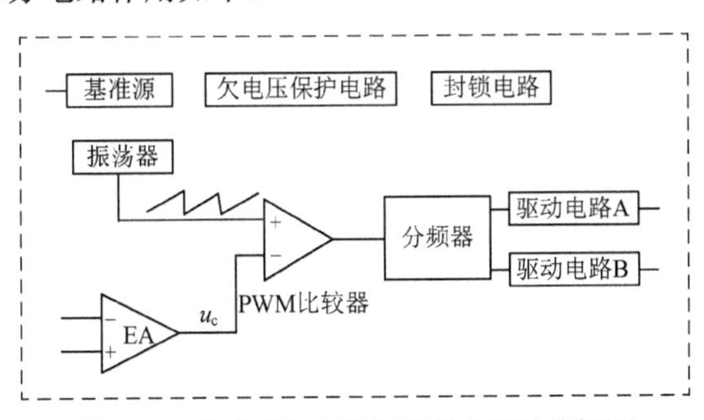

图 2.16　集成 PWM 控制器的典型结构框图

（1）基准源用于提供高稳定度的基准电压，作为电路中给定的基准。

（2）振荡器产生固定频率的时钟信号，来控制开关频率。

（3）误差电压放大器（EA）实际上就是一个运算放大器，用来构成电压或电流调节器。

（4）PWM 比较器将 EA 输出信号 u_c 转换成有一定占空比的 PWM 脉冲，不同的控制模式有着各不相同的转换方式，电压模式控制的集成控制器中，常采用由振荡器产生的锯齿波与 u_c 比较的方式，而在峰值电流模式控制中，采用 u_c 与电感电流瞬时值相比较的方式。分频器将单一的 PWM 脉冲序列分成两路互补对称的 PWM 脉冲序列，用于桥臂电路的控制。

（5）驱动电路的结构通常为图腾柱结构的跟随电路，用来提供足够的驱动功率以有效地驱动主电路的功率开关器件。

（6）欠电压保护电路对集成控制器的电源实施监控，一旦电源电压跌落至阈值以下时，就封锁输出驱动脉冲，以避免电源掉电过程中输出混乱的脉冲信号造成功率开关器件的损坏。

（7）封锁电路由外部信号控制，一旦有外部信号触发，立即封锁输出脉冲信号，给外部保护电路提供了一个可控的封锁信号。

6）取样和稳压环路

取样和稳压环路的作用是将输出电压进行采样，作为反馈量与给定量进行比较和运算，得到变换器的控制量。

在输入与输出不需要电气隔离的场合，可直接利用电阻分压得到反馈电压，如图 2.17 所示。在输入与输出需要电气隔离的场合，可采用光电耦合器获得电压反馈信号，如图 2.18 所示。

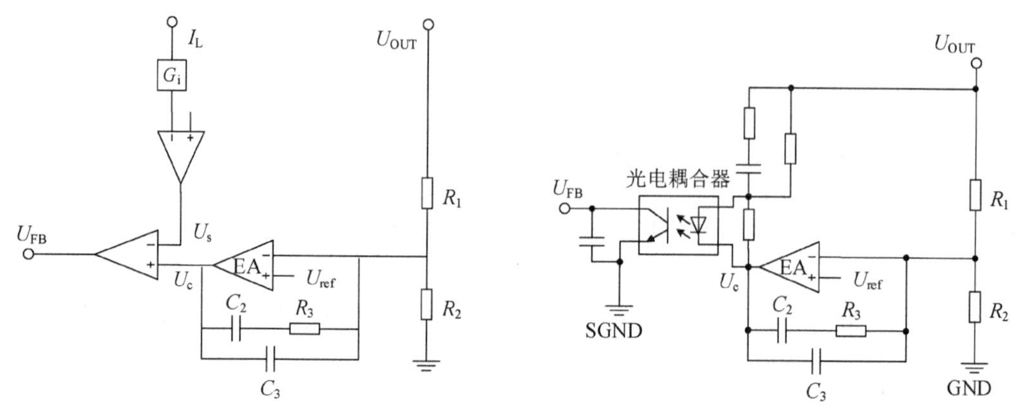

图 2.17 电阻分压反馈电路原理图

图 2.18 光电耦合器反馈电路原理图

稳压环路也称为调节器，其核心是运算放大器。多数 PWM 控制器内部都含有运算放大器，可以构成稳压调节器，但有时其性能难以满足要求，这时可以选用合适的集成运算放大器构成调节器。调节器可以采用比例积分（PI）或比例积分微分（PID）等类型，积分环节可以保证系统稳态无差。

调节器的参数设计可以采用频域法，利用开环系统伯德图来进行设计。值得注意的是，调节器参数设计是在系统参数固定的前提下进行的，但电力电子变换器在实际运行中很多参数是变化的，尤其是负载，通常变化都很大。因为负载阻抗是调节对象的参数之一，所以它的变化对系统的稳定性和动态特性影响很大，这就要求调节器的设计要有充分的容差性，尤其是稳定裕量应足够大，以免系统在运行中突然发散或振荡，造成电力电子变换器损坏或危及负载的安全。

7）保护电路

为了保证电力电子变换器在正常和非正常使用情况下的可靠性，其控制电路中应包含保护电路。保护电路具备自身保护和负载保护两方面的功能，一旦出现故障，立即使电力电子变换器停止工作，并以声或光的形式报警，以保证在任何情况下电力电子变换器自身不损坏，也不导致负载的损坏。

自保护功能有输入过电压保护、输入欠电压保护、系统过热保护、过电流保护等。负载保护功能有输出过电压保护、输出欠电压保护等。其中，输入过电压保护电路、输入欠电压保护电路、过热保护电路中宜采用滞环比较器，以便在故障情况消失后电源可以自动恢复工作。

过电流保护电路宜采用锁存器将过电流信号锁存。因为过电流信号出现后，开关器件的驱动信号立即被封锁，过电流信号也会再次开放，导致频繁的重复过电流，很容易导致开关器件损坏。但锁存器应附加复位电路，以便在排除故障后重新开始工作，或者采用时间较长的延时复位电路，以降低过电流保护的频度。

输出过电压和欠电压通常由于电源或负载的严重故障引起，也应采用锁存器将故障信号锁存，一旦出现，应立即停机报警，等待人工干预。

8）启动电路与机内电源

电力电子变换器在进入正常工作状态之前，往往要让 PWM 控制器先工作，因此首先就要给控制芯片供电。若无须考虑变换器的体积和成本因素，可以专门给 PWM 控制器提供单独的供电电路，但实际上这会使变换器变得更加复杂、体积更大、成本更高，因此往往采取自给自足的供电模式，即启动时由启动电路为 PWM 控制器供电，但由于启动电路的效率往往较低，因此一般只在电力电子变换器启动的短暂时间内工作，电力电子变换器正常工作后由机内电源为 PWM 控制器供电。以反激变换器为例，启动瞬态由专门的启动电路给 PWM 控制器供电，正常工作后由专门设置的变压器绕组给 PWM 控制器供电。常见的启动电路包括 RC 启动电路、增强型 RC 启动电路、三极管启动电路等，如图 2.19 所示。

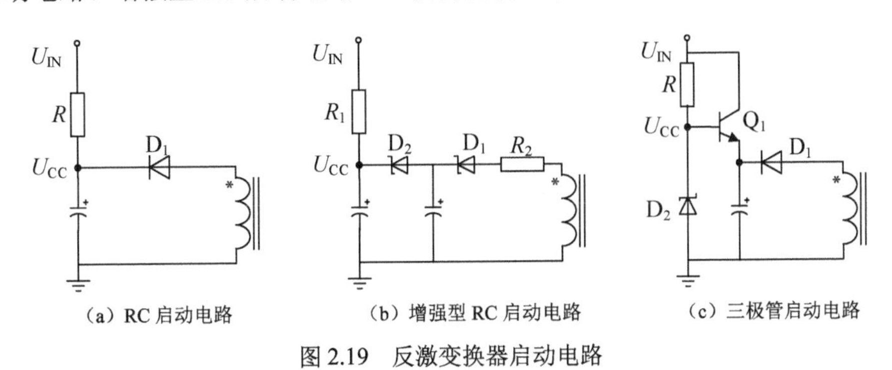

（a）RC 启动电路　（b）增强型 RC 启动电路　（c）三极管启动电路

图 2.19　反激变换器启动电路

2.1.2 隔离式 DC/DC 变换器

为安全起见，绝大多数电力电子变换器在输出和输入之间必须考虑电气隔离问题。具有隔离要求的电力电子变换器，其功率级中要有隔离元件，目前用得最多的隔离元件是变压器，它利用磁场来传递能量，并实现输入和输出的电气隔离。

隔离式 DC/DC 变换器的功能电路分析如下。

从三种基本的不隔离式 DC/DC 变换器可以衍生出多种隔离式 DC/DC 变换器，与人类的家庭结构类似，可以画出如图 2.20 所示的家谱。

（1）降压式隔离变换器家族

其始祖为不隔离式 Buck 变换器，CCM 稳态电压增益的一般形式为$\dfrac{U_o}{U_{in}} \propto D$。这个家族中的大部分第二代成员和少数第三代成员是目前开关电源中用得最多的拓扑。它的第三代成员——不对称半桥和不对称全桥虽然也属于降压范畴，但其 CCM 稳态电压增益的一般形式变为$\dfrac{U_o}{U_{in}} \propto D(1-D)$。这个家族成员较多，如图 2.21 所示是应用较为广泛的五种降压式隔离 DC/DC 变换器。

① 谐振去磁单正激变换器。

② 有源去磁单正激变换器。

③ 二极管去磁双正激变换器。

④ 不对称控制半桥变换器。

⑤ 移相控制全桥变换器。

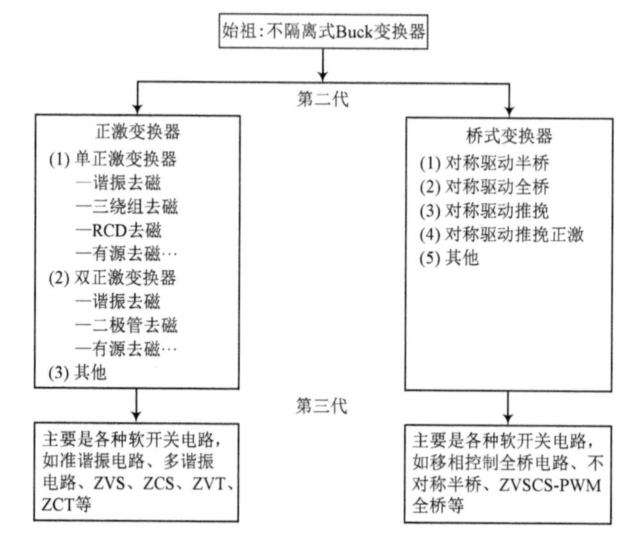

（a）降压式（Buck）变换器家族

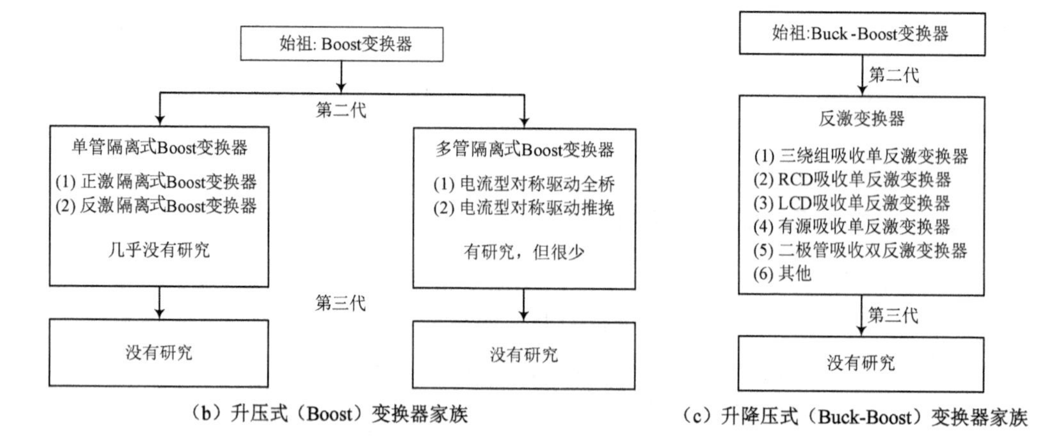

（b）升压式（Boost）变换器家族　　（c）升降压式（Buck-Boost）变换器家族

图 2.20　三种基本的不隔离式 DC/DC 变换器的家谱

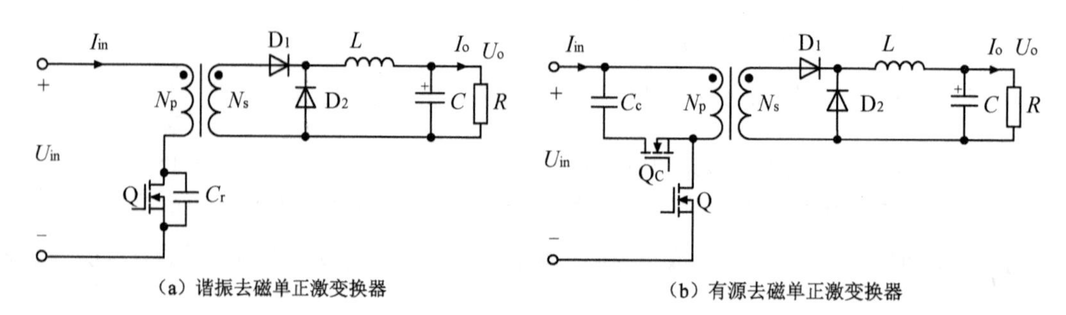

（a）谐振去磁单正激变换器　　（b）有源去磁单正激变换器

图 2.21　五种常用的降压式隔离 DC/DC 变换器

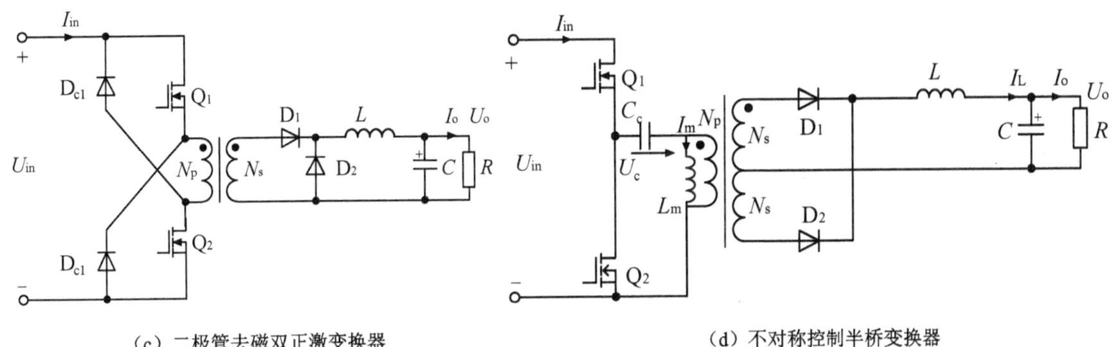

（c）二极管去磁双正激变换器　　　　（d）不对称控制半桥变换器

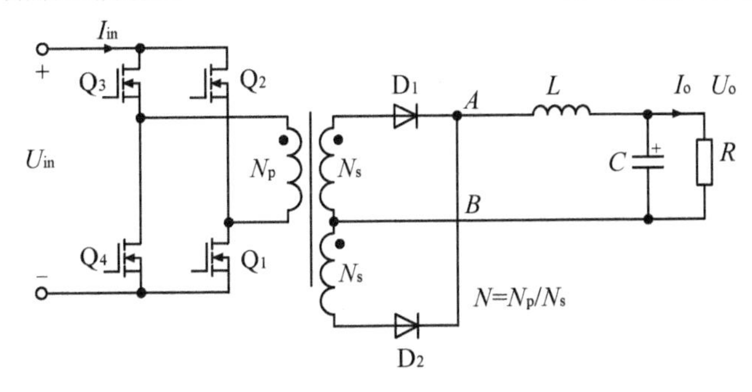

（e）移相控制全桥变换器

图 2.21　五种常用的降压式隔离 DC/DC 变换器（续）

（2）升压式隔离变换器家族

其始祖为 Boost 变换器，CCM 稳态电压增益的一般形式为$\dfrac{U_o}{U_{in}} \propto \dfrac{1}{(1-D)}$。降压式和升降压式隔离 DC/DC 变换器可以由基本的 Buck 或 Buck-Boost 增加隔离变压器后演变得到，但升压式隔离 DC/DC 变换器却不能直接从 Boost 变换器增加隔离变压器演变得到，因为其与基本 Boost 变换器有相似的稳态电压增益关系，因而均被视为升压式隔离 DC/DC 变换器。

目前主要有两类：第一类是单管隔离式 Boost 变换器，如图 2.22 所示，包括：正激单管隔离式 Boost 变换器、反激单管隔离式 Boost 变换器和 Cuk 型单管隔离式 Boost 变换器。它们在传统变换器的基础上，通过将变压器副边的整流电路改成倍压电路而得，这类单管隔离式 Boost 变换器没有最小占空比的限制。

第二类是多管隔离式 Boost 变换器，它们是从降压式（隔离 Buck）变换器通过拓扑对偶所获得的，包括：对称驱动电流型推挽变换器、对称驱动电流型全桥变换器和三绕组正激隔离式 Boost 变换器，这类多管隔离式 Boost 变换器的工作占空比必须大于 0.5。

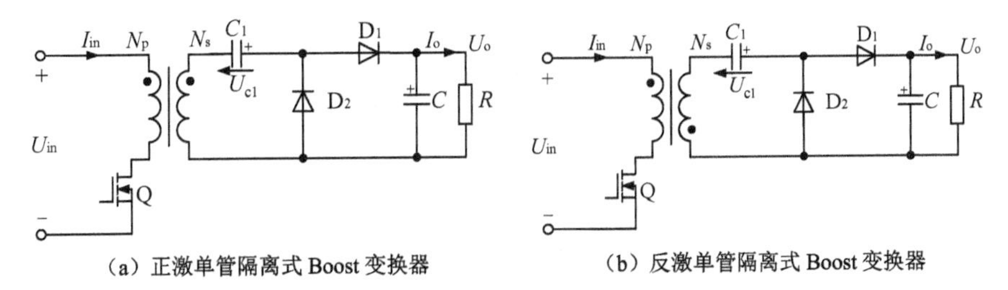

（a）正激单管隔离式 Boost 变换器　　　　（b）反激单管隔离式 Boost 变换器

图 2.22　单管隔离式 Boost 变换器

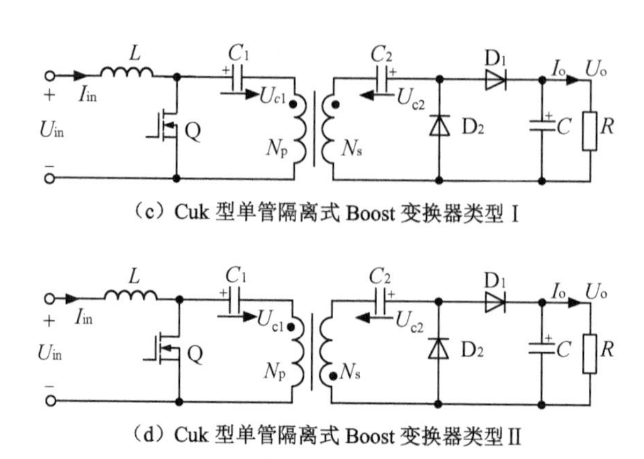

（c）Cuk 型单管隔离式 Boost 变换器类型 I

（d）Cuk 型单管隔离式 Boost 变换器类型 II

图 2.22 单管隔离式 Boost 变换器（续）

（3）升降压式隔离变换器家族

其始祖为 Buck-Boost 变换器，CCM 稳态电压增益的一般形式为$\dfrac{U_{\mathrm{o}}}{U_{\mathrm{in}}} \propto \dfrac{D}{(1-D)}$。这个家族中最典型的代表是反激变换器，有单管反激变换器和双管反激变换器两类。如图 2.23 所示，单管反激变换器通常包括 RCD 吸收反激变换器和三绕组吸收反激变换器，一般用于电压低于 400V DC 的情况下；当输入电压大于 400V DC 时，可选择如图 2.24 所示的双管反激变换器。

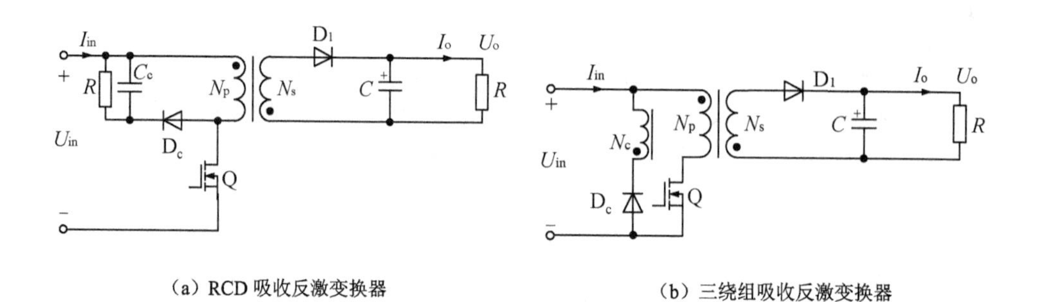

（a）RCD 吸收反激变换器

（b）三绕组吸收反激变换器

图 2.23 单管反激变换器

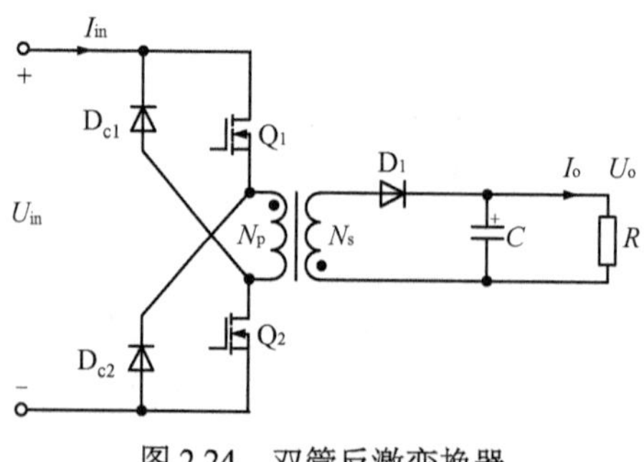

图 2.24 双管反激变换器

2.2 电力电子变换器的典型元器件

2.2.1 主功率电路的元器件

电力电子变换器基于功率开关的开通和关断，配以电感和电容的储能和放能，实现电能的变换。功率开关管、二极管、电感、变压器和电容是主功率电路的最基本元器件。

2.2.1.1 主功率电路的基本元器件

1）功率开关管

在理想原理分析时，把功率开关管视为理想开关。理想开关就是：当开关导通、流过电流 i_{SW} 时，其端电压 u_{SW} 为零；当开关关断、流过电流 i_{SW} 为零时，其端电压为 u_{SW}。理想开关损耗为零，即导通状态损耗为零、关断状态损耗为零和开关损耗为零，开关由控制信号 u_C（可以是电压、电流、光信号或温度信号等）控制其导通和关断。

基于导通状态下电流流动的方向、开关断开时电压极性和控制方式，可将开关分类为：

（1）双向开关，就是开关在导通状态时电流可以双向流动；

（2）双极性开关，就是开关在关断状态时既可以承受正向电压也可以承受反向电压。

实际上，只有单向的和单极性的开关可以用电力半导体器件实现，如两端器件二极管、三端器件晶体管等。双向开关可以用两个单向开关反并联组成。晶闸管也称为可控硅，是单向双极性开关。

开关的控制信号 u_C 可能是一个门槛电压或电流，超过这个门槛电压或电流就导通，也可能是一个电压或电流的脉冲信号。

二极管是自触发和自控制开关，其两端的电压就是其控制电压，这个控制信号是固定的和不可控的，因此又称二极管为不可控开关。

三端电力电子开关器件，如双极结型晶体管（BJT）、晶闸管（SCR）、门极可关断晶闸管（GTO）、金属-氧化物-半导体场效应管（MOSFET）、绝缘栅双极型晶体管（IGBT）、MOS 控制晶闸管（MCT）等，所有通态电压都不为零，但很小。SCR、GTO 和 MCT 需要一个窄控制脉冲触发，因此称这些器件为脉冲触发器件。BJT、MOSFET 和 IGBT 需要直流电压或电流电平触发，因此称这些器件为电平触发器件。

2）电感

电感是一个储存能量的元件，除作为一个元件存在于电力电子变换器中，还以寄生电感的形式出现，如功率器件封装及引线的寄生电感、PCB 的寄生电感、负载的寄生电感、导线的自感、变压器和电机的漏感等。

电感上的电压、电流关系为

$$u_L = L\frac{di}{dt} \Rightarrow i_L = I_L(0) + \frac{1}{L}\int_0^t u_L dt \tag{2-1}$$

式中，$I_L(0)$为电感中的初始电流。

在 dt 时间内，流过一个大电感的电流可以认为是常数，这是因为

$$\frac{di}{dt} = \frac{u_L}{L} \approx 0 \tag{2-2}$$

因此，可以认为在 dt 时间内，大电感的模型可用电流源代替。

3）变压器

变压器在电力电子变换器中通过磁耦合把电能从一个电路传输到其他电路中，同时改变了电路电压，但传输过程中电压或电流的频率不会改变。当然，直流电压不能通过变压器传输，能量守恒定律适用于变压器。

变压器由铁芯、骨架和绕组组成，铁芯构成闭合磁路，绕组至少有两个以上，分别称为原边绕组和副边绕组。双绕组变压器的电路示意图如图 2.25 所示，线圈上的星号标注点表示电压极性相同，称为同名端。

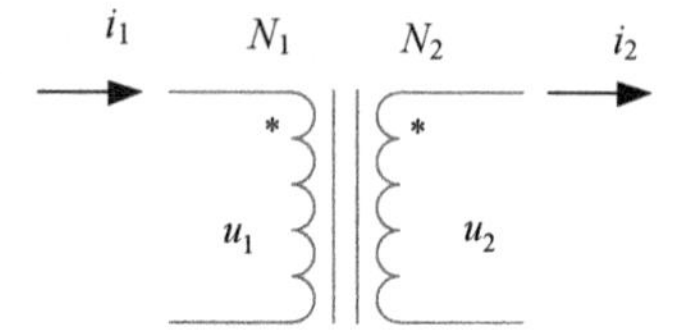

图 2.25　双绕组变压器的电路示意图

由于闭合磁路中磁通 ϕ 相等，线圈电压、匝数和磁通关系式为

$$u_i = N_i \frac{\mathrm{d}\phi}{\mathrm{d}t} \tag{2-3}$$

式中，i 表示第 i 个线圈；u_i 表示第 i 个线圈电压；N_i 表示第 i 个线圈匝数。

因此有

$$\frac{\mathrm{d}\phi}{\mathrm{d}t} = \frac{u_1}{N_1} = \frac{u_2}{N_2} \tag{2-4}$$

由能量守恒定律，变压器输入功率等于输出功率，即

$$u_1 i_1 = u_2 i_2 \tag{2-5}$$

定义线圈阻抗为线圈端电压除以线圈电流，由式（2-4）和式（2-5）得

$$\frac{Z_j}{Z_i} = \left(\frac{N_j}{N_i}\right)^2 (i \neq j) \tag{2-6}$$

即原、副边电压之比等于原、副边匝数之比，线圈阻抗之比等于匝数之比的平方。由于变压器的这种比例特性，有时变压器也用来作为变换器到负载的阻抗匹配元件。

这里给出的是理想变压器基本关系，实际变压器仍需考虑磁化特性、漏感、寄生电容等实际因素，详见第 3 章分析。

4）电容

与电感一样，电容也是一个储存能量的元件，除作为一个元件存在于变换器中，同时还以寄生电容的形式出现，如变压器、电感中的匝间电容和层间电容，二极管、晶体管、晶闸管等内部的结电容等。

电容上的电压、电流关系为

$$i_\mathrm{C} = C\frac{\mathrm{d}u_\mathrm{C}}{\mathrm{d}t} \Rightarrow u_\mathrm{C} = U_\mathrm{C}(0) + \frac{1}{C}\int_0^t i_\mathrm{C}\mathrm{d}t \tag{2-7}$$

式中，$U_\mathrm{C}(0)$为电容中的初始电压。

当以恒定电流 I_S 向电容充电时，式（2-7）可写为

$$u_\mathrm{C} = U_\mathrm{C}(0) + \frac{1}{C}\int_0^t i_\mathrm{C}\mathrm{d}t = \frac{I_\mathrm{S}}{C}t$$

即恒流源向电容充电时，电容两端电压线性增加。

在 $\mathrm{d}t$ 时间内，大电容的电压可以认为是常数，这是因为

$$\frac{\mathrm{d}u_\mathrm{C}}{\mathrm{d}t} = \frac{i_\mathrm{C}}{C} \approx 0 \tag{2-8}$$

因此，可以认为在 $\mathrm{d}t$ 时间内，大电容的模型可以用电压源代替。

5）电阻

在现代电力电子元器件中，电阻是唯一的能量损耗元件，欧姆定律定义了通过电阻的电压和电流的关系为

$$u = iR \tag{2-9}$$

电阻作为单独的一个元件，在变换器的拓扑中是不存在的，仅存在于负载和寄生参数中。例如，电源的等效电阻（源电阻），电感器、变压器和电机中的线圈电阻，导线电阻和电容器的等效电阻等。

需要注意的是，导体中的线电阻与频率有关，随着流过电阻的电流频率增大，线电阻也会增大。这是由于电流流过导线时，导线周围产生磁场，磁场强度的大小与距离的平方成反比，因此在导线中心磁场强度最大，导线中心的感抗比靠近导线表面的感抗大，电流流动趋向电抗小的区域，电流向导体表面集中，这就相当于增加了导线的电阻率，这种现象称为集肤效应（Skin Effect），集肤深度与频率的平方根成反比。解决集肤效应的常用方法是增加导体的表面积，即用一束细直径导线代替大直径导线从而减小等效电阻。

2.2.1.2　功率开关、电感和电容的连接

这里所指的连接仅是功率开关和电感、电容的连接，不涉及具体电路细节。

1）变换器中电感的连接

电感电流的突然变化会引起很大的 $\mathrm{d}i/\mathrm{d}t$，从而导致电感两端产生很高的电压，也影响到电路中相关的元器件。但反过来，电感两端加上一个有限的电压却不能引起电感中电流的瞬间跳变，即电感中电流是连续的。

因此，在电力电子变换器中，电感和单向开关不能串接在一起，万一需要这种连接，在开关断开时，必须提供电感电流连续流通的通道。电感两端反并联一个二极管就可为电感提供电流通道，这个二极管称为续流二极管。

2）变换器中电容的连接

电容两端电压的突然变化，会引起很大的 $\mathrm{d}u/\mathrm{d}t$，从而导致非常大的电流流进或流出电容，但反过来，非常大的电流流进或流出电容，却不会引起电容电压的瞬间跳变，即电容两端的电压是连续的。

因此，在电力电子变换器中，电容和单向开关不能并接在一起，无论何时需要这种连接，开关断开时，必须提供阻塞二极管与电容串接在一起，防止开关闭合形成短路。

2.2.2　控制芯片

控制电路是电力电子变换器稳定工作，达到相关性能指标的重要部分。

控制电路包括误差电压放大器、基准源、PWM 发生电路、频率输出、输出采样电路和相关保护电路等，将这些功能电路集成在一块控制芯片中构成控制 IC。早期的经典控制 IC，如 SG3525、UC384X 系列控制 IC 得到广泛使用，随着应用场合对性能和功能要求的不断提高，出现了很多专用芯片。专用芯片也称为适合特定用途的 IC，目前有许多公司相继开发出了应用于不同用途的控制芯片，专用芯片的特点是控制简单容易，控制规律采用硬件实现。

无论是早期的控制 IC，还是近期的专用 IC，均可视为模拟控制器。可通过查阅厂家的技术手册，熟悉不同控制 IC 的特点和使用方法。除模拟控制器外，基于微型计算机的数字控制器在电力电子变换器中正得到越来越广泛的应用。

常用的微型控制器有单片机和数字信号处理器（DSP）等。单片机的指令系统较为复杂，多数指令需要 2～3 个指令周期才能完成，而且单片机的程序存储器和数据存储器在同一空间，同一时刻只能访问指令或数据。单片机的结构和复杂的指令系统造成其运算速度较慢、处理能力有限，特别是在采用如矢量变换控制等相对复杂控制策略时，由于需要处理的数据量大，实时性和精度要求高，单片机不能满足要求。

DSP 是一种具有特殊结构的微处理器，特别适合进行数字信号处理运算。随着半导体工艺尤其是高密度 CMOS 工艺的发展和进步，近几年来，这类芯片的价格日益下降，性能却不断提高，应用范围也日益广泛。DSP 以不可阻挡的趋势，进入了工业控制、通信和消费领域。DSP 具有较高的集成度，具有比单片机更快的 CPU，更大容量的存储器，内置有波特率发生器和 FIFO 缓冲器，提供高速、同步串口和标准异步串口。

使用专用 DSP 控制电机等负载对象有两点好处：①DSP 精简的指令系统（大多数指令能在一个指令周期内完成）、独立的程序存储空间和数据存储空间等使其有高速的数据运算能力；②可以降低对传感器等外围元件的要求。目前，市场上已有不少经过时间考验的算法且支持各种通用算法的 DSP 模拟软件（如 MATLAB 工具包），可以通过复杂的算法达到和外围元件同样的控制性能，这样可以降低成本，提高可靠性，也有利于专利技术的保密。而且，DSP 能直接以动态控制方式运行，无须依赖于过去查寻图表的方式。在高速控制中，使用 DSP 可进行通常的位检测和逻辑运算以及高速数据传送。

FPGA 具有强大的逻辑处理功能，可作为 DSP 的外扩芯片，构成“DSP+FPGA”双核控制，节省 DSP 的 I/O 接口及片内资源，从而充分发挥 DSP 的计算功能，便于用户灵活设计。

2.2.3 常用逻辑芯片

在电力电子变换器中，常常会用到一些逻辑芯片，如运算放大器（Operational Amplifier，OPAM）、比较器（Comparator）和光电耦合器（Optocoupler）等。运算放大器简称运放，主要应用在控制电路中，作为信号调理和负反馈闭环调节的主要芯片。运算放大器有负反馈闭环控制的特点，开关电源输出电压需要稳定，其控制电路必须采用闭环控制，选用运算放大器作为开关电源闭环控制元件是最合适的集成电路。比较器是联系模拟量和数字量的桥梁，在保护电路、非正弦信号发生器（如三角形、方波发生器）和电平鉴别电路等将模拟信号转变为数字信号的电路中使用集成电压比较器。光电耦合器也称为光耦合器或光隔离器，简称光耦。它是磁性元件以外又一个提供输入和输出隔离传输信号的元件，比磁性元件体积小且价廉，被广泛地用来作为传输信号对电路的隔离，传输信号可以是直流信号或高频脉冲信号。

2.2.3.1 运算放大器

1. 工作原理

理想的运算放大器具备下列特性：无限大的输入阻抗、等于零的输出阻抗、无限大的开环增益、无限大的共模抑制比、无限大的带宽。基本运算放大器如图 2.26 所示，一般包括一个正相输入端、一个反相输入端和一个输出端。

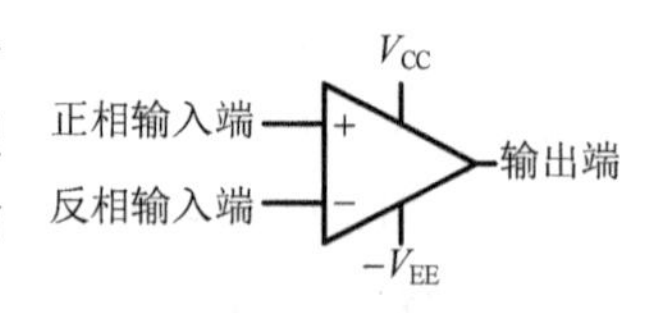

图 2.26 基本运算放大器

运算放大器的电压增益非常大，范围从数百至数万倍不等，使用负反馈可保证电路的稳定运行。因此使用运算放大器时，通常会将其输出端与其反相输入端连接，形成负反馈。

1）开环回路运算放大器

开环回路运算放大器如图 2.27 所示，当一个理想运算放大器采用开环方式工作时，其输出电压与输入电压的关系为

$$U_o = (U_{in+} - U_{in-})A_{og} \tag{2-10}$$

式中，U_{in+}为正相端输入电压，U_{in-}为反相端输入电压，U_o 为输出电压，A_{og}为运算放大器开环回路增益。

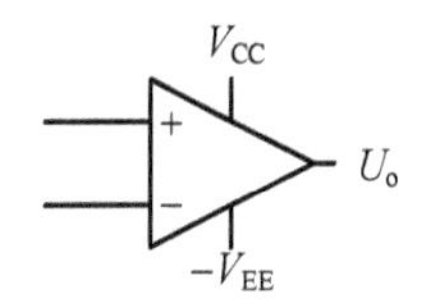

图 2.27　开环回路运算放大器

由于运算放大器的开环回路增益非常高，因此即使输入端的差动信号很小，仍然会让输出信号饱和，导致非线性失真出现。因此运算放大器很少以开环回路出现在电路系统中，少数的例外是用运算放大器构成比较器，比较器的输出通常为逻辑 0 和 1，也即低电平与高电平。

2）闭环负反馈放大器

将运算放大器的反相输入端与输出端相连，则放大器电路处于负反馈工作状态，此时通常可以将电路简称为闭环放大器。闭环放大器依据输入信号与放大器输入端的连接位置，又可分为反相放大器与同相放大器两种，从反相端输入为反相放大器，从正相端输入为同相放大器。

反相闭环负反馈放大器如图 2.28 所示。假设这个闭环放大器使用理想的运算放大器，则因为其开环回路增益为无限大，所以运算放大器的两个输入端为虚地，即两个输入端存在虚短和虚断特性。虚短是指正相输入端、反相输入端可以视为短路，电平相等。虚断是指正相输入端、反相输入端可以视为断路，没有电流流入。根据虚短和虚断特性，反相闭环负反馈放大器输出电压与输入电压的关系为

$$U_o = -(R_2 / R_1)U_{in} \tag{2-11}$$

同相闭环负反馈放大器如图 2.29 所示。假设这个闭环放大器使用理想的运算放大器，则因为其开环回路增益为无限大，根据虚短和虚断特性，同相闭环负反馈放大器输出电压与输入电压的关系为

$$U_o = [(R_2/R_1)+1]U_{in} \tag{2-12}$$

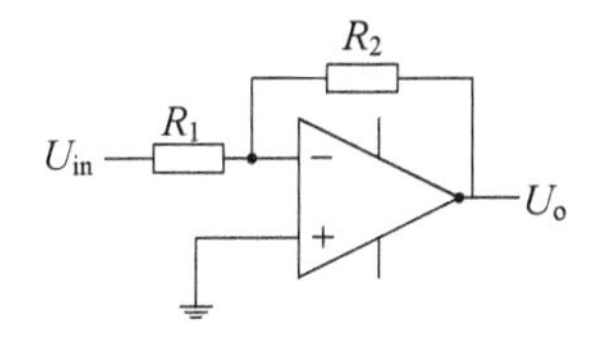

图 2.28　反相闭环负反馈放大器

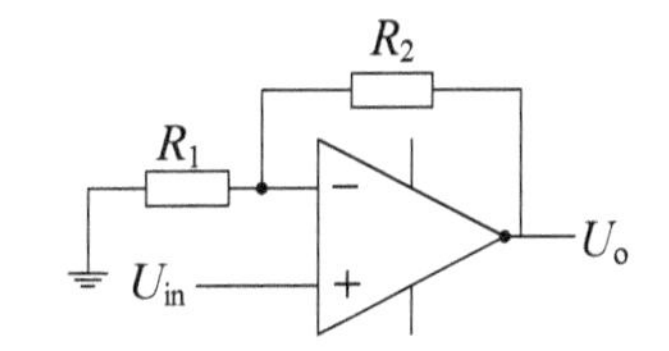

图 2.29　同相闭环负反馈放大器

当 R_2 为零时，有 U_o=U_{in}，此时输出电压跟随输入电压的变化而变化，称为电压跟随器，电压跟随器一般做缓冲级和隔离级。因为运算放大器的输出阻抗一般比较高，通常在几 kΩ 到几十 kΩ，如果后级的输入阻抗比较小，那么信号就会有相当的部分损耗在前级的输出电阻中。这时就需要电压跟随器进行缓冲，起到承上启下的作用。电压跟随器还可以提高输入阻抗和大幅度减小输入电容，为应用高品质的电容提供保证。

常见集成运算放大器有 3 种，即单运算放大器、双运算放大器和四运算放大器。封装形式有双列直插式 DIP 和贴片 SOC 形式，根据工作环境温度不同有塑料封装（P）和陶瓷封装（C）。

运算放大器工作时要求双电源供电，因为差动放大器的恒流源在负电源端，此恒流源工

作电压一般在 2V 以上。如果采用单电源供电，输入电位要提高近 3V，运算放大器才能正常工作。输入级是 PNP 或 P 沟道场效应管时，恒流源在正电源端，一般可以是单电源，也可以是双电源。如果运算放大器作为误差放大器，那么正相端接参考电压（如 3525 或 3842 控制芯片内部电路产生），而反相端为分压采样电路。由于输入端电位提高到参考电压，可以将双电源运算放大器用于单电源电路，运算放大器作为放大应用时，接成闭环负反馈。

2. 运算放大器的使用和选择

（1）作为反相比例放大器及求和电路的运算放大器，可以选择通用运算放大器。

（2）输入信号最小在 1mV 以下，应当选择失调电压 U_{os} 和失调电流 I_{os} 都很小，同时温度系数也很小的高稳定性运算放大器，同时在电路中设置调零电路，两个输入端外接等效电阻应当对称。

（3）如果将双电源运算放大器用在单电源电路中，则应注意运算放大器的共模和差模输入电压范围大于信号最大共模电压和差模电压幅值。

（4）作为误差放大器的运算放大器的闭环带宽必须大于系统要求的带宽。

（5）如果使用运算放大器作为比较器，应当选择运算放大器的压摆率（影响波形的上升和下降时间）在允许的范围内，最好不用运算放大器做比较器，比较器有专门的电路。

（6）如果放大同相信号，应当选择共模抑制比高的元件。如果要求电路高增益（>100dB），则应当选择高增益（>100dB）、低漂移运算放大器，并尽量采用反相放大器。

（7）使用运算放大器应注意元件输出的拉/灌电流大小，一般在 10mA 以下。例如，某运算放大器最大拉/灌电流为 6mA，最大电流时饱和压降为 1.2V，V_{CC} 为 12V，最小负载电阻为（12−1.2/6）kΩ=11.8kΩ。如果有反馈电路，负载电阻还包括反馈电阻，反馈电阻不能选得太小。负载电流越大，饱和压降越大。

3. 运算放大器的典型应用电路

1）信号调理电路

运算放大器的一个典型应用电路为信号调理电路。

电力电子变换器中有一些物理量，如温度、压力、光强等需要用模拟传感器测量。但模拟传感器的输出信号电平并不一定能与控制电路相匹配，因此需要加入适当的调理电路进行处理，使之与控制电路相匹配。

如图 2.30 所示为一个典型的电压信号采样调理电路。运算放大器在采样调理电路中，主要有同相比例、电压跟随和反相比例三种用法。这里用到了反相比例和电压跟随的用法。

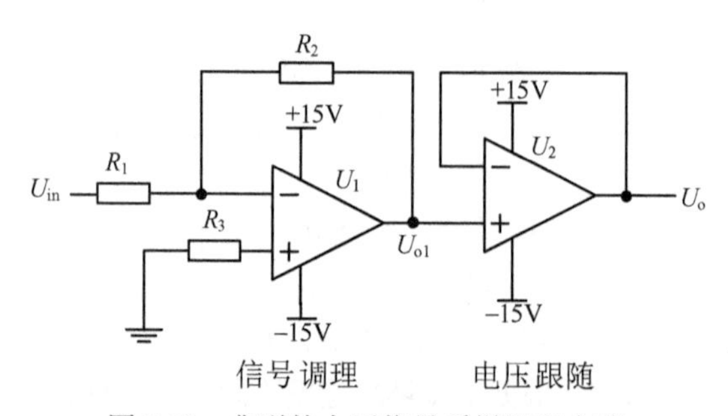

图 2.30　典型的电压信号采样调理电路

反相比例部分利用运算放大器构成反相放大器，由运算放大器的输入、输出关系 $U_o=-(R_2/R_1)U_{in}$ 可知，U_1 的输出电压 $U_{o1}=-(R_2/R_1)U_{in}$。同相比例部分起到的主要作用是将较高的直流电压成比例缩小到运算放大器所能承受的输入电压。电压跟随器部分起缓冲、隔离、提高带负载能力的作用。

2）模拟电路中的 PID 调节

在闭环系统中，最常用的控制方式为 PID 控制，而通过运算放大器可以在模拟电路中实现 PID 控制。PID 是 Proportional（比例）、Integral（积分）、Differential（微分）三者英文首字母的缩写，PID 控制算法是连续系统中技术最成熟、应用最广泛的一种控制算法。比例控制是对当前偏差的反映，积分控制是基于新近错误总数的反映，而微分控制则是基于错误变化率的反映。PID 控制实质是测量偏差、纠正偏差，并且根据输入的偏差值，按比例、积分、微分的函数关系进行乘、加运算，把运算结果用以输出控制。

（1）比例环节 P

P 即比例控制，成比例地反映控制系统的误差信号 $e(t)$，偏差一旦产生，调节器立即产生控制作用以减小误差。在模拟电路中，比例环节一般与积分、微分环节同时使用。如果需要单独使用比例环节，则直接采用同相或反相比例放大器即可实现。

反相比例环节如图 2.31 所示，输出电压与输入电压的关系式为

$$U_o=-(R_2/R_1)U_{in} \tag{2-13}$$

（2）积分环节 I

I 为积分控制，通过在运算放大器外围接电阻和电容实现，具体电路如图 2.32 所示。

运用理想运算放大器反相输入时的“虚短”和“虚断”概念以及电路基本理论分析可得

$$u_o(t)=-u_C(t)=-\frac{1}{RC}\int u_{in}(t)\mathrm{d}t \tag{2-14}$$

由式（2-14）可见，输出电压是输入电压的积分，积分时间常数为 RC。

（3）微分环节 D

D 为微分控制，通过在运算放大器外围接电阻和电容实现，具体电路如图 2.33 所示。

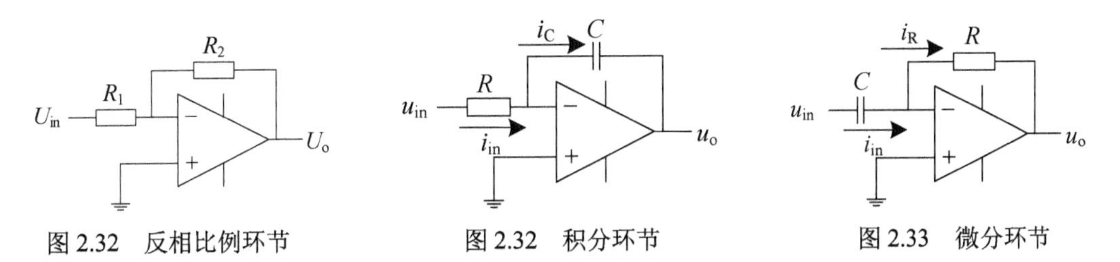

图 2.32 反相比例环节　　图 2.32 积分环节　　图 2.33 微分环节

运用理想运放反相输入时的“虚短”和“虚断”概念以及电路基本理论分析可得

$$u_o(t)=-RC\frac{\mathrm{d}u_C(t)}{\mathrm{d}t} \tag{2-15}$$

由式（2-15）可见，输出电压是输入电压的微分，微分时间常数为 RC。

2.2.3.2 比较器

1. 比较器工作原理

一般将被检测信号与参考信号在集成比较器的同相和反相输入端比较，从比较器输出状态判断被检测信号是大于还是小于参考信号，因此比较器输出不同于放大器，只可能有两个

状态之一，即要么是高电平，要么是低电平，如图 2.34 所示。

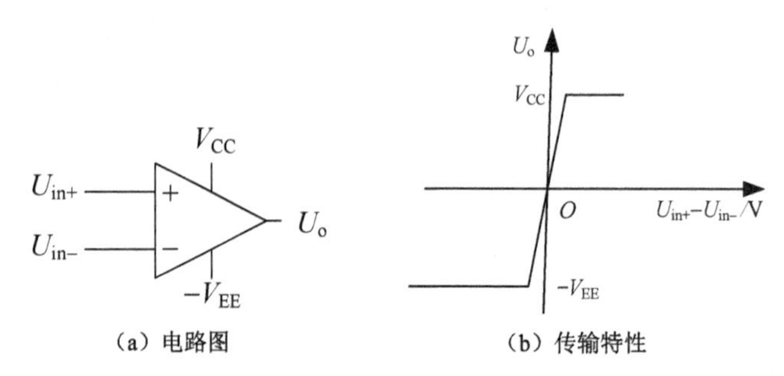

（a）电路图　　（b）传输特性

图 2.34　比较器电路图和传输特性

当一个理想运算放大器采用开路的方式工作时，其输出电压与输入电压的关系式为

$$U_o = (U_{in+} - U_{in-})A_{og} \tag{2-16}$$

式中，U_{in+}为正相端输入电压，U_{in-}为反相端输入电压，U_o 为输出电压，A_{og} 为运算放大器开环回路增益。

由于运算放大器的开环回路增益非常高，因此就算输入端的差动信号很小，仍然会让输出信号饱和，导致非线性的失真出现，此时的运算放大器即是比较器，比较器的输出通常为逻辑 0 和 1（也就是低电平与高电平）。

运算放大器接成开环或正反馈时就可作为比较器，比较器是运算放大器的非线性应用。然而集成运算放大器与比较器是有差别的，主要体现在集成运算放大器的指标主要是精度和频率响应问题，需要专门设计作为信号放大，通用运算放大器的压摆率低；作为比较器需要考察的是电平翻转时刻的快慢，用压摆率或转换速率表示，也就是输出波形上升沿和下降沿时间越短越好。比较器是针对高压摆率设计的，上升沿和下降沿很陡，但不顾及放大特性。另外，比较器还需要考虑与后续电平的电平匹配问题，通常与微机系统连接，还有 TTL 电平和 CMOS 电平等进行电平匹配。

集成比较器在芯片结构上与运算放大器相似，也是直接耦合多级放大器，具有很高的开环回路增益。一般制造比较器时，更注重较大的转换速率。不少比较器输出级是开路集电极 OC（Open Collector），通常外加一个上拉（pull up）电阻。如果希望比较器的保护速度高于毫秒级或用作波形变换，例如 PWM 中比较器，应当使用集成比较器。

集成运算放大器用作比较器和专用电压比较器在本质上没有什么区别，两者功能也相同，只是在设计内部电路组成的侧重点有所不同，其区别主要有两点。

（1）集成运算放大器被设计成输入和输出保持线性关系，其响应时间在数微秒的数量级，这很难适应快速交流比较的需要。而专用电压比较器一个重要性能指标就是响应时间，通常在几 ns 的数量级。例如，在快速比较应用场合用通用集成运算放大器做比较器时，就应选择增益带宽积（GB）和压摆率（SR）均大的高级集成运算放大器。

（2）专用电压比较器输出高、低电平和级联的数字电路逻辑电平匹配，无须再加接口。而对通用集成运算放大器而言，则必须对输出电压采取钳位措施，以满足数字电路逻辑电平的要求。多数专用比较器具有输出选通功能，这也是一般运算放大器所不需要具备的功能。

2. 比较器的使用和选择

对电压比较器的输入性能的要求与通用集成运算放大器的要求相同，而对其输出的要求相当于数字电路。

输出延迟时间是选择比较器的关键参数，延迟时间包括信号通过元器件产生的传输延迟时间和信号的上升时间与下降时间，对于高速比较器，如 MAX961、MAX9010-MAX9013，其延迟时间的典型值分别为 4.5ns 和 5ns，上升时间为 2.3ns 和 3ns（注意：传输延迟时间的测量包含了上升时间）。设计时需注意不同因素对延迟时间的影响。对于反相输入，传输延迟时间用 t_{PD-}表示；对于同相输入，传输延迟时间用 t_{PD+}表示。t_{PD+}与 t_{PD-}之差称为偏差。电源电压对传输延迟时间也有较大影响。

有些应用需要权衡比较器的速度与功耗，Maxim 公司针对这一问题提供了多种芯片类型供选择，其中包括从耗电 800nA、延迟时间为 30μs 的 MAX919 到耗电 6μA、延迟时间为 540ns 的 MAX9075；从耗电 600μA、延迟时间为 20ns 的 MAX998 到耗电 11mA、延迟时间为 4.5ns 的 MAX961；从耗电 350μA、延迟时间 25ns 的 MAX9107 到耗电 900μA、延迟时间 5ns 的 MAX9010。MAX9010（SC70 封装）延迟时间低至 5ns，电源电流只有 900μA，为产品设计提供了更多的选择。

3. 比较器的典型应用电路

1）过电流保护电路

如图 2.35 所示是过电流保护电路中的比较部分，分为电压跟随器和单门限比较器。其中电压跟随器芯片 LM310 用±15V 双电源供电，电压比较器芯片 LM339 用 5V 单电源供电。和直流电源相连的接口都要接 0.1μF 的去耦电容，其中 C128 和 C134 的耐压为 25V，C132 和 C136 的耐压为 10V，其中 R107 的设计是为了增加阻抗，提高稳定性，取 1kΩ。由直流采样电路放大倍数可知，当直流侧电流为 20A 时，对应采样电压为 2.98V，因此设定比较电压也为 2.98V。先取 R119=1.5kΩ，算得 R120=13.5kΩ，考虑到之后可能要微调，这里使用变阻器 ADJ_RES 20K，根据 LM339 的技术手册，R117 的取值不能太小，也不能太大，一般输出电流在几 mA，因此这里可以选用 1kΩ 的电阻。

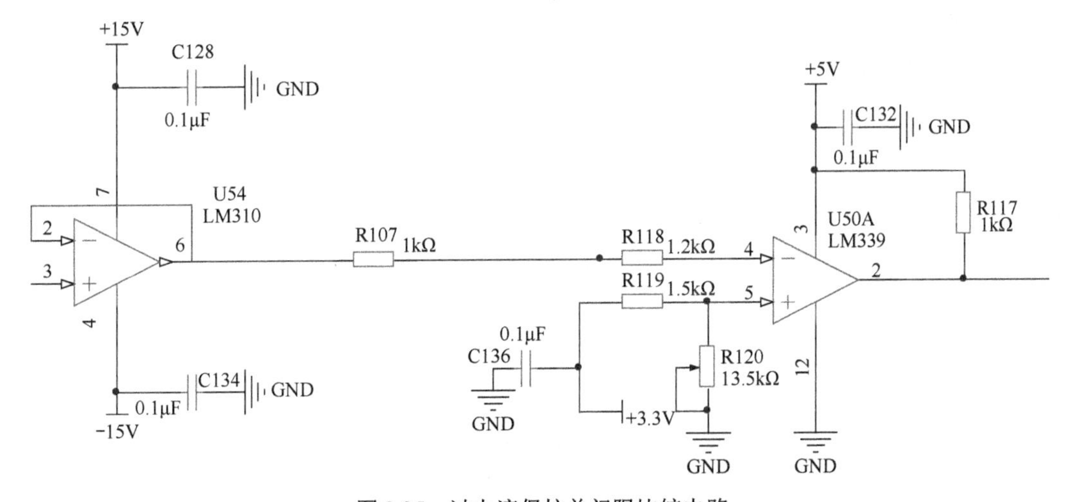

图 2.35　过电流保护单门限比较电路

2）网侧电压锁相环电路

在 SPWM 控制电路中，需要对三相整流桥的网侧电压锁相，以实现单位功率因数。如图 2.36 所示，锁相环电路要对电压零点的相位进行处理，因此需要一个迟滞比较器电路，使其在电网电压 0 附近变化时，有一个高低电平的变化，但是 DSP 的 CAP 口只能处理‘0’和‘1’的数字信号，因此还要加一级光耦合电路使得对应的高低电位变成‘0’和‘1’。

迟滞比较器的电压门限宽度不能设计得太大，太大会导致零点采样不准确，但是也不能设计得过小，过小会使得干扰很严重。而且这里的运算放大器处理速度直接影响到采样精度，因此运算放大器用比 OP07 更快速的 LF351。根据这个要求，预设当网侧相电压为−2～2V 时，可以认为是零点，此时对应的比较器门宽取 0.024 左右比较合适，即满足 $2R154/(R154+R156)U_z=0.024$。由 LF351 输出 $U_z=13.5V$，再根据电阻的取值系列，取 R154=1kΩ，R156=1MΩ，得到门宽为 0.027V 的迟滞比较器。

锁相环电路的基本工作过程为：当电网相电压从−2V 变化到 2V 时，LF351 的输出从 13.5V 变成−13.5V，发光二极管从发光变到不发光，CAP 口从低电平变成高电平。

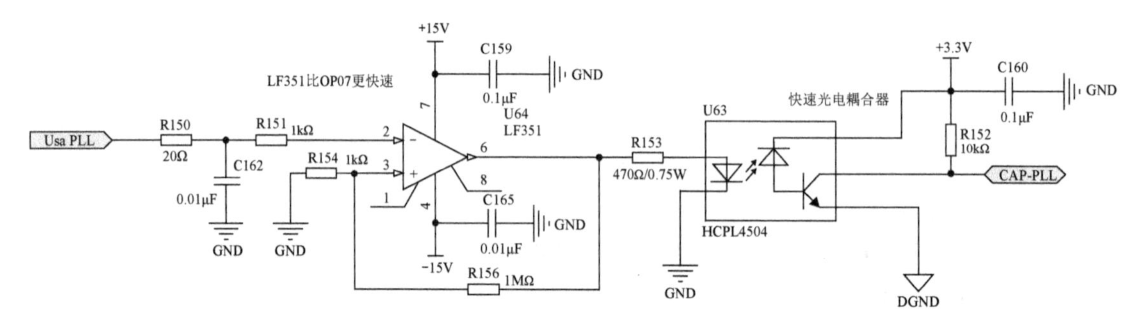

图 2.36　网侧电压锁相环电路

2.2.3.3　光电耦合器

1. 工作原理

光电耦合器由发光二极管（LED）与光电三极管组合而成，利用光电效应传输信号。光电耦合器符号和输出特性如图 2.37 所示，其输出特性与双极性晶体管（BJT）十分相似，只是 BJT 的基极电流在这里是初级发光二极管的输入电流。光电耦合器是半导体器件，它具有半导体器件共有的属性。

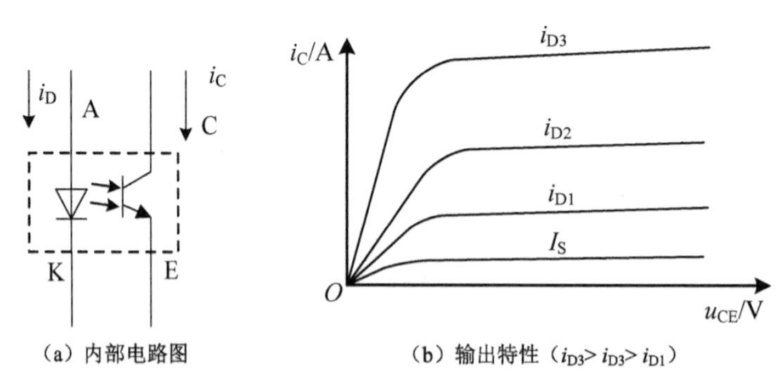

（a）内部电路图　（b）输出特性（$i_{D3}>i_{D3}>i_{D1}$）

图 2.37　光电耦合器符号和输出特性

光电耦合器的主要特性如下。

1）共模抑制比

在光电耦合器内部，由于发光二极管和光电三极管之间的耦合电容很小（一般在 2pF 以内），所以共模输入电压 u_C 通过极间耦合电容对输出电流 i_C 的影响很小，即 di_C/du_C 很小，因而共模抑制比很高。

2）输出特性

光电耦合器的输出特性是指在一定发光电流 i_D 下，光电三极管所加偏压与输出电流之间的关系曲线。光电耦合器的输出特性曲线如图 2.37（b）所示。当 i_D=0 时，发光二极管不发光，此时对应的光电三极管集电极输出电流称为暗电流，它很小，一般可以忽略。当 $i_D>0$ 时，发光二极管开始发光，在一定的 i_D 下，所对应的 i_C 基本上与 u_C 大小无关，而 i_D 和 i_C 之间的变化呈线性关系。当集电极或发射极串接一个负载电阻 R_L 后，即可得到输出电压。R_L 的选择应使负载线在允许功耗 PCM 曲线之内。

3）电流传输比

光电耦合器光电三极管的集电极电流 i_C 与发光二极管的注入电流 i_D 之比为电流传输比，即 $\gamma=i_C/i_D$，对于微小变量输出电流 Δi_C 与注入电流 Δi_D 之比称为微电流传输比。对于线性度比较好的光电耦合器，两者近似相等。电流传输比用 γ 表示，γ 的大小与光电耦合器的类型有关。例如，二极管输出的光电耦合器的 γ 较小，在 3%以内。光电三极管输出的光电耦合器的 γ 可达 150%，而光电开关的 γ 最大可达 500%。电流传输比 γ 和光电三极管的 β 一样，离散性很大，同时电流传输比也与温度有关，且比 β 温度系数大。

4）隔离性能

光电耦合器的发光二极管和光电三极管之间的隔离电阻（绝缘电阻）为 $10^{10}\sim10^{11}\Omega$，隔离电压（耐压值）在 500～1000V 时可达 10kV，隔离电容小于 2pF。

光电耦合器大致分为两种：一种为非线性光电耦合器，另一种为线性光电耦合器。非线性光电耦合器的电流传输特性曲线是非线性的，这类光电耦合器适合于开关信号的传输，不适合于传输模拟量。在电源驱动电路中，光电耦合器一般用来传递脉冲信号，所以光电耦合器工作于开关状态。非线性光电耦合器按输出结构分为：普通型、达林顿输出型（高电流传输比，带/不带基极引脚）、逻辑输出型（高速或有控制端）、专用型（内部带推挽电路，如 MOS/IGBT 驱动光电耦合器）、双向光电耦合器（LED 部分为两个发光二极管反向并联，可响应交流信号）。在高频工作时应考虑光电耦合器的响应时间，包括延迟时间 t_d、上升时间 t_r 和下降时间 t_f，如图 2.38 所示。发光二极管–硅光电二极管型光电耦合器的响应时间小于 2μs。为得到快速响应，常选用高速光电耦合器，它的上升时间 t_r 和下降时间 t_f 均小于 1.5μs。常用的 4N 系列光电耦合器属于非线性光电耦合器。

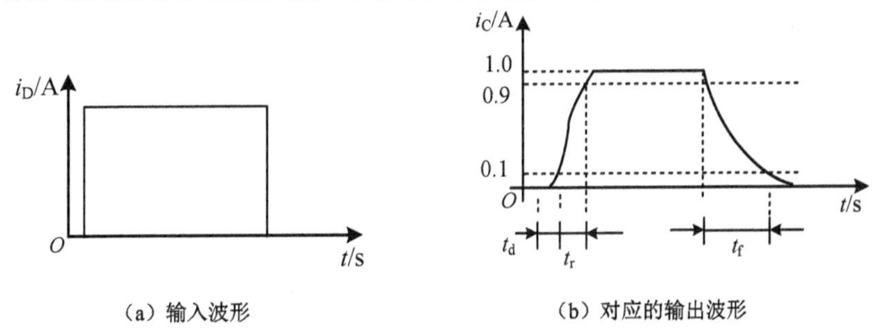

（a）输入波形　（b）对应的输出波形

图 2.38 光电耦合器的输入和输出脉冲图

如果光电耦合器的输出与输入呈线性关系，称为线性光电耦合器，线性光电耦合器一般用在开关电源的隔离采样和反馈电路中。典型的线性光电耦合器型号有 Agilent 公司的 HCNR200/201、TI 子公司 TOAS 的 TIL300 以及 Clare 的 LOC111 等。

2．光电耦合器的典型应用

1）非线性光电耦合器在驱动电路中的应用

在功率变换器中，为了实现控制信号与主功率回路的隔离，需要采取相应的隔离措施。通常采用的隔离方式有：光电耦合器隔离、磁电耦合器隔离、电容隔离。图 2.39 给出了采用光电耦合器进行驱动隔离的结构示意图。

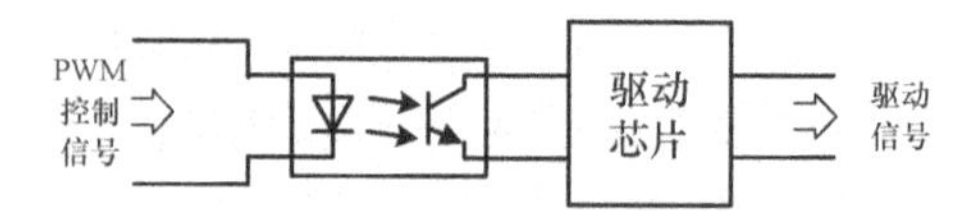

图 2.39 采用光电耦合器进行驱动隔离的结构示意图

此处以 SiC MOSFET 驱动电路为例，说明光电耦合器隔离在驱动电路中的应用。驱动电路的信号隔离电路采用常用的光电耦合器芯片 KPC6N137。如图 2.40 所示，给出了 KPC6N137 的信号传播延迟时间测试电路及原理波形。

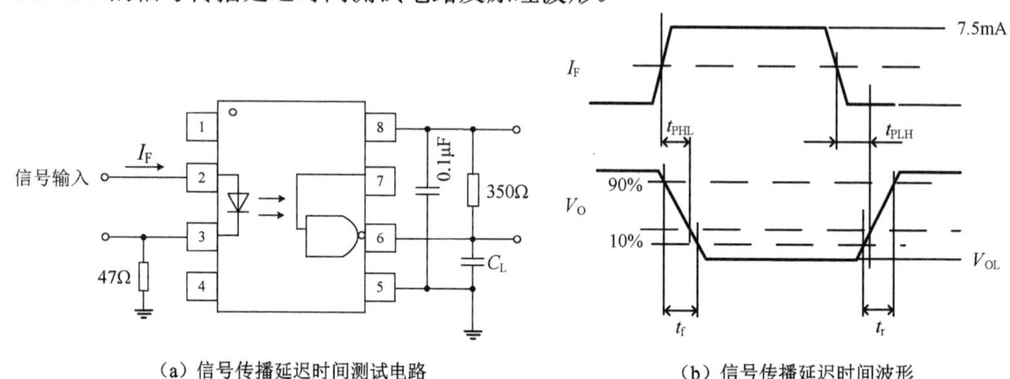

图 2.40 KPC6N137 的信号传播延迟时间测试电路及原理波形

KPC6N137 的信号上升延迟时间最大为 75ns，信号下降延迟时间最大为 75ns，如表 2.2 所示。

表 2.2 KPC6N137 的信号延迟时间

参 数	符 号	测 试 条 件	典型值/ns	最大值/ns
信号上升延迟时间	t_{LPH}	I_F=7.5mA, V_{CC}=5V, R_L=350Ω, C_L=15pF, T_a=25℃	45	75
信号下降延迟时间	t_{PHL}		45	75

图 2.41 给出了 SiC MOSFET 单管驱动光电耦合器电路的原理图，驱动电路的 PWM 控制信号来自 DSP 输出，其高电平和低电平分别为 3.3V 和 0V，经 R_3 输入非线性光电耦合器 6N137，光电耦合器输入高电平时，电流在 7～20mA 之间，可通过调整电阻 R_3 的阻值调节输入电流大小，光电耦合器的输入和输出为反逻辑。

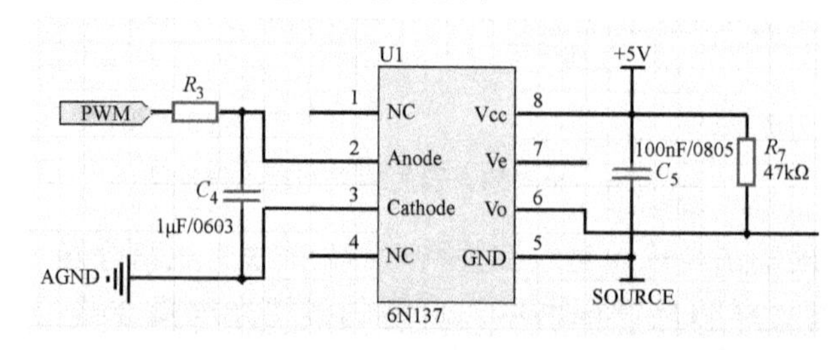

图 2.41 SiC MOSFET 单管驱动光电耦合器电路的原理图

在该电路中，LED 限流电阻 R_3 的大小可以根据输入电流大小的要求进行设计，其取值应满足：

$$R_3 = \frac{U_{\text{in H}} - U_F}{I_F} \tag{2-17}$$

式中，$U_{\text{in H}}$为输入信号的高电平电压，I_F为发光二极管的正向电流，U_F为发光二极管在导通电流是 I_F 时对应的正向压降。在光电耦合器的输入级，电容 C_4 和电阻 R_3 构成了一阶 RC 低通滤波电路，如果输入信号的频率为 f_p，根据 $f_H = f_p = \frac{1}{2\pi RC}$ 和式（2-17），可以确定相应的电阻和电容值。在光电耦合器的输出端，R_7 为输出上拉电阻，C_5 为去耦合电容。根据经验值选取 C_5 为 100nF，R_7 取值应满足：

$$R_7 = \frac{U_{CC} - U_{OL}}{I_C} \tag{2-18}$$

式中，U_{CC} 为光电耦合器的供电电压，U_{OL} 为低电平时光电耦合器芯片的输出电压，I_C 为光电耦合器芯片的集电极电流。

光电耦合器的输出信号与输入信号之间存在延迟，输出信号经过驱动芯片再到达开关管，典型的延迟时间为光电耦合器的延迟时间和驱动芯片的延迟时间之和。在桥臂电路的驱动电路中，应设置合理的死区时间，避免由于上下桥臂之间驱动信号延迟时间不同造成的桥臂直通。

2）线性光电耦合器在反馈控制环路中的应用

线性光电耦合器在反馈控制环路中的典型应用原理如下：从输出端采样，获取误差信号，然后把信号通过转换、隔离传输到输入端 IC 的 PWM 控制器，通过调节 PWM 占空比的大小，实现高精度稳压输出。

如图 2.42 所示，光电耦合器与 TL431 组合使用，构成开关电源控制回路（反馈回路），实现稳压输出，U_s 为输出电压 U_o 分压后提供给 TL431 误差放大器反相端的采样信号，该采样信号 U_s 通过光电耦合器的光电二极管、TL431、电阻 R_1 转换为电流信号 I_F，然后传输到光电耦合器输出端，形成误差信号 U_{ea}，与 PWM 控制器的三角波 U_f 进行比较，得到矩形脉冲（具有一定占空比的 PWM 信号 U_b），然后调节功率级器件的导通、截止时间，达到稳定输出的目的。

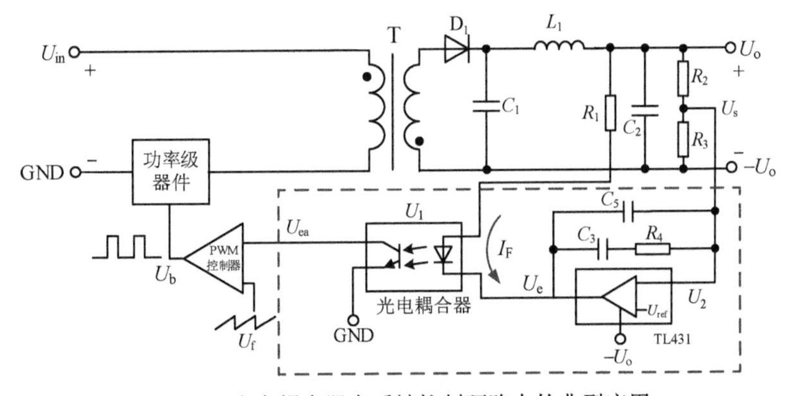

图 2.42 光电耦合器在反馈控制环路中的典型应用

反馈环路的稳定性对开关电源来说是非常重要的，如果没有足够的相位裕量和增益裕量，电源的动态特性就会变差或直接导致输出振荡，使产品损坏或者缩短使用寿命。

光电耦合器在反馈控制环路中的主要作用是提供输入和输出间的电气隔离，并与 TL431

组合构成反馈控制环路，所以在电路设计时，必须遵循下列原则。

（1）根据输入、输出间的隔离耐压要求，选择符合国内、国际相关隔离击穿电压标准的光电耦合器产品。

（2）电流传输比的理想范围是 50%～200%。这是因为当电流传输比过小时，光电耦合器中的 LED 需要较大的工作电流，这会增大光电耦合器的损耗；当电流传输比过大时，在电路启动或者负载突变时，有可能影响正常输出。

（3）优先选择线性光电耦合器，因为其电流传输比在一定的范围内，具有较好的线性调整率。

2.2.4 电流检测元件

电力电子变换器工作时，往往需要检测电压、电流信号，一方面用于反馈，另一方面用于保护。电压、电流信号无论用于反馈还是用于保护，均需快速准确地被检测。

根据是否需要电气隔离，现在一般有三种常用电流检测方法。

1）电阻检测

电阻检测是一种最为常见的电流检测方法，使用时在电流回路中串入检测电阻，通过检测该电阻两端电压来获得电流信息。该方法的优点是：①简单，易于实施；②检测信号可用于模拟信号反馈。但是，这种方法也存在一定的缺点：①损耗大；②由于检测电阻本身存在电感，动态响应慢；③不具有电气隔离功能。

2）电流互感器检测

电流互感器是一种专门用作变换电流的特种变压器。电流互感器的工作原理如图 2.43 所示。电流互感器的一次绕组串接在功率线路中，线路电流就是电流互感器的一次电流。电流互感器的二次绕组外部回路接有测量仪器、仪表或继电保护、自动控制装置。在图 2.43 中，将这些串联的低电压装置的电流线圈阻抗以及连接线路的阻抗用一个集中的阻抗 Z_0 表示。当线路电流，也就是电流互感器的一次电流变化时，电流互感器的二次电流也相应变化，把线路电流变化的信息传递给测量仪器、仪表和继电保护、自动控制装置。

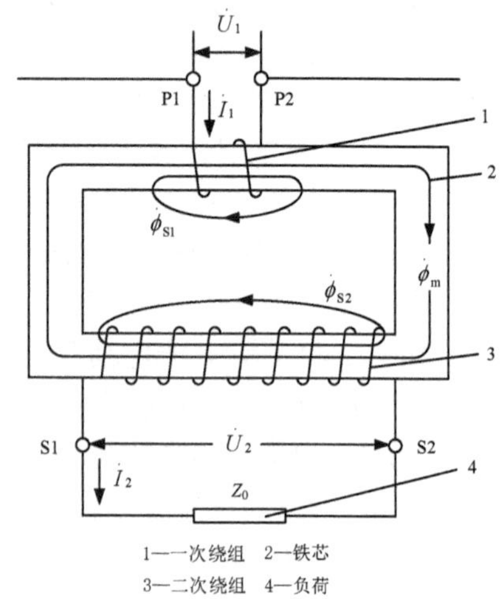

图 2.43 电流互感器的工作原理

该方法的优点是：①可精确检测交流电流；②具有电气隔离功能；③检测电路具有电流源性质，抗噪声干扰能力强。但是，该方法也存在以下缺陷：①检测直流电流困难；②为实现快速响应，电流互感器必须具有很宽的带宽，设计较为复杂。

3）霍尔电流传感器检测

1879 年，美国物理学家霍尔在研究通电金属导体时发现了霍尔效应，当电流 I 流过处于磁场 B 中的导体或者半导体时，由于磁场对导体中的电子和空穴施加不同的洛伦兹力的作用，在导体的两个端面产生电势差 U_H，即为霍尔电压，它所反映的是磁场与感应电压之间的比例关系。

霍尔电流传感器有开环（直接检测式）和闭环（磁平衡式）两种，开环霍尔电流传感器结构简单、成本低，由于铁芯的非线性，精度不高、响应速度慢、温漂大、线性度差。闭环霍尔电流传感器是为了克服开环霍尔电流传感器的不足而研制的，采用零磁通原理，精度有了很大的提高，可以有效地实现测量信号和被测信号之间的电气绝缘、响应时间快、线性度好。

（1）开环霍尔电流传感器

开环霍尔电流传感器的工作原理如图 2.44 所示。由于磁路与霍尔元件的输出具有良好的线性关系，因此霍尔元件输出的电压信号 V_o 可以间接反映出被测电流 I_1 的大小，即 $I_1 \propto B_1 \propto V_o$。

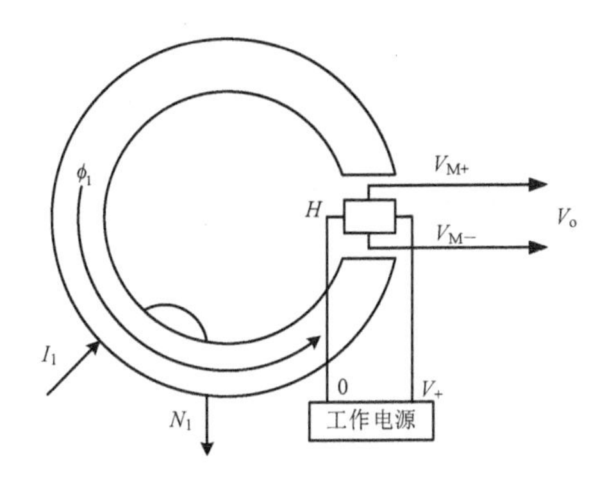

图 2.44　开环霍尔电流传感器的工作原理

我们把 V_o 设置为当被测电流 I_1 为额定值时，V_o 等于 50 或 100mV，这就制成了霍尔直接检测（无放大）电流传感器。

在霍尔直接检测原理基础上，将毫伏级电压信号线性放大为伏级电压信号，这就制成霍尔直接检测放大式电流传感器。

（2）闭环霍尔电流传感器的工作原理

闭环霍尔电流传感器由一次电路、聚磁环、霍尔元件、二次线圈、放大电路等组成，如图 2.45 所示。其工作基于磁场平衡式原理，即一次电流所产生的磁场，通过二次线圈的电流所产生的磁场进行补偿，使霍尔元件始终处于检测零磁通的工作状态。

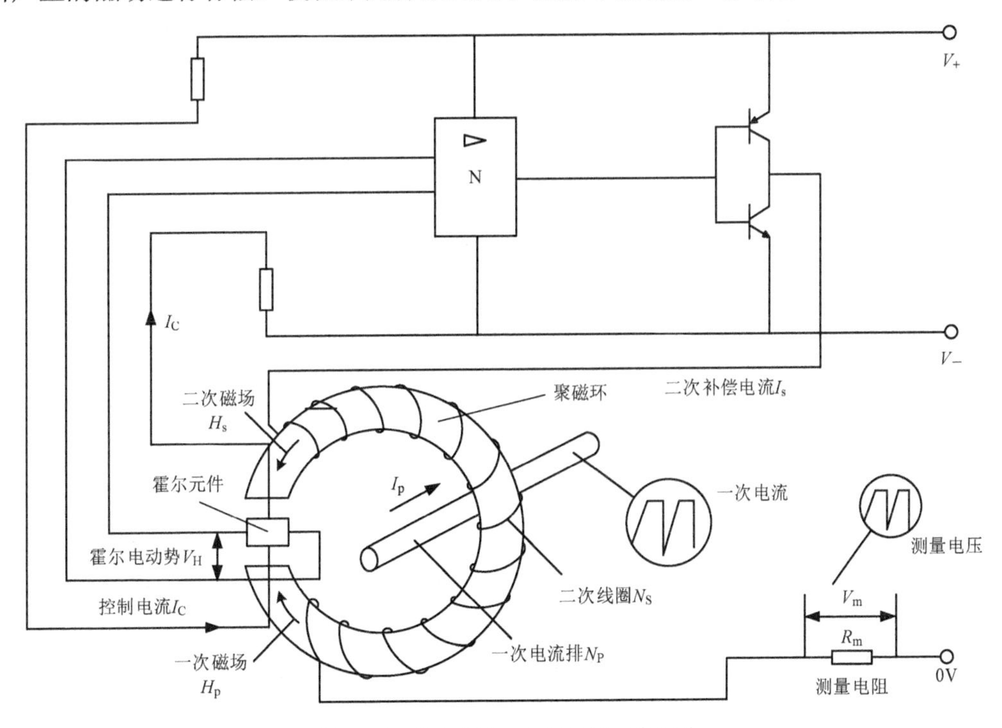

图 2.45　闭环霍尔电流传感器原理图

具体工作过程为：当一次回路有一个大电流 I_p 流过时，在导线周围产生一个强的磁场 H_p，这一磁场被聚磁环聚集，并感应霍尔元件，使其有一个信号输出 V_H，这一信号经过放大器 N 放大，再输入到功率放大器中，这时相应的功率管导通，从而获得一个二次补偿电流 I_s。由于这一电流要通过很多匝线圈，多匝线圈所产生的二次磁场 H_s 与一次电流所产生的磁场方向相反，因而相互抵消，引起磁路中总的磁场变小，使霍尔元件的输出逐渐减小，最后

当 I_s 与匝数相乘所产生的磁场 H_s 与 I_p 所产生的磁场 H_p 相等时，达到磁场平衡，I_s 不再增加，这时霍尔元件就处于零磁通检测状态。

由于微机系统工艺和半导体工艺的发展，近年来电力电子变换器朝着集成化、微小型化和智能化的发展趋向很明显，高精度和高灵敏度的电流传感器出现了广泛的应用前景。在闭环霍尔电流传感器的基础上进一步使元器件微小型化，使多种不同性质的磁感应元件集成于一体，多方位测量三个方向的磁感应强度，最大可能地提高电流传感器的精度和准确度。

无论采用哪种传感器，检测到电流、电压信号后，均需进行后续信号处理。一般而言，通过传感器对电流、电压进行检测后，仍需将传感器的输出信号经变换电路变成标准的模拟电压信号，然后经过 A/D 转换，把转换结果读入微机。由于检测原理相似，因此可把它们视为一种状态量来讨论。

（1）平均值检测法

这种方法适用于对三相交流电流、电压的集中检测和对直流电流、电压的检测。如图 2.46 所示是采用三相交流互感器的检测变换电路。由互感器二次侧经三相不可控整流和放大器 A，获得与被测量（电流或电压）成比例的直流模拟电压平均值 U_d，通过 A/D 转换器读入微机，从而测得被检测量。A/D 转换器的采样周期不受被转换信号的限制。但是，稳态时，虽然平均值 U_d 不变，却因存在脉动分量，其瞬时值是变化的。为了减小 A/D 转换器各次采样结果的差值，除在变换电路中加滤波环节外，对转换结果还可进行数字滤波。当然，在采用这些措施时应考虑对系统响应速度的影响。

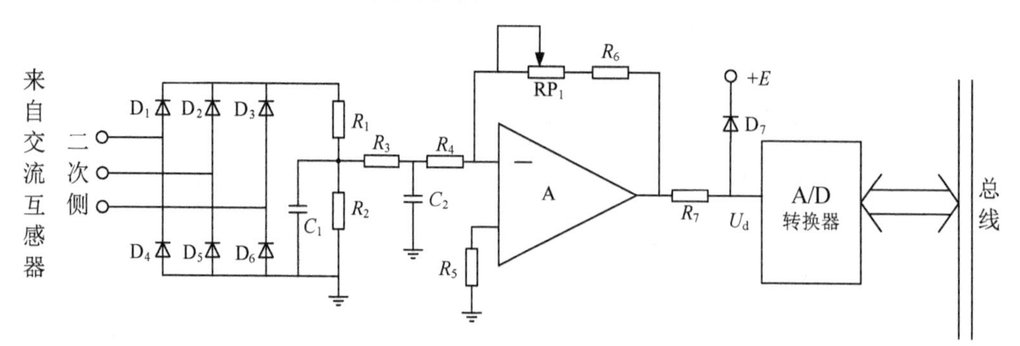

图 2.46 采用三相交流互感器的检测变换电路

对直流电流、电压的检测可采用霍尔传感器。霍尔传感器是一、二次侧电路高度绝缘、带宽从直流到 100kHz，反应时间小于 1μs 的传感器。在其二次侧的采样电阻上可获得与一次侧电流、电压波形相同的电压波形。图 2.47 和图 2.48 分别为采用霍尔电流、电压传感器的检测电路。图中，R_1 是采样电阻。用于检测直流电流、直流电压时，图中的绝对值电路和比较器 C 可以省去。

（2）最大值检测法

为了提高检测精度，减小获得检测值的延迟时间，对交流电流、电压的检测可采用最大值检测法。检测电路采用如图 2.47 和图 2.48 所示的电路。图中，A/D 转换器采用单极性，以便充分利用 A/D 转换器的位数，提高检测的分辨能力。CPU 可通过比较器 C 的输出信号 U_D 判断出被检测量的极性。

为了实现对最大值的采样转换，启动 A/D 转换器的时刻应与被测量最大值出现的时刻

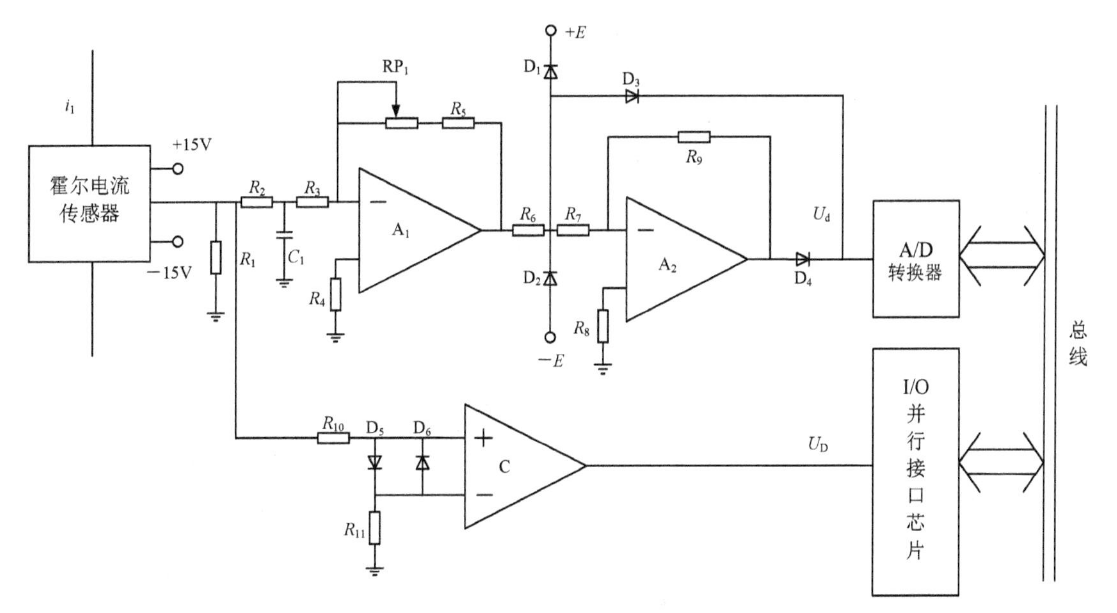

图 2.47　采用霍尔电流传感器的检测电路

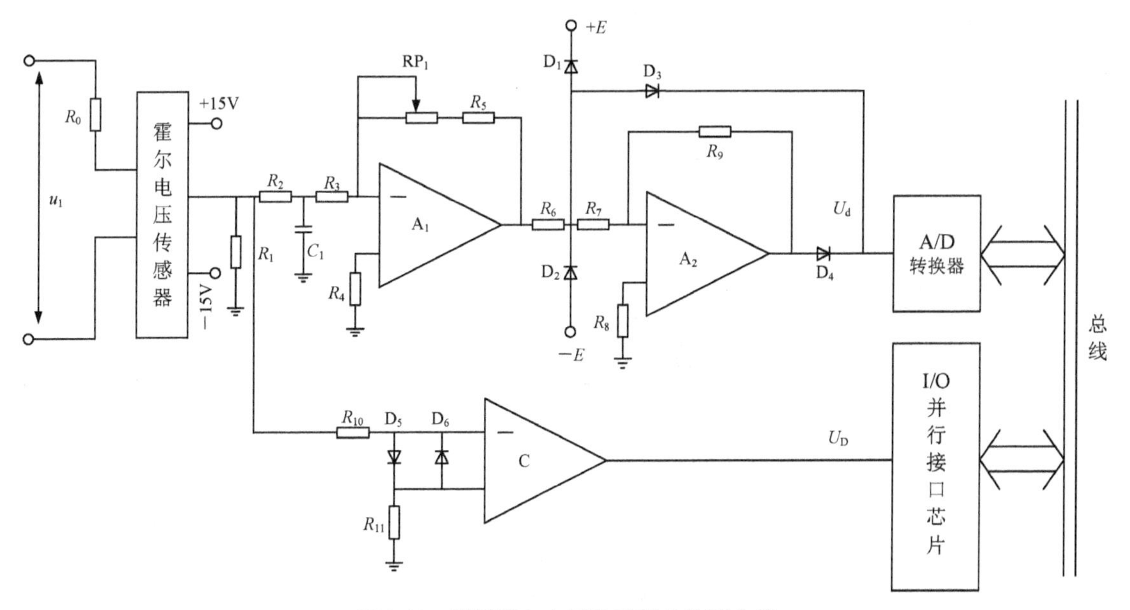

图 2.48　采用霍尔电压传感器的检测电路

一致。为此，可利用比较器输出的方波信号 U_D 实现同步。微机通过测量 U_D 的周期 T_i，并在其改变状态时刻即被测交流电流、电压过零时刻，以 $T_i/4$ 为时间常数开始定时，待定时时间到即启动 A/D 转换器进行采样。被测量的频率发生变化时，T_i 改变，因而定时时间常数也改变，使启动 A/D 转换的时刻始终对准被测量最大值出现时刻。

由于正弦形电流、电压在最大值附近的变化率小，因此最大值检测法检测的精度高。若检测值仅作为反馈量使用，则无须换算；若检测值作为中间计算量，则可根据需要对最大值进行换算。

利用图 2.47 和图 2.48 进行检测时，A/D 转换器的采样周期为被测电流、电压周期的

1/2。此外，采用这种方法时，最好选用转换时间短的 A/D 转换器，并配采样保持器。

（3）瞬时值检测法

某些电气传动系统需要检测电流、电压的瞬时值。从检测原理上看，瞬时值的检测与最大值检测无异，所以仍用如图 2.47 和图 2.48 所示的检测电路，利用方波信号 U_D 的周期值 T_i 作为确定采样周期的基值并保持同步关系，以 U_D 的两次改变状态的时刻作为一个 T_i 内起动采样周期定时器。定时时间常数（即采样周期）由系统对检测的需要决定，通过 A/D 转换便可获得被测量任一时刻的瞬时值。

2.2.5 温度检测元件

为保证电力电子变换器的可靠长期运行，常常需要对电力电子器件或某一部分的工作温度进行实施监控与测量，一旦发生过温或非正常情况，则迅速进行报警和保护。

根据温度传感器的测量方式，通常将测温方法分为接触式和非接触式测温方法。两种测量方式具有各自的特点，如表 2.3 所示。

表 2.3 接触式和非接触式测温方法比较

测温方法 / 比较内容	接触式	非接触式
测量条件	测温元件与被测对象良好接触。被测对象的温度在感温元器件温度承受的范围之内	不与被测对象接触。被测对象的辐射能良好地照射到检测元器件上
测量范围	适用于 1200℃以下，热容大，无腐蚀对象的连续测量。但是对于 1300℃以上测量难度较大	测温范围广，理论上可从极低到极高。1000℃以下的测量误差较大，适用于热容小、运动的对象
精度	1.0、0.5、0.2、0.1 级	1.0、1.5、2.5 级
响应速度	慢，几十秒到几分钟	快，2～3 秒
其他特点	结构简单，价格低廉；直接反映被测对象的实际温度；可集成多路温度测量控制系统	结构复杂，不易调整维护。价格昂贵。只反映被测对象的表面温度，必要时需进一步转换

接触式测温方法所采用的测量原理是将被测介质或者物体与测量传感器充分直接接触，使得被测位置的分子动能能够有效地传递到测量传感器结构分子处，当两个位置处的分子动能达到统计平衡态时，就体现出宏观稳定的平衡温度。接触式测温方法的机理包括以下几类。

（1）膨胀式测温：利用热胀冷缩的原理，根据某些物体的体积会随着温度的改变而发生变化进行温度测量，利用此原理制成的温度计大致分成三大类。

① 玻璃温度计：玻璃温度计是最常用的温度计，它利用玻璃内水银的热胀冷缩原理制成。除水银外，酒精、甲苯、煤油等也可以作为测温物质。

② 双金属温度计：物体由于温度改变发生胀缩，单位温度变化导致的膨胀体积为膨胀系数，金属的膨胀系数与材料有关，当温度变化时，不同的金属体积变化不同，产生弯曲，带动指针指示出相应温度。

③ 压力式温度计：测温原理为感温物质压力随温度变化，通过检测压力值，得出被测物质的温度。

（2）热电效应：热电偶由两种不同材料的金属焊接在一起组成，当两端的温度不同时，回路中就会产生热电势，由此可以根据热电势求出被测物体的温度。热电偶使用方便，响应速度快，测量温度高，广泛应用在温度检测系统中。

（3）热阻效应

① 热电阻：热电阻是根据本身的阻值随着温度的改变发生变化的特性来测量温度的。常用的热电阻为铂电阻和铜电阻，铂电阻精度高，稳定性好，但是价格较贵。

② 热敏电阻：热敏电阻的测温原理和热电阻相同，也是根据阻值随温度变化发生改变的特点来进行温度测量的，但是其变化为非线性，电阻值与温度间呈指数关系，不服从欧姆定律。其相比于热电阻具有灵敏度高、价格便宜的优点。从特性上热敏电阻可以分为三类：NTC（Negative Temperature Coefficient）型、PTC（Positive Temperature Coefficient）型和CTR（Critical Temperature Resistor）型。NTC 型热敏电阻的温度和阻值成反比例变化，广泛应用于温度测量、温度补偿等。PTC 型热敏电阻的温度和阻值成正比例变化，具有开关特性，广泛应用于消磁、过热保护等。CTR 型热敏电阻具有负电阻突变特性，在某一温度下，电阻值随温度的增加急剧减小，具有很大的负温度系数，能够用于控温报警等。

非接触式测温方法主要采集被测温场发射的光子辐射，通过判断其辐射的强度、连续或离散特征波长分布等方式进行被测温场的量化度量，包括以下机理及相应的实现方式。

（1）热辐射测温的原理

热辐射测温的原理是物体受热辐射后，受热物体放出的辐射能与温度的关系。常用的有全辐射高温计、亮度式高温计和比色式高温计。

（2）集成电路温度检测

三极管基极与发射极间电压变化与温度有关，利用这种关系可以进行温度检测，并且把温度检测信号和信号调理电路集成到一起，构成集成电路温度检测元器件。

（3）核磁共振温度检测

静磁场中具有核自旋特性的物质，电磁波会被其吸收，所吸收某特定频率的电磁波的频率与温度有关，通常为反比例关系，核磁共振温度检测器就是依据此原理制成的。这种检测器精度极高，易于数字化运算处理，可作为理想的标准温度计使用。

（4）热噪声温度检测

利用热电阻元件产生的噪声电压与温度相关的特性可实现热噪声温度检测，其特点是：①输出噪声电压大小与温度成比例关系；②不受压力影响；③感温元件的阻值不影响测量精确度。

（5）石英晶体温度检测

石英晶体传感器是一种温频转化元器件，石英晶体谐振器的谐振频率随温度变化发生改变，属于数字式传感器，输出具有一定频率的信号，信号易于传输和处理，测温的精度取决于测频的精度。石英晶体传感器灵敏度高，非线性度和稳定性较好，分辨率可达到 0.0001℃。

（6）光纤温度检测

在光纤传感器测温中，光为检测信息的载体，光纤为检测信息的媒介。光纤传感器具有不受电磁干扰、安装环境狭小、精度高、稳定性好的特点，近年来发展迅速，得到广泛的应用。

各种温度检测方法的比较如表 2.4 所示。在实际应用中，还需要根据具体的情况来选择恰当的测温方法。虽然新材料和新的技术在不断发展，但在电力电子变换器中通常使用的温度传感器仍以热电偶和热电阻为主。电力电子初学者尤其要掌握好这两类测温传感器的使用方法。

表 2.4 各种温度检测方法的比较

测温方式	类别	典型仪表	测温范围（℃）	优 点	缺 点	误差影响因素
接触式测温	膨胀类	玻璃温度计	−100～600	结构简单，价格低廉，可直接读数，使用方便，并且由于是非电量测量方式，适用于防爆场合	准确度比较低，响应慢，不易实现自动化，而且容易损坏	误差取决于测量传感器材料的稳定性。接触式测温需要将测量传感器的宏观参数(如体积、热电势值、电阻和谐振频率)变化与事先根据基准试验研究获得的结果进行比对后，根据比对数据差值得到被测温度信息
		压力式温度计	−100～500			
		双金属温度计	−80～600			
	热电类	热电偶	−200～1800	结构简单，响应快，适宜远距离测量和自动控制，测温范围宽，精度较高，热惯性小，价格便宜	热电势与温度之间是非线性关系，接点易老化	
	电阻类	铂电阻	−260～850	测温范围宽，使用寿命长，体积小，测温精度高，反应灵敏	需外接电源，热惯性大，不能使用在有机械振动场合	
		铜电阻	−50～150	适合中低温的测量，价格低廉，测量精度高，性能稳定		
		热敏电阻	−50～300	灵敏度高，工作温度范围宽，体积小，响应快，稳定性好，过载能力强	非线性严重，元器件分散性大，互换性差	
	电学类	集成温度传感器	−50～150	测量温度精度比较高、体积小、重量轻、性能好、响应速度比较快、输出阻抗低，并且可以与数字电路直接相连	工作温度范围比较小	
		石英晶体温度计	−50～150	稳定性很高，分辨率高，容易测量，能够排除其余因素的影响，抗振动能力优秀，耐辐射，抗电磁干扰	一致性不高，需要对每个传感器单独校准	
非接触式测温	光纤类	光纤温度传感器	−50～400	抗干扰能力比较强，精度高	价格昂贵	对于被测介质的分布特征，温场均匀性和中间测量路径上的介质影响较为敏感
		光纤辐射温度计	200～4000			
	辐射类	光电温度计	800～3200	不需要环境温度补偿，受影响小，测量精度高	仅适于高温测量	
		辐射传感器	400～2000	不干扰被测温场、使用寿命长、操作方便，价格较低	灵敏度较低，响应慢，精度不高	
		比色温度计	500～3200	受烟雾灰尘的遮挡影响较小，测量误差小	对波段选择要求严格	

2.3 电力电子变换器的稳态原理分析

在各类电力电子变换器的研究开发中，稳态原理分析至关重要。通过稳态原理分析，可揭晓变换器工作模态、各关键节点电压、元器件电流的波形以及数值，分析得出功率级中各功率器件，如功率开关管（MOSFET、IGBT 等）、功率二极管的电压、电流应力设计公式，推导得出功率级中各功率器件，如功率变压器、功率滤波电感和功率滤波电容的设计公式，从而根据产品设计要求，进行功率级参数的工程设计。

在进行稳态原理分析前，常进行以下假设：

（1）功率器件、电感、变压器、电容等均为理想元器件；

（2）忽略电路寄生参数；

（3）忽略电容电压纹波；

（4）功率开关、二极管导通压降为零；

（5）功率开关、二极管关断电流为零。

根据电力电子变换器形式的不同，所进行的假设会稍有差异，但其主要出发点，均为先抓住主要因素，忽略寄生参数和一些非线性因素，便于理想原理分析，揭示稳态工作规律。

2.3.1 电感和电容的理想特性分析

电感和电容是电力电子变换器中的两个重要组成元件。为便于理解和设计开关变换器，需要首先认识和理解电感和电容这两个关键元件。我们从稳态和瞬态两个方面去探讨电感和电容的特性。

在进行 DC/DC 变换器稳态原理分析之前，应先掌握电感伏秒平衡原理以及电容电荷平衡原理，以便获得脉宽调制（Pulse Width Modulation，PWM）DC/DC 变换器的稳态分析。

2.3.1.1 稳态分析

开关变换器中的开关器件是周期性工作的，当开关频率固定时，开关占空比 D 保持恒定，开关变换器中的电流波形和电压波形在每个开关周期是重复的。这就意味着电压波形和电流波形变成周期性波形，周期为 T，即 $i((n+1)T)=i(nT)$，$u((n+1)T)=u(T)$，这样的状态就称为稳态。描述开关变换器的稳态工作有两个非常重要的原理，那就是电感伏秒平衡原理和电容电荷平衡原理。认识这两个基本原理有助于电力电子初学者分析各种开关变换器的稳态工作过程。

1）电感伏秒平衡原理

当电路处于稳态时，流过电感的电流是周期性的。那么

$$i_{\mathrm{L}}(nT)=i_{\mathrm{L}}((n+1)T) \tag{2-19}$$

电感两端的电压可以表示为

$$u_{\mathrm{L}}(t)=L\frac{\mathrm{d}i_{\mathrm{L}}(t)}{\mathrm{d}t} \tag{2-20}$$

在一个开关周期内积分得到

$$i_{\mathrm{L}}((n+1)T)-i_{\mathrm{L}}(nT)=\frac{1}{L}\int_{nT}^{(n+1)T}u_{\mathrm{L}}(t)\mathrm{d}t \tag{2-21}$$

由于式（2-21）中左边为零，那么式（2-21）中右边也应该为零，即

$$0=\frac{1}{L}\int_{nT}^{(n+1)T}u_{\mathrm{L}}(t)\mathrm{d}t \tag{2-22}$$

式（2-22）表明在稳态时，电感两端的电压在一个开关周期中积分为零。积分的单位是伏秒（V·s），所以称这个特性为伏秒平衡原理。直观的分析表明，如果电感两端电压在一个开关周期内的积分不为零，那么电流的幅值就会不断增加。

这里以 DC/DC 变换器中的滤波电感为例，进一步给出详细证明。

电感伏秒平衡原理：对于已工作在稳态的 DC/DC 变换器，功率开关导通时加在滤波电感上的正向伏秒一定等于功率开关截止时加在电感上的反向伏秒，其证明如下。

证明：因为在任何 PWM DC/DC 变换器中，其滤波电感在 CCM 工作模式下的稳态电压和稳态电流均可用图 2.49 表示。

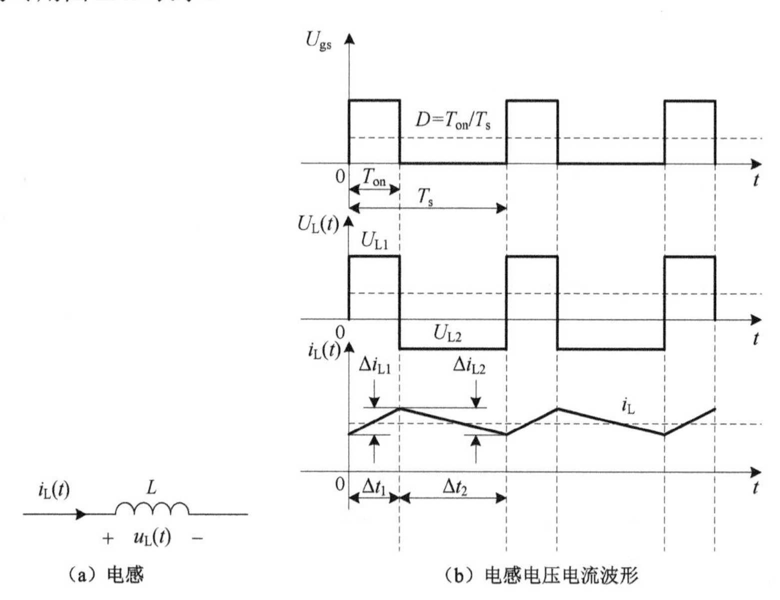

（a）电感　　　　（b）电感电压电流波形

图 2.49　PWM DC/DC 变换器 CCM 工作模式下的滤波电感相关波形

根据电感电压和电流的关系，有

$$U_{\mathrm{L1}}=L\frac{\mathrm{d}i_{\mathrm{L1}}(t)}{\mathrm{d}t}=L\frac{\Delta i_{\mathrm{L1}}}{\Delta t_1}\qquad 0\leqslant t\leqslant T_{\mathrm{on}} \tag{2-23}$$

$$U_{\mathrm{L2}}=L\frac{\mathrm{d}i_{\mathrm{L2}}(t)}{\mathrm{d}t}=L\frac{\Delta i_{\mathrm{L2}}}{\Delta t_2}\qquad T_{\mathrm{on}}\leqslant t\leqslant T_{\mathrm{s}} \tag{2-24}$$

其中，$U_{\mathrm{L1}}>0$，$U_{\mathrm{L2}}<0$，$\Delta i_{\mathrm{L1}}>0$，$\Delta i_{\mathrm{L2}}<0$。

在稳态时，必须有 $\Delta i_{\mathrm{L1}}=-\Delta i_{\mathrm{L2}}$，否则，电感电流会朝一个方向增加而使电感饱和，并使电路工作不正常。

从式（2-23）可得，$\Delta i_{\mathrm{L1}}=\dfrac{U_{\mathrm{L1}}\Delta t_1}{L}$。

从式（2-24）可得，$\Delta i_{\mathrm{L2}}=\dfrac{U_{\mathrm{L2}}\Delta t_2}{L}$。

所以有 $\Delta i_{\mathrm{L1}}=\dfrac{U_{\mathrm{L1}}\Delta t_1}{L}=-\Delta i_{\mathrm{L2}}=-\dfrac{U_{\mathrm{L2}}\Delta t_2}{L}$。

故有 $U_{L1}\Delta t_1 = -U_{L2}\Delta t_2$。

所以，功率开关导通时加在滤波电感上的正向伏秒一定等于功率开关截止时加在电感上的反向伏秒。

2）电容电荷平衡原理

电容电荷平衡也可以采用与电感伏秒平衡相似的分析，电容两端的电压和流过电容的电流之间的关系可以表述为

$$i_C(t) = C\frac{\mathrm{d}u_C(t)}{\mathrm{d}t} \tag{2-25}$$

对式（2-25）在一个开关周期内进行积分得到

$$u_C((n+1)T) - u_C(nT) = \frac{1}{C}\int_{nT}^{(n+1)T} i_C(t)\mathrm{d}t \tag{2-26}$$

由于式（2-26）中左边为零，因此式（2-26）中右边也必须为零，即

$$0 = \frac{1}{C}\int_{nT}^{(n+1)T} i_C(t)\mathrm{d}t \tag{2-27}$$

式（2-27）表明在稳态时，流过电容的电流在一个开关周期中的积分为零。积分的单位是安秒（A·S），所以称这个特性为安秒平衡原理或电容电荷平衡原理。直观的分析表明，如果流过电容的电流在一个开关周期内积分不为零，那么电容电压的幅值就会不断增加。

2.3.1.2　瞬态分析

电感和电容在电路达到稳态时分别遵循伏秒平衡原理和电容电荷平衡原理，然而在瞬态时要特别注意不能突然断开电感和短接电容。

1）电感电流规律

如图 2.50（a）所示为电感开关电路，开关闭合时，电感电流线性增加，开关突然断开时，因电感储能需要释放，而在电路中又无续流通路，电感储能只能以电弧或电压尖峰的形式释放，直观的现象就是电感两端产生很大的反向电压，这一电压与电源电压同时叠加在开关两端，极易造成开关损坏。电感电压、电流波形如图 2.50（b）所示。

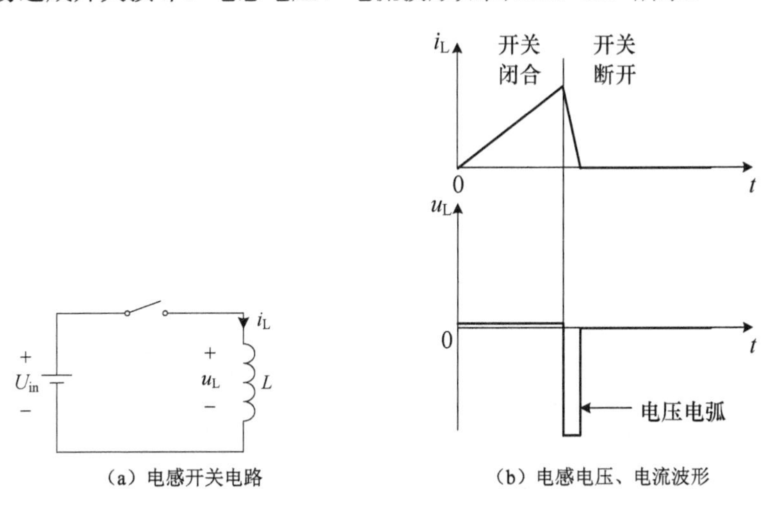

（a）电感开关电路　　（b）电感电压、电流波形

图 2.50　电感开关电路原理

结合电感的稳态和瞬态情况，可得出功率电路中的电感电流规律，如图 2.51 所示。电

感能量不能跃变，故电感电流不能跃变，图 2.51（a）的这种情况不可能发生；图 2.51（b）为正常工作的情况；图 2.51（c）为可能发生但不能接受的情况，因为电感电流迅速变化会产生很大的电压尖峰，损坏开关，因此实际工作中应避免出现这种情况，或采取相应措施，限制电压尖峰在电路元器件能够承受的安全范围内。因此在变换器中使用电感时要特别注意这一点。需要特别指出的是，这里所说的电感，可以是一个实际制作的电感器，也可以是某个元器件或线路的寄生电感（后面章节会再详细阐述寄生参数的概念）。在理解寄生参数对电路的影响及考虑解决方法时，应用这里所讲的电感电流规律有助于分析。读者在阅读后面章节时要注意前后联系。

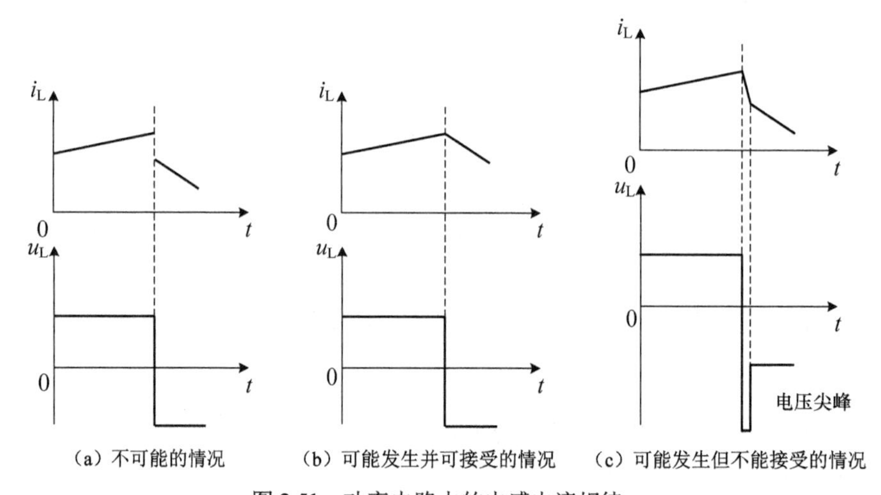

（a）不可能的情况 （b）可能发生并可接受的情况 （c）可能发生但不能接受的情况

图 2.51 功率电路中的电感电流规律

2）电容电压规律

如图 2.52（a）所示为电容开关电路，开关断开时，电容电压线性增大，开关突然合上时，因电容储能立即通过开关释放，产生很大的冲击电流，其两端电压也迅速降为零。因电力电子开关承受电流能力有限，极易造成开关和线路中的其他元器件损坏。电容电压、电流波形如图 2.52（b）所示。

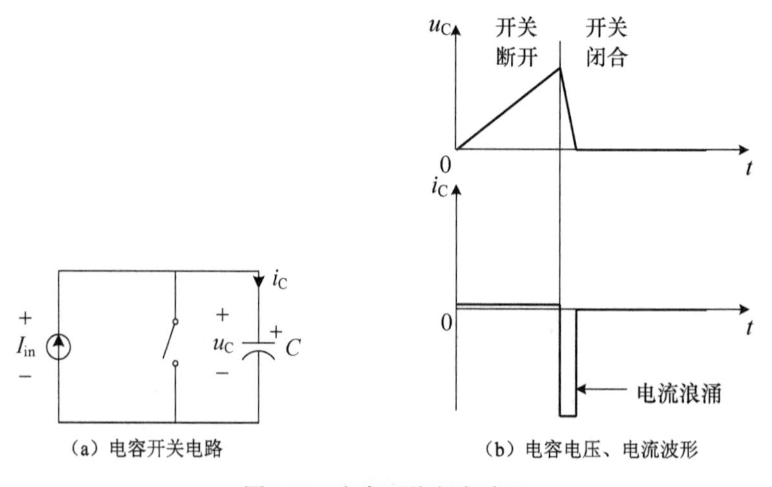

（a）电容开关电路 （b）电容电压、电流波形

图 2.52 电容开关电路原理

结合电容的稳态和瞬态情况，可得出功率电路中的电容电压规律如图 2.53 所示。因电

容能量不能跃变，故电容电压不能跃变，图 2.53（a）的这种情况不可能发生；图 2.53（b）为正常工作的情况；图 2.53（c）为可能发生但不能接受的情况，因为电容电压迅速变化会产生很大电流尖峰，损坏开关和线路元器件，因此实际工作中应避免出现这种情况，或采取相应措施，限制电流尖峰在电路元器件能够承受的安全范围内。

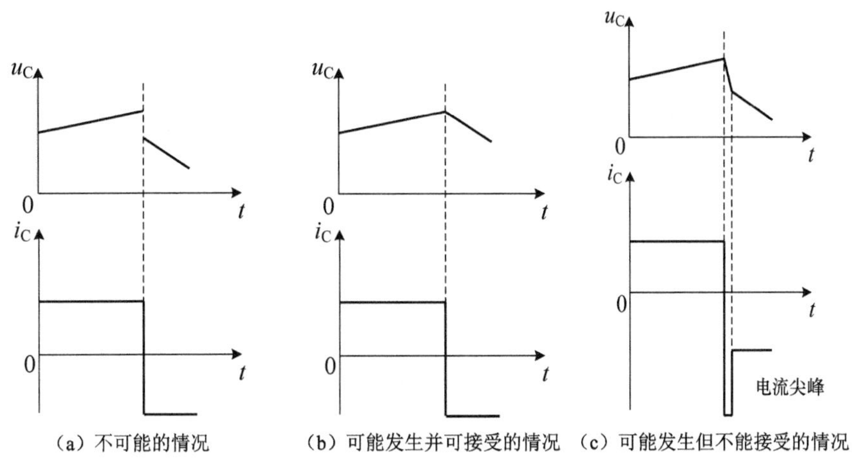

图 2.53　功率电路中的电容电压规律

2.3.2　功率电路稳态原理分析

1）Buck 变换器稳态原理分析

Buck 变换器的电路原理图如图 2.54 所示。根据电感取值及负载电流大小关系，可分为 CCM 工作模式、DCM 工作模式和 CCM/DCM 临界工作模式。

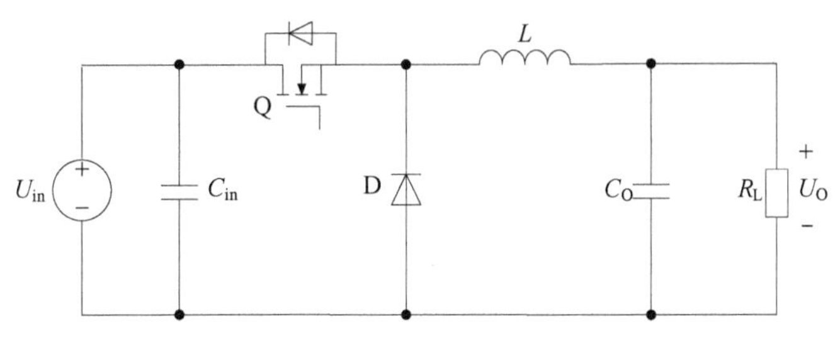

图 2.54　Buck 变换器的电路原理图

当 Buck 变换器在 CCM 工作模式时，在一个开关周期中有 2 个模态，每个模态的等效电路如图 2.55 所示，其典型电路原理波形如图 2.56 所示，各模态的工作过程如下。

（1）模态 1：储能和传能模态（t_0～t_1）

t_0 时刻，Q 开通，该模态从 Q 导通开始，以 Q 的关断结束。当 Q 导通时，输入电压与输出电压之差加于电感两端。此时输入电源给输出滤波电感储能（或励磁），并向负载提供能量，电感电流线性增加。

（2）模态 2：续流模态（t_1～T_S）

在 t_1 时刻，Q 关断，由于电感电流不能突变，二极管 D 将正偏导通，进入电感电流的续流模式，电感电流线性下降。

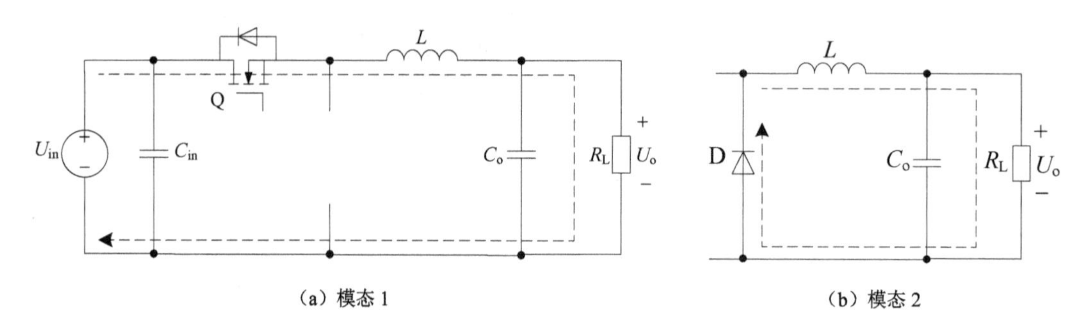

（a）模态 1　　（b）模态 2

图 2.55　Buck 变换器在 CCM 工作模式的两个等效电路

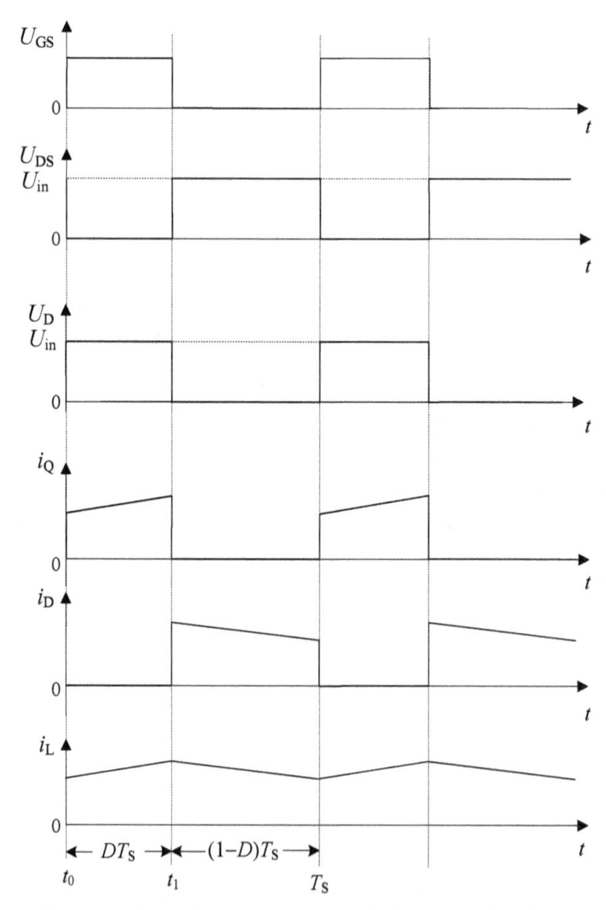

图 2.56　Buck 变换器在 CCM 工作模式下的典型波形

从 CCM 工作模式下的理想稳态波形，根据输出滤波电感上的稳态伏秒平衡原理，即 $(U_{in}-U_o)DT_S=U_o(1-D)T_S$，可得输入和输出之间的稳态关系为

$$\begin{cases} U_o = DU_{in} \\ I_{in} = DI_o \\ I_L = I_o \end{cases} \tag{2-28}$$

式中，D 为占空比，即 Q 导通时间与周期 T_S 的比值，$0<D<1$。

当 Buck 变换器在 DCM 工作模式时，在一个开关周期中有 3 个模态，每个模态的等效电路如图 2.57 所示，其典型电路原理波形如图 2.58 所示，各模态的工作过程如下。

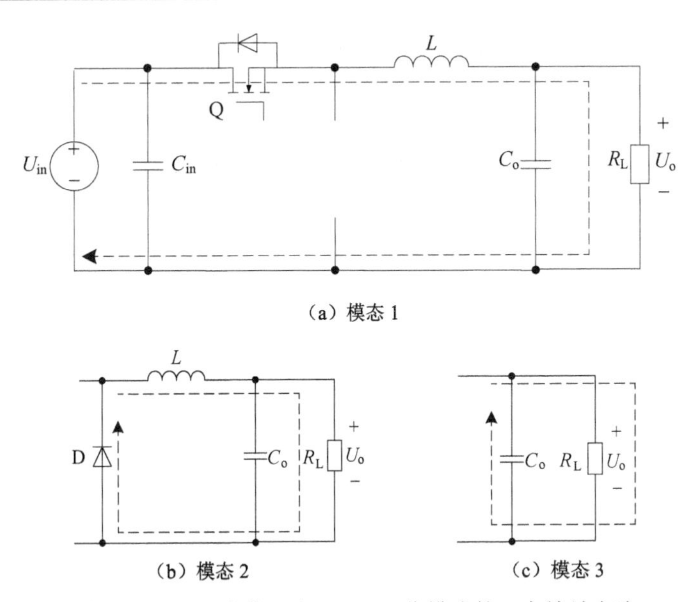

（a）模态 1

（b）模态 2　　（c）模态 3

图 2.57　Buck 变换器在 DCM 工作模式的三个等效电路

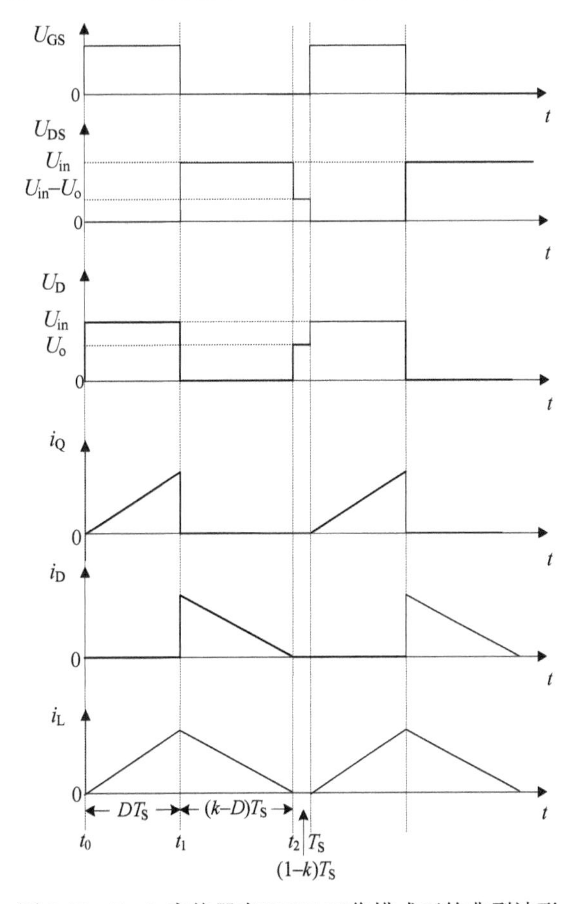

图 2.58　Buck 变换器在 DCM 工作模式下的典型波形

（1）模态 1：储能和传能模态（t_0～t_1）

t_0 时刻，Q 导通，该模态从 Q 导通开始，以 Q 的关断结束。当 Q 导通时，输入电压与输出电压之差加于电感两端。此时输入电源给输出滤波电感储能，并向负载提供能量，电感电流线性增加。

（2）模态 2：续流模态（t_1～t_2）

在 t_1 时刻，Q 关断，由于电感电流不能突变，二极管 D 将正偏导通，进入电感电流的续流模式，电感电流线性下降。

（3）模态 2：输出滤波电容独立供电模态（t_2～T_S）

在 t_2 时刻，电感电流到零，D 关断。由输出滤波电容单独向负载提供能量。

从 DCM 工作模式下的理想稳态波形，根据输出滤波电感上的稳态伏秒平衡原理，即 $(U_{in}-U_o)DT_S=U_o(k-D)T_S$，可得输入和输出之间的稳态关系为

$$\begin{cases} U_o = DU_{in}/k \\ I_{in} = DI_o/k \\ I_L = I_o/k \end{cases} \tag{2-29}$$

式中，$0<D<1$，$0<k<1$。

若电感电流到零时，刚好一个周期结束，则为 CCM/DCM 临界工作模式。在一个开关周期中有 2 个模态，其等效电路与 CCM 工作模式下相同，如图 2.55 所示，其典型电路原理波形如图 2.59 所示。

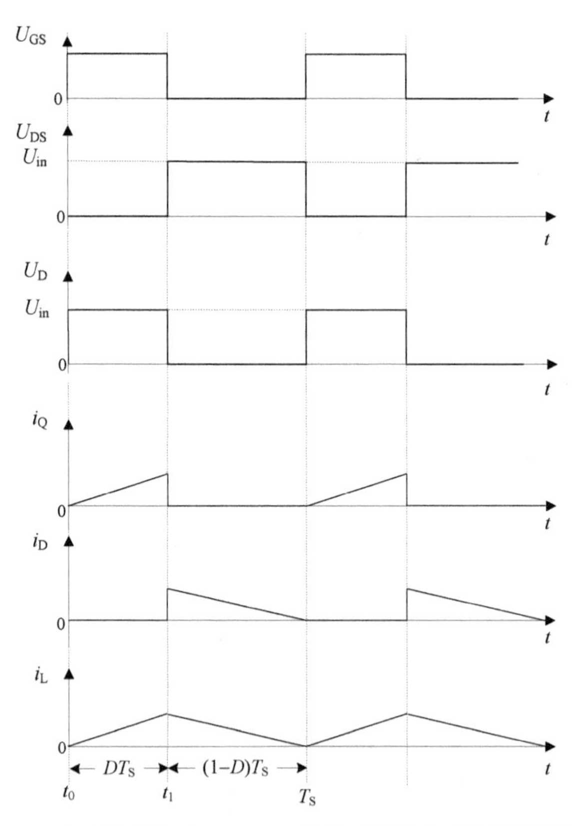

图 2.59 Buck 变换器在 CCM/DCM 临界工作模式下的典型波形

（1）模态 1：储能和传能模 1 态（t_0～t_1）

t_0 时刻，Q 导通，该模态从 Q 导通开始，以 Q 的关断结束。当 Q 导通时，输入电压与

输出电压之差加于电感两端。此时输入电源给输出滤波电感储能，并向负载提供能量，电感电流线性增加。

（2）模态 2：续流模态（t_1～T_S）

在 t_1 时刻，Q 关断，由于电感电流不能突变，二极管 D 将正偏导通，进入电感电流的续流模式，电感电流线性下降。T_S 时刻，电感电流到零，二极管 D 关断，正好一个周期结束。

计算机微处理器作为典型的低压大电流电子负载，其供电电压在持续下降，而所需的电流在逐渐提高。在采用普通 Buck 变换器进行电压变换时，由于快恢复二极管或超快恢复二极管的压降可达 1.0～1.2V，即使采用肖特基整流二极管，其压降也在 0.6V 左右，随着输出电压的进一步降低，导致整流损耗所占比重增加，变换器效率降低。传统的整流二极管已无法满足低压大电流 DC/DC 变换器高效率、高功率密度的要求，成为制约低压大电流 DC/DC 变换器提高效率的瓶颈。

同步整流是采用通态电阻极低的功率 MOSFET 来取代整流二极管，以降低整流损耗的一项技术，对于 Buck 变换器而言，把图 2.56 中的续流二极管更换为功率 MOSFET，即如图 2.60 所示的 Q_2。当 Q_1 关断，电感电流需要续流时，给 Q_2 栅极加上驱动信号即可实现同步整流工作。

2）Boost 变换器稳态原理分析

Boost 变换器的电路原理图如图 2.61 所示。与 Buck 变换器类似，根据电感取值及负载电流大小关系，可分为 CCM 工作模式、DCM 工作模式和 CCM/DCM 临界工作模式。

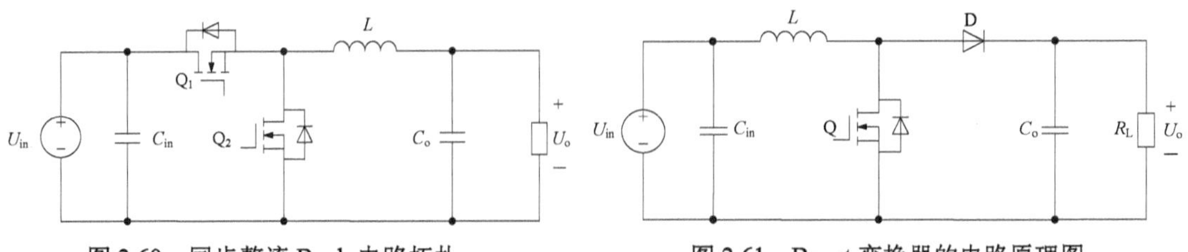

图 2.60　同步整流 Buck 电路拓扑　　图 2.61　Boost 变换器的电路原理图

当 Boost 变换器在 CCM 工作模式时，在一个开关周期中有 2 个模态，每个模态的等效电路如图 2.62 所示，其典型电路波形如图 2.63 所示，各模态的工作过程如下。

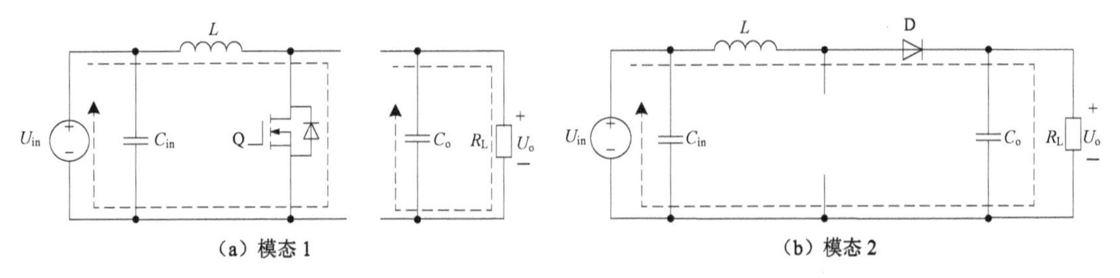

（a）模态 1　　（b）模态 2

图 2.62　Boost 变换器在 CCM 工作模式的两个等效电路

（1）模态 1：储能模态（t_0～t_1）

该模态从 Q 导通开始，以 Q 的关断结束。当 Q 导通时，输入电压加于电感两端。此时输入电源给滤波电感储能（或励磁），电感电流线性增加。

（2）模态 2：传能模态（t_1～T_S）

在 t_1 时刻，Q 关断，由于电感电流不能突变，二极管 D 将正偏导通，输入电源和电感

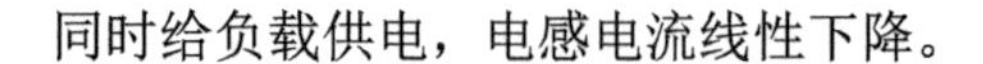
同时给负载供电，电感电流线性下降。

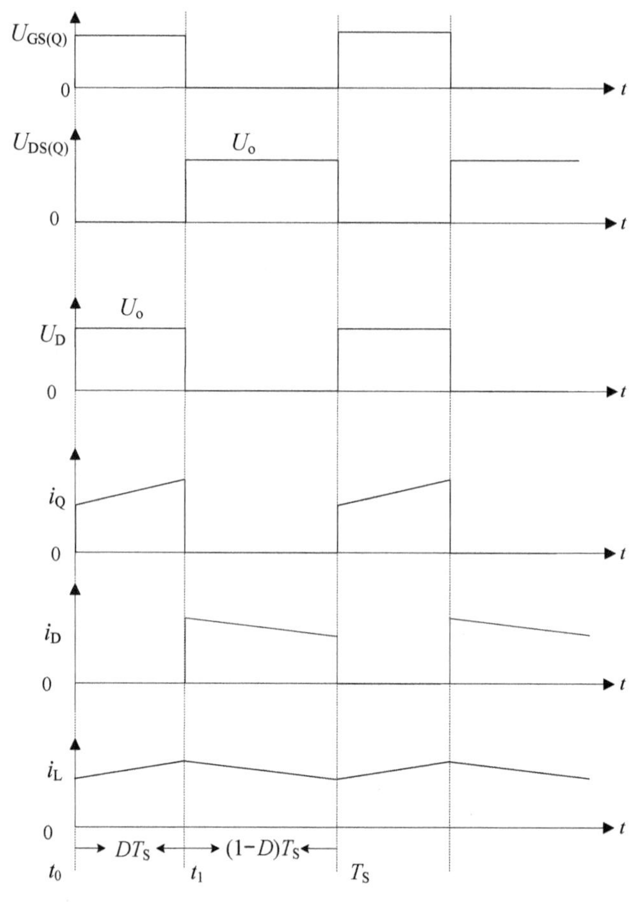

图 2.63 Boost 变换器在 CCM 工作模式下的典型波形

从 CCM 工作模式下的理想稳态波形，根据输出滤波电感上的稳态伏秒平衡原理，即 $U_{in}DT_S=(U_o-U_{in})(1-D)T_S$ 可得，输入输出之间的稳态关系为

$$\begin{cases} U_o = U_{in}/(1-D) \\ I_{in} = I_o/(1-D) \\ I_L = I_o/(1-D) \end{cases} \tag{2-30}$$

式中，$0 \leqslant D \leqslant 1$。

当 Boost 变换器在 DCM 工作模式时，在一个开关周期中有 3 个模态，每个模态的等效电路如图 2.64 所示，其典型电路波形如图 2.65 所示，各模态的工作过程如下。

（1）模态 1：储能模态（$t_0 \sim t_1$）

该模态从 Q 导通开始，以 Q 的关断结束。当 Q 导通时，输入电压加于电感两端。此时输入电源给输出滤波电感储能（或励磁），并向负载提供能量，电感电流线性增加。

（2）模态 2：传能模态（$t_1 \sim t_2$）

在 t_1 时刻，Q 关断，由于电感电流不能突变，二极管 D 将正偏导通，输入电源和电感同时给负载供电，电感电流线性下降。

（3）模态 3：输出滤波电容独立供电模态（$t_2 \sim T_S$）

在 t_2 时刻，电感电流到零，D 关断，由输出滤波电容单独向负载提供能量。

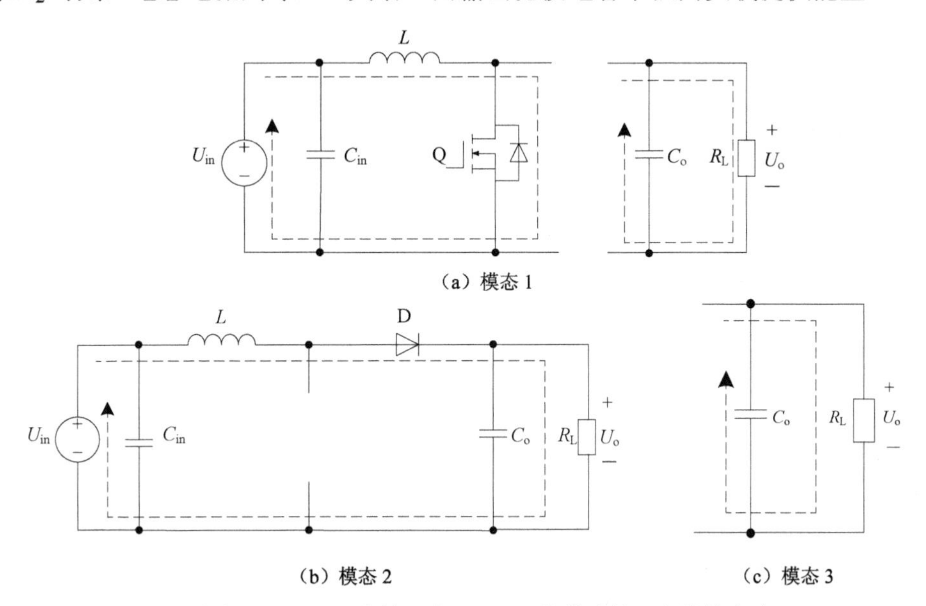

图 2.64　Boost 变换器在 CCM 工作模式的三个等效电路

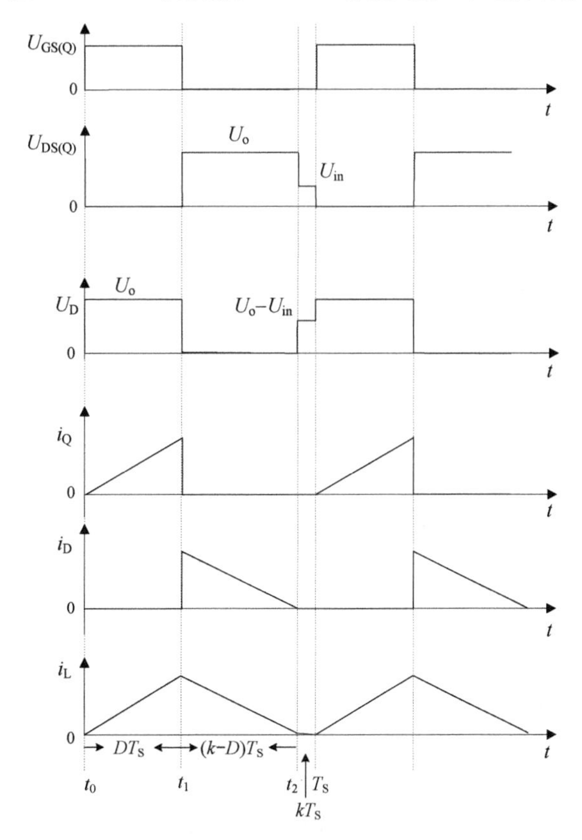

图 2.65　Boost 变换器在 DCM 工作模式下的典型波形

从 DCM 工作模式下的理想稳态波形，根据输出滤波电感上的稳态伏秒平衡原理，即 $U_{in}DT_S= (U_o-U_{in})(k-D)T_S$ 可得，输入和输出之间的稳态关系为

$$\begin{cases} U_o = kU_{in}/(k-D) \\ I_{in} = kI_o/(k-D) \\ I_L = kI_o/(k-D) \end{cases} \tag{2-31}$$

式中，0<D<1，0<k<1。

若电感电流到零时，刚好一个周期结束，则为 CCM/DCM 临界工作模式，其典型电路波形如图 2.66 所示。其分析过程与 Buck 变换器相似，这里不再赘述，读者可自行推导。

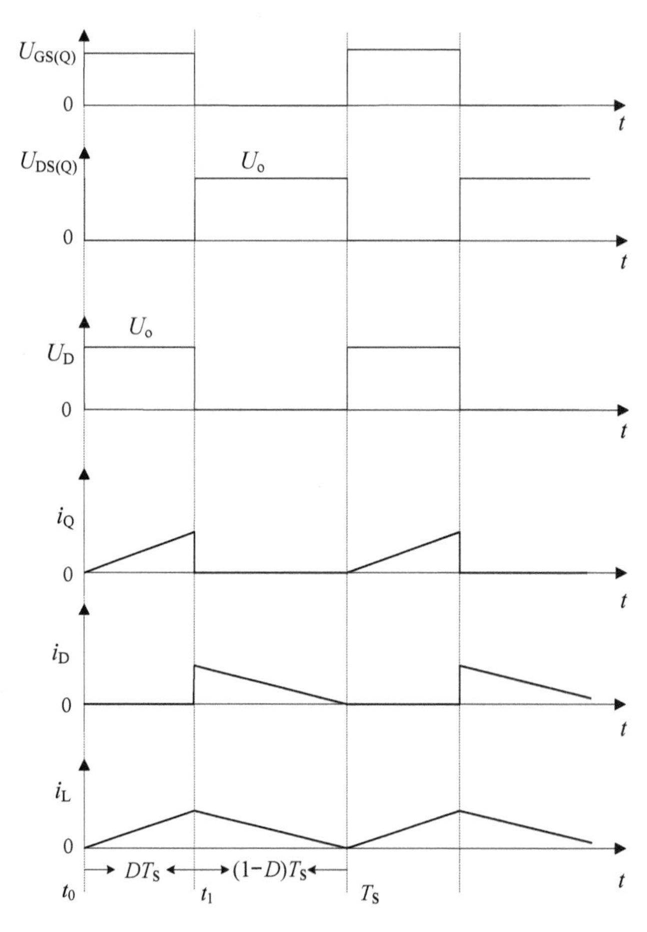

图 2.66 Boost 变换器在 CCM/DCM 临界工作模式下的典型波形

3）正激变换器稳态原理分析

正激变换器的电路原理图如图 2.67 所示。为保证正激变换器可靠工作，一般均需要外加去磁电路，依据去磁电路方案的不同，较常用的有三绕组去磁、谐振去磁、RCD 去磁、有源去磁单管正激以及双管正激电路。这里以三绕组去磁单管正激变换器为例给出其稳态原理分析。

图 2.68 为三绕组去磁正激变换器的电路原理图。当三绕组去磁正激变换器在 CCM 工作模式时，在一个开关周期中共有 3 个不同的模态，每个模态的等效电路如图 2.69 所示，其典型电路波形如图 2.70 所示，各模态的工作过程如下。

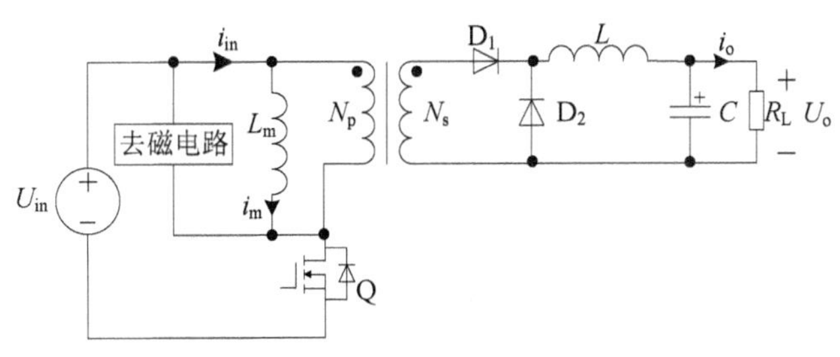

图 2.67　正激变换器的电路原理图

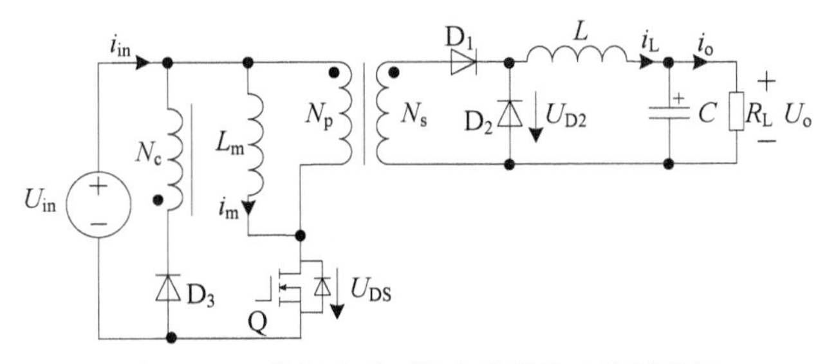

图 2.68　三绕组去磁正激变换器的电路原理图

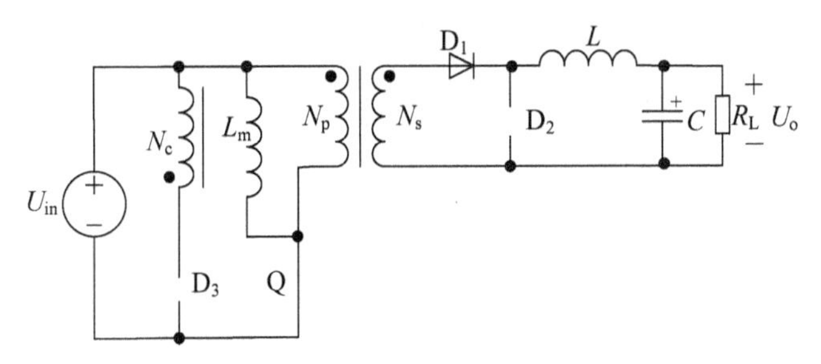

（a）模态 1

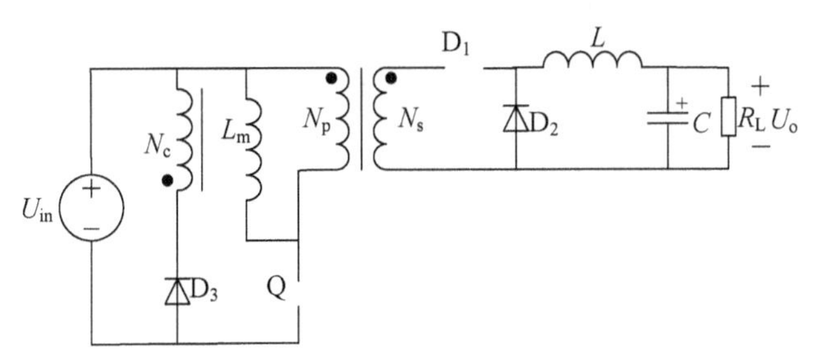

（b）模态 2

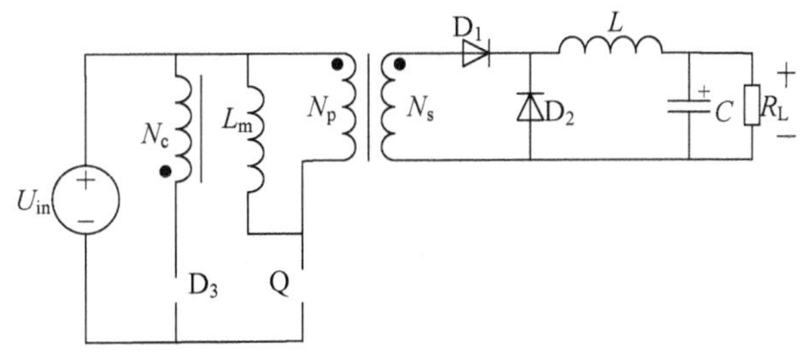

（c）模态 3

图 2.69　三绕组去磁正激变换器在 CCM 工作模式下的三个等效电路

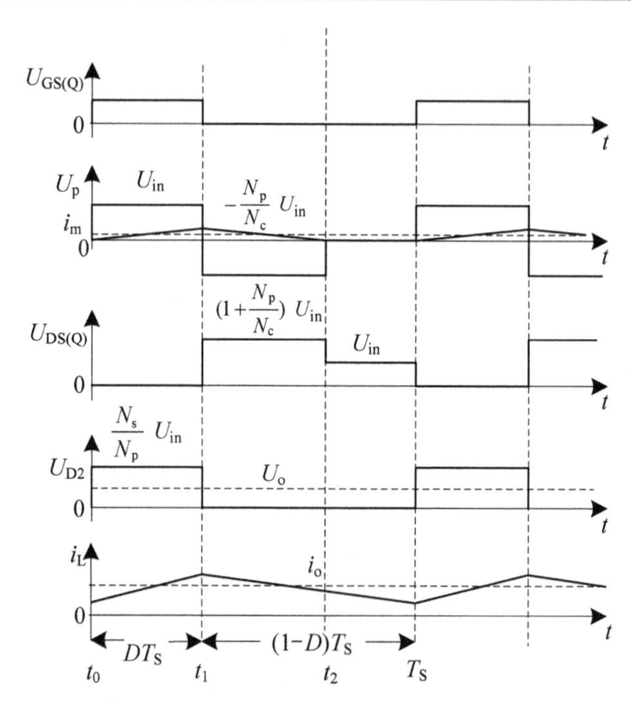

图 2.70　三绕组去磁正激变换器在 CCM 工作模式下的典型波形

（1）模态 1：传能模态（t_0～t_1）

该模态从 Q 导通开始，以 Q 的关断结束。当 Q 导通时，输入电压加于变压器一次侧。二极管 D_1 正向偏置而导通，D_2 则反偏截止。此时输入电源向负载传递能量，电感电流线性增加，变压器被励磁。

（2）模态 2：续流模态 1（t_1～t_2）

在 t_1 时刻，Q 关断，由于励磁电流不能突变，D_3 将正偏导通，故变压器一次侧电压变成$-\dfrac{N_p}{N_c}U_{in}$，D_2 正偏导通，D_1 反偏截止，进入二次侧电感电流的续流模式，电感电流线性下降，一次侧去磁。

（3）模态 3：续流模态 2（t_2～T_S）

在 t_2 时刻，一次侧已完全去磁。D_3 截止，绕组电压降为零。此时二次侧的工作与续流模态 1 类似，只是二极管 D_1 的电压降变为零。

在模态 3 中，二极管 D_1 上的电压虽然为零，但电感中的电流一般还是通过 D_2 进行续流，原因是 D_1 与变压器二次绕组构成的支路一般具有更大的电阻。但在低压大电流输出的应用中，因二次绕组一般只有一匝，且其二极管电阻也非常小，故这一间隔中的 D_1 也会续流一部分，从而能减少二极管总的导通损耗，提高变换器的效率。

从 CCM 工作模式下的理想稳态波形，根据输出滤波电感上的稳态伏秒平衡原理，即$(\dfrac{N_s}{N_p}U_{in}-U_o)DT_S=U_o(1-D)T_S$可得，输入和输出之间的稳态关系为

$$\begin{cases} U_o = MU_{in} \\ I_{in} = MI_o \\ I_L = I_o \end{cases} \tag{2-32}$$

式中，$M=D/N$，$N=N_p/N_s$，$0<D<1$。

由于励磁电感通常很大，因此实际的励磁电流通常为 DCM 工作模式，其对应的磁通密度在 BH 的第 I 象限中变化，如图 2.71 所示。磁通密度变化既可用绝对变化大小 $\Delta B=B_{max}-B_r$ 表示，也可用磁通密度幅度 $B_m=\Delta B/2$ 表示。在三绕组去磁正激变换器中，变压器的利用率较低。

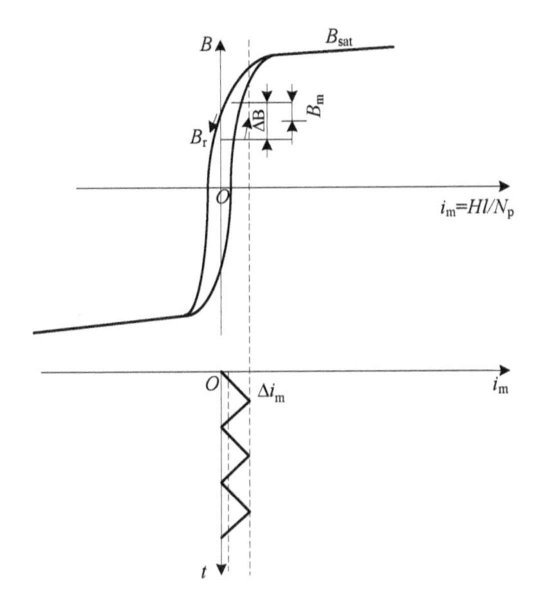

图 2.71　三绕组去磁正激变换器的变压器磁通密度变化

当三绕组去磁正激变换器在 DCM 工作模式时，在一个开关周期中共有 4 个不同的模态，前 3 个模态与 CCM 工作模式相同，第 4 个模态的等效电路如图 2.72 所示，其典型电路波形如图 2.73 所示，各模态的工作原理如下。

（1）模态 1：传能模态（t_0～t_1）

该模态从 Q 导通开始，以 Q 的关断结束。当 Q 导通时，输入电压加于变压器一次侧。二极管 D_1 正向偏置而导通，D_2 则反偏截止。此时输入向负载传递能量，电感电流线性增加，变压器被励磁。

（2）模态 2：续流模态 1（t_1～t_2）

在 t_1 时刻，Q 关断，由于励磁电流不能突变，D_3 将正偏导通，故变压器一次侧电压变成 $-\dfrac{N_p}{N_c}U_{in}$，使 D_2 正偏导通，D_1 反偏截止，进入二次侧电感电流的续流模式，电感电流线性下降，一次侧去磁。

（3）模态 3：续流模态 2（t_2～t_3）

在 t_2 时刻，一次侧已完全去磁。D_3 截止，绕组电压降为零。此时二次侧的工作与续流模态 1 类似，只是二极管 D_1 的电压降变为零。

（4）模态 4：输出滤波电容独立供电模态（t_3～T_S）

在 t_3 时刻，电感电流降为零，D_1 和 D_2 均截止。此时由输出滤波电容 C 独立给负载供电。

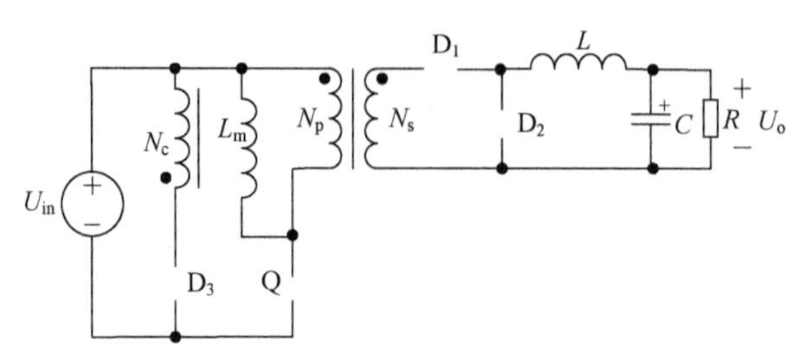

图 2.72 三绕组去磁正激变换器在 DCM 工作模式下的等效电路（第 4 个模态）

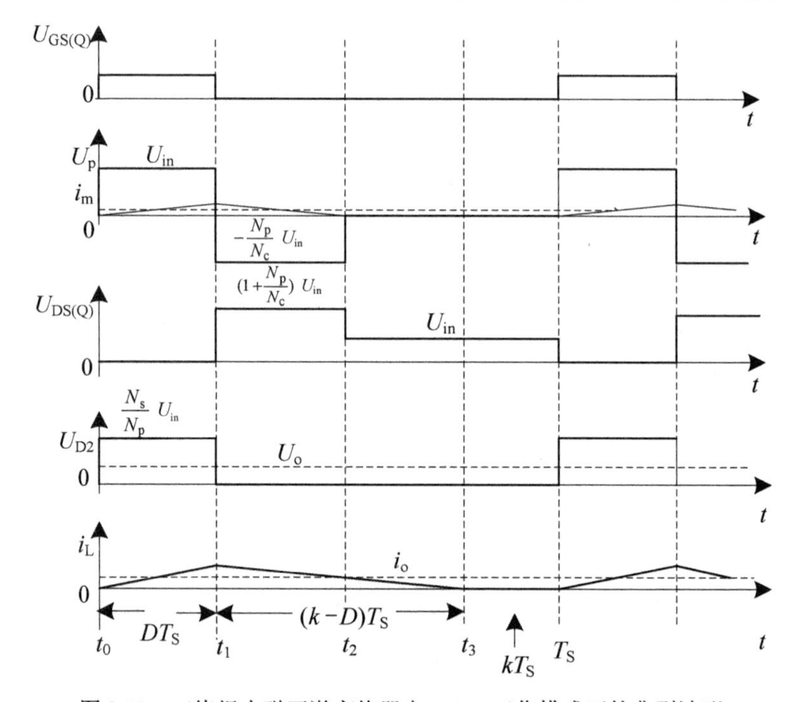

图 2.73 三绕组去磁正激变换器在 DCM 工作模式下的典型波形

三绕组去磁正激变换器在 DCM 工作模式下的稳态关系也可以用 CCM 工作模式下的关系式表示，即

$$\begin{cases} U_o = MU_{in} \\ I_{in} = MI_o \\ I_L = I_o \end{cases}$$

只是其中的增益 M 变为

$$M = \frac{U_o}{U_{in}} = \frac{1}{N}\frac{2}{1+\sqrt{1+4k/D^2}} \tag{2-33}$$

其中，$N=N_p/N_s$ ，$k=2Lf_s/R<1-D$，$0<D<1$。当 $k>1-D$ 时，变换器工作在 CCM 工作模式，当 $k=1-D$ 时，变换器工作在 CCM/DCM 临界工作模式。三绕组去磁正激变换器在输入端的稳态输入电阻 R_{in} 可表示为

$$R_{in} = \frac{U_{in}}{I_{in}} = \frac{U_o/M}{MI_o} = \frac{U_o}{M^2 I_o} = \frac{R_L}{M^2} \tag{2-34}$$

若电感电流到零时，刚好一个周期结束，则为 CCM/DCM 临界工作模式。在一个开关

周期中，有 3 个模态，其等效电路与 CCM 工作模式下相同，如图 2.69 所示，其典型电路波形如图 2.74 所示。

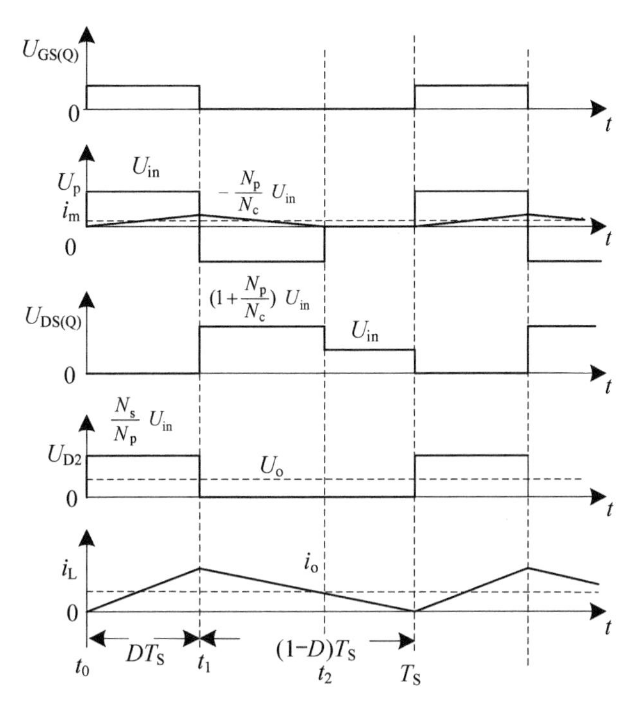

图 2.74　三绕组去磁正激变换器在 CCM/DCM 临界工作模式下的典型波形

4）反激变换器稳态原理分析

反激变换器的理想电路和稳态分析电路如图 2.75 所示。当反激变换器在 CCM 工作模式时，在一个开关周期内共有两个不同的模态，每个模态的等效电路如图 2.76 所示，其典型波形如图 2.77 所示，各模态的工作原理如下。

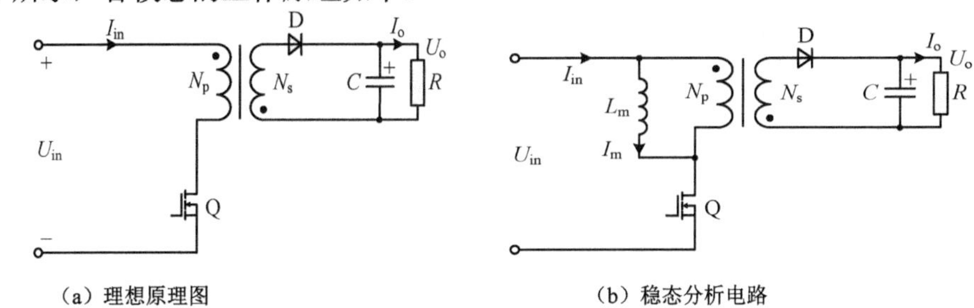

（a）理想原理图　　（b）稳态分析电路

图 2.75　反激变换器的理想电路和稳态分析电路

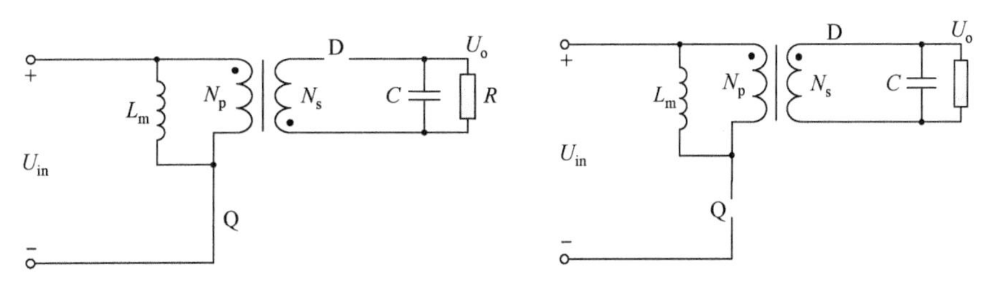

图 2.76　反激变换器在 CCM 工作模式下的两个等效电路

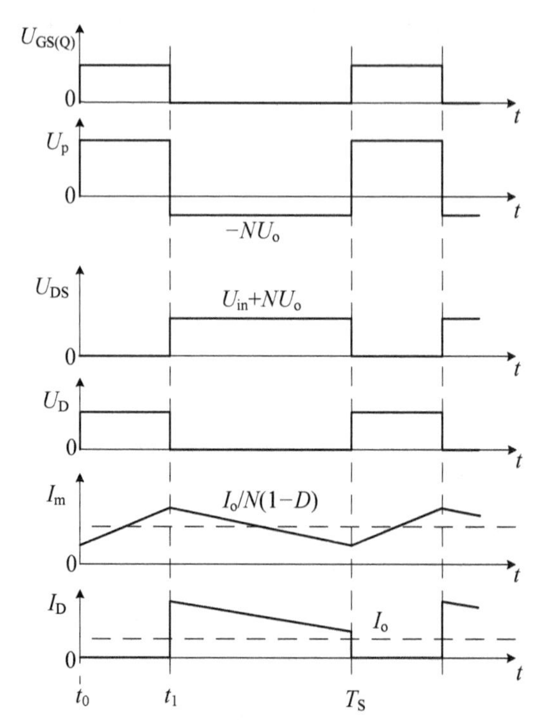

图 2.77 反激变换器在 CCM 工作模式下的典型波形

（1）模态 1：储能模态（$t_0 \sim t_1$）。

该模式从 Q 导通开始，以 Q 的关断结束。一旦 Q 导通，输入电压直接加于变压器原边。二极管 D 则因反偏截止。此时变压器原边的励磁电感储能，负载由电容 C 提供能量。

（2）模态 2：传能模态（$t_1 \sim T_S$）。

该模式从 Q 关断开始，到下一个周期到来时结束。一旦 Q 被关断，因励磁能量不能突变，将使 D 正偏导通，故变压器原边电压变成$-NU_o$。电感能量传递到副边向负载供电，并补充电容在前一间隔损失的能量，励磁电感中的电流则因两端电压为$-NU_o$，从而实现去磁。

从 CCM 工作模式下的理想稳态波形，根据变压器励磁电感上的稳态伏秒平衡定律，即 $U_{in}DT_S = NU_o(1-D)T_S$，可得输入输出之间的下列稳态关系为

$$\begin{cases} U_o = MU_{in} \\ I_{in} = MI_o \\ I_m = \left(M + \dfrac{1}{N}\right)I_o \end{cases} \tag{2-35}$$

式中，$M = \dfrac{D}{N(1-D)}$，$N = \dfrac{N_p}{N_s}$。

当反激变换器在 DCM 工作模式时，在一个开关周期中共有三种不同的模态，前两个模态与 CCM 相同，第三个模态的等效电路如图 2.78 所示，其典型电路波形如图 2.79 所示。各模态的工作原理如下。

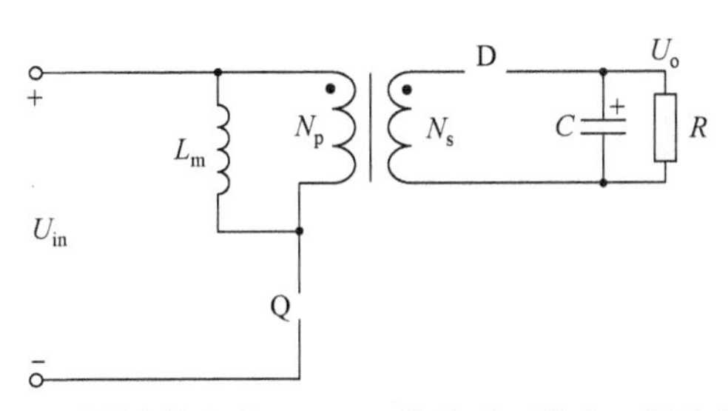

图 2.78　反激变换器在 DCM 工作模式下模态 3 的等效电路

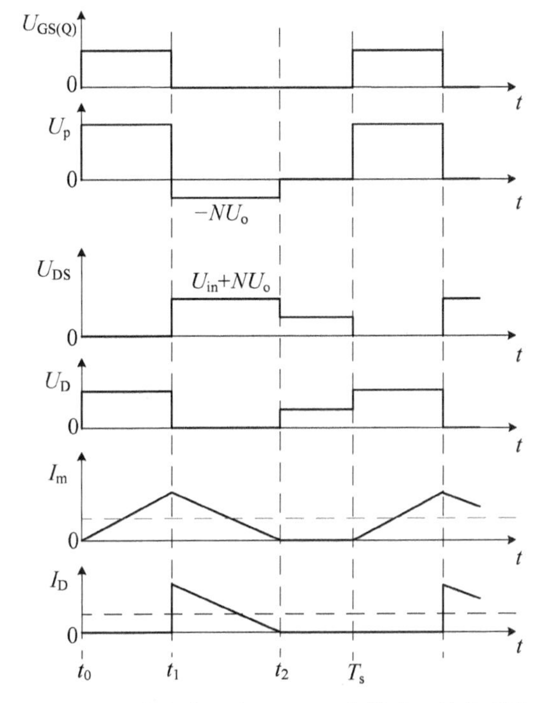

图 2.79　反激变换器在 DCM 工作模式下的典型波形

（1）模态 1：储能模态（t_0～t_1）。

该模式从 Q 导通开始，以 Q 的关断结束。一旦 Q 导通，输入电压直接加于变压器原边。二极管 D 则因反偏截止。此时变压器原边的励磁电感储能，负载由电容 C 提供能量。

（2）模态 2：传能模式（t_1～t_2）。

该模式从 Q 关断开始，到电感电流为零时结束。一旦 Q 被关断，因励磁能量不能突变，将使 D 正偏导通，故变压器原边电压变成$-NU_o$。电感能量传递到副边向负载供电，并补充电容在前一间隔损失的能量，励磁电感中的电流则因两端电压为$-NU_o$，从而实现去磁。

（3）模态 3：输出滤波电容独立供电模态（t_2～T_S）。

该模式从副边二极管电流降为零时开始，到下一个周期到来时结束。负载由电容 C 提供能量，变压器中电流为零，因此原边电压为零。原边功率管漏源极电压 U_{DS} 为输入电压 U_{in}，与输出电压 U_o无关。二极管 D 因承受反偏电压$-U_o$而截止，负载电容 C 提供能量。

其稳态关系也可用式（2-35）表示，只是此时的增益变为

$$\frac{U_o}{U_{in}}=\frac{D}{\sqrt{K}} \tag{2-36}$$

式中，$K=\dfrac{2L_{\mathrm{m}}f_{\mathrm{s}}}{R}<N^2(1-D)^2$，而当 $K>N^2(1-D)^2$ 时，变换器为 CCM 工作模式，当 $K=N^2(1-D)^2$ 时，变换器在 CCM/DCM 临界工作模式的边界。反激变换器在输入端的稳态输入电阻可以表示为

$$R_{\mathrm{in}}=\frac{U_{\mathrm{in}}}{I_{\mathrm{in}}}=\frac{U_{\mathrm{o}}/M}{MI_{\mathrm{o}}}=\frac{U_{\mathrm{o}}}{M^2I_{\mathrm{o}}}=\frac{R_{\mathrm{o}}}{M^2} \tag{2-37}$$

若当副边电流到零时，刚好一个周期结束，则为 CCM/DCM 临界工作模式。在一个开关周期中，有 2 个模态，其等效电路与 CCM 工作模式下相同，如图 2.75 所示，其典型电路原理波形如图 2.80 所示。

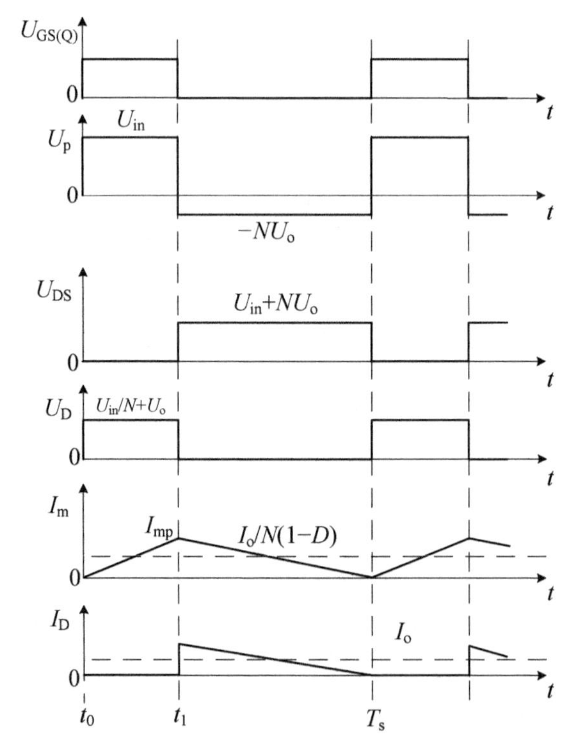

图 2.80 反激变换器在 CCM/DCM 临界工作模式下的典型波形

2.3.3 稳态闭环分析

2.3.3.1 电力电子变换器的闭环控制

电力电子变换电路有两类不同的应用领域：一是要求输出电压可在一定范围内调节、控制，即要求电力电子变换器输出可变的电压，例如负载为电机，采用变压调速或恒压频比的变频调速；另一类负载则要求电力电子变换电路输出电压在负载或电源电压等变化时都能维持恒定。这两种不同的要求都可以通过一定类型的负反馈控制系统实现。

为了实现这一功能，可采用误差放大器来减小输出电压与理想参考电压的误差。从理论上讲，采用极高增益的误差放大器就可以。但实际上系统存在负载变化、输入电压突然升高或降低的情况，要求误差放大器对这些变化有相当快的响应，并且不会因此而产生振荡。这

样就使问题变得复杂了，因为电源功率部分的响应相对而言比较缓慢，如果误差放大器对变化的响应很慢，会使电源响应变得很迟缓；相反，如果加快响应速度，会使电源系统出现振荡。所以反馈设计就成了确定电源系统中误差放大器的响应速度和反馈深度的问题，即反馈环路对不同频域信号的增益和相移特性，频域分析通常采用传递函数及其波特图的方式来分析闭环系统的稳定性问题并通过对环路的补偿实现系统稳定。

在开始设计误差放大补偿器前，首先要知道怎样的系统才是稳定的闭环系统，基本规则为：在闭环系统中，任何增益大于 1（0dB）的地方，相位滞后不能超过−360°。

在实际设计中，滞后的相位一般都要限制在 315°内，如果再往 360°靠近，就是一个亚稳态系统，这样的系统在负载或母线电压发生较大瞬变时，电源就会产生振荡。

图 2.81 给出了稳定性分析时所用到的一些术语。

（1）相位裕度：闭环系统中增益曲线穿越频率 f_{x0} 处所对应的相位值。

（2）增益裕度：相位在−360°处所对应的增益值。

（3）相位余量：所有增益大于 1（0dB）时，相频特性上最靠近−360°的点。

通常负反馈本身存在 180°的相位滞后，因此控制环路在不考虑负反馈相移的情况下相位滞后不能超过−180°。

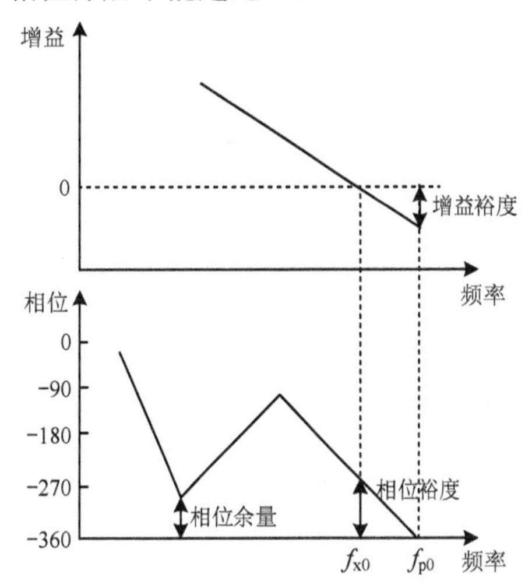

图 2.81　系统稳定性分析时所用术语的定义

2.3.3.2 闭环设计方法

电力电子电路的闭环控制通常通过 PWM（脉冲宽度调制）技术实现，即在输出电压与给定电压之间存在误差（输出电压需要跟踪预定的变化规律或扰动情况下输出电压偏离预定值）时，调节控制脉冲宽度使开关管导通时间变化，进而使输出电压变化，最终达到消除误差、与预期值相等的目的。

电力电子电路的闭环控制系统如图 2.82 所示。按照如图 2.82 所示的串联校正系统的方框图，由被控对象与性能指标要求（参考值）做对比，确定控制器 $G_c(s)$的传递函数，最后确定 $G_c(s)$的电路实现（或者计算机控制算法实现）。

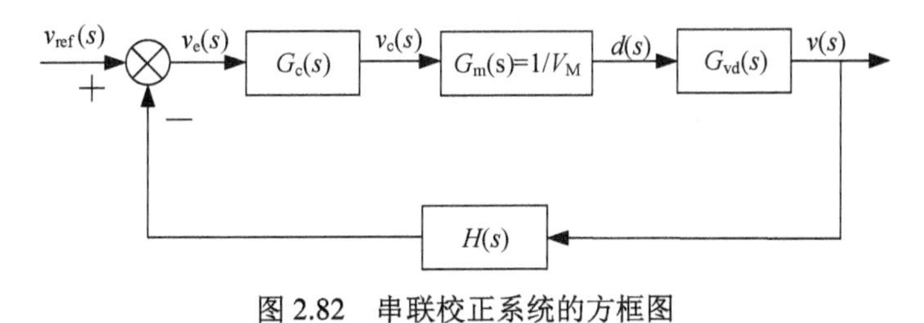

图 2.82　串联校正系统的方框图

根据图 2.82 可以获得闭环系统的开环传递函数为

$$G(s)H(s) = G_c(s)G_m(s)G_{vd}(s)H(s) \tag{2-38}$$

式中，$G_m(s)$为 PWM 调制器的 s 域模型，是一个线性环节，因此可以等效为一个常数开环增益。$H(s)$为采样调理环节，一般也可以直接等效为常数开环增益。因此，可以直接对 $G_{vd}(s)$进行零极点补偿。因此，闭环设计的首要任务就是获取控制到输出的传递函数。

电力电子变换器系统建模的常用方法有状态空间平均法、平均开关模型法以及统一电路模型法。其中最为常用的方法为状态空间平均法，平均开关模型法不仅可以应用于 PWM 型 DC/DC 变换器，也可以用于谐振变换器、三相 PWM 变换器。下面将以状态空间平均法为例介绍电力电子变换器的小信号建模过程。

DC/DC 变换器包含非线性元件，是一个非线性系统，不容易分析。但当变换器运行在某一稳态工作点附近时，电路状态量的小信号扰动量之间呈线性关系。因此，尽管 DC/DC 变换器为非线性系统，但在研究它在某一稳态工作点附近的动态特性时，仍可把它作为线性系统来近似，这就要用到状态空间平均的概念。

具体而言，当系统工作在某一稳态工作点，控制信号出现一个低频扰动时，变换器输出电压也被低频调制。输出电压中低频交流分量与控制信号低频扰动幅值成正比，频率相同，这就是线性电路的特征。实际上，由于要经过高频 PWM 调制，输出电压中除直流和低频交流分量外，还有开关频率（及其边带）和开关频率谐波（及其边带）成分。当开关频率较高、谐波幅值较低时，开关频率及其谐波分量才可以忽略，这时候小信号的扰动量间的关系才近似为线性关系。

对某个量进行开关周期平均运算，将保留信号中低频部分，而滤除开关频率成分，定义这种运算为开关周期平均算子，即

$$\langle x(t)\rangle_{T_s}=\frac{1}{T_s}\int_t^{t+T_s}x(\tau)\mathrm{d}\tau \tag{2-39}$$

状态量电感电流、电容电压经开关周期平均算子后仍然满足电磁感应定律。利用开关周期平均算子表示的电路方程就是状态空间平均方程，即

$$\begin{cases}L\dfrac{\mathrm{d}\langle i_{\mathrm{L}}(t)\rangle_{T_s}}{\mathrm{d}t}=\langle u_{\mathrm{L}}(t)\rangle_{T_s}\\ C\dfrac{\mathrm{d}\langle u_{\mathrm{C}}(t)\rangle_{T_s}}{\mathrm{d}t}=\langle i_{\mathrm{C}}(t)\rangle_{T_s}\end{cases} \tag{2-40}$$

状态空间平均法的建模过程包括：根据线性 R、L、C 元件、独立电源和周期性开关组成的原始网络，以电容电压、电感电流为状态变量，按照功率开关器件的“ON”和“OFF”两种状态，利用时间平均技术，得到一个周期内平均状态变量，将一个非线性电路转变为一个等效的线性电路，建立状态空间平均模型。

对于不考虑寄生参数的理想 PWM 变换器，在 CCM 工作模式下一个开关周期有两个开关状态，其对应的状态方程为

$$\dot{x}=A_1x+B_1u_{\mathrm{i}} \qquad 0\leqslant t\leqslant dT_{\mathrm{S}} \tag{2-41}$$

$$\dot{x}=A_2x+B_2u_{\mathrm{i}} \qquad dT_{\mathrm{S}}\leqslant t\leqslant T_{\mathrm{S}} \tag{2-42}$$

在式（2-41）和式（2-42）中，d 为功率开关管导通占空比，$d=t_{\mathrm{on}}/T_{\mathrm{s}}$，$t_{\mathrm{on}}$ 为导通时间，T_{s} 为开关周期，$x=[i_{\mathrm{L}},v_{\mathrm{C}}]$是状态变量，$\dot{x}$ 是状态变量的导数，i_{L} 是电感电流，v_{C} 是电容电压，u_{i} 是开关变换器的输入电压，A_1、A_2、B_1、B_2 是系数矩阵，与电路的结构参数有关。

对式（2-41）和式（2-42）进行平均得到状态平均方程为

$$\dot{x}=Ax+Bu_{\mathrm{i}} \qquad 0\leqslant t\leqslant T_{\mathrm{S}} \tag{2-43}$$

式中，$A=dA_1+(1-d)A_2$，$B=dB_1+(1-d)B_2$，这就是状态空间平均法。由式（2-43）可见，时变电路变成了非时变电路，若 d 为常数，则这个方程描述的系统是线性系统，所以状态空间平

均法的结果是把一个开关电路用一个线性电路来替代。

对状态平均方程进行小扰动线性化，令瞬时值 $d=D+\hat{d}$，$d'=D'-\hat{d}$，$D+D'=1$，$u_{\rm i}=U_{\rm i}+\hat{u}_{\rm i}$，$x=X+\hat{x}$，其中 $\hat{d}$、$\hat{u}_{\rm i}$、$\hat{x}$ 是相应 D、$u_{\rm i}$、X 的扰动量，将之代入式（2-43）得到

$$\dot{\hat{x}}=A(X+\hat{x})+B(U_{\rm i}+\hat{u}_{\rm i}) \tag{2-44}$$

$$A(X+\hat{x})+B(U_{\rm i}+\hat{u}_{\rm i})=A\hat{x}+B\hat{x}+[(D+\hat{d})A_1+(D'-\hat{d})A_2]X+[(D+\hat{d})B_1+(D'-\hat{d})B_2]U_{\rm i} \tag{2-45}$$

将其中的扰动参数变量分离就得到了动态的小信号模型式，即

$$\dot{\hat{x}}=A\hat{x}+B\hat{u}_{\rm i}+[(A_1-A_2)X+(B_1-B_2)U_{\rm i}]\hat{d} \tag{2-46}$$

将式（2-46）进行拉氏变换，得到 s 域小信号模型为

$$s\hat{x}(s)=A\hat{x}(s)+B\hat{u}_{\rm i}(s)+[(A_1-A_2)X+(B_1-B_2)U_{\rm i}]\hat{d}(s) \tag{2-47}$$

通过式（2-47）便可以求出对应拓扑的传递函数。在求得控制到输出变量的传递函数后便可以进一步求得整个环路在未采取环路补偿前的系统特性，然后根据系统特性设计相应的补偿器 $G_{\rm c}(s)$，最终实现控制系统稳定。

2.3.3.3　Buck 电路闭环设计实例

闭环控制系统的设计可以大致分为以下几个步骤：①推导变换器的小信号模型，得出控制到输出的传递函数；②得出系统开环传递函数，画出开环传递函数的波特图；③选择合适的补偿环节，根据一定的准则（要求）设计补偿环节参数；④验证补偿后的系统开环传递函数的波特图是否满足设计要求。

1）推导变换器的小信号模型，得出控制到输出的传递函数

在 CCM 工作模式下，考虑电感的等效串联电阻 $R_{\rm L}$ 和滤波电容的等效串联电阻 $R_{\rm C}$ 所建立的 Buck 变换器的等效电路，如图 2.83 所示。

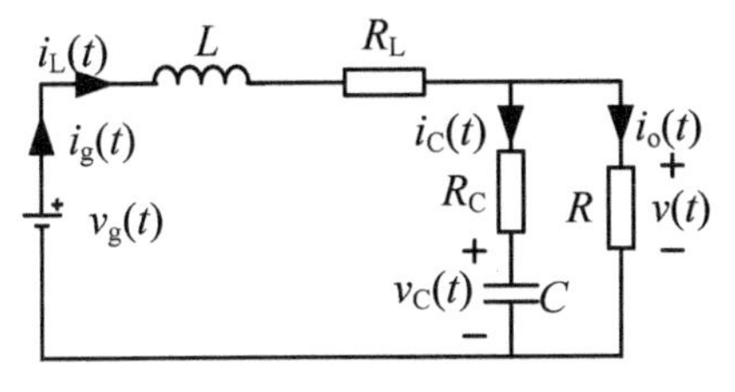

（a）占空比阶段电感充电

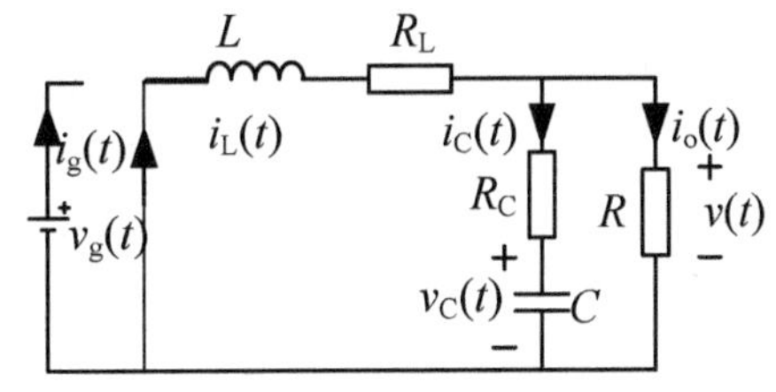

（b）非占空比阶段电感续流

图 2.83　Buck 变换器在不同模态下的等效电路

首先选择电感电流 $i_{\rm L}(t)$和电容电压 $u_{\rm C}(t)$作为两个独立的状态变量，输入电压 $v_{\rm g}(t)$作为输入，输出电压 $v(t)$和输入电流 $i_{\rm g}(t)$作为输出，因此可以列出占空比阶段的输出矩阵方程为

$$\begin{cases}\boldsymbol{K}\dfrac{{\rm d}\boldsymbol{x}(t)}{{\rm d}t}=\boldsymbol{A}_1\boldsymbol{x}(t)+\boldsymbol{B}_1\boldsymbol{u}(t)\\ \boldsymbol{y}(t)=\boldsymbol{C}_1\boldsymbol{x}(t)+\boldsymbol{E}_1\boldsymbol{u}(t)\end{cases} \tag{2-48}$$

式中，状态变量 $\boldsymbol{x}(t)$包括电感电流和电容电压；$\boldsymbol{u}(t)$为输入矢量，通常为输入电压 $v_{\rm g}(t)$；$\boldsymbol{y}(t)$为输出矢量，包括输出电压 $v(t)$和输入电流 $i_{\rm g}(t)$；$\boldsymbol{K}$、$\boldsymbol{A}$、$\boldsymbol{B}$、$\boldsymbol{C}$、$\boldsymbol{E}$ 为系数矩阵。

$$\boldsymbol{x}(t)=\begin{bmatrix}i_{\rm L}(t)\\ v_{\rm C}(t)\end{bmatrix},\boldsymbol{y}(t)=\begin{bmatrix}v(t)\\ i_{\rm g}(t)\end{bmatrix},\boldsymbol{K}=\begin{bmatrix}L & 0\\ 0 & C\end{bmatrix},\boldsymbol{B}_1=\begin{bmatrix}1\\ 0\end{bmatrix},\boldsymbol{E}_1=\begin{bmatrix}0\\ 0\end{bmatrix}$$

$$\boldsymbol{A}_1=\begin{bmatrix}-\left(R_{\mathrm{L}}+\dfrac{RR_{\mathrm{C}}}{R+R_{\mathrm{C}}}\right) & -\dfrac{R}{R+R_{\mathrm{C}}}\\ \dfrac{R}{R+R_{\mathrm{C}}} & -\dfrac{1}{R+R_{\mathrm{C}}}\end{bmatrix},\boldsymbol{C}_1=\begin{bmatrix}\dfrac{RR_{\mathrm{C}}}{R+R_{\mathrm{C}}} & \dfrac{R}{R+R_{\mathrm{C}}}\\ 1 & 0\end{bmatrix}$$

同理，对于非占空比阶段输出矩阵方程为

$$\begin{cases}\boldsymbol{K}\dfrac{\mathrm{d}\boldsymbol{x}(t)}{\mathrm{d}t}=\boldsymbol{A}_2\boldsymbol{x}(t)+\boldsymbol{B}_2\boldsymbol{u}(t)\\ \boldsymbol{y}(t)=\boldsymbol{C}_2\boldsymbol{x}(t)+\boldsymbol{E}_2\boldsymbol{u}(t)\end{cases}\tag{2-49}$$

对应的系数矩阵分别为

$$\boldsymbol{A}_2=\begin{bmatrix}-\left(R_{\mathrm{L}}+\dfrac{RR_{\mathrm{C}}}{R+R_{\mathrm{C}}}\right) & -\dfrac{R}{R+R_{\mathrm{C}}}\\ \dfrac{R}{R+R_{\mathrm{C}}} & -\dfrac{1}{R+R_{\mathrm{C}}}\end{bmatrix},\boldsymbol{B}_2=\begin{bmatrix}0\\0\end{bmatrix},\boldsymbol{C}_2=\begin{bmatrix}\dfrac{RR_{\mathrm{C}}}{R+R_{\mathrm{C}}} & \dfrac{R}{R+R_{\mathrm{C}}}\\ 0 & 0\end{bmatrix},\boldsymbol{E}_2=\begin{bmatrix}0\\0\end{bmatrix}$$

因此可以得出状态空间平均方程为

$$\begin{cases}\boldsymbol{K}\dfrac{\mathrm{d}\langle\boldsymbol{x}(t)\rangle_{T_{\mathrm{s}}}}{\mathrm{d}t}=\left[d(t)\boldsymbol{A}_1+d'(t)\boldsymbol{A}_2\right]\langle\boldsymbol{x}(t)\rangle_{T_{\mathrm{s}}}+\left[d(t)\boldsymbol{B}_1+d'(t)\boldsymbol{B}_2\right]\langle\boldsymbol{u}(t)\rangle_{T_{\mathrm{s}}}\\ \langle\boldsymbol{y}(t)\rangle_{T_{\mathrm{s}}}=\left[d(t)\boldsymbol{C}_1+d'(t)\boldsymbol{C}_2\right]\langle\boldsymbol{x}(t)\rangle_{T_{\mathrm{s}}}+\left[d(t)\boldsymbol{E}_1+d'(t)\boldsymbol{E}_2\right]\langle\boldsymbol{u}(t)\rangle_{T_{\mathrm{s}}}\end{cases}\tag{2-50}$$

将含有扰动分量的变量代入状态空间平均方程并忽略二阶交流小项，化简得到小信号交流模型为

$$\begin{cases}\boldsymbol{K}\dfrac{\mathrm{d}\hat{\boldsymbol{x}}(t)}{\mathrm{d}t}=\boldsymbol{A}\hat{\boldsymbol{x}}(t)+\boldsymbol{B}\hat{\boldsymbol{u}}(t)+[(\boldsymbol{A}_1-\boldsymbol{A}_2)\boldsymbol{X}+(\boldsymbol{B}_1-\boldsymbol{B}_2)\boldsymbol{U}]\hat{d}(t)\\ \hat{\boldsymbol{y}}(t)=\boldsymbol{C}\hat{\boldsymbol{x}}(t)+\boldsymbol{E}\hat{\boldsymbol{u}}(t)+[(\boldsymbol{C}_1-\boldsymbol{C}_2)\boldsymbol{X}+(\boldsymbol{E}_1-\boldsymbol{E}_2)\boldsymbol{U}]\hat{d}(t)\end{cases}\tag{2-51}$$

进一步将矢量方程改写成标量方程为

$$\begin{cases}L\dfrac{\mathrm{d}\hat{i}_{\mathrm{L}}(t)}{\mathrm{d}t}=-(R_{\mathrm{L}}+\dfrac{RR_{\mathrm{C}}}{R+R_{\mathrm{C}}})\hat{i}_{\mathrm{L}}(t)-\dfrac{R}{R+R_{\mathrm{C}}}\hat{v}_{\mathrm{C}}(t)+D\hat{v}_{\mathrm{g}}(t)+V_g\hat{d}(t)\\ C\dfrac{\mathrm{d}\hat{v}_{\mathrm{C}}(t)}{\mathrm{d}t}=\dfrac{R}{R+R_{\mathrm{C}}}\hat{i}_{\mathrm{L}}(t)-\dfrac{1}{R+R_{\mathrm{C}}}\hat{v}_{\mathrm{C}}(t)\\ \hat{v}(t)=\dfrac{RR_{\mathrm{C}}}{R+R_{\mathrm{C}}}\hat{i}_{\mathrm{L}}(t)+\dfrac{R}{R+R_{\mathrm{C}}}\hat{v}_{\mathrm{C}}(t)\\ \hat{i}_{\mathrm{g}}(t)=D\hat{i}_{\mathrm{L}}(t)+\dfrac{DV_g}{R+R_{\mathrm{L}}}\hat{d}(t)\end{cases}\tag{2-52}$$

对上式进行拉氏变换，可得 Buck 变换器由控制到输出电压的传递函数 $G_{\mathrm{vd(buck)}}(s)$为

$$G_{\mathrm{vd(buck)}}(s)=\left.\frac{\hat{v}(s)}{\hat{d}(s)}\right|_{\hat{v}_g=0}=\frac{(1+sR_{\mathrm{C}}C)}{s^2\dfrac{LC(R+R_{\mathrm{C}})}{R}+s\left(\dfrac{L+C(RR_{\mathrm{L}}+RR_{\mathrm{C}}+R_{\mathrm{C}}R_{\mathrm{L}})}{R}\right)+\dfrac{R_{\mathrm{L}}}{R}+1}\tag{2-53}$$

2）画出开环传递函数的波特图

在式（2-53）中代入表 2.5 中实际变换器的设计参数后可得到未补偿前 $G_{\mathrm{vd(buck)}}(s)$的波特图，如图 2.84 所示。

表 2.5　Buck 变换器的主要设计参数

电感 L（μH）	170	负载 R（Ω）	7.29（满载）
电感等效串联电阻 R_L（Ω）	0.02	输入电压 V_g（V）	300～350
输出滤波电容 C（μF）	1100	输出电压 V_o（V）	270
输出滤波电容等效串联电阻 R_C（Ω）	0.05	开关频率 f（kHz）	50

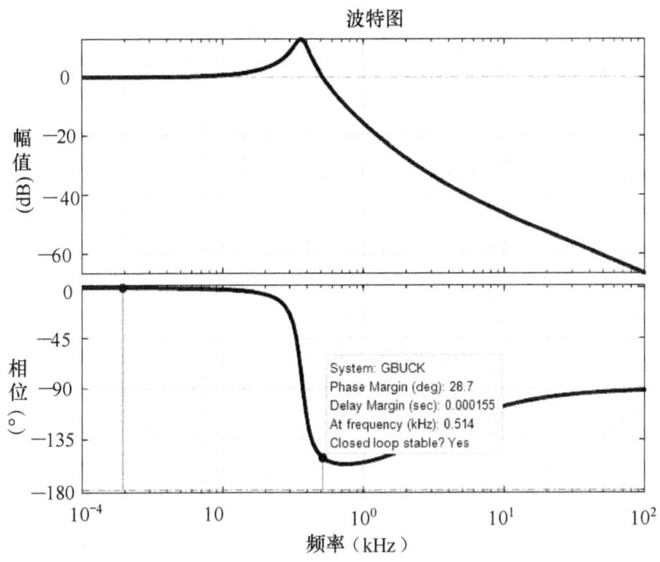

图 2.84　未补偿前 $G_{vd(buck)}(s)$的波特图（满载）

3）选择合适的补偿环节

由波特图可知，未校正前的系统为一个 0 型系统（有静差）。因此需要进行 PI 补偿，提高系统的型别。由于系统转折频率处双极点的作用，系统以−40dB/dec 的斜率下降并穿越 0dB 线，导致系统的相位裕度 PM=28.7°<45°，同时导致原始系统截止频率 f_0=514Hz 偏低，影响系统的动态特性，因此需要进行 PD 补偿，使系统以−20dB/dec 的斜率下降并穿越 0dB 线，并且提高系统的相位裕度。

根据系统采用的开关频率为 50kHz，系统截止频率 f_c一般取开关频率 f_{SW}的 1/5～1/10，这里取 1/10，即 5kHz。通常采用 PID 控制器的传递函数形式为

$$G_c(s)=K\frac{\left(1+\dfrac{s}{\omega_{z1}}\right)\left(1+\dfrac{s}{\omega_{z2}}\right)}{s\left(1+\dfrac{s}{\omega_{p1}}\right)} \tag{2-54}$$

为了使系统以−20dB/dec 的斜率下降并穿越 0dB 线，从而提高系统的相位裕度，补偿的零点 ω_{z1} 一般设计在转折频率 $f_0=1/2\pi\sqrt{LC}=368\text{Hz}$ 的 1/2～1/4 之间，因此取 ω_{z1}=942rad/s（150Hz）。

第二个零点频率 ω_{z2} 一般设置在系统转折频率 f_0 左右，$\omega_{z2}=(0.5\sim1)\omega_0$，这样系统将以−20dB/dec 的斜率下降，系统的相位裕度将得到提高。本系统中将第二个零点频率设为 ω_{z2}=1885rad/s（300Hz）。

为抑制高频噪声，极点 ω_{p1} 的设置需满足 $\omega_{p1} > 1.5\omega_c$，本系统中将极点设置在 ω_c 的 4 倍频率处，即 $f_{p1}=4f_c=20\text{kHz}$。

同时考虑到 Buck 变换器输出滤波电容的等效串联电阻带来的一个高频零点，其频率为

$$\omega_{ESR}=\frac{1}{CR_C}=\frac{1}{1100\times10^{-6}\times0.05}=18181(\text{rad/s}) \tag{2-55}$$

在 PID 补偿网络的基础上再增加一个极点 ω_{p1}，极点频率设置在 ESR 零点频率附近，以抵消输出滤波电容的 ESR 对系统的不利影响。因此最终的补偿网络为

$$G_c(s)=K\frac{\left(1+\frac{s}{\omega_{z1}}\right)\left(1+\frac{s}{\omega_{z2}}\right)}{s\left(1+\frac{s}{\omega_{p1}}\right)\left(1+\frac{s}{\omega_{p2}}\right)}=K\frac{\left(1+\frac{s}{942}\right)\left(1+\frac{s}{1885}\right)}{s\left(1+\frac{s}{125663}\right)\left(1+\frac{s}{18181}\right)} \tag{2-56}$$

先令 K=1，预校正系统的传递函数为

$$G_{vd(buck)}(s)G_c(s)=G_{vd(buck)}(s)\frac{\left(1+\frac{s}{942}\right)\left(1+\frac{s}{1885}\right)}{s\left(1+\frac{s}{125663}\right)\left(1+\frac{s}{18181}\right)} \tag{2-57}$$

预校正系统的波特图如图 2.85 所示。在预设截止频率 f_c 处的增益为−80dB，因此补偿网络的增益系数应该满足

$$20\lg(K)=80\text{dB}\Rightarrow K=10000 \tag{2-58}$$

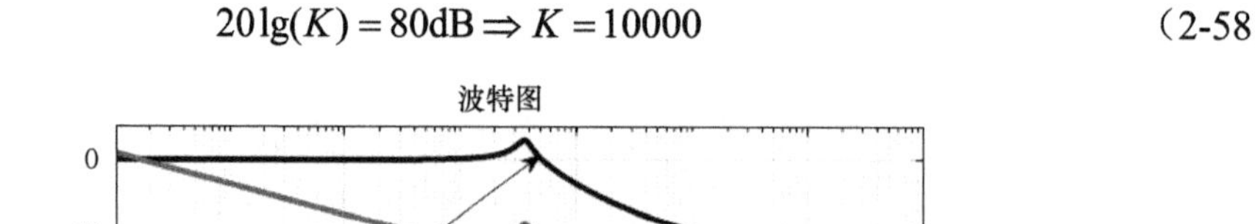

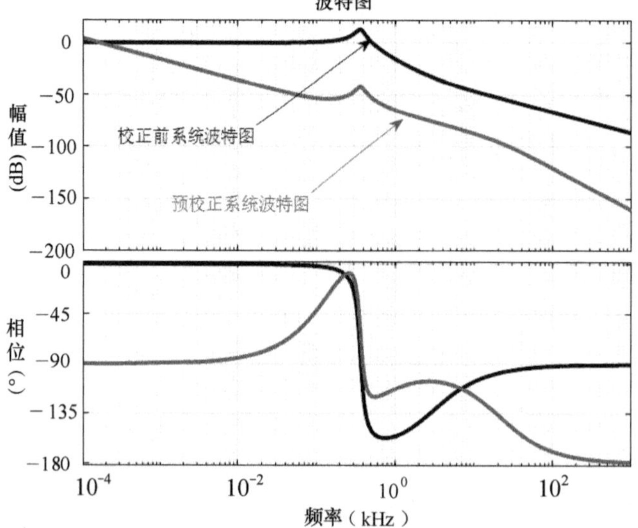

图 2.85 预校正系统的波特图

4）验证补偿后的系统开环传递函数的波特图

图 2.86 给出了经过补偿后的系统开环传函的波特图，从图中可以看出校正后的系统截止频率为 4.67kHz，相位裕度为 72.4°，满足系统设计要求。

采用类似方法可推导 Boost 和 Buck-Boost 变换器以及其他更为复杂的变换器的传递

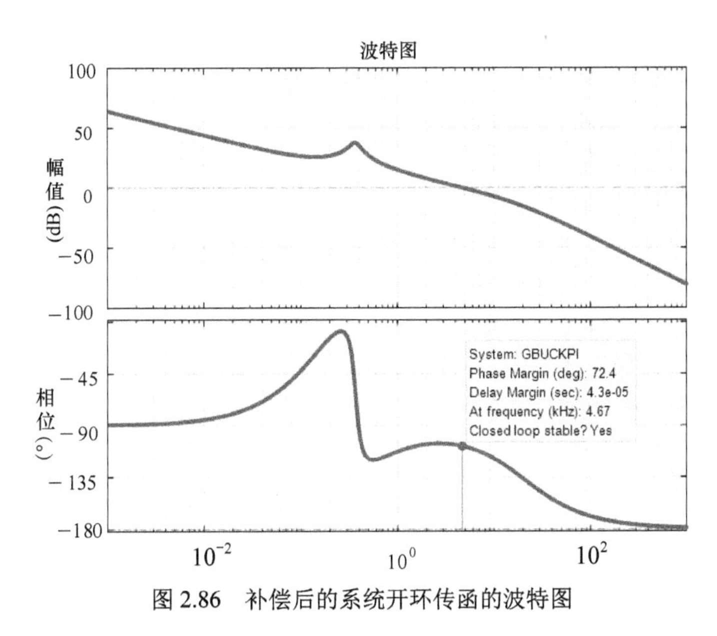

图 2.86 补偿后的系统开环传函的波特图

函数，设计其补偿网络。读者可以根据要制作的目标变换器，查阅相关资料完成分析和设计。

在实际工程应用中，除用计算的方法进行补偿网络设计外，还可以用相关频率响应测试仪器直接测试变换器的传递函数，匹配相应的补偿网络参数，有兴趣的同学可进一步深入探讨这方面的应用技术。

2.4 小结

本章讨论了电力电子变换器的功能电路认识方法：把电力电子变换器划分为一些基本的功能电路，利用功能单元“搭积木”组合的方法，把各块功能电路连接为完整的变换器。本章介绍了主功率电路常用元器件（功率开关、二极管、磁性元件、电容），控制芯片（模拟、数字）、常用逻辑芯片（运算放大器、比较器、光电耦合器）、电流检测元件、温度检测元件等的基本原理与特性，并对典型变换器的稳态原理和稳态闭环设计进行了阐述。

电力电子变换器主电路形式较多，功率等级、技术规格、应用场合均有所差异，电力电子初学者通过本章学习，掌握了功能电路认识方法，可以逐步积累建立起自己的“功能电路库”和“元器件库”，增加“设计元素”，不断加深理解，增强设计能力。

思考题和习题

2-1 以图 2.1 为例，阐述该变换器包括哪些功能电路，并画出其功能电路框图。

2-2 用运算放大器设计一个调理电路，能够实现把 300V 直流调整成 3.3V 的功能。画出其原理图，并完成运算放大器及其外围电路元器件的选型设计。

2-3 用运算放大器设计一个比例积分电路，并推导其输入和输出的关系。

2-4 结合图 2.42，阐述光电耦合器在反馈控制环路中的作用。

2-5 阐述磁平衡式霍尔电流传感器的工作原理。

2-6 简要说明热电偶的工作原理。

2-7 推导说明电感伏秒平衡原理。

2-8 推导说明电容电荷平衡原理。

2-9 简要说明 CCM、DCM、CRM 等几种工作模式的区别。

2-10 结合模态分析，阐述同步整流 Buck 电路的工作原理。

2-11 为什么正激变换器一般均需要外加去磁电路？

2-12 反激变换器和正激变换器中的高频变压器在工作方式上有什么不同？

2-13 简要说明变换器为什么要采用闭环控制，以及闭环设计的一般方法。

第3章　电力电子变换器中的实际问题

电力电子技术方面的教科书在介绍各功能电路原理时，出于对电力电子初学者知识水平和学习时间的考虑，往往会忽略很多实际因素，因此原理分析过程和相关波形过于理想。大家在对实际变换器进行通电测试时，会发现忽略很多实际因素的理想原理分析与实际测试结果之间存在很大的差异。为了便于初学者能够更深入地理解实际情况，进行电力电子变换器实用设计，本章对电力电子变换器中的实际问题进行探讨，对理想与实际差异及其产生的影响进行专门阐述。

3.1　实验波形与理想原理分析不同所引发的思考

对于电力电子初学者，可以通过驱动电路、双脉冲测试电路、功率变换器等典型电路由浅入深地认识实际与理想的主要不同点。接下来我们从波形对比入手逐一阐述。

3.1.1　驱动电路典型波形

图 3.1 是 MOSFET 的理想驱动波形，PWM 信号与 MOSFET 的栅源电压波形同时阶跃上升或下降。

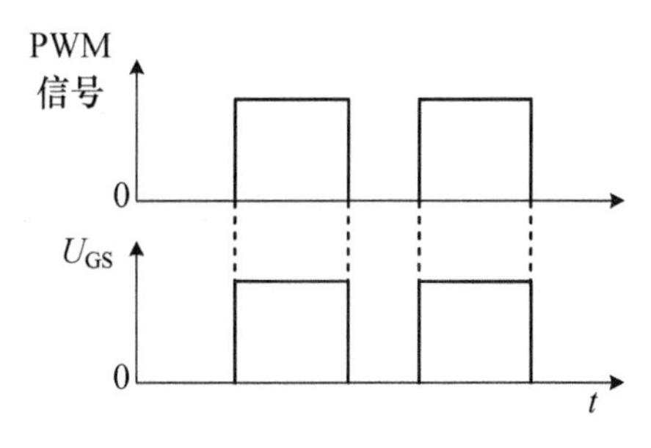

图 3.1　MOSFET 的理想驱动波形

图 3.2 是未接主电路时 MOSFET 的典型实验驱动波形。PWM 信号并非阶跃上升或下降，而是会有一段上升或下降过程。MOSFET 的栅源电压波形与 PWM 控制波形之间存在一段延迟时间，在开通过程中，U_{GS} 的上升沿比 PWM 信号的上升沿延迟了 30ns 左右，在关断过程中，U_{GS} 的下降沿比 PWM 信号的下降沿延迟了 46ns 左右，且栅源电压上升或下降至最终稳定驱动电压的时间较长。

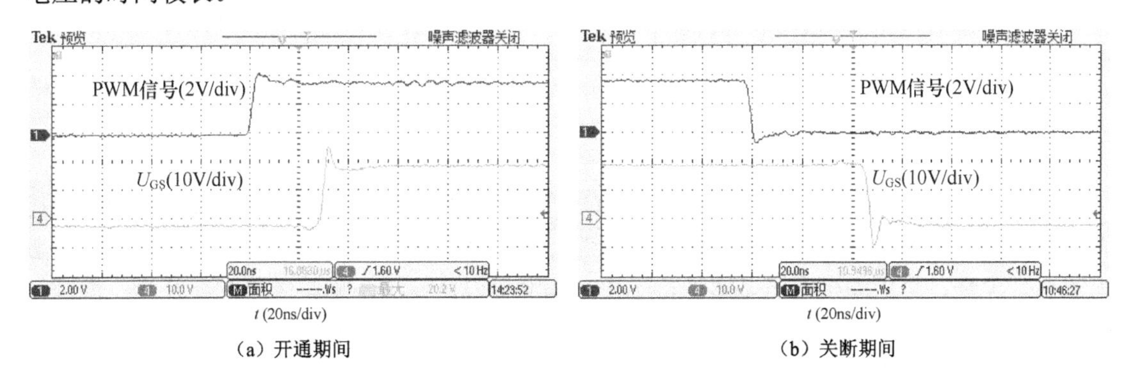

（a）开通期间　　（b）关断期间

图 3.2　未接主电路时 MOSFET 的典型实验驱动波形

图 3.3 是接主电路时 MOSFET 的实验驱动波形，驱动电压中出现振荡和密勒平台。

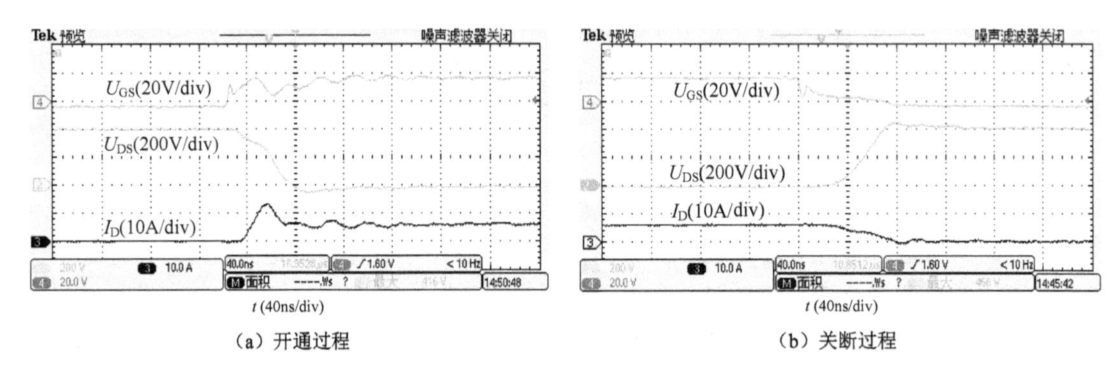

（a）开通过程　　（b）关断过程

图 3.3　接主电路时 MOSFET 的实验驱动波形

3.1.2　双脉冲测试电路中功率开关管典型开关特性波形

双脉冲测试电路常用于测试功率管的开关特性。图 3.4 为双脉冲测试电路原理图，该电路可认为是 Buck 变换器功率电路的一种变形，通过给功率器件加两个短时驱动信号，可以模拟功率器件在实际变换器中的开关过程，清晰地观察到功率器件在开通和关断过程的电压电流波形。

图 3.5 为 MOSFET 理想开关波形。在栅源极间加上驱动电压 U_{GS} 后，MOSFET 导通，漏源极电压 U_{DS} 降为零，漏极电流 i_D 升至最大。栅源极间去掉驱动电压后，MOSFET 关断，漏源极电压 U_{DS} 升至主功率电路供电电源电压，漏极电流降至零。

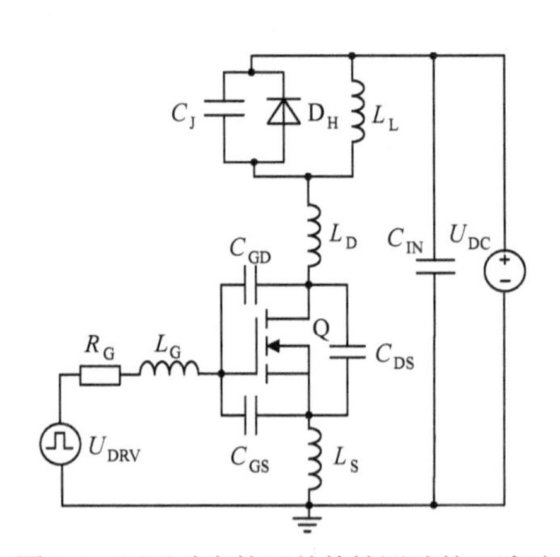

图 3.4　用于功率管开关特性测试的双脉冲测试电路原理图

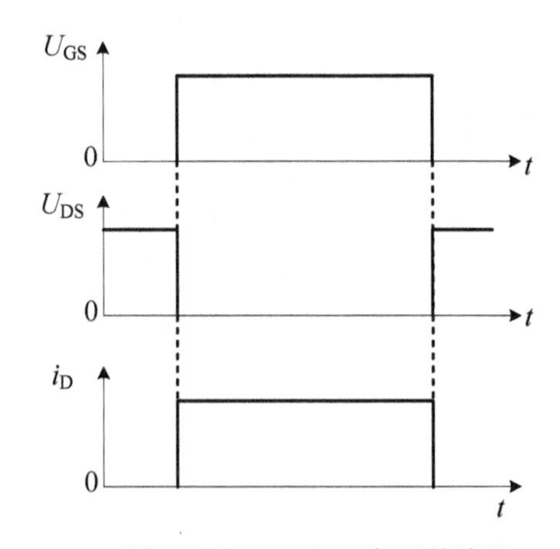

图 3.5　MOSFET 理想开关波形

图 3.6 为采用双脉冲测试电路测得的 MOSFET 的典型开关实验波形，开通和关断转换均有一段过程，开通的特征为：漏极电流先快速上升，漏源极电压略有下降且出现振荡，漏极电流出现尖峰；之后漏极电流基本保持不变，漏源极电压快速下降。关断的特征为：漏源极电压先快速升高，漏极电流基本保持不变，漏源极电压出现尖峰和振荡；之后漏源极电压基本保持不变，漏极电流下降到零。

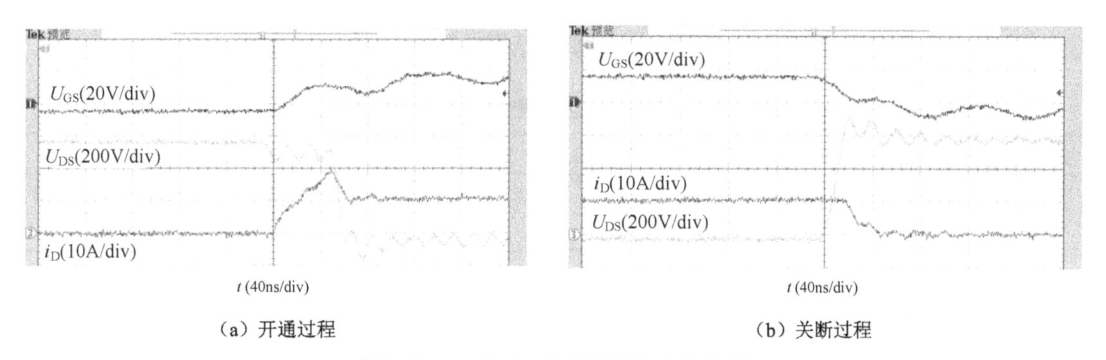

图 3.6　MOSFET 的典型开关实验波形

3.1.3　反激变换器典型波形

图 3.7 和图 3.8 分别为反激变换器在 CCM（CRM）工作模式和 DCM 工作模式的典型波形，为便于对比，这里重画其理想原理波形。对比可见，实验测试所得的原边开关管的电压电流波形等实测波形与理想原理分析有较大的不同。

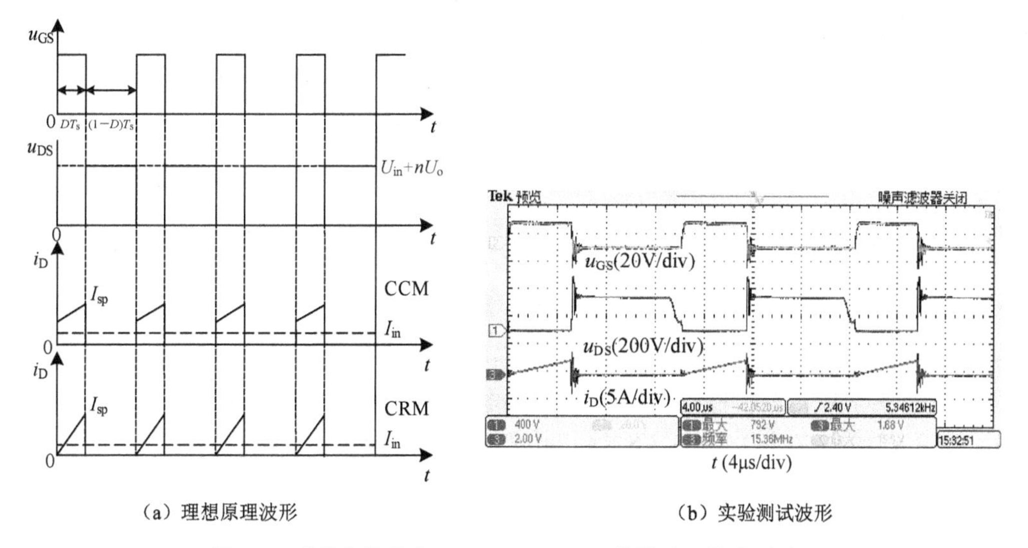

（a）理想原理波形　　（b）实验测试波形

图 3.7　反激变换器在 CCM（CRM）工作模式下的典型波形

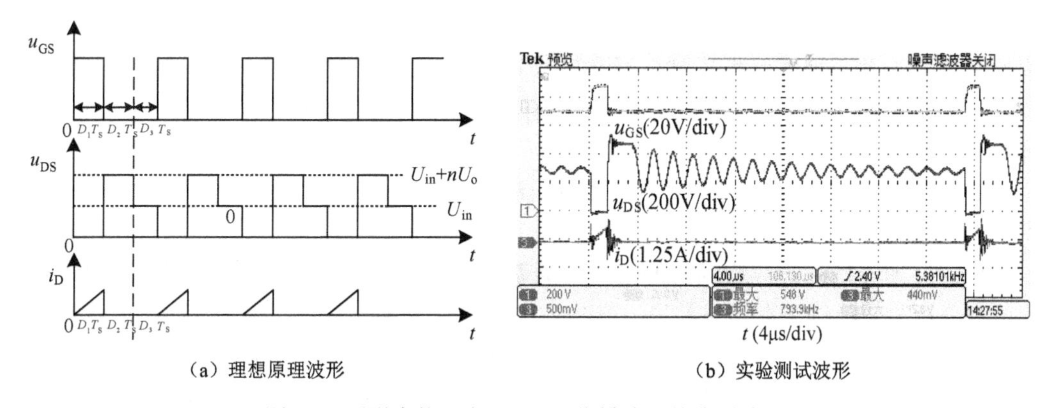

（a）理想原理波形　　（b）实验测试波形

图 3.8　反激变换器在 DCM 工作模式下的典型波形

表 3.1 列出了典型电路实验测试波形与理想原理分析波形的主要差异。

表 3.1 典型电路实验测试波形与理想原理分析波形的主要差异

典型电路	类　型	理想原理分析	实 验 测 试
驱动电路	PWM 信号	阶跃上升或下降	并非阶跃上升或下降，而是会有一段上升或下降过程
	MOSFET 栅源电压	① 阶跃上升或下降； ② 与 PWM 控制信号同步，同时上升或下降	① 有一段上升或下降过程，且比 PWM 信号上升或下降的时间更长； ② 与 PWM 控制信号之间有延迟时间； ③ 栅极出现振荡； ④ 接主电路时栅极电压会出现密勒平台
双脉冲电路开关特性	开通期间漏极电流	栅源极间加上驱动电压 U_{GS} 后，漏极电流 i_D 升至最大，之后保持不变	漏极电流出现尖峰
	关断期间漏源电压	栅源极间去掉驱动电压后，漏源极电压 U_{DS} 升至电源电压 U_{in}	漏源极电压出现尖峰和振荡
反激变换器	原边开关开通期间电流波形	有驱动信号后，电流从零直线上升至峰值电流	开关一瞬间电流会出现振荡
	CCM 原边开关关断期间电压波形	关断驱动信号后，漏源极电压为输入电压加输出电压反射到变压器原边的电压	开关关断后，变压器原边的励磁电感电压被箝位，原边漏感与开关管的结电容发生振荡，即漏源极电压振荡
	DCM 原边开关关断期间电压波形	关断驱动信号后，在变压器副边绕组续流阶段，漏源极电压为输入电压加输出电压反射到变压器原边的电压。在变压器副边绕组续流结束后，漏源极电压为输入电压	开关关断后，变压器副边绕组续流，变压器原边的励磁电感电压被箝位，原边漏感与开关管的结电容发生振荡。变压器副边绕组续流结束后，变压器原边电感（励磁电感为主）与开关管的结电容发生振荡，因此，漏源极之间存在两个振荡阶段

电力电子初学者在分析驱动电路、双脉冲电路、反激变换器原理时，往往分析得出如图 3.1、图 3.5、图 3.7（a）和图 3.8（a）所示的理想原理波形，然而实验测得的波形却如图 3.2、图 3.3、图 3.6、图 3.7（b）和图 3.8（b）所示。

有学生可能会产生疑问：是不是测错了？是不是有干扰？是不是电路有故障导致所测波形和理想原理分析产生不同？显然这些怀疑都属于猜测，并没有理论根据。为了让学生相信波形是真实的，在反激变换器实训中，新能源发电大学生主题创新区曾让学生采用三种不同品牌的示波器，并更换不同批次的反激电路板进行测试，结果发现实验测试波形基本相同。通过这样来回测试“折腾”，这些学生终于相信，实验结果是真实的。那为什么实验波形与理想原理分析不相同呢？

真正的原因在于：在变换器理想原理分析时，为了让学生更容易理解，授课教师往往只考虑主要因素，忽略了一些“次要因素”。

在理想原理分析时被忽略的真的是次要因素吗？其实正是这些所谓的“次要因素”，使得理想原理分析与实际结果有明显差异。当我们已经把理想原理弄清楚后，应当尽快地来认知这些所谓的“次要因素”，才能真正进入实际电路的设计，理解真实电路的工作过程和结果。

那么有哪些“次要因素”呢？

这些次要因素即元器件和电路的非理想特性，主要包括：半导体晶体管总是有一定存储时间，因而在实际电路中由无数个晶体管高密度集成组合而成的各类芯片均会产生信号的延迟时间，芯片寄生电容的存在也会进一步使得信号的上升或下降存在一段时间。功率器件、变压器、电感、电容、PCB 等元器件和部件均存在寄生参数，这些寄生参数使得电路实际波形与理想原理波形产生了很大差异。下面对此进行阐述。

3.2　理想与实际的差异

这里主要针对功率器件、二极管、磁性元件、电容和 PCB 等元器件对理想与实际的差异进行阐述。

3.2.1　理想与实际功率器件的差异

1）Si MOSFET

图 3.9（a）为 N 沟道增强型 Si MOSFET 的电气符号，Si MOSFET 有三个极：栅极 G、源极 S、漏极 D。当在栅极和源极之间加一定正电压后，将会形成 N 沟道，从而使得电流可以从漏极流向源极（或从源极流向漏极，电流方向取决于外电路）。图 3.9（b）为 Si MOSFET 的实际等效电路模型。相较于理想等效电路模型，实际器件每个极的引脚都存在寄生电阻和寄生电感，极间还存在寄生电容，这些都统称为器件的寄生参数。

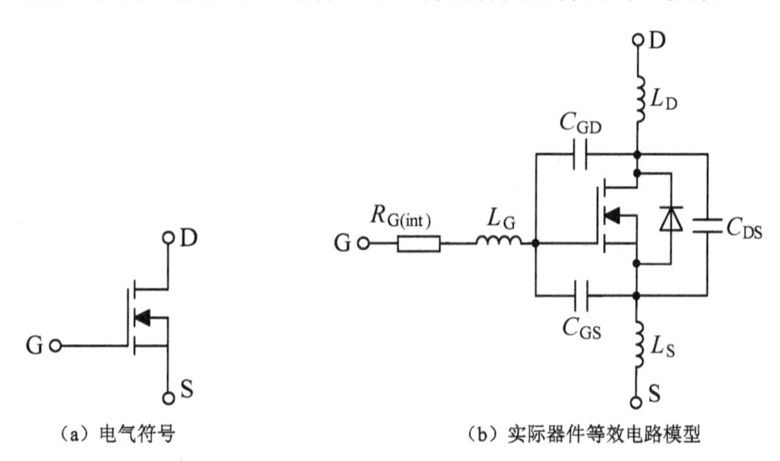

（a）电气符号　（b）实际器件等效电路模型

图 3.9　N 沟道 Si MOSFET 电气符号和实际元器件等效电路模型

图 3.10 为 Si MOSFET（型号为 IPX65R150CFD）器件的实物外形，表 3.2 为 Si MOSFET 器件寄生参数典型值。

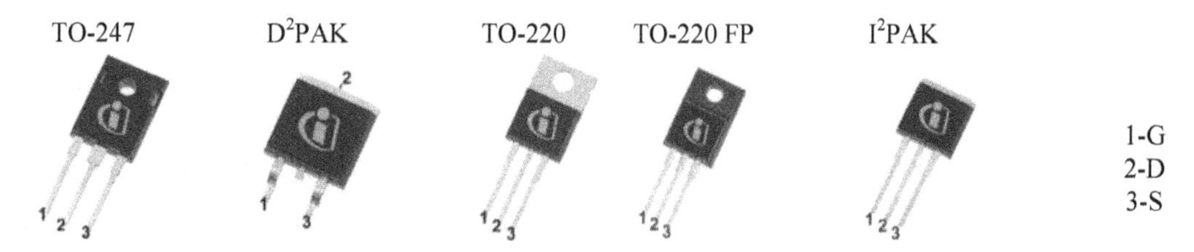

图 3.10　Si MOSFET 器件的实物外形

表 3.2 Si MOSFET 器件寄生参数典型值（以 TO-247 封装为例）

寄生参数		典型值
寄生电阻	$R_{G(int)}/\Omega$	1.5
寄生电感	L_G/nH	10
	L_D/nH	10
	L_S/nH	10
寄生电容	C_{GS}/pF	2335
	C_{GD}/pF	5
	C_{DS}/pF	105

Si MOSFET 的极间寄生电容是影响其开关特性的主要因素之一，随着极间电容的增大，Si MOSFET 的开关过程会变长，开关损耗会增大。其中，C_{GD} 对开关过程中的 du/dt 影响最大，C_{GS} 对开关过程中的 di/dt 影响最大，C_{DS} 在关断时的储能会在 Si MOSFET 下次开通时释放，因此会在沟道中产生较大的开通脉冲电流。这些寄生电容还呈现非线性特性，随着 Si MOSFET 漏源电压的不同，寄生电容值也会发生变化。如图 3.11 所示，为 Si MOSFET 极间电容与漏源电压的关系曲线。在漏源电压增大的初期，C_{iss}、C_{oss} 和 C_{rss} 均随着电压的增大而迅速减小，随着漏源电压的进一步增大，C_{iss} 基本不变，C_{oss} 的下降速率减缓，C_{rss} 出现增长。

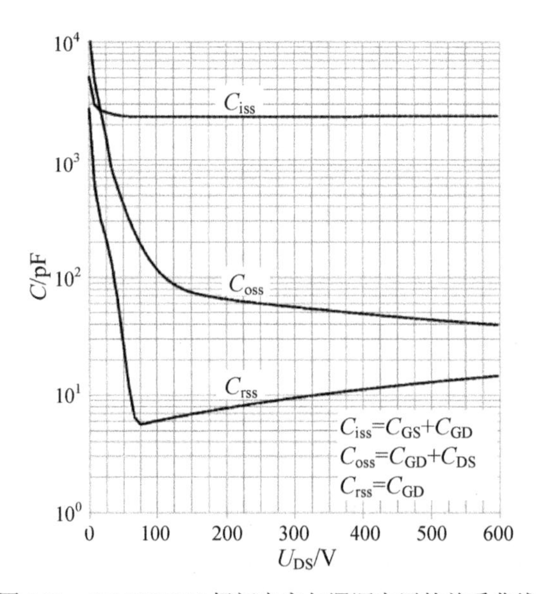

图 3.11 Si MOSFET 极间电容与漏源电压的关系曲线

栅极寄生电阻 $R_{G(int)}$会影响 Si MOSFET 栅源电压 U_{GS} 的上升速率，从而影响 Si MOSFET 的开关速度。$R_{G(int)}$越大，Si MOSFET 栅源电压的上升、下降速率和开关速度越慢，开关损耗越大。

栅极电感 L_G 会影响 Si MOSFET 的栅源电压 U_{GS} 的上升、下降速率，并产生栅源电压振荡。漏极电感 L_D 会在 Si MOSFET 关断时产生漏极电压尖峰，增大元器件电压应力。共源极电感 L_S 既出现在栅极回路之中，又出现功率回路中，存在“负反馈”效应。当功率回路中的电流发生变化时，会在共源极电感上产生感应电压，阻碍栅源电压 u_{GS} 的变化，延长开关时间，增大开关损耗。

在器件使用中，要充分考虑到这些寄生参数的影响。

2）Si IGBT

图 3.12（a）为 Si IGBT 的电气符号，Si IGBT 有三个极：栅极 G、集电极 C 和发射极 E。当在 IGBT 的栅射极间加一定正电压时，Si IGBT 就会导通；当栅射极间接零电压或者负压时，IGBT 就会关断。图 3.12（b）为 Si IGBT 的实际等效电路模型。Si IGBT 可以视为一个 PNP 晶体管和一个 MOSFET 的复合，而 MOSFET 内部又有一个 NPN 晶体管与 MOSFET 并联。相较于理想等效电路模型，实际器件每个极的引脚都存在寄生电阻和寄生电感，极间还存在寄生电容。

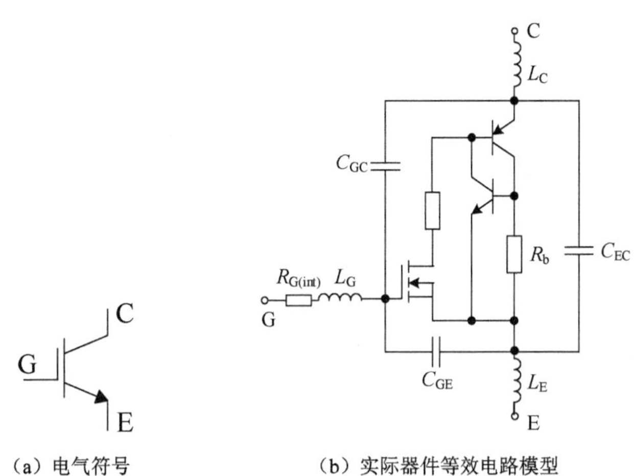

（a）电气符号　　（b）实际器件等效电路模型

图 3.12　Si IGBT 电气符号和实际器件等效电路模型

图 3.13 为 FAIRCHILD 公司型号为 SGH40N60UFD 的 Si IGBT 单管器件的实物外形，其定额为 600V/20A，表 3.3 为该器件寄生参数典型值。

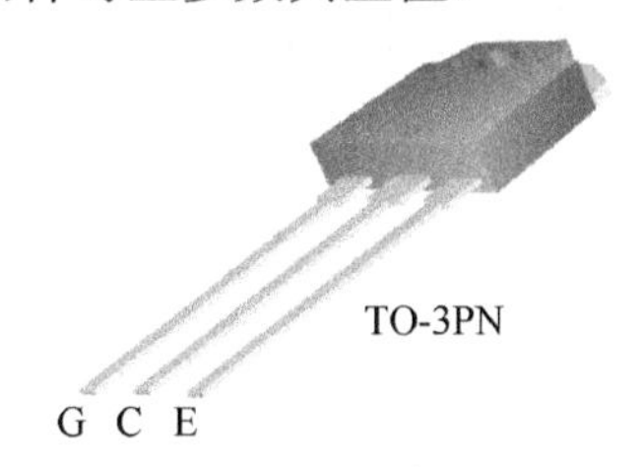

图 3.13　型号为 SGH40N60UFD 的 Si IGBT 器件的实物外形

表 3.3　型号为 SGH40N60UFD 的 Si IGBT 器件寄生参数典型值

寄生参数		典型值
寄生电阻	$R_{G(int)}$/Ω	10
寄生电感	L_G/nH	14
	L_C/nH	14
	L_E/nH	14
寄生电容	C_{GE}/pF	1430
	C_{GC}/pF	50
	C_{CE}/pF	170

图 3.14 为 ABB 公司型号为 5SND 0800M170100 的 Si IGBT 模块实物外形，其定额为 1700V/800A，表 3.4 为该器件寄生参数典型值。

图 3.14 型号为 5SND 0800M170100 的 Si IGBT 模块的实物外形

表 3.4 型号为 5SND 0800M170100 的 Si IGBT 模块寄生参数典型值

寄生参数		典型值
寄生电阻	$R_{G(int)}$ /Ω	1.2
寄生电感	L_G/nH	24
	L_C/nH	24
	L_E/nH	24
寄生电容	C_{GE}/nF	76
	C_{GC}/nF	3.2
	C_{CE}/nF	7.3

Si IGBT 的极间寄生电容是影响其开关特性的主要因素之一，随着极间电容的增大，Si IGBT 的开关时间会变长，开关损耗会增大。其中，C_{GC} 对开关过程中的 du/dt 影响最大，C_{GE} 对开关过程中的 di/dt 影响最大，C_{CE} 在关断时的储能会在 Si IGBT 下次开通时释放，因此会产生较大的开通脉冲电流。这些寄生电容还呈现非线性特性，如图 3.15 所示，为型号为 5SND 0800M170100 的 Si IGBT 模块极间电容与电压的关系曲线，极间电容随集射极电压的增大而减小。

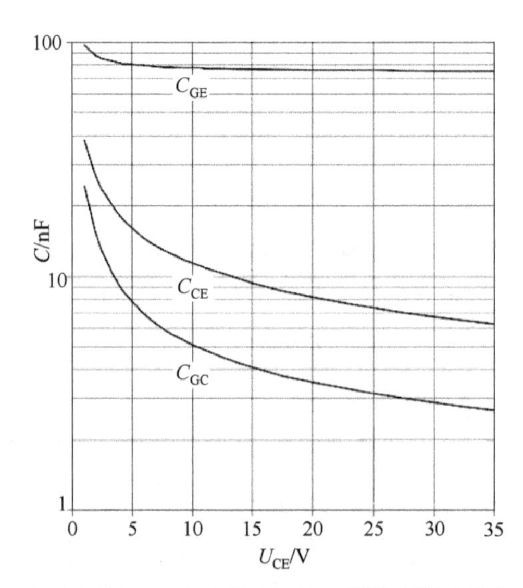

图 3.15 型号为 5SND 0800M170100 的 Si IGBT 模块极间电容与电压的关系曲线

栅极寄生电阻 $R_{G(int)}$会影响 Si IGBT 栅极寄生电容 C_{GE} 的充电速率，从而影响 Si IGBT 的开关速度。$R_{G(int)}$越大，Si IGBT 栅射极电压的上升、下降速率和开关速度越慢，开关损耗越大。

栅极电感 L_G 会影响 Si IGBT 的栅射极电压 U_{GE} 的上升、下降速率，并且在栅射极电压上产生振荡。集电极电感 L_C 会在 Si IGBT 关断时产生集电极电压尖峰，增大器件电压应力。发射极电感 L_E 既出现在栅极回路之中，又出现功率回路中，存在“负反馈”效应。当功率回路中的电流发生变化时，会在发射极电感上产生感应电压，阻碍栅射极电压 U_{GE} 的变化，延长开关时间，增大开关损耗。在器件使用中，要充分考虑到这些寄生参数的影响。

3）SiC MOSFET

N 沟道增强型 SiC MOSFET 的电气符号与 Si MOSFET 相同，如图 3.9 所示。SiC MOSFET 有三个极：栅极 G、源极 S、漏极 D。当在栅极和源极之间加一定正电压后，将会形成 N 沟道，从而使得电流可以从漏极流向源极（或从源极流向漏极，电流方向取决于外电路）。

图 3.16 为 SiC MOSFET（型号为 C2MD0160120D）器件的实物外形，该器件采用 TO-247 封装，表 3.5 为器件寄生参数典型值。

图 3.16　SiC MOSFET 器件的实物外形

表 3.5　SiC MOSFET 器件寄生参数典型值（以 TO-247 封装为例）

寄生参数		典型值
寄生电阻	$R_{G(int)}/\Omega$	6.5
寄生电感	L_G/nH	10
	L_D/nH	10
	L_S/nH	10
寄生电容	C_{GS}/pF	521
	C_{GD}/pF	4
	C_{DS}/pF	43

SiC MOSFET 的极间寄生电容、栅极寄生电阻和每个极的寄生电感的基本特性与 Si MOSFET 类似，这里不再赘述。相同定额的 SiC MOSFET 比 Si MOSFET 的结电容更小，开关速度更快，可工作在比 Si MOSFET 更高的电压等级和开关频率下，但高频下寄生参数的影响更为显著，因此在器件使用中，要充分考虑到这些寄生参数的影响。

4）SiC BJT

图 3.17（a）为 NPN 型 SiC BJT 的电气符号，SiC BJT 有三个极：基极 B、发射极 E、集电极 C。基极−发射极和基极−集电极等效为两个 PN 结。当基射极和基集极正向偏置时，SiC BJT 工作在饱和状态。图 3.17（b）为 SiC BJT 的实际等效电路模型。相较于理想等效电路模型，实际器件每个极的引脚都存在寄生电阻和寄生电感，极间还存在寄生电容，这些都统称为器件的寄生参数。

图 3.18 为 SiC BJT（型号为 GA10JT12-247）器件的实物外形，该器件采用 TO-247 封装，表 3.6 为器件寄生参数典型值。

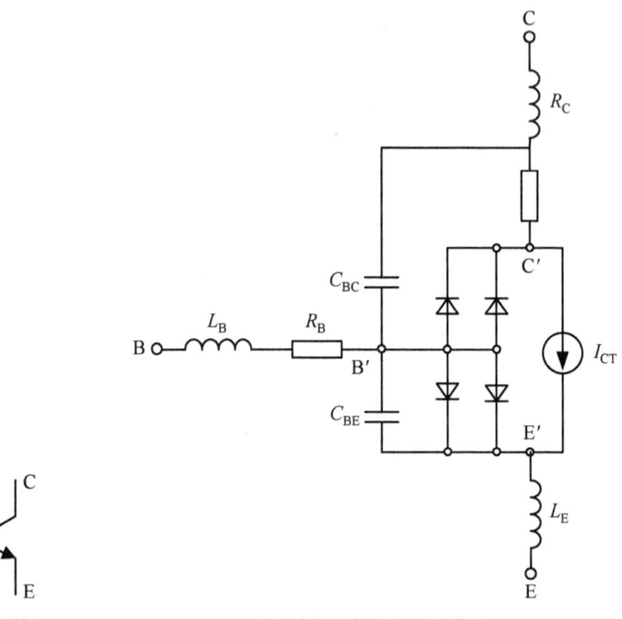

（a）电气符号　　（b）实际器件等效电路模型

图 3.17　SiC BJT 等效电路模型

图 3.18　SiC BJT 器件的实物外形

表 3.6　SiC BJT 器件寄生参数典型值（以 TO-247 封装的 GA10JT12-247 器件为例）

寄 生 参 数	典 型 值	寄 生 参 数	典 型 值
基极电阻 R_B	4.67Ω	寄生电感 L_B	10nH
集电极电阻 R_C	0.099Ω	寄生电感 L_C	10nH
结电容 C_{JE}①	1374pF	寄生电感 L_E	10nH
结电容 C_{JC}①	427pF		

注：①C_{JE}和 C_{JC}是 PN 结零偏置状态下的结电容。

结电容是影响 SiC BJT 动态特性的主要因素。SiC BJT 内部结电容由 PN 结的空间电荷区产生，C_{JE}和 C_{JC}是 PN 结零偏置状态下的结电容，在正向偏置状态下，基射极电容 C_{BE}和基集极电容 C_{BC}是固定的，分别是零偏置状态下结电容的 4 倍，即 $4C_{JE}$和 $4C_{JC}$，反向偏置状态下基射集和基集极间电容与反向偏置电压大小有关。

SiC BJT 在有源区和饱和区之间转换时需要经过准饱和区，这个转换过程可以通过模型中的集电极电阻 R_C体现，R_C参数受到温度和电压的控制。基极电阻 R_B会影响 SiC BJT 基极结电容的充放电速度，从而影响 SiC BJT 的开关速度。R_B 越大，基极驱动电流越小，SiC

BJT 开关速度越慢，开关损耗越大。

基极电感 L_B 会影响 SiC BJT 基极结电容的充放电速率，并且在基极电压上产生振荡。集电极电感 L_C 会在 SiC BJT 关断时产生集电极电压尖峰，增大器件电压应力。发射极电感 L_E 既出现在驱动回路之中，又出现在功率回路中，会将主功率电路中的电流变化耦合到驱动电路之中。当功率回路中的电流发生变化时，会在发射极电感上产生感应电压，阻碍基射电压 u_{BE} 的变化，进而阻碍驱动电流 i_B 的变化，延长开关时间，增大开关损耗。在器件使用中，要充分考虑到这些寄生参数的影响。

5）Cascode SiC JFET

Cascode SiC JFET 由低压 Si MOSFET 和高压常通型 SiC JFET 级联组成。图 3.19（a）为 Cascode SiC JFET 的电气符号，Cascode SiC JFET 有三个极：栅极 G、源极 S、漏极 D。当在栅极和源极之间加一定正电压后，将会形成 Si MOSEFT 和常通型 SiC JFET 的导电沟道，从而使得电流可以从漏极流向源极（或从源极流向漏极，电流方向取决于外电路）。图 3.19（b）为 Cascode SiC JFET 的实际等效电路模型。相较于理想等效电路模型，实际元器件每个极的引脚都存在寄生电阻和寄生电感，器件内部 Si MOSFET 和 SiC JFET 级联引线存在寄生电感，Si MOSFET 和 SiC JFET 极间均存在寄生电容。

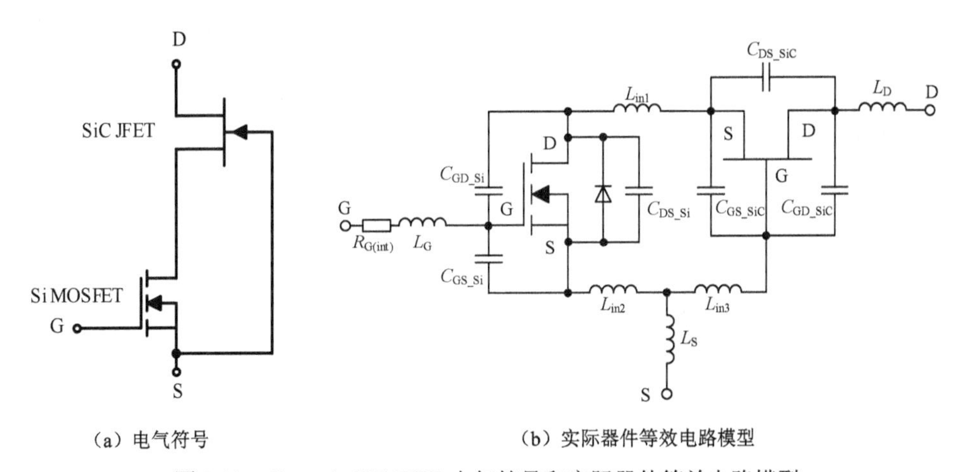

（a）电气符号　　（b）实际器件等效电路模型

图 3.19　Cascode SiC JFET 电气符号和实际器件等效电路模型

图 3.20 为 Cascode SiC JFET（型号为 UJC1210K）的实物外形，该器件采用 TO-247 封装，表 3.7 为该器件寄生参数典型值。

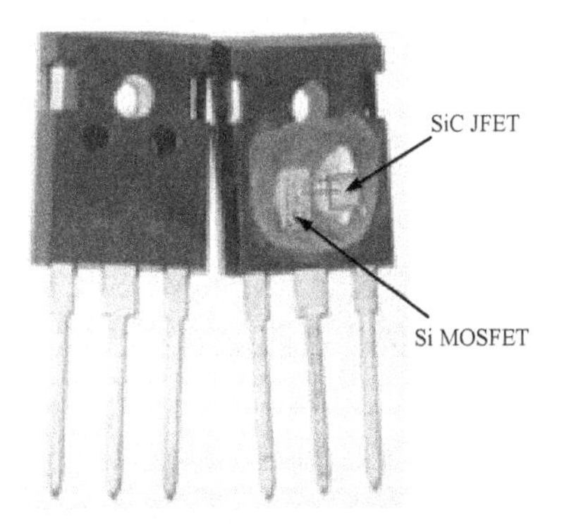

图 3.20　TO-247 封装的 Cascode SiC JFET 实物外形

表 3.7 Cascode SiC JFET 器件寄生参数典型值（以 TO-247 封装的 UJC1210K 为例）

	寄生参数	典型值
寄生电阻	$R_{G(int)}$/Ω	1.2
寄生电容	C_{ISS}/pF	2258
	C_{RSS}/pF	3.8
	C_{OSS}/pF	105
寄生电感	L_G/nH	2.94
	L_D/nH	1.92
	L_S/nH	0.63
	L_{in1}/nH	0.32
	L_{in2}/nH	0.28
	L_{in3}/nH	0.31

Cascode SiC JFET 的寄生电容是影响其开关特性的主要因素之一，随着寄生电容的增大，Cascode SiC JFET 的开关时间会变长，开关损耗会增大，其中，C_{GD} 对开关过程中的 du/dt 影响最大，C_{GS} 对开关过程中的 di/dt 影响最大。如图 3.21 所示，为 Cascode SiC JFET 器件极间电容与漏源电压的关系曲线。这些寄生电容还呈现非线性特性，随着 Cascode SiC JFET 漏源电压的变化，寄生电容值也会发生变化。在漏源电压增大的初期，C_{iss}、C_{oss} 和 C_{rss} 均随着电压的增大而迅速减小，随着漏源电压的进一步增大，C_{iss} 基本不变，C_{oss} 的下降速率减缓，C_{rss} 缓慢降低。

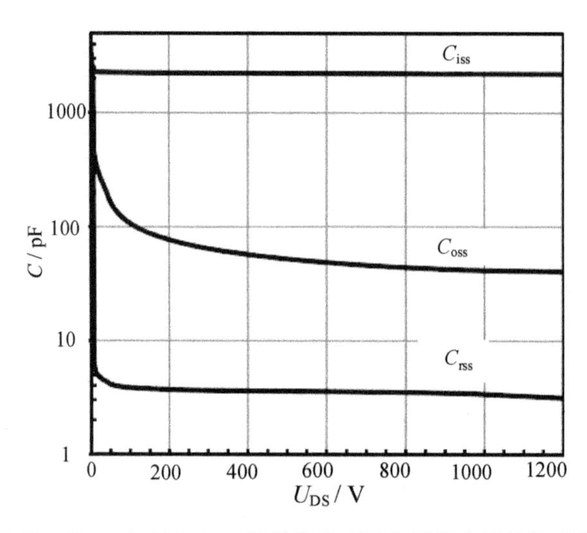

图 3.21 Cascode SiC JFET 器件寄生电容与漏源电压的关系曲线

Cascode SiC JFET 栅极寄生电阻 $R_{G(int)}$为低压 Si MOSFET 的栅极寄生电阻，其典型值为 1.2Ω。由于栅极寄生电阻较小，因此尽管低压 Si MOSFET 的寄生电容较大，Cascode SiC JFET 开关速度仍很快。增大栅极电阻值，会降低输入电容 C_{iss} 充放电速度，使 Cascode SiC JFET 开关速度降低，开关损耗增大。

栅极寄生电感 L_G 会影响 Cascode SiC JFET 的栅源电压 u_{GS} 的上升、下降速率，并且使栅源电压产生振荡。漏极寄生电感 L_D 会在 Cascode SiC JFET 关断时产生漏极电压尖峰，增大元器件电压应力。Cascode SiC JFET 器件内部电流回路如图 3.22 所示，路径①代表驱动回路，路径②代表功率回路，路径③代表器件内部常通型 SiC JFET 的驱动回路，因此，除共源极电感 L_S 外，器件内部寄生电感 L_{int1}、L_{int2} 也同时存在于常通型 SiC JFET 的驱动回路与功率回路中，这些电感均存在“负反馈”效应，会使开关过程变慢，开关损耗增大。在器件使用中，要充分考虑到这些寄生参数的影响。

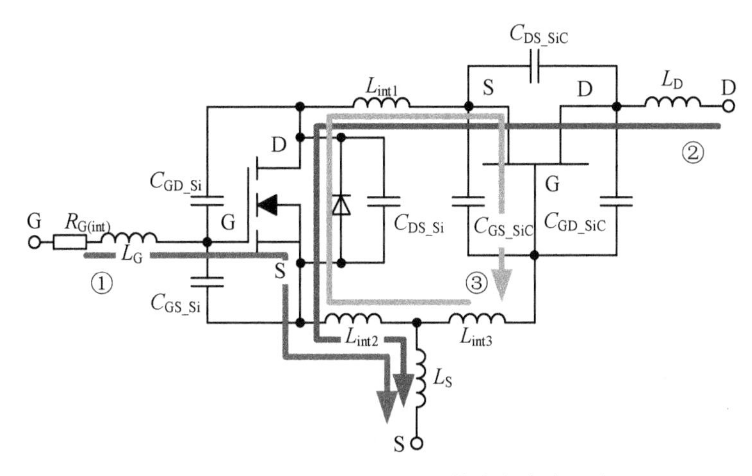

图 3.22　Cascode SiC JFET 器件内部电流回路

6）Cascode GaN HEMT

Cascode GaN HEMT 由低压 Si MOSFET 和高压常通型 GaN HEMT 级联组成。图 3.23（a）为 Cascode GaN HEMT 的电气符号，Cascode GaN HEMT 有三个极：栅极 G、源极 S、漏极 D。当在栅极和源极之间加一定正电压后，将会形成 Si MOSEFT 和常通型 GaN HEMT 导电沟道，从而使得电流可以从漏极流向源极（或从源极流向漏极，电流方向取决于外电路）。图 3.23（b）为 Cascode GaN HEMT 的实际等效电路模型。相较于理想等效电路模型，实际器件每个极的引脚都存在寄生电阻和寄生电感，器件内部 Si MOSFET 和 GaN HEMT 级联引线存在寄生电感，Si MOSFET 和 GaN HEMT 极间均存在寄生电容。

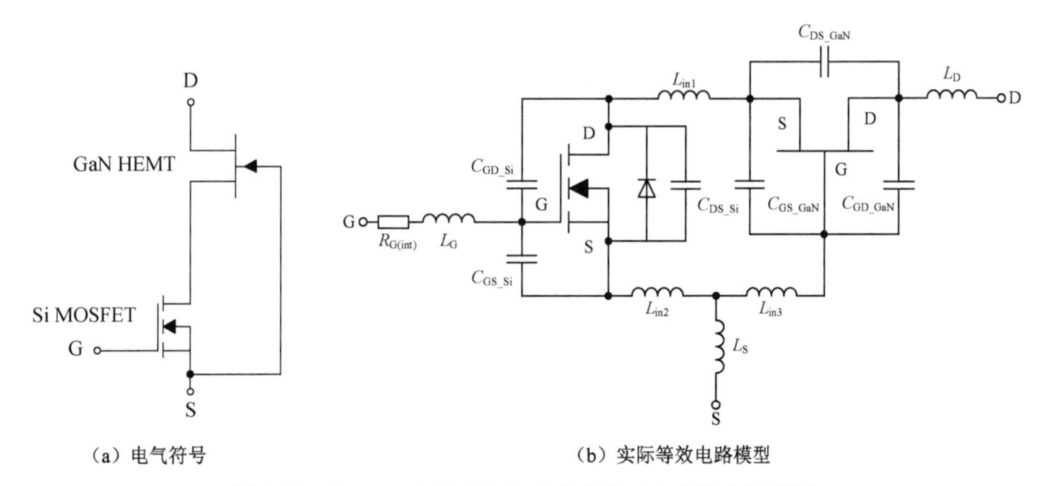

（a）电气符号　　（b）实际等效电路模型

图 3.23　Cascode GaN HEMT 的电气符号与实际电路模型

图 3.24 为 Cascode GaN HEMT（型号为 TPH3206）的实物外形，表 3.8 以 TO-220 封装为例，列出了该器件寄生参数典型值。

(a) TPH3206LD (b) TPH3206PD (c) TPH3206PS

图 3.24 Cascode GaN HEMT 的实物外形（TPH3206）

表 3.8 Cascode GaN HEMT 器件寄生参数典型值（以 TO-220 封装的 TPH3206PS 为例）

	寄 生 参 数	典 型 值
寄生电阻	$R_{G(int)}/\Omega$	7.5
寄生电感	L_G/nH	2.87
	L_D/nH	1.89
	L_S/nH	0.57
	L_{in1}/nH	0.27
	L_{in2}/nH	0.23
	L_{in3}/nH	0.24
寄生电容	C_{ISS}/pF	760
	C_{OSS}/pF	44
	C_{RSS}/pF	5

Cascode GaN HEMT 的寄生电容是影响其开关特性的关键因素之一，随着寄生电容的增大，Cascode GaN HEMT 的开关时间会变长，开关损耗会增大。其中，C_{GD} 对开关过程中的 du/dt 影响最大，C_{GS} 对开关过程中的 di/dt 影响最大，C_{DS} 在关断时的储能会在 Cascode GaN HEMT 下次开通时释放，因此会在沟道中产生较大的开通脉冲电流。这些寄生电容还呈现非线性特性，随着 Cascode GaN HEMT 漏源电压的不同，寄生电容值也会发生变化。如图 3.25 所示，为 Cascode GaN HEMT 器件极间电容与漏源电压的关系曲线。在漏源电压增大的初期，C_{iss}、C_{oss} 和 C_{rss} 均随着电压的增大而迅速减小，随着漏源电压的进一步增大，C_{iss} 基本不变，C_{oss} 的下降速率减缓，C_{rss} 缓慢降低。

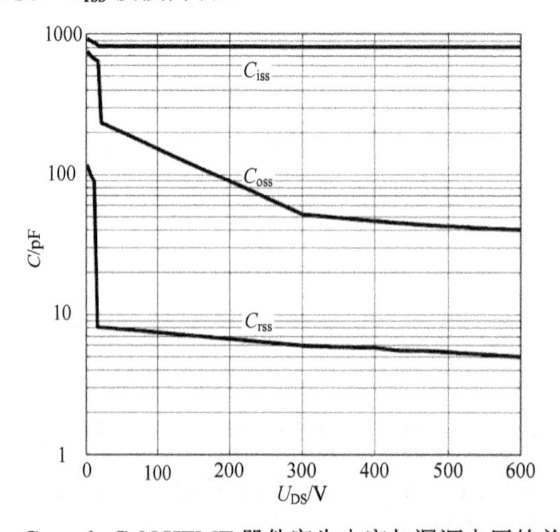

图 3.25 Cascode GaN HEMT 器件寄生电容与漏源电压的关系曲线

Cascode GaN HEMT 栅极寄生电阻 $R_{G(int)}$为低压 Si MOSFET 的栅极寄生电阻，其典型值为 7.5Ω。由于低压 Si MOSFET 的寄生电容较小，因此尽管栅极寄生电阻较大，Cascode GaN HEMT 的开关速度仍很快。增大栅极电阻值会降低输入电容 C_{iss} 充放电速度，使 Cascode GaN HEMT 开关速度降低，开关损耗增大。

栅极寄生电感 L_G 会影响 Cascode GaN HEMT 的栅源电压 u_{GS} 的上升、下降速率，并且使栅源电压产生振荡。漏极寄生电感 L_D 会在 Cascode GaN HEMT 关断时产生漏极电压尖峰，增大器件电压应力。Cascode GaN HEMT 器件内部电流回路如图 3.26 所示，路径①代表驱动回路，路径②代表功率回路，路径③代表器件内部常通型 GaN HEMT 的驱动回路，因此，除共源极电感 L_S 外，器件内部寄生电感 L_{in1}、L_{in2} 也同时存在于常通型 GaN HEMT 的驱动回路与功率回路中，这些电感均存在"负反馈"效应，会使开关过程变慢，开关损耗增大。在器件使用中，要充分考虑到这些寄生参数的影响。

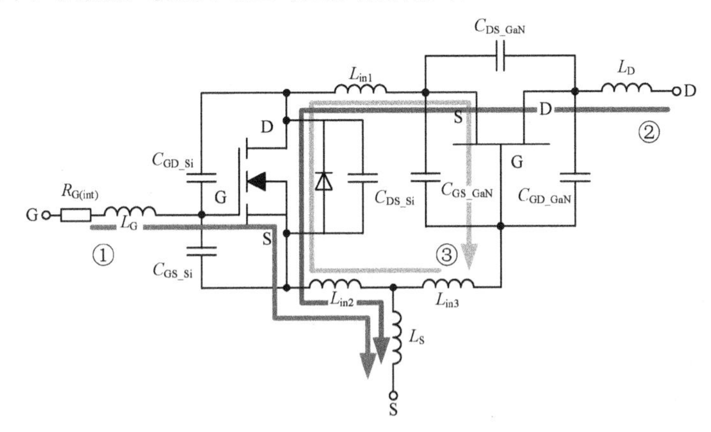

图 3.26 Cascode GaN HEMT 器件内部电流回路

7）eGaN HEMT

图 3.27（a）为 eGaN HEMT 的电气符号，eGaN HEMT 有三个极：栅极 G、源极 S、漏极 D。当在栅极和源极之间加一定正电压后，将会形成导电沟道，从而使得电流可以从漏极流向源极（或从源极流向漏极，电流方向取决于外电路）。图 3.27（b）为 eGaN HEMT 的实际等效电路模型。相较于理想等效电路模型，实际器件每个极的引脚都存在寄生电阻和寄生电感，极间还存在寄生电容。

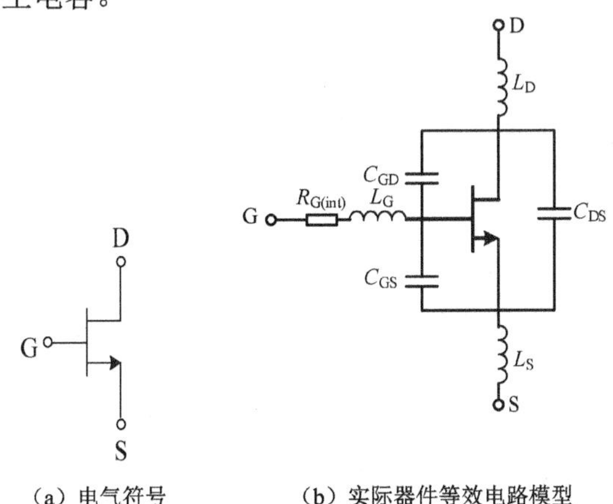

（a）电气符号　　（b）实际器件等效电路模型

图 3.27 eGaN HEMT 电气符号和实际器件等效电路模型

图 3.28 为 eGaN HEMT（型号为 GS66504B）器件的实物外形，表 3.9 以 GS66504B 为例，列出了该器件寄生参数典型值。

图 3.28　eGaN HEMT 器件的实物外形（GS66504B）

表 3.9　eGaN HEMT 器件寄生参数典型值（以 GS66504B 器件为例）

寄生参数		典型值
寄生电阻	$R_{G(int)}$/Ω	1.5
寄生电感	L_G/nH	0.2
	L_D/nH	0.2
	L_S/nH	0.2
寄生电容	C_{GS}/pF	129
	C_{GD}/pF	1
	C_{DS}/pF	32

eGaN HEMT 的极间寄生电容是影响其开关特性的主要因素之一，随着极间电容的增大，eGaN HEMT 的开关过程会变长，开关损耗会增大。其中，C_{GD} 对开关过程中的 du/dt 影响最大，C_{GS} 对开关过程中的 di/dt 影响最大，C_{DS} 在关断时的储能会在 eGaN HEMT 下次开通时释放，因此会在沟道中产生较大的开通脉冲电流。这些寄生电容还呈现非线性特性，随着 eGaN HEMT 漏源电压的不同，寄生电容值也会发生变化。如图 3.29 所示，为 GS66504B 器件极间电容与漏源电压的关系曲线。在漏源电压增大的初期，C_{rss}、C_{oss} 均随着电压的增大而迅速减小，随着漏源电压的进一步增大，C_{oss} 的下降速度减缓，C_{rss} 出现增长，而 C_{iss} 受漏源电压的影响不大。

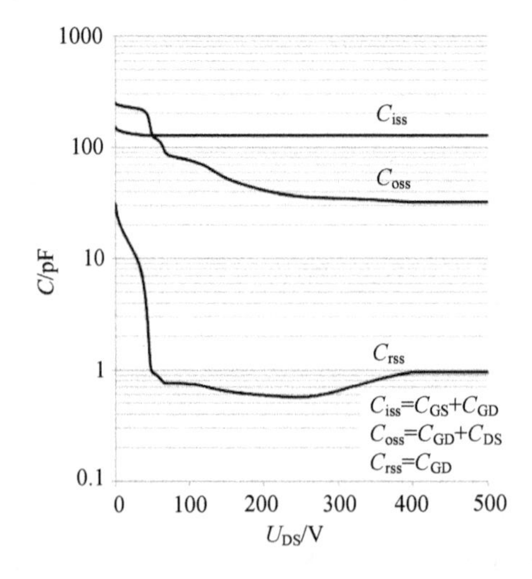

图 3.29　GS66504B 器件极间电容与漏源电压的关系曲线

栅极寄生电阻 $R_{G(int)}$会影响 eGaN HEMT 栅源电压 u_{GS} 的上升、下降速率，从而影响 eGaN HEMT 的开关速度。$R_{G(int)}$越大，eGaN HEMT 栅源电压的上升、下降速率和开关速度越慢，开关损耗越大。

栅极电感 L_G 会影响 eGaN HEMT 的栅源电压 U_{GS} 的上升、下降速率，并且在栅源电压上产生振荡。漏极电感 L_D 会在 eGaN HEMT 关断时产生漏极电压尖峰，增大器件电压应力。源极电感 L_S 既出现在栅极回路之中，又出现功率回路中，存在“负反馈”效应。当功率回路中的电流发生变化时，会在源极电感上产生感应电压，阻碍栅源电压 u_{GS} 的变化，延长开关时间，增大开关损耗。在使用器件时，要充分考虑到这些寄生参数的影响。

8）二极管

图 3.30（a）为二极管的电气符号，二极管导通时，其正向导通压降由两部分组成，即二极管的等效开启阈值电压和等效正向导通电阻的压降，其等效电路模型如图 3.30（b）所示。

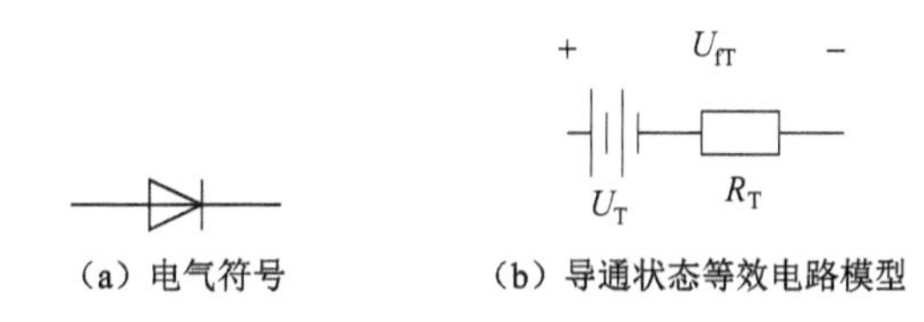

（a）电气符号　　（b）导通状态等效电路模型

图 3.30　二极管的电气符号和导通压降简化等效模型

在高频开关电路中，SiC 肖特基二极管（SBD）已得到一定程度的应用，出于性价比考虑，目前在高频二极管应用领域 Si 基快恢复二极管（FRD）和 SiC SBD 处于共存的局面。图 3.31 为两种二极管的实物外形。

（a）Si FRD　　（b）SiC SBD

图 3.31　二极管的实物外形

二极管在开通和关断时均需经历一段过程，如图 3.32 所示，为二极管开通和关断（反向恢复）的典型过程。

Si FRD 从关断到正向导通状态的过渡过程中，其正向电压会随着电流的上升出现一个过冲，然后逐渐趋于稳定，如图 3.32（a）所示。电压过冲的形成主要与两个因素有关：电导调制效应和内部寄生电感效应。SiC SBD 由于不存在电导调制效应，因此只受寄生电感的影响，通过工艺改进能够基本实现 SiC SBD 的零正向恢复电压。

Si FRD 从导通状态到阻断状态的过渡过程中，二极管并不能立即关断，而是须经过一段短暂的时间才能重新获得反向阻断能力，进入截止状态，这个过程即反向恢复过程，如图 3.32（b）所示。在关断前有较大的反向电流出现，并伴有明显的反向电压过冲，这是电导调制效应作用的缘故。

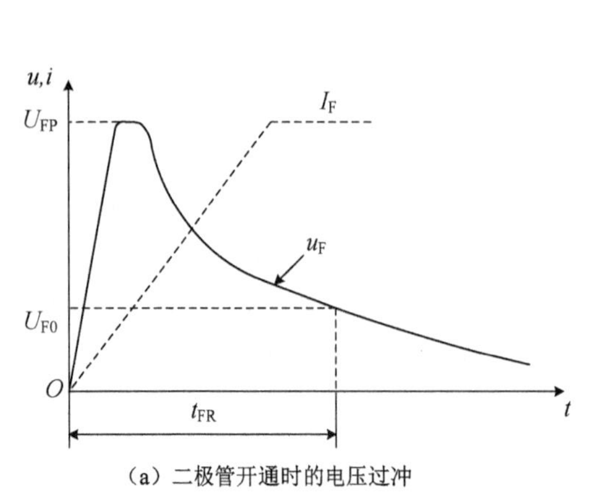

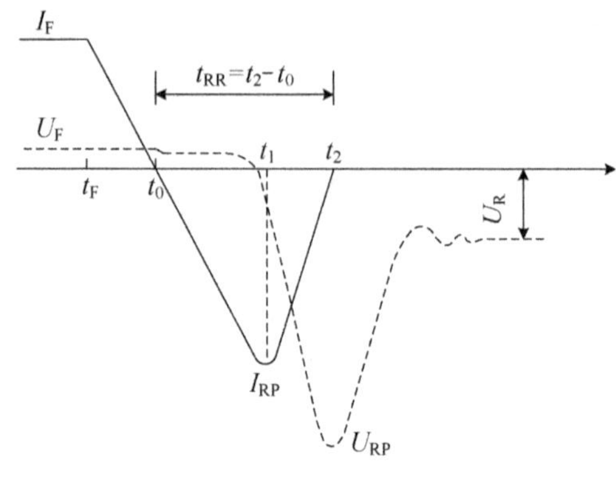

（a）二极管开通时的电压过冲　　（b）二极管关断过程的电流（实线）和电压（虚线）波形

图 3.32　二极管开通和关断（反向恢复）的典型过程

SiC SBD 是单极型器件，主要为多子导电，没有过剩载流子复合的过程，即没有电导调制效应，因此 SiC SBD 理论上没有反向恢复过程，但实际元器件由于不可避免地存在寄生电容，也会产生一定的反向电流尖峰。图 3.33 为相同功率等级（600V/10A）的 SiC SBD 与 Si FRD 的反向恢复曲线对比，可以明显看出，SiC SBD 的反向电流尖峰较小、反向恢复时间较短，几乎不随温度变化，这一优越特性非常有利于改善电路性能。

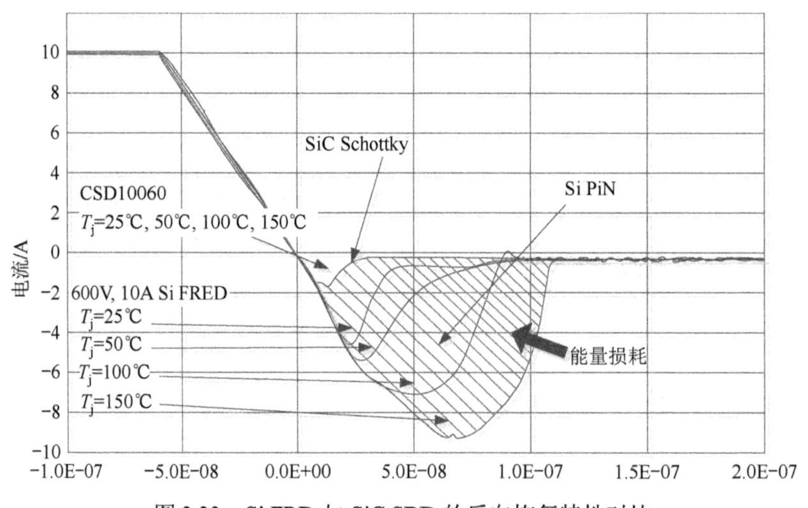

图 3.33　Si FRD 与 SiC SBD 的反向恢复特性对比

3.2.2　理想与实际电抗元件的差异

3.2.2.1　电感

电感是电力电子变换器中非常重要的元件，应用非常广泛。电感可分为储能电感、直流滤波电感、交流滤波电感及抑制电磁干扰（EMI）电感等。

理想电感的等效电路模型如图 3.34 所示，其阻抗幅值是频率的函数，即 $Z_{ind}=2\pi fL$。如图 3.35 所示，理想电感的阻抗幅值−频率关系是一条直线，随着频率的升高，电感的阻抗相应变高。

图 3.34　理想电感的等效电路模型

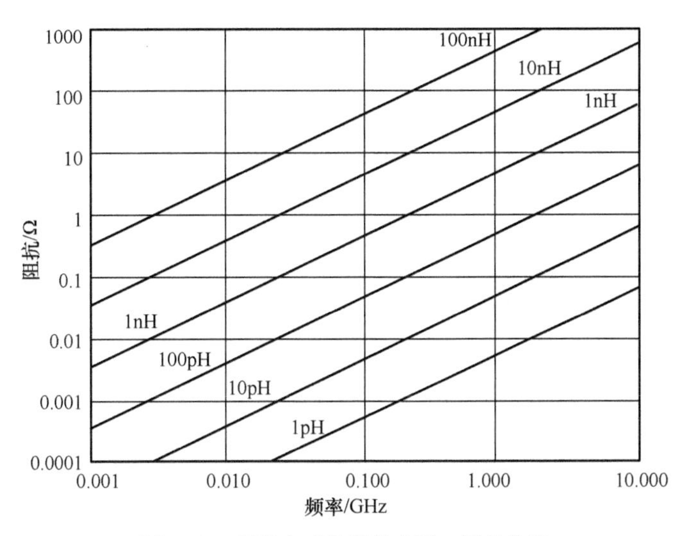

图 3.35　理想电感的阻抗幅值–频率曲线

图 3.36 为电感的实物照片，无论是磁环还是 E 型铁芯，电感的基本物理结构均如图 3.37 所示，在铁芯上缠绕了一层或多层线圈，由于绕线本身有一定电阻，因此实际电感等效电路模型中必然会包含寄生电阻。同时，由于线圈的层与层之间形成电容效应，因此实际电感还会包含寄生电容。图 3.38 为考虑寄生电阻和寄生电容的实际电感等效电路模型。L 为电感本身的电感值，R_s 为寄生电阻，C_s 为寄生电容。

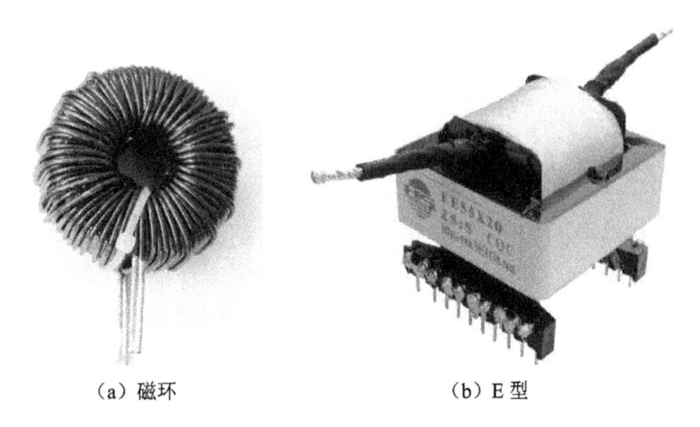

（a）磁环　　（b）E 型

图 3.36　电感的实物照片

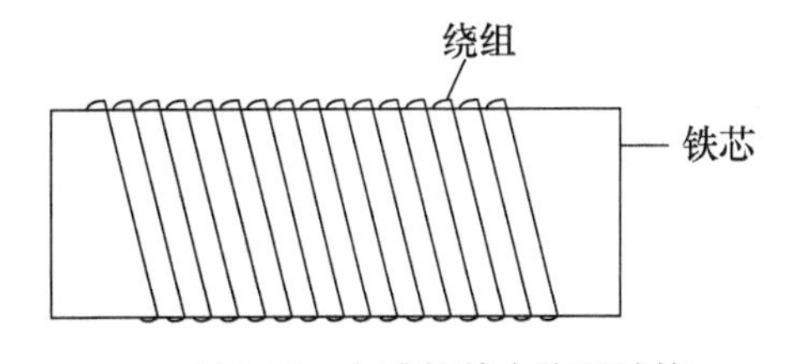

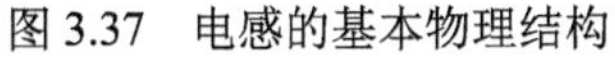

图 3.37　电感的基本物理结构

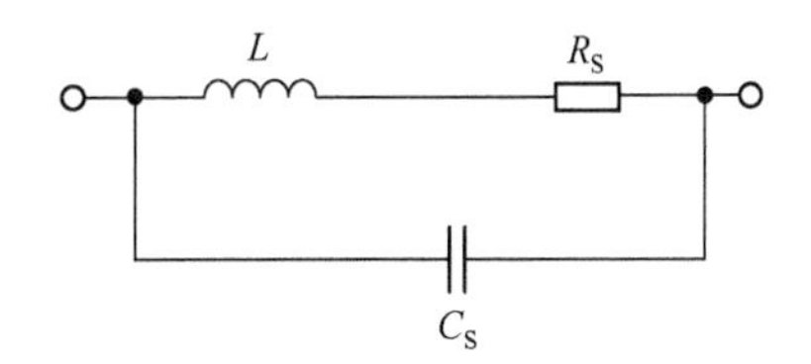

图 3.38　实际电感的三元器件等效电路模型

根据图 3.38 所示的实际电感等效电路模型，可得其阻抗为

$$Z_{\mathrm{ind}}=\frac{\mathrm{j}\omega L+R_{\mathrm{s}}}{1+\mathrm{j}\omega C_{\mathrm{s}}R_{\mathrm{s}}-\omega^{2}LC_{\mathrm{s}}} \tag{3-1}$$

由式（3-1）可求出该模型的自谐振频率（阻抗幅值拐点）。当工作频率等于自谐振频率时，容性电抗等于感性电抗。当工作频率低于自谐振频率时，该模型作为电感工作；当工作频率高于自谐振频率时，该模型表现为电容特性。

图 3.39 为一个平面螺线电感的阻抗幅值–频率曲线示例，该电感由 9 圈 0.2mm 的导线绕成，总外直径是 8mm，电感 L=354.3nH，寄生电容 C_s=1.26pF，寄生电阻 R_s=6.79Ω。当频率高于 400MHz 时，电感表现出电容的性质。

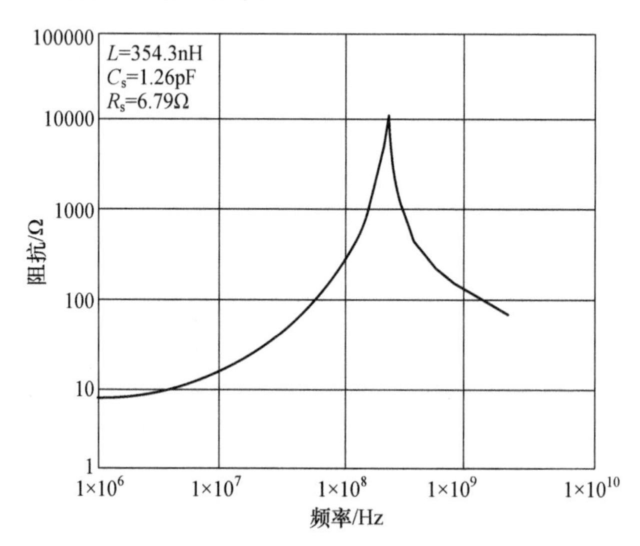

图 3.39 平面螺线电感的阻抗–频率曲线

电感的寄生电容存在于从线圈到任何附近的接地板以及线圈之间。对于嵌入式电感来说，线圈之间产生的寄生电容包括金属和金属跨接产生的平行板电容以及平面螺线中相邻线圈之间的边缘电容。

由此可见，实际电感中的寄生电容会影响电感的高频特性，使其在高频下不再呈现电感特性，不能再作为电感使用。同时，当电感两端有电压变化时，会通过寄生电容产生位移电流。如图 3.40 所示为 Boost 变换器电路图，其主开关管 Q 在开通过程中的电压电流波形如图 3.41 所示，图 3.41（a）和图 3.41（b）分别为采用高寄生电容的电感和低寄生电容的电感时的开通波形。当采用高寄生电容的电感时，功率开关管开通时的电流峰值约为 10A；采用较小寄生电容的电感时，功率开关开通时的电流峰值约为 8A。可见电感的寄生电容产生的位移电流会增加开关管的电流应力和开关损耗。

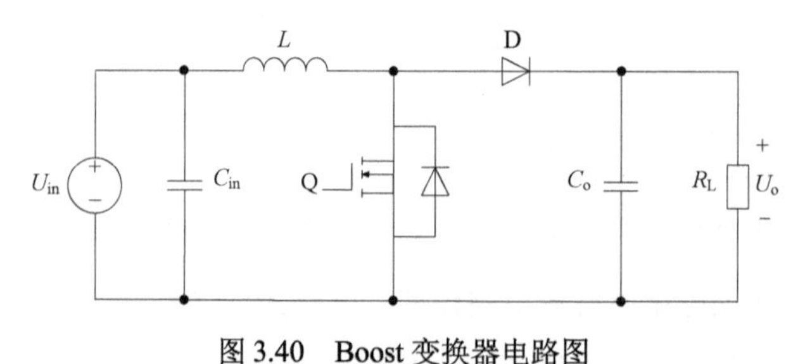

图 3.40 Boost 变换器电路图

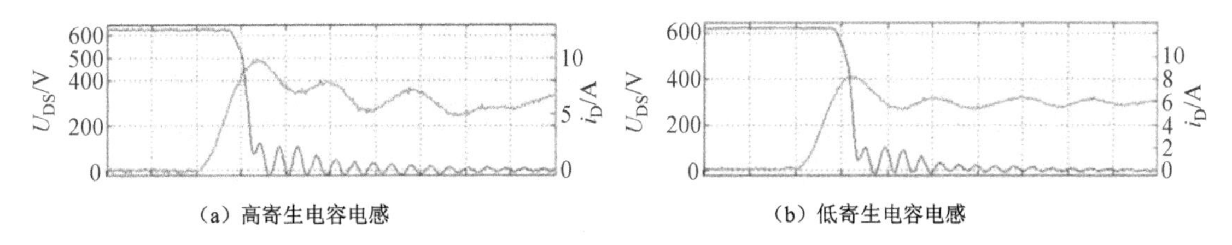

（a）高寄生电容电感　　（b）低寄生电容电感

图 3.41　Boost 电路中开关管开通过程中的电压电流波形

理想电感无损耗，但实际电感存在绕组的铜损和铁芯的铁损，在工作中会因损耗而发热。

3.2.2.2　变压器

在电力电子变换器中，变压器的应用也很广泛。变压器按功率大小及不同功能有主功率变压器（包括电源变压器、高频输出变压器）、驱动变压器或隔离变压器及电流检测互感器等。图 3.42 为理想变压器的等效电路模型，n 为理想变压器的变比，其中 $n=u_1/u_2=i_2/i_1$。

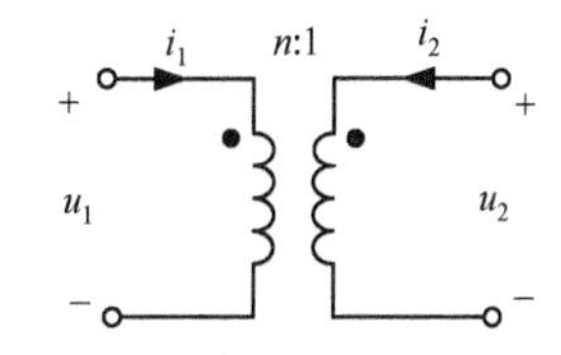

图 3.42　理想变压器的等效电路模型

图 3.43 为各类磁芯和变压器的实物照片，无论是哪种磁芯或变压器制作方法，变压器的基本物理结构均为在铁芯上缠绕了两组或多组一层或多层线圈，由于绕线本身有一定电阻，因此实际变压器等效电路模型中必然会包含寄生电阻，且不同绕组的耦合程度不可能达到 100%，因此会存在漏感。同时，由于不同绕组相对线圈的层与层之间形成“电容”效应，因此实际变压器还存在寄生电容。图 3.44 为考虑寄生电阻、漏感和寄生电容的实际变压器等效电路模型。在该双绕组变压器中，L_m、L_p、L_s 分别为励磁电感、原边漏感和副边漏感，C_1 和 C_2 为绕组间寄生电容。

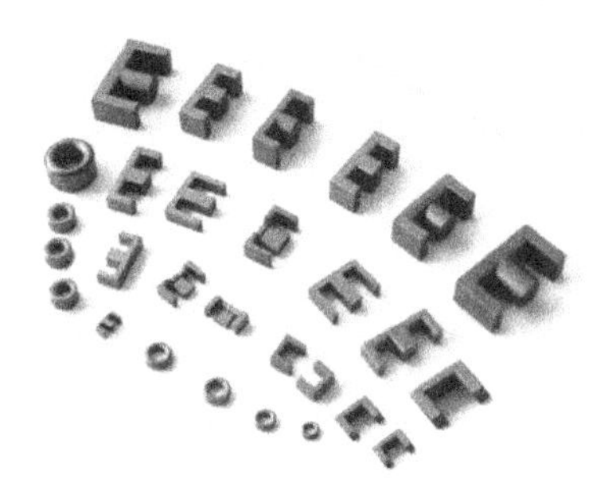

（a）各类磁芯

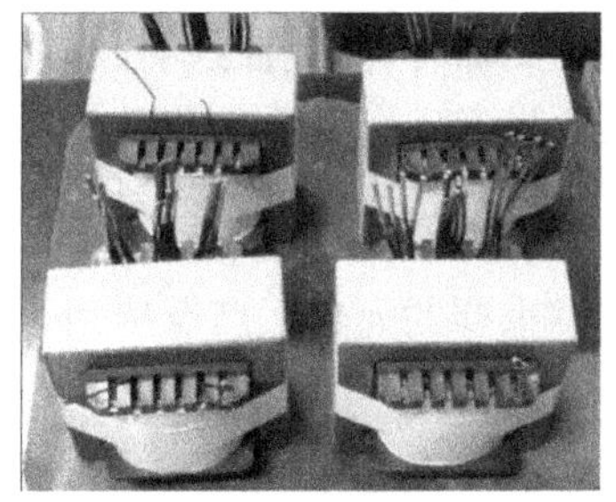

（b）EE 型变压器

（c）各种形式的变压器

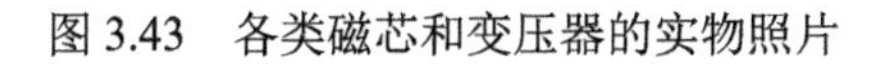

图 3.43　各类磁芯和变压器的实物照片

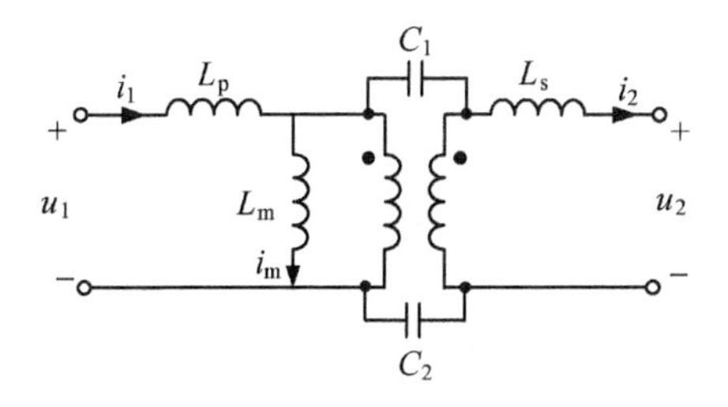

图 3.44　实际变压器等效电路模型

按照是否瞬时传递能量来分，电力电子变换器中的变压器可分为两类：直接传递能量类（如正激式变换器中的主变压器）和先储存后传递能量类（如反激式变换器中的变压器），这两类典型变压器的漏感定义尽管有所不同，但漏感对电路的影响基本相同。

一般来说，变压器漏感会在与之相连的功率开关管关断时产生电压尖峰，增大功率开关管的电压应力，与电路中的寄生电容相互作用，会产生高频振荡波形，对整机 EMC 有较大影响，同时也会导致变压器的损耗增加，整机效率降低。影响漏感的因素有很多方面，包括变压器铁芯的形状、绕组的绕制方式、绕组之间的绝缘距离等。

降低变压器漏感一般可采取以下方法：①选择合适的磁芯形状；②在符合设计要求的前提下，尽量减小初次级绕组间的距离，即提高两绕组的耦合程度，具体实施时可以通过“三明治”绕法，或者是通过初次级绕组匝与匝的相互交替绕制；③通过增加绕组的宽厚比，提高线径与绕组间距的比例。

实际变压器存在分布电容，包括绕组对磁芯或对屏蔽层的分布电容、各绕组层与层之间的分布电容、绕组与绕组间的分布电容、绕组匝与匝之间的电容。电力电子变换器中的高频变压器通常每层有较多匝数，每层的匝间电容串联构成的等效电容远小于层间电容，故每层的匝间电容可忽略不计。

变压器的分布电容会与变压器的磁化电感、漏感构成 LC 谐振回路，如果这个频率较低，与电力电子变换器开关频率处于同一数量级，则会使电力电子变换器的工作状态变得面目全非。另外，当电路中出现高 du/dt 的电压变化时，会与分布电容相互作用，产生不希望出现的电流，与其他电路产生不良耦合。

减小分布电容的一般措施有：①采用低介电常数的绝缘材料，适当增加绝缘材料的厚度，减小对应面积，尤其注意减少高压绕组的电容；②绕组分段绕制；③正确安排绕组极性，减少它们之间的电位差；④采用静电屏蔽，消除绕组间分布电容的产生和抑制电耦合，防止外界高频信号对变压器工作信号和负载的干扰。

理想变压器无损耗，但实际变压器却存在绕组铜损和铁芯损耗，在工作中会因损耗而发热。变压器的铜损和铁损的相关计算方法与电感器类似，具体分析见 3.3.2 节。

3.2.2.3　电容

电容是电力电子变换器中非常重要的元件，广泛应用于隔直、耦合、旁路、滤波、调谐回路、能量转换和控制电路中。

理想电容的等效电路模型如图 3.45 所示，其阻抗幅值是频率的函数，即 $Z_{cap}=1/2\pi fC$。如图 3.46 所示，理想电容的阻抗幅值–频率关系是一条直线，与电感的阻抗幅值–频率关系具有相反的斜率。随着频率的升高，电容的阻抗相应变低。

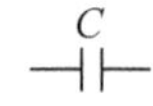

图 3.45　理想电容的等效电路模型

图 3.47 为电解电容的实物照片，其基本物理结构如图 3.48 所示，电容的正负极箔纸和引线存在寄生电阻，其结构也不可避免地会产生寄生电感。图 3.49 为考虑寄生电阻和寄生电感的实际电容等效电路模型。其中，C 为电容的标称电容，单位为 F；R_s 为寄生电阻，单位为 Ω；L_s 为寄生电感，单位为 H。

该模型适用于大部分的电容，如电解电容、薄膜电容和钽电容等，其仿真结果与实际电容经过实验测试观察到的阻抗幅值–频率曲线能很好地匹配。在该模型中，寄生电阻 R_s 也称为等效串联电阻（ESR），它包含两部分，一是引线及焊接接触电阻，二是介质损耗折算电阻。

寄生电感 L_s 也称为等效串联电感（ESL）。

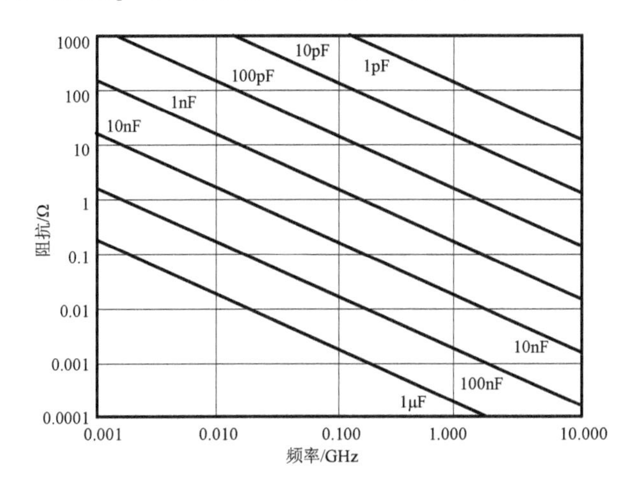

图 3.46　理想电容的阻抗幅值-频率关系

图 3.47　电解电容的实物照片

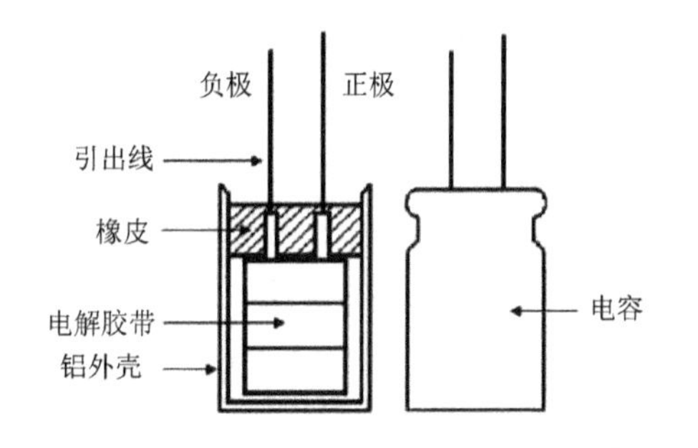

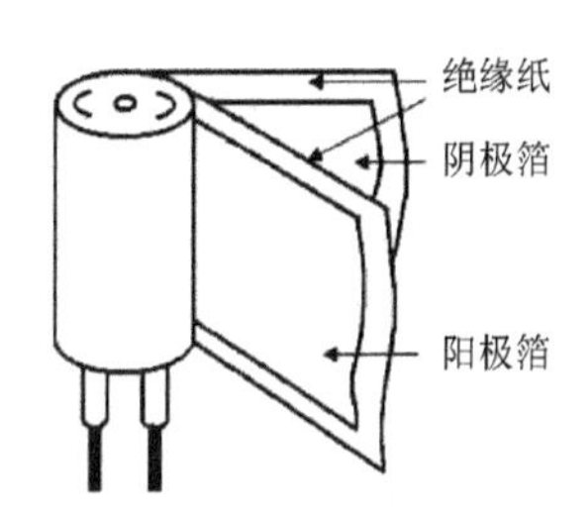

图 3.48　电解电容的基本物理结构

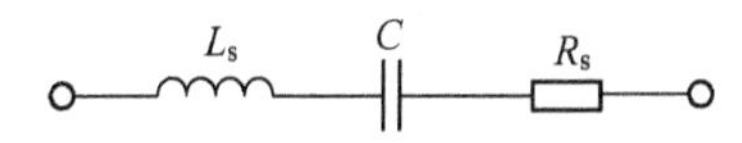

图 3.49　实际电容的电路模型

根据如图 3.49 所示的实际电容的电路模型，可得其阻抗为

$$Z_{\mathrm{cap}}=R_{\mathrm{s}}+\frac{1}{\mathrm{j}\omega C}+\mathrm{j}\omega L_{\mathrm{s}} \tag{3-2}$$

图 3.50 为一个实际电容的阻抗幅值-频率曲线。该电容标称容值为 100nF，寄生电感为 20pH，寄生电阻为 120mΩ。其中实线为整个电容器的阻抗幅值-频率曲线，虚线为实际电容模型中三个组成器件各自的阻抗幅值-频率曲线。

由式（3-2）可以求出该电容的自谐振频率为 $f_{\mathrm{srf}}=\dfrac{1}{2\pi\sqrt{LC}}=113\mathrm{MHz}$。当频率等于 113MHz 时，电容的容抗和寄生电感的感抗抵消，表现出纯电阻的性质。当频率高于 113MHz 时，电容表现为电感的性质。

可见，在选择电容时，要特别注意其类型，关注寄生电感的大小。对于高频应用，宜选择寄生电感很小的高频电容。

理想电容无损耗，但实际电容中因寄生电阻的存在使得其出现有功损耗。当电容流过电流时，也同时流过等效串联电阻，在电阻上产生损耗。其损耗大小等于 R_s 与流过电容电流平方的乘积。损耗会导致电容发热，由于电容中存在对温度敏感的电解液等物质，温度升高会降低电容的性能和使用寿命，因此实际电容对流过的电流有一定限制。

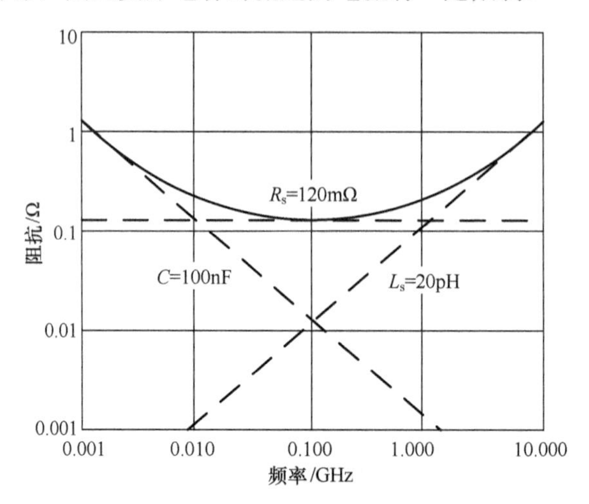

图 3.50 实际电容阻抗幅值-频率曲线

3.2.3 理想与实际 PCB 的差异

印刷电路板（PCB）是电子元器件电气连接的载体，同时也是电子元器件的支撑体。在原理图中，连线一般被认为只起电气连接作用，并没有物理含义。但在实际 PCB 中，每条 PCB 走线不仅有电阻，而且会有自感，与周围的走线之间还会存在互感和电容效应。在如图 3.51 所示的 PCB 中，PCB 走线存在寄生电阻和寄生电感，相邻走线之间还存在寄生电容。因此实际 PCB 包含了复杂的寄生参数网络模型。

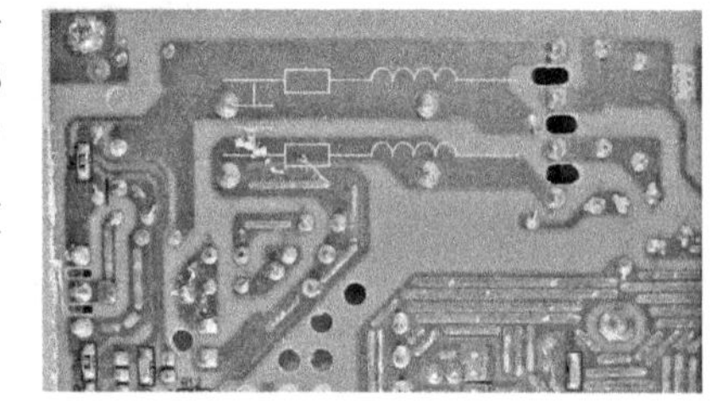

图 3.51 实际 PCB 布线等效模型

PCB 布线的寄生电阻可用式（3-3）计算。

$$R = \rho \frac{l}{S} \tag{3-3}$$

其中，ρ 为材料的电阻率，l 为布线的长度，S 为布线的横截面积。

对于功率回路，若 PCB 走线电阻大，会增加损耗；对于控制信号，若 PCB 走线电阻大，会抬高参考地的实际电平，并且与控制回路中的电容相互作用，增大控制信号的延迟时间，影响采样信号的精度，进而影响反馈回路的控制效果，因此应尽可能地减小 PCB 布线电阻。

PCB 布线的寄生电感对电路的影响比较大。在功率回路中，快速变化的电流会与寄生电感相互作用，引起线路中电压振荡和尖峰，增大线路中元器件的电压应力，特别是开关器件的电压应力，同时也会对开关损耗有影响。在控制回路中，寄生电感的存在会导致采样、控制信号出现振荡，降低采样、控制信号的精度，影响控制效果。地线回路的寄生电感在有电流突然变化时，同样会使参考地的电平发生变化，产生严重的“地弹”现象，影响控制电路的正常工作。

PCB 上单根走线的寄生电感可用式（3-4）计算：

$$L = 2l\left(\ln\frac{2l}{w} + 0.5 + 0.2235\frac{w}{l}\right) \tag{3-4}$$

其中，w 为走线宽度（cm），l 为走线长度（cm）。

由式（3-4）可知，布线的长度缩短一半，电感值也减小一半，但是其宽度增加 10 倍，电感值才能减小一半，所以简单地增加走线的宽度对减小寄生电感作用不大。PCB 布线寄生电感与其厚度无关，一般可以根据布线的长度估算布线引起的电感，即每英寸（2.54cm）长的布线引入的寄生电感约为 20nH。

过孔的寄生电感可表示为

$$L=\frac{h}{5}\left[\ln\left(\frac{4h}{d}\right)+1\right] \tag{3-5}$$

其中，L 为过孔电感（nH），h 为过孔高度（mm），d 为过孔直径（mm）。

由式（3-5）可见，过孔的高度对过孔寄生电感的影响较大。

双根走线若构成回路，其寄生电感值与走线的布置方式和电流方向有关。若想减小寄生电感，可采用交叉式布置或尽可能减小回路面积布置。

PCB 上的相邻平行布线会引入寄生电容。在功率回路中，布线引起的寄生电容会导致功率器件的开关速度降低、开关损耗增大。若功率回路布线与控制回路布线距离过近，功率回路布线上电压快速变化时，会在相邻的控制回路布线中产生电流信号，干扰控制回路中的信号。

同一张电路原理图，不同的工程师会给出不同的 PCB 布局布线设计，最终可能导致整机性能相差较大，布局布线不好的电路甚至不能正常工作。优良的 PCB 布线设计，不仅需要技术人员熟知 PCB 布局布线的基本规则，而且需要综合考虑多种因素，进行折中优化。因此，PCB 设计是电力电子技术人员非常关键的技能之一，需要不断积累设计经验，提高设计水平。

3.2.4　理想与实际功率电路的差异

寄生参数是电路内部实际元器件所“隐藏”的电气特性，在电路原理图中一般不画出，但它们却真实存在，一般都会储存能量，对自身元器件起不利作用，在电力电子变换器工作时产生噪声和损耗。对设计人员来说，准确分辨这些寄生参数，定量分析寄生参数的影响，减小或利用这些寄生参数，在电路设计中是一个很大的挑战。在高频情况下，这些寄生特性更加明显，因此问题更加突出。

1）DC/DC 变换器内的主要寄生参数

典型的 DC/DC 变换器内部有两个主要的节点，一是功率开关的集电极或漏极；二是输出整流器的阳极。在观察 DC/DC 变换器内主要节点的波形时，可以明显地看到寄生参数的影响。两种常见 DC/DC 变换器的主要寄生参数如图 3.52 所示。

为避免图形过于复杂，不易观察清楚，图中未画出功率开关器件的寄生电感，下文同。

一些功率器件的寄生参数可以在元器件厂商提供的数据手册中查得，电容、电感、变压器的寄生参数较难精确计算，可通过经验公式估算。表 3.10 列出了 DC/DC 变换器中主要元器件的寄生参数示例。

PCB 会产生复杂寄生参数的网络，PCB 布局设计良好与否对变换器的工作性能有很大的影响。流过尖峰电流的印制线对寄生电感和电容很敏感，所以这些印制线必须短而粗。存在高、低电压高频变化的 PCB 焊点，如功率开关的漏极或者整流管的阳极，极易与临近印制线产生耦合电容，使高频噪声耦合到邻近的印制线中。通过“过孔”连接可以使高频信号印制线的上下层都流过同样的信号，其余寄生参数的影响一般可归到相邻的寄生元器件中。

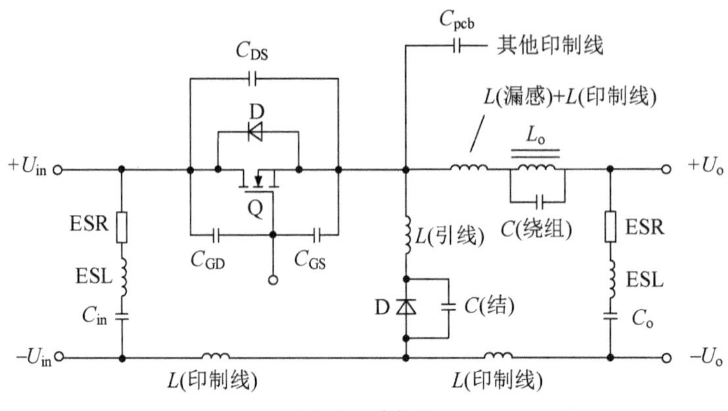

（a）Buck变换器

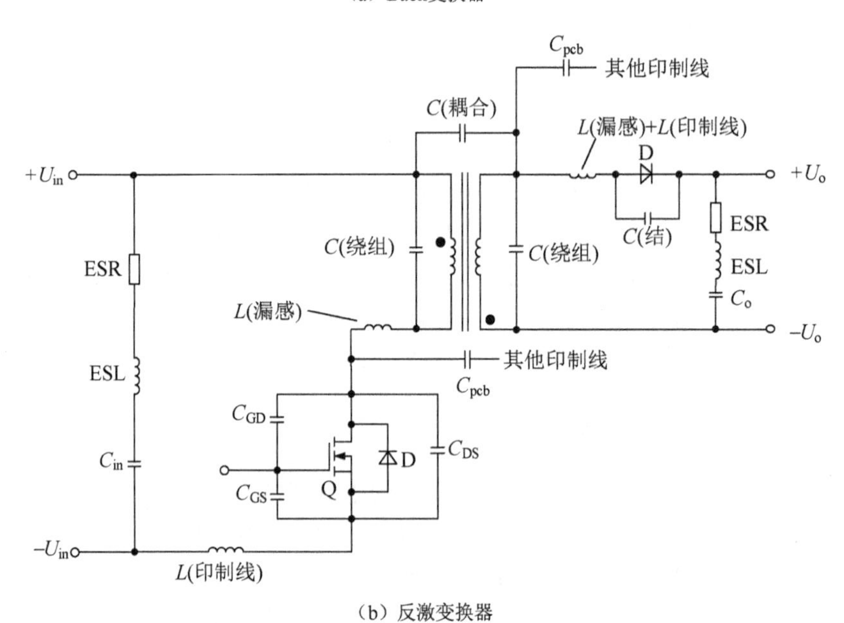

（b）反激变换器

图 3.52　两种常见 DC/DC 变换器的主要寄生参数

表 3.10　DC/DC 变换器主要元器件的寄生参数示例

元　器　件	寄 生 参 数	典型值范围
MOSFET	C_{iss}	200～3000pF①
	C_{rss}	2～400pF①
	C_{oss}	100～800pF①
	寄生二极管	(0.2～1.0) I_D
	引线电感	2～10nH
整流管	引线电感	2～10nH
	结电容	20～400pF②
电容	ESR	0.05～10Ω
	ESL	10～100nH
电感	漏感	(1%～8%)L（L 为绕组电感）
	绕组电容	≈1.75ln(T)[pF]（T 为绕组匝数）

（续表）

元 器 件	寄 生 参 数	典型值范围
变压器	漏感	1%～8%L（绕组）
	线圈电容	≈1.75ln(T)[pF]
	磁芯损耗	见相关介绍
	耦合电容	1～100pF

注：① 低电压 N 沟道 Si MOSFET（I_D=1～20A）；

② Si 基肖特基和 PN 二极管在额定反向电压时测得。

2）AC/DC 变换器的主要寄生参数

AC/DC 变换器的主要寄生参数如图 3.53 所示。变换器内部有三个主要的节点，分别是三相桥臂的中点。在观察变换器内主要节点的波形时，可以明显地看到寄生参数的影响。

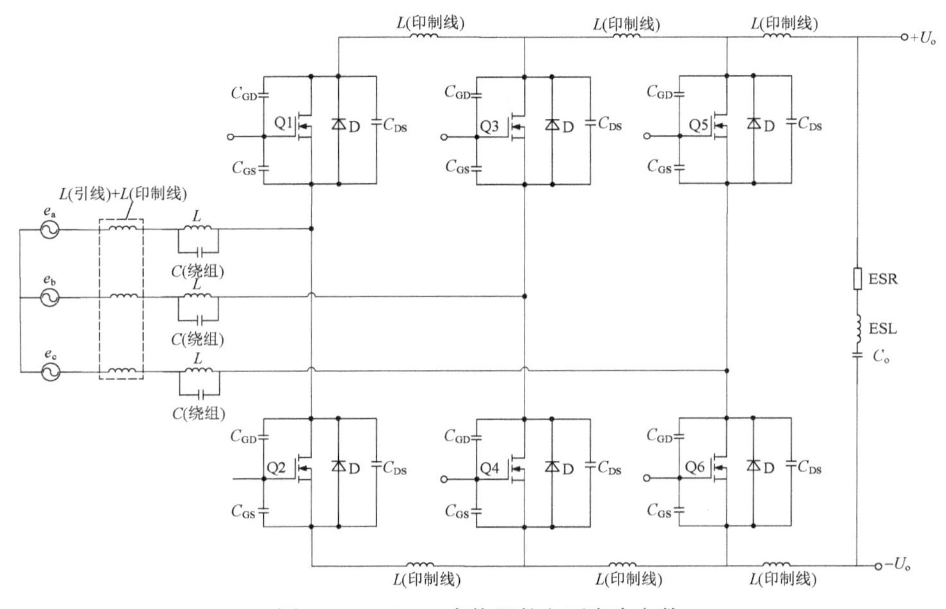

图 3.53 AC/DC 变换器的主要寄生参数

表 3.11 列出了 AC/DC 变换器主要元器件的寄生参数示例。

表 3.11 AC/DC 变换器主要元器件的寄生参数示例

元器件	寄生参数	典型值范围
MOSFET	C_{iss}	700～6000pF①
	C_{rss}	2～10pF①
	C_{oss}	20～400pF①
	寄生二极管	(0.2～1.0) I_D
	引线电感	2～10nH
电容	ESR	0.1～1Ω
	ESL	10～100nH
电感	漏感	(1%～8%)L（L 为绕组电感）
	绕组电容	≈1.75ln(T)[pF]（T 为绕组匝数）

注：① 高电压 N 沟道 MOSFET（I_D=1～20A）。

3）DC/AC 变换器内的主要寄生参数

典型的 DC/AC 变换器的主要寄生参数如图 3.54 所示，其主要节点是桥臂电路的中点。在观察变换器内桥臂中点的波形时，可以明显地看到寄生参数的影响。

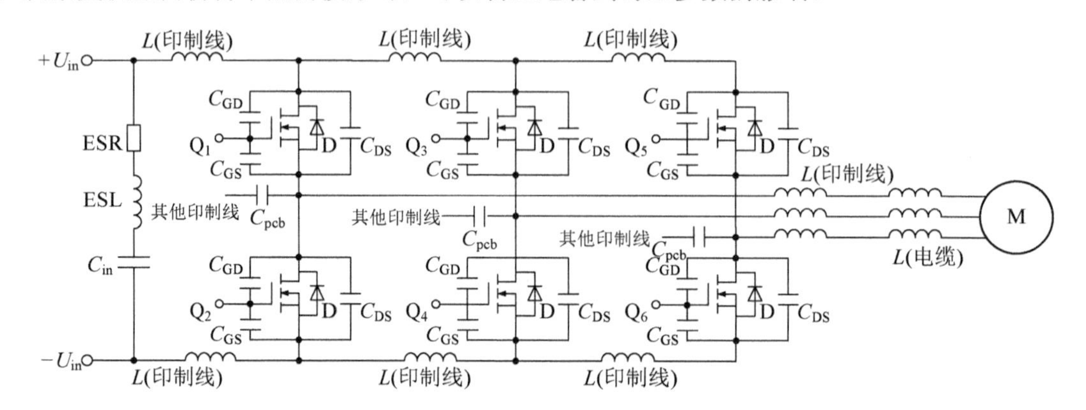

图 3.54 典型 DC/AC 变换器的主要寄生参数

表 3.12 列出了 DC/AC 变换器主要元器件的寄生参数示例。

表 3.12 DC/AC 变换器主要元器件的寄生参数示例

元 器 件	寄 生 参 数	典型值范围
MOSFET	C_{iss}	700～6000pF①
	C_{rss}	2～10pF①
	C_{oss}	20～400pF①
	寄生二极管	(0.8～1.0) I_D
	引线电感	2～10nH
电容	ESR	0.1～1Ω
	ESL	10～100nH

注：① 高电压 N 沟道 Si MOSFET（I_D=1～20A）。

电力电子技术初学者在认识了电力电子变换器的稳态工作原理后，应尽快搞清楚构成一个典型电力电子变换器的每个元器件的寄生参数的性质，这是电力电子变换器设计中比较难的一部分内容，但在这里所花的时间和精力将有助于确定磁性元件参数、设计 PCB、设计 EMI 滤波器等关键部件，从而能够尽快入门，直至设计出满足技术要求的电力电子变换器。

3.2.5 理想与实际的差异分析

由以上分析可见，构成每一类电力电子变换器功率电路的元器件，包括开关管、二极管、电感、变压器、电容，以及连接这些元器件的 PCB 均有寄生参数或某种非线性特性，正因为这些原因使得实际波形与理想原理波形产生了差异。

1）芯片存储时间导致的延迟时间

对比图 3.1 和图 3.2 可以看出，与理想 PWM 信号不同，实际的 PWM 信号波形并非阶跃信号。这主要是因为产生 PWM 信号的逻辑电路或数字电路均是由晶体管集成制造的，晶体管总存在一定的存储时间，因此 PWM 信号实际波形存在上升和下降过程。MOSFET 的实际驱动电压波形存在传输延迟时间，主要是因为驱动电路中包含光电耦合器，使得信号传输存在延迟时间。

2）栅极寄生电感和寄生电容对驱动波形的影响

考虑寄生电感和寄生电容后，栅极驱动回路等效电路如图 3.55 所示，其中驱动电压为 U_{DRV}，驱动回路寄生电感为 L_G，功率管输入电容为 C_{iss}，因此驱动回路实际上是由电阻、电感和电容组成的典型二阶电路。

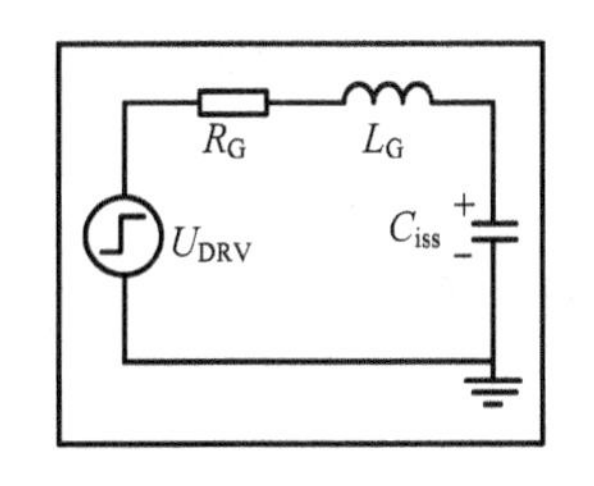

图 3.55　驱动回路等效电路图

栅源电压上升或下降至最终稳定驱动电压的时间较长，主要是因为 MOSFET 存在寄生电容，驱动电阻与寄生电容组成 RC 电路，使得栅源电压的上升和下降均经过一段过程。

根据如图 3.55 所示的驱动等效电路可写出驱动回路方程：

$$L_G C_{iss} \frac{d^2 u_{GS}}{dt^2} + R_G C_{iss} \frac{du_{GS}}{dt} + u_{GS} = U_{DRV} \tag{3-6}$$

求解该方程可知 u_{GS} 可能处于振荡、临界振荡以及非振荡状态。若驱动电阻 R_G 满足：

$$R_G < 2\sqrt{\frac{L_G}{C_{iss}}} \tag{3-7}$$

则 u_{GS} 将出现振荡和尖峰。

驱动电路接上主电路后，由于 MOSFET 栅漏电容（密勒电容）的影响，驱动电压还会出现密勒平台。

3）双脉冲功率电路寄生参数和二极管反向恢复的影响

考虑寄生电感的 MOSFET 双脉冲测试等效电路原理图如图 3.56 所示，Q 为 SiC MOSFET 开关管，C_{GS}、C_{GD} 和 C_{DS} 分别为栅源极、栅漏极和漏源极间寄生电容，L_G 为栅极驱动电路到栅极引脚之间的寄生电感，L_S 为源极引脚到栅极驱动电路之间存在的寄生电感，主开关回路中存在的寄生电感包括 MOSEET 漏极引脚分布电感 L_{d1}、二极管寄生电感 L_{s1}、PCB 走线寄生电感 L_{d2} 和 L_{s2}，$R_{G(int)}$ 和 $R_{G(ext)}$ 分别为开关管内部栅极寄生电阻和外部驱动电阻，D_1 为续流二极管，L_L 为负载电感。在功率管开通时，由于二极管反向恢复，致使功率管开通电流中叠加了二极管反向电流（即使对于 SiC 肖特基二极管，虽然理论上没有反向恢复电流，但也会存在结电容充电电流），漏极电流出现尖峰。在功率管关断时，由于漏极电流快速降低会使功率回路寄生电感产生感应电压导致出现电压尖峰，同时因为功率回路寄生电感和功率器件漏源电容相互作用引起振荡，从而使得功率管关断时漏源极电压出现尖峰和振荡。

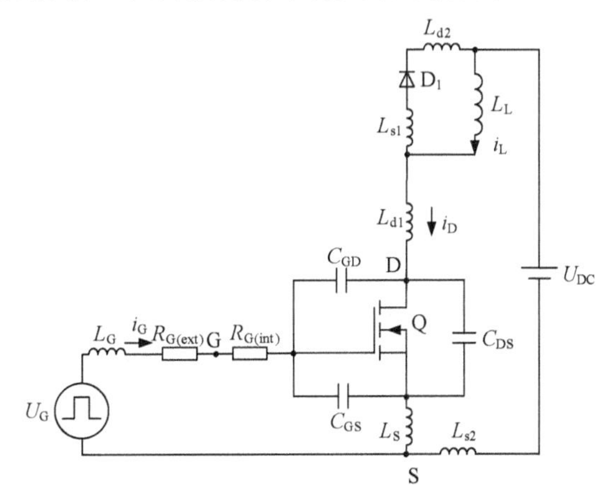

图 3.56　考虑寄生电感的 MOSFET 双脉冲测试等效电路原理图

4）寄生参数和二极管反向恢复对反激变换器的影响

图 3.57 给出了不考虑和考虑变压器漏感和开关管结电容的反激变换器的功率电路。在理想原理分析时，忽略了变压器的漏感和开关管的结电容，因此原边开关管电压波形较为理想。然而考虑寄生参数后，情况大不相同。

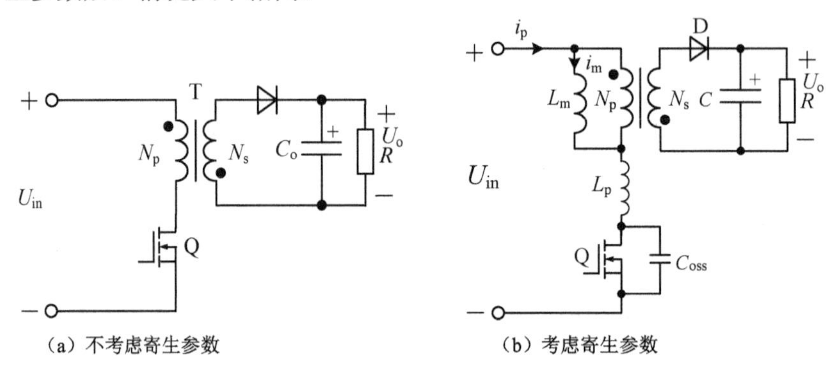

图 3.57 不考虑和考虑寄生参数的反激变换器的功率电路

如图 3.57（b）所示为考虑变压器漏感和开关管结电容的情况。在每一个开关周期内，开关管 Q 导通时，励磁电感 L_m 和漏感 L_p 上的电压为 U_{in}，励磁电感和漏感被励磁，励磁电流呈线性增加，斜率为 $\frac{di_m}{dt} \approx \frac{U_{in}}{L_m}$。开关管 Q 关断时，因励磁电流不能突变，变压器原边绕组电压迅速下降，过零并反向达到 $-nU_o$ 时，导致副边二极管 D 导通，励磁电感被副边反射到原边的电压去磁，漏感与开关寄生电容开始谐振，反映在开关管 Q 上的电压波形如图 3.58 所示，开关管 Q 关断时的振荡电压由漏感和寄生电容的谐振所致，图中的衰减振荡是因为电路中存在着阻尼。开关管 Q 上的电压峰值为 $U_{DS}^{(peak)} = U_{in} + nU_o + \sqrt{\frac{L_p}{C_{oss}}} i_{m1}$。其中，$n$ 为变压器原副边匝比，i_{m1} 为开关管关断时的励磁电感电流峰值，$i_{m1} = \left(1+\frac{\lambda}{2}\right) I_m = \left(1+\frac{\lambda}{2}\right)\frac{I_o}{n(1-D)}$，$\lambda = \frac{\Delta i_m}{I_m}$ 为原边侧励磁电感电流的纹波系数。

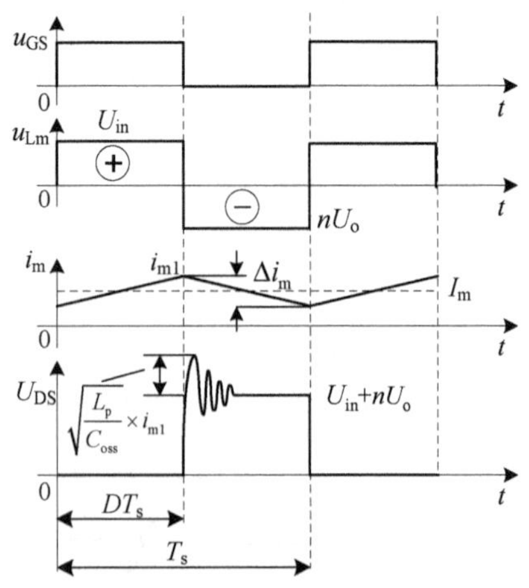

图 3.58 考虑变压器漏感和开关管寄生电容的反激变换器典型波形

为具体说明，以下举例阐述。

反激变换器基本输入输出要求为：输入电压 U_{in}=400V，输出电压 U_o=12V，负载电流 I_o=10A。

采用基本反激变换器，其功率开关选用 IRFBC40。开关管的基本参数为 U_{DSS}=600V，$R_{DS(on)}$=1.2Ω，I_D=6.2A，C_{oss}=160pF。假定变换器的效率为 η=94%，λ=0.3，L_p=1μH，f_s=100kHz，则计算如下。

为了保证开关管的稳态电压应力有一定的裕量，选择变压器的变比 n=12.5，此变比下的开关管稳态电压应力为 $U_{DS}=U_{in}+nU_o$=550V，稳态占空比为 D=0.286，开关管关断时的电感电流峰值为 i_{m1}=1.17A，开关管 Q 上的峰值电压为

$$U_{DS}^{(peak)}=U_{in}+nU_o+\sqrt{\frac{L_p}{C_{oss}}}\times i_{m1}=642\,\text{V}$$

开关管 Q 上的峰值电压超过其额定电压，开关管 Q 将很可能因过电压而损坏。

为了将峰值电压抑制在开关管 Q 的额定电压之下，有两种方法，第一种方法是进一步降低变压器的漏感，第二种方法是在开关管 Q 的漏源极之间再并联一个电容。这两种方法的作用都是减小变压器漏感与漏源极间电容谐振时的特性阻抗。

采用第一种方法，当控制 $U_{DS}^{(peak)}$=586V 时，其漏感需减小到 0.15μH，这在变压器实际制作时是非常难以实现的。采用第二种方法，当控制 $U_{DS}^{(peak)}$=586V 时，在开关管 Q 的两端需要再并联 896pF 的电容，该电容与 MOSFET 的寄生电容一起在开关管 Q 开通时，将产生 $P_{on(cap)}=\frac{1}{2}C_{oss}U_{DS}^2f_s=16\,\text{W}$ 的容性开通损耗，所以这也不是一个好的解决方法。

对于实际的基本反激变换器，只要它有漏感存在，其 $\sqrt{L_p/C_{oss}}$ 总会比较大，所以在负载电流较大时，开关管 Q 两端因漏感 L_p、C_{oss} 谐振所产生的尖峰电压就会比较大，开关管 Q 要么放很大的电压裕量，但这将使得变换器的效率下降，要么因过电压而损坏。

从上面的分析可知，若不采取相应措施，基本反激变换器在实际应用中很难可靠工作，其原因是变压器的漏感在开关管 Q 关断时，没有合适的能量释放回路（去磁回路），就会以尖峰电压的形式把能量消耗（释放）出来。为了让反激变换器的工作变得可靠，就得外加一个漏感的去磁电路，但因漏感的能量一般很小，所以习惯上将这种去磁电路称为吸收电路，目的是将开关管 Q 关断时的漏源电压箝位到合理的数值。外加吸收电路后的反激变换器可用图 3.59 的一般结构表示。

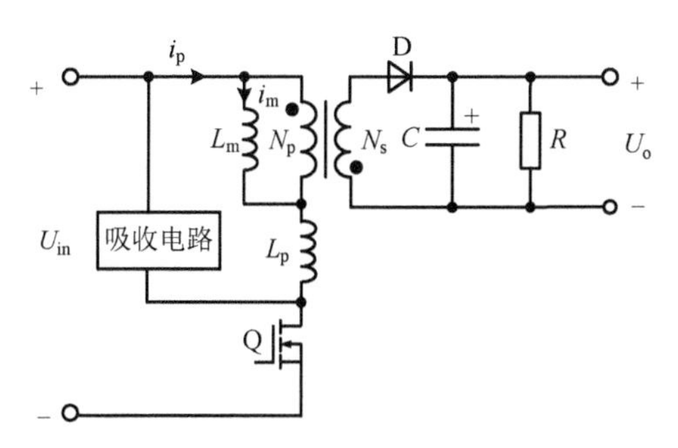

图 3.59　实际反激变换器的一般结构

外加的吸收电路必须满足下列 3 个条件：

（1）保证开关管的峰值电压尽量小；

（2）吸收电路的损耗尽量小；

（3）所加的吸收电路尽量简单。

较为常用的是 RCD 吸收电路。RCD 吸收反激变换器的两种结构如图 3.60 所示。它们都是外加一个电容、一个二极管和一个电阻，在开关管 Q 截止时，励磁电感的能量传递到输出，漏感的能量传递到 C_c，并通过 C_c 的电压对开关管两端的电压进行箝位。电阻 R_c 是为了消耗 C_c 在开关管关断间隔内所增加的能量而设置的。这两种结构的吸收原理是相同的，其区别只是电阻 R_c 的选择不同而已。

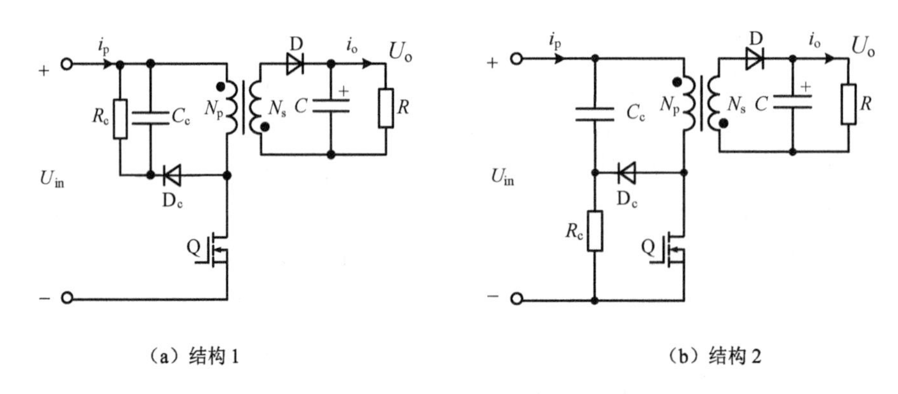

图 3.60　RCD 吸收反激变换器的两种结构

图 3.61 是用来分析图 3.60（a）的等效电路，仔细观察后可以发现，吸收电路的 R_c、C_c、D_c 和励磁电感、漏感、开关管 Q 及输入构成一个等效的 Buck-Boost 电路，如图 3.62 所示，但这个 Buck-Boost 电路在开关管 Q 关断后，L_m 两端的电压很快被反向箝位在 nU_o，此后开关管 Q 的结电容 C_{oss} 和漏感 L_P 振荡，只有当振荡引起的 U_{DS} 尖峰超过 U_c+U_{in} 时，二极管 D_c 才开始导通，并将 U_{DS} 的尖峰箝位到 $U_{in}+U_c$。当 C_{oss} 很小可忽略时，漏感中的能量将完全被 C_c 吸收，在 C_c 较大时，C_c 上的稳态纹波电压可以忽略，此时的 U_c、R_c、L_P、f_s 和负载电流的关系可以从图 3.63 的波形中推导得到。

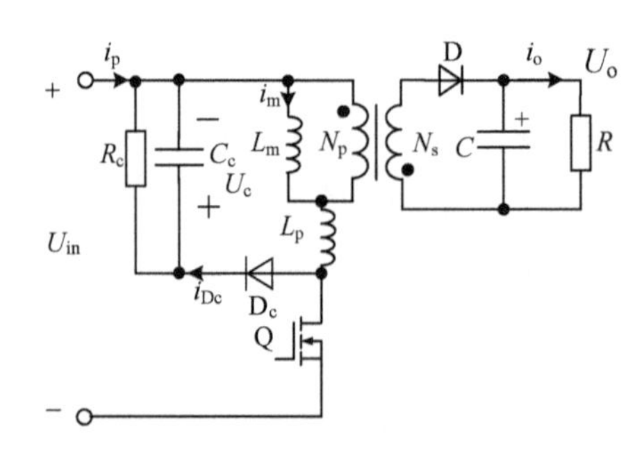

图 3.61　图 3.60（a）的等效电路

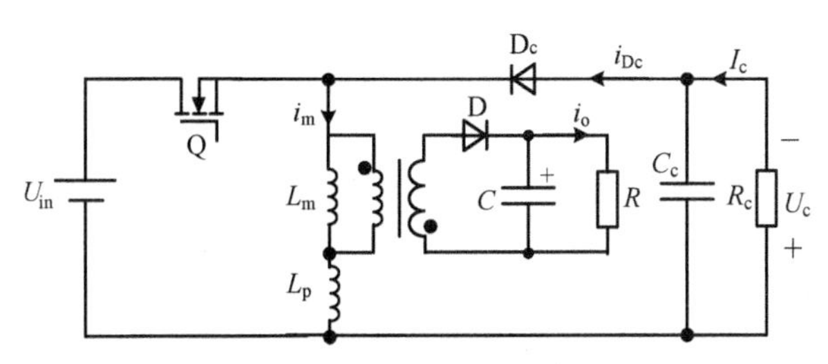

图 3.62　等效的 Buck-boost 电路

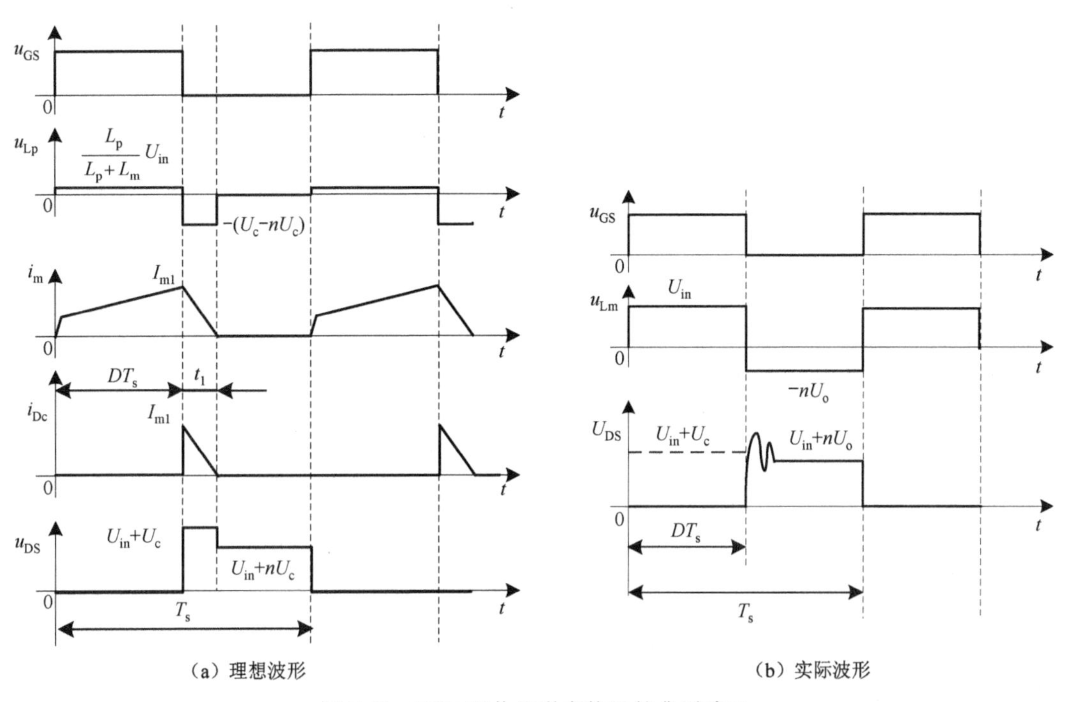

（a）理想波形　　（b）实际波形

图 3.63　RCD 吸收反激变换器的典型波形

推导过程如下。

从图 3.63 的波形可得

$$I_{R_c}=\frac{1}{T_s}\int_{0}^{T_s} i_{Dc}(t)\mathrm{d}t=\frac{I_{m1}t_1}{2T_s}=\frac{U_s}{R_s} \tag{3-8}$$

又因为

$$U_c-nU_o=-L_p\frac{\Delta I_{m1}}{t_1}=-L_p\frac{-I_{m1}}{t_1}=L_p\frac{I_{m1}}{t_1} \tag{3-9}$$

所以，

$$t_1=\frac{L_pI_{m1}}{U_c-nU_o}$$

$$\frac{L_pI_{m1}^2}{U_c-nU_o}\frac{1}{2T_s}=\frac{U_c}{R_c}$$

$$\frac{U_c(U_c-nU_o)}{R_c}\frac{L_pI_{m1}^2}{2}f_s$$

其中，$I_{m1}(1+\lambda)\dfrac{I_o}{n(1-D)}$，与负载电流成正比，与电感电流的纹波系数也有关。实际的 RCD 吸收反激变换器波形如图 3.63（b）所示。在实际反激变换器中，由于 C_{oss} 的存在，漏感的能量将先在与 C_{oss} 的谐振中消耗一些，然后才传递到 C_c，所以 C_c 上的电压 U_c 会比理想的值低，且在漏感电流降为零后（D_c 截止后），C_{oss} 与漏感继续谐振，此时的谐振因能量很小，使其幅度也较小，一般已不足以再次开通 D_c，于是就出现了图 3.63（b）中的波形。选择参数时，可先按理想情况和满载工况设定一个 U_c 值，并计算 R_c，再在实验中调整 R_c 和 C_c。显然 R_c 越小，U_c 就越小，U_{DS} 的尖峰也就越小，但吸收损耗会越大，因此 R_c 的取值需要折中考虑。

由以上分析可见，反激变换器的漏感和开关管的结电容的相互作用会使得开关管出现关断电压尖峰和振荡，致使反激变换器开关管电压波形与理想波形有很大的差异。为了抑制电压尖峰，目前比较有效的方法是采用吸收电路。如果仅从理想原理角度分析，反激变换器是不需要添加吸收电路的。但正因为实际反激变换器中不可避免地存在漏感、结电容，才不得不添加吸收电路作为实际反激变换器设计时的功能电路之一。这也就是第 2 章在讲述典型电力电子变换器的功能电路时要包括吸收电路的原因。

若反激变换器在 CCM 工作模式下，在原边功率管开通时，副边二极管反向恢复电流会叠加到功率管开通电流中，使其出现电流尖峰。

以上主要以功率电路和驱动电路为例，阐述了寄生参数和非理想特性对电路工作的影响，同样地，控制电路中的运算放大器、比较器、光电耦合器等集成电路芯片也会存在延迟时间，芯片引脚、信号走线和地线也存在寄生电感，会对控制电路正常工作产生影响，电力电子初学者要注意这方面的问题，合理设计，避免其影响。

3.3 损耗与散热

尽管对于以 PWM 模式工作的现代电力电子变换器而言，其变换效率已达到较高的水平，但在实际工作中，仍存在不可忽略的功率损耗。

3.3.1 电力电子变换器损耗的组成

电力电子变换器往往由开关器件、储能元件、连接元件等部分组成。由于实际的制造工艺和材料特性的限制，这些组成元器件往往都不是理想化的，其内部寄生参数会影响开关器件的静态特性以及开关特性，进而产生损耗。电力电子变换器的损耗主要源自三部分：功率开关器件的损耗、磁性元件的损耗和电容的损耗。

1）功率开关器件的损耗

功率开关器件的损耗问题一直是各国学者研究的热点，开关频率的不断提高，使损耗的建模分析很大程度上决定了设计成败与否。功率开关器件的损耗分析建立在开关器件模型的基础上，目前已有多种对开关器件的损耗建模方法。在简化电路模型中，通常认为寄生电容是影响开关行为的主导因素，但随着半导体工艺的发展，功率管容量的升级，电流密度增大，使得寄生电容减小，电容不再是影响开关行为的唯一主导因素，而寄生电感的作用逐渐被重视起来，成为不可忽略的要素。

图 3.64 为考虑实际因素的 MOSFET 器件电路的模型，从图中可以看出，实际器件的栅极、源极、漏极引脚本身均有寄生电感，两极之间还有寄生电容。由于这些寄生参数的存在，电路的开关波形往往会产生延迟时间及振荡，这些都会导致电路产生额外的损耗。

2）磁性元件的损耗

磁性元件的损耗包括铁损（磁芯损耗）和铜损（绕组损耗），目前已有很多针对磁性元件损耗建模、计算及分析的研究成果。

对铁损的研究主要围绕影响铁损的各种因素而展开，早期的 Steinmetz 方程经过实践检验，能够精确地描述正弦波激励下磁芯损耗；1978 年，D.Y.Chen 开始了非正弦波激励下的铁损计算，随后 A.Brockmeyer 和 M.H.Pong 等科学家提出了各自有代表性的理论，他们通过数学手段对经典的 Steinmetz 方程进行了改进和推广。铁损理论发展至今已经能够较为准确地分析各因素对磁芯损耗的影响。

磁性元件铜损的建模与计算，也是损耗研究的热点，目前已经有大量的研究成果可用于分析铜损。Dowell 提出了绕组一维模型，并用截面积等效的方法研究绕组损耗。

3）电容的损耗

随着功率半导体器件工作频率的不断提高，电力电子变换器可工作在更高的开关频率下，电容也在不同的频率下表现出了不同的损耗。正因为电容损耗和温升是影响电力电子变换器工作寿命的关键因素之一，电容的损耗一直是工程师设计产品所考虑的重点。

这里以几种典型变换器为例进一步阐述损耗产生来源。

Boost 变换器的损耗主要集中在其开关器件和磁性元件上，其电路拓扑如图 3.65 所示。Boost 变换器中主要的半导体开关器件包括二极管和 MOSFET，磁性元件有电感。MOSFET 的损耗主要包括导通损耗、开关损耗、驱动损耗、输出电容损耗，二极管的损耗主要包括导通损耗和反向恢复损耗。电感的损耗包括磁芯损耗和绕组损耗，磁芯损耗中又包括磁滞损耗、涡流损耗和剩余损耗。

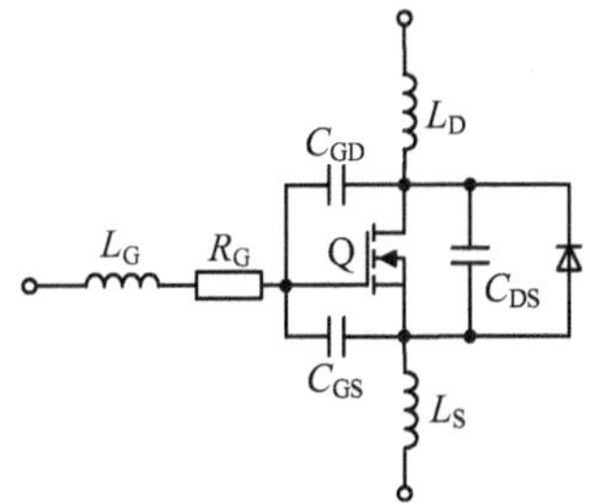

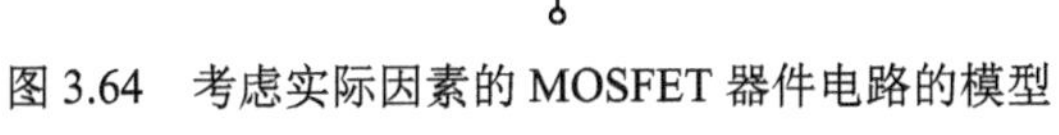
图 3.64　考虑实际因素的 MOSFET 器件电路的模型

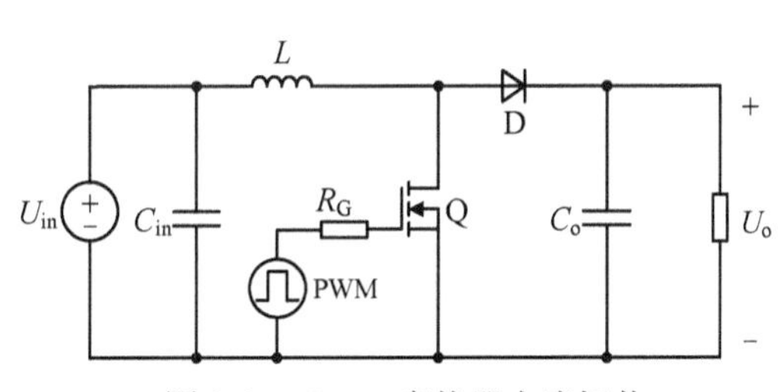

图 3.65　Boost 变换器电路拓扑

反激变换器的损耗主要集中在其功率回路和变压器上，其拓扑如图 3.66 所示。反激变换器中的变压器充当储能电感的作用，因此其损耗主要为功率开关管的损耗以及变压器的损耗。原边功率 MOSFET 的损耗主要包括导通损耗、开关损耗、驱动损耗、输出电容损耗，副边功率二极管的损耗包括导通损耗和反向恢复损耗。此外，变压器还有磁芯损耗和绕组损耗，磁芯损耗中又包括磁滞损耗和涡流损耗。综上所述，反激变换器的总损耗主要包括：功率 MOSFET 的导通损耗、开关损耗、驱动损耗、输出电容损耗、功率二极管的导通损耗、反向恢复损耗，变压器的磁芯损耗、绕组损耗。

电机驱动器的损耗主要集中在其主功率回路中，即三相逆变器功率单元中。如图 3.67 所示为 GaN 基电机驱动器主功率电路拓扑。由于三相逆变器中一般没有磁性元件的存在，因此其损耗主要为功率开关管的损耗。功率开关管的损耗主要包括导通损耗和开关损耗以及驱动损耗，除此之外，由于三相逆变器为桥臂式电路拓扑，为了确保可靠性，必然要设置死区时间，因此死区损耗也不可避免。综上所述，电机驱动器的总损耗主要包括功率管开关损耗、导通损耗、驱动损耗、死区损耗。

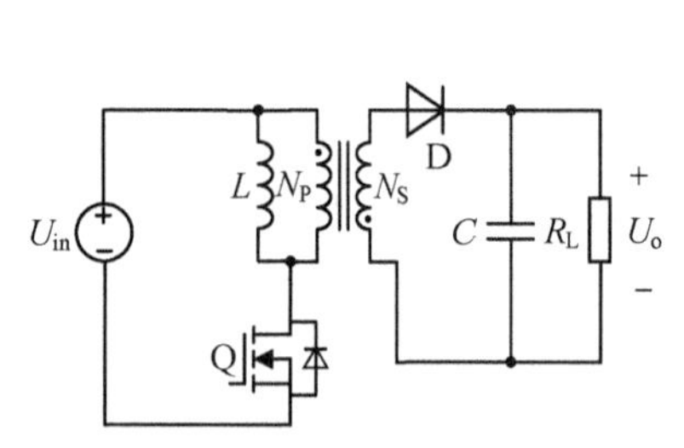

图 3.66　反激变换器拓扑示意图

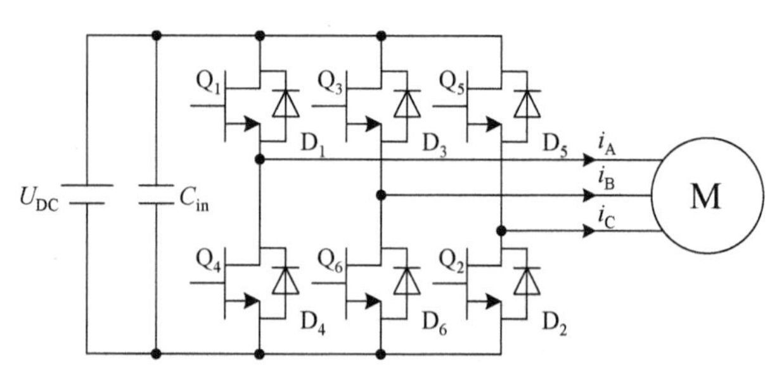

图 3.67　GaN 基电机驱动器主功率电路拓扑

3.3.2　电力电子变换器中常用元器件的损耗模型分析

这里对电力电子变换器中最常用的二极管、MOSFET、磁性元件进行损耗建模分析，其余元器件可参照相似方法进行建模分析。

1）二极管

在理想二极管的电路模型中，二极管可被等效为一个零正向压降、零反向漏电流、零开通关断响应时间（无延迟时间）的电子开关，其功耗为零。但是这仅仅是我们的期望而已，以目前的技术，由于开通关断过程中的电荷效应，设计者无法完全消除正向压降、反向漏电流和开通关断响应时间。基于目前的技术，人们能做到的是在保持性能的同时，尽量降低正向压降和二极管的恢复时间。

二极管的一个工作周期从开通到通态，从通态到关断，从关断到断态，包含此全部过程的一个周期为其工作周期，其波形图如图 3.68 所示。

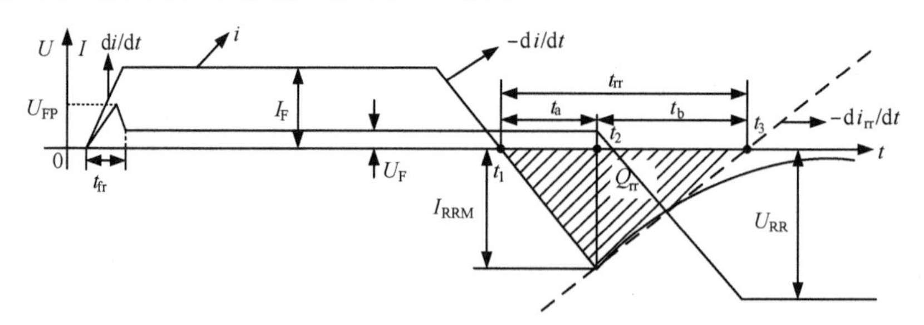

图 3.68　二极管的一个工作周期内的波形图

一个工作周期内的功率损耗组成如下。

第一部分：静态损耗：

（1）通态平均功率损耗

当二极管导通时，其正向导通压降由两部分组成，即二极管的等效开启阈值电压和等效正向导通电阻的压降，其等效电路模型如图 3.69 所示。

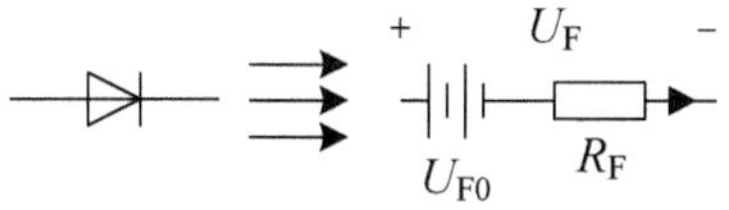

图 3.69　二极管导通压降简化等效模型

其中，U_F 为二极管的正向导通压降，U_{F0} 为二极管的等效开启阈值电压，I_F 为流过二极管的正向电流，R_F 为二极管的等效正向电阻。

$$P_{Dcon} = \frac{1}{T}\int_0^{t_{on}} u_F i_F \mathrm{d}t \approx U_{F0} I_{Fav} + R_F I_{Frms}^2 \tag{3-10}$$

式中，T 为一个开关周期的时长；u_F 为二极管正向导通压降；i_F 为二极管正向电流大小；I_{Fav} 为二极管正向电流的平均值，其表达式如式（3-11）所示；I_{Frms} 为二极管正向电流的有效值，其表达式如式（3-12）所示。

$$I_{Fav} = \frac{1}{T}\int_0^T i_F(t)\mathrm{d}t \tag{3-11}$$

$$I_{Frms} = \sqrt{\frac{1}{T}\int_0^T i_F^{\ 2}(t)\mathrm{d}t} \tag{3-12}$$

（2）断态功率损耗

二极管关断后的功率损耗为

$$P_{Db} = \frac{1}{T}\int_{t_{off}}^T u_R i_R \mathrm{d}t \approx (1-D)U_R I_R \tag{3-13}$$

式中，u_R 为二极管反向压降；i_R 为二极管反向漏电流大小。

第二部分：动态损耗

（1）开通损耗（对应正向恢复时间 t_{fr}）

当给二极管施加一个高于正向导通电压（阈值）的电压时，二极管就会导通。在理想二极管模型中，我们将开通时间视为零，正向压降视为零。然而实际的二极管并非如此，如图 3.68 所示，正向压降从零开始逐渐增大，在经过一个过冲电压 U_{FP} 后才逐渐趋于稳定。对应的时间为正向恢复时间 t_{fr}。开通损耗可表示为

$$P_{Don} = \frac{1}{T}\int_0^{t_{fr}} u_F i_F \mathrm{d}t \approx 0.5(U_{FP} - U_F) I_F t_{fr} f_{sw} \tag{3-14}$$

式中，U_{FP} 为正向峰值电压；I_F 为正向峰值电流；t_{fr} 为正向恢复时间；f_{sw} 为开关频率。

（2）关断损耗（对应反向恢复时间 t_{rr}）

当给二极管施加一个反向电压时并不能立即关断，而是需要一定的时间才能重新获得反向阻断的能力。在完全关断之前，会有电压和电流的过冲。关断过程中二极管的电压电流波形如图 3.68 所示，因此关断损耗可表示为

$$\begin{aligned} P_{Doff} &= \frac{1}{T}\int_{t_1}^{t_3} u_R i_R \mathrm{d}t = \frac{1}{T}\int_{t_a} u_R i_R \mathrm{d}t + \frac{1}{T}\int_{t_b} u_R i_R \mathrm{d}t \\ &= 0.5 U_F I_{RRM} t_a f_{sw} + 0.25 U_{RR} I_{RRM} t_b f_{sw} \end{aligned} \tag{3-15}$$

式中，U_{RR} 为反向峰值电压；I_{RRM} 为反向峰值电流；t_a 为反向电流上升时间，t_b 为反向电流下降时间。需要指出的是，在反向恢复过程（t_{rr}=t_a+t_b）的时间段，正向压降极小，t_a 时间段

内的损耗通常可以忽略不计。

综上，二极管的总损耗 P_D 可表示为

$$P_D=P_{Dcon}+P_{Db}+P_{Doff}+P_{Don} \qquad (3\text{-}16)$$

2）MOSFET

MOSFET 的损耗分析要结合其开通和关断过程分析进行。如图 3.4 所示为用于测试 MOSFET 开关特性的典型感性负载下的双脉冲测试电路。

（1）开通损耗

MOSFET 开通过程的电压和电流波形如图 3.70 所示，从图中可以看出，开通过程主要分为四个阶段。

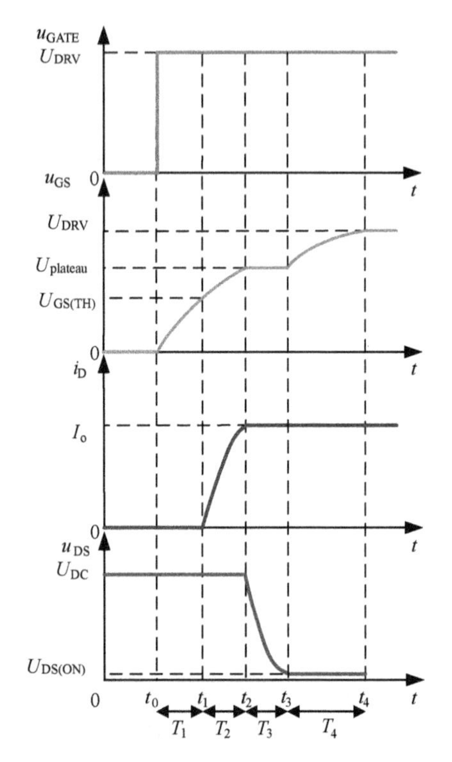

图 3.70 MOSFET 开通过程的电压和电流波形

T_1（t_0～t_1）：t_0 时刻，驱动电压 u_{GATE} 从 0 上升至 U_{DRV}，MOSFET 的输入电容 C_{iss} 充电，栅源电压 u_{GS} 开始上升，在 u_{GS} 达到开通阈值电压 $U_{GS(TH)}$ 之前，MOSFET 没有漏极电流流过，即为开通延时过程。因此该阶段开通损耗为 0。

T_2（t_1～t_2）：上一阶段结束时，栅源极电压 u_{GS} 已达到阈值电压 $U_{GS(TH)}$，漏极开始有电流流通，由于 MOSFET 工作于饱和区，漏极电流由栅源极间电压决定，因此有：

$$i_D = g_{fs}(u_{GS} - U_{GS(TH)}) \qquad (3\text{-}17)$$

负载电流 i_D 从续流二极管开始换流到 MOSFET 的沟道，在二极管关断之前，漏源极间电压 u_{DS} 仍保持为直流母线电压 U_{DC}。

驱动电压仍在给输入电容充电，栅源极间电压满足：

$$u_{GS} = U_{DRV}(1-e^{-\frac{t}{\tau}}) \qquad (3\text{-}18)$$

其中，τ 为栅极电路充电的时间常数，$\tau=R_GC_{iss}$。

t_2 时刻，负载电流换流完成，续流二极管关断，漏极电流 i_D 上升至负载电流 I_o。当 $i_D=I_o$ 时，$u_{GS}=U_{plateau}=U_{GS(TH)}+I_o/g_{fs}$，因此有：

$$T_2 = t_2 - t_1 = R_G C_{iss} \ln\left(\frac{U_{DRV} - U_{GS(TH)}}{U_{DRV} - U_{plateau}}\right) \qquad (3\text{-}19)$$

因此，若近似视漏极电流 i_D 为线性变化，则该阶段 MOSFET 的损耗为

$$P_{T_2} = \int_{t_1}^{t_2} u_D i_D \mathrm{d}t = T_2 \frac{I_o}{2} U_{DC} \qquad (3\text{-}20)$$

T_3（t_2～t_3）：在此阶段内，漏极电流不变，栅源极间电压也不变，栅极电流不再给电容 C_{GS} 充电，而是经过 C_{GD} 给栅漏电容放电，使得漏极电位下降。栅极电流与流经 C_{GD} 的电流大小相等，有

$$\frac{U_{DRV} - u_{GS}}{R_G} = -C_{GD}\frac{\mathrm{d}u_{DS}}{\mathrm{d}t} \qquad (3\text{-}21)$$

联立式（3-19）、式（3-20）、式（3-21），可得：

$$u_{DS}=U_{DC}-\left[\frac{U_{DRV}-\left(U_{GS(TH)}+I_o/g_{fs}\right)}{R_G C_{GD}}(t-T_1-T_2)\right] \tag{3-22}$$

t_3 时刻，下降到 $U_{DS(ON)}$，可得：

$$U_{DS(on)}=I_o R_{DS(on)} \tag{3-23}$$

$$T_3=U_{DC}\frac{R_G C_{GD}}{U_{DRV}-(U_{GS(TH)}+I_o/g_{fs})}=\frac{R_G Q_{GD}}{U_{DRV}-U_{plateau}} \tag{3-24}$$

因此，若近似视漏源电压 u_{DS} 为线性变化，则该阶段 MOSFET 的损耗为

$$P_{T_3}=\int_{t_2}^{t_3}u_D i_D \mathrm{d}t=T_3 I_o\frac{U_{DC}}{2} \tag{3-25}$$

T_4（t_3～t_4）：当 u_{DS} 下降到 $U_{DS(ON)}$ 时，MOSFET 进入放大区，i_D=I_o，驱动电压继续给栅极电容充电，u_{GS} 继续上升，直至 u_{GS}=U_{DRV}。

因此，开通过程中 MOSFET 的损耗为

$$P_{on}=P_{T_2}+P_{T_3}=0.5(T_2+T_3)I_o U_{DC} f_{sw} \tag{3-26}$$

其中，f_{sw} 为开关频率。

（2）关断损耗

MOSFET 关断过程的电压和电流波形如图 3.71 所示。可以看出，关断过程也主要分为四个阶段。

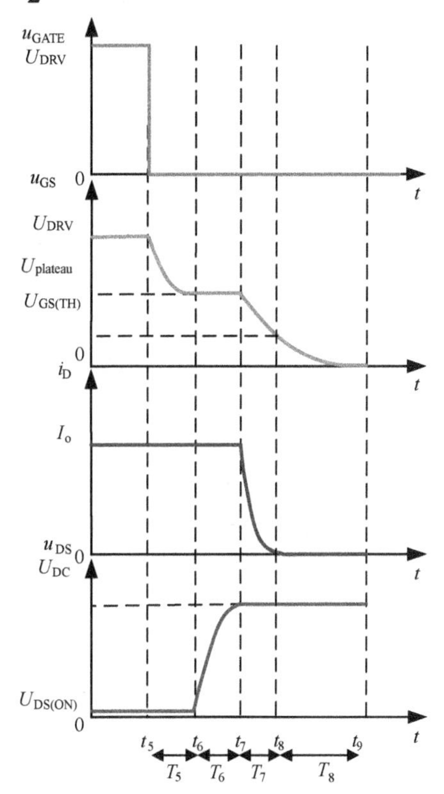

图 3.71　MOSFET 关断过程的电压和电流波形

T_5（t_5～t_6）：t_5 时刻，驱动电压 u_{GATE} 下降为低电平，u_{GS} 开始下降，输入电容 C_{iss} 放电。由于沟道电阻的增加，u_{DS} 稍有增大，漏极电流 i_D 保持不变，因此 MOSFET 此时仍在完全导通状态，直至 u_{GS} 下降至开通阈值电压密勒平台电压 $U_{plateau}$=$U_{GS(TH)}$+I_o/g_{fs}。

T_6（t_6～t_7）：t_6 时刻，当 u_{GS} 下降至 $U_{plateau}$=$U_{GS(TH)}$+I_o/g_{fs} 时，MOSFET 从线性区进入饱和区。在 u_{DS} 建压过程中，为给 MOSFET 提供负载电流，u_{GS} 保持不变，漏极电流保持为负载电流 I_o。在这一阶段驱动电流不给栅极电容 C_{GS} 充电，而是给栅漏电容 C_{GD} 充电，使漏极电位上升，流经 C_{GD} 上的电流与栅极电流相等，有：

$$\frac{-u_{GS}}{R_G}=C_{GD}\frac{\mathrm{d}u_{DS}}{\mathrm{d}t} \tag{3-27}$$

对 u_{DS} 积分得：

$$u_{DS}=\frac{U_{GS(TH)}+I_o/g_{fs}}{C_{GS}R_G}(t-T_5) \tag{3-28}$$

t_6 时刻，当 u_{DS} 上升至 U_{DC}，可得：

$$T_6=\frac{U_{DC}C_{GD}R_G}{U_{GS(TH)}+I_o/g_{fs}} \tag{3-29}$$

因此，若近似视漏极电流 i_D 为线性变化，则该阶段 MOSFET 的损耗为

$$P_{T_6}=\int_{t_6}^{t_7}u_D i_D \mathrm{d}t=T_6 I_o \frac{U_{DC}}{2} \tag{3-30}$$

T_7（t_7～t_8）：t_7 时刻，漏源电压上升至直流母线电压，续流二极管开始导通，给负载电流分流，漏源极电压 u_{DS} 被箝位于直流母线电压 U_{DC}。MOSFET 的输入电容 C_{iss} 继续放电，u_{GS} 仍以指数规律下降：

$$u_{GS}=(U_{GS(TH)}+I_o/g_{fs})\mathrm{e}^{\frac{-(t-T_5-T_6)}{\tau}} \tag{3-31}$$

MOSFET 工作于饱和区，漏极电流由栅源极电压决定：

$$i_D=g_{fs}(u_{GS}-U_{GS(TH)}) \tag{3-32}$$

t_8 时刻，u_{GS} 下降至 $U_{GS(TH)}$，沟道截止。有：

$$T_7=R_G C_{iss}\ln\left(\frac{U_{plateau}}{U_{GS(TH)}}\right)=R_G C_{iss}\ln\left(\frac{U_{GS(TH)}-I_o/g_{fs}}{U_{GS(TH)}}\right) \tag{3-33}$$

因此，若近似视漏源电压 u_{DS} 为线性变化，则该阶段 MOSFET 的损耗为

$$P_{T_7}=\int_{t_7}^{t_8}u_D i_D \mathrm{d}t=T_7 \frac{I_o}{2} U_{DC} \tag{3-34}$$

T_8（t_8～t_9）：t_8 时刻沟道截止，漏极电流为 0，漏源极电压 u_{DS}=U_{DC}，MOSFET 关断过程完成，但是输入电容中栅极输入电容中仍有电荷继续放电，栅源极电压继续下降至 0 或关断负压。

因此，关断过程中 MOSFET 的损耗为

$$P_{off}=P_{T_6}+P_{T_7}=0.5(T_6+T_7)I_o U_{DC} f_{sw} \tag{3-35}$$

式中，f_{sw} 为开关频率。

（3）导通损耗

导通损耗是指 MOSFET 完全开通后的负载电流（漏源电流）I_D 在导通电阻 $R_{DS(on)}$上产生的压降所造成的损耗，即

$$P_{con}=I_D^2 R_{DS(on)} T_{on} f_{sw} \tag{3-36}$$

式中，I_D 为 MOSFET 导通时的电流有效值；$R_{DS(on)}$为 MOSFET 的导通电阻；T_{on} 为一个开关周期内 MOSFET 的导通时间。

（4）驱动损耗

驱动损耗主要由栅极电荷充放电所产生，其表达式为

$$P_{DRV}=Q_G U_{GS} f_{sw} \tag{3-37}$$

式中，Q_G 为 MOSFET 的栅极电荷。

（5）输出电容损耗

输出电容损耗 P_{DS} 是指 MOSFET 的输出电容 C_{oss} 在 MOSFET 关断时储蓄的电场能量，该能量在 MOSFET 导通时泄放掉，即

$$P_{DS}=0.5U_{DS}^2 C_{oss} f_{sw} \tag{3-38}$$

（6）体二极管损耗

当体二极管续流时，流过体二极管的正向电流会在其两端产生正向压降，进而产生一个正向导通损耗 P_{D_F}，即

$$P_{D\_F}=I_F U_{DF} t_x f_{sw} \tag{3-39}$$

式中，I_F 为二极管承载的电流量，U_{DF} 为二极管正向导通压降，t_x 为一个周期内体二极管流过电流的时间。

体二极管在正向导通过程结束后会产生反向恢复作用，并产生额外的反向恢复损耗 $P_{D\_recover}$。该损耗的计算原理与普通二极管的反向恢复损耗一致，可表示为

$$P_{D\_recover} = U_{DR} Q_{RR} f_{sw} \tag{3-40}$$

式中，U_{DR} 为二极管反向导通压降，Q_{RR} 为二极管反向恢复电荷量，可从 MOSFET 的数据手册中查得。

因此：$P_{diode}=P_{D\_F}+P_{D\_recover}$。

综上所述，MOSFET 的总损耗可表示为

$$P_{MOS}=P_{on}+P_{off}+P_{con}+P_{DRV}+P_{DS}+P_{diode} \tag{3-41}$$

3）磁性元件

磁性元件主要指电感和变压器。磁性元件损耗包括两方面：一是与磁芯相关的损耗，即铁损；二是与绕组相关的损耗，即铜损。这里主要以电感为例进行损耗建模分析。

（1）电感磁芯中的损耗（铁损）

铁损主要由磁滞损耗、涡流损耗以及剩余损耗三部分组成。

① 磁滞损耗 P_h

磁性材料在磁化时，送到磁场的能量包含两部分：一部分转化为势能，即去掉外磁化电流时，磁场能量可以返回电路；而另一部分变为克服摩擦使磁芯发热消耗掉，这就是磁滞损耗。

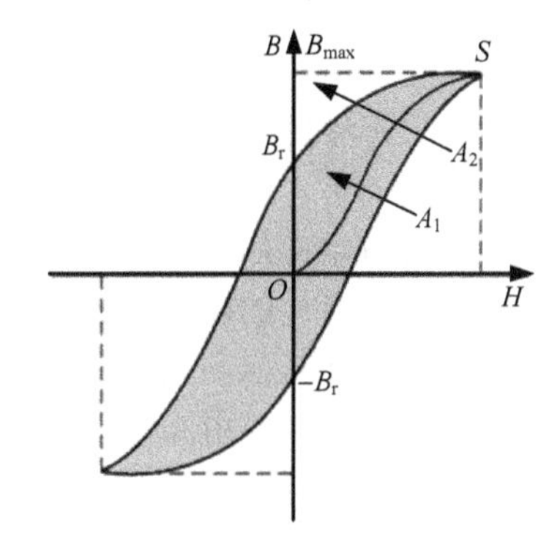

图 3.72　磁芯材料的磁化曲线示意图

如图 3.72 所示为磁芯材料的磁化曲线，设磁芯横截面积为 A_c，平均磁路长度为 l_c，线圈匝数为 N。若外加电压为 $u(t)$，磁化电流为 $i(t)$，根据电磁感应定律和安培环路定律有：

$$u = N\frac{\mathrm{d}\Phi}{\mathrm{d}t} = NA_c\frac{\mathrm{d}B}{\mathrm{d}t} \tag{3-42}$$

$$i = Hl_c / N \tag{3-43}$$

因此，在交流电源半周期内，送入磁芯线圈的能量为

$$\int_{\alpha}^{\alpha+T/2} ui\mathrm{d}t = \int_{-B_r}^{B_r} NA_c\frac{\mathrm{d}B}{\mathrm{d}t}\frac{Hl_c}{N}\mathrm{d}t = V\left(\int_{-B_r}^{B_{max}} H\mathrm{d}B - \int_{B_{max}}^{B_r} H\mathrm{d}B\right) = V(A_1 - A_2) \tag{3-44}$$

该损耗值即为磁化曲线中$-B_r\to S\to B_r$与纵轴所包围的面积。同理，在另外半周期，磁芯损耗的能量是第二象限、第三象限磁化曲线与纵轴包围的面积。因此，在一周期内，单位体积磁芯损耗的能量正比于磁滞回线包围的面积，每磁化一周期，就要损耗与磁滞回线包围面积成正比的能量，频率越高，损耗功率越大；磁感应摆幅越大，包围面积越大，损耗也越大。该损耗可表示为

$$P_{Hyst} = k_h V_c f_{sw} B_{max}^2 \tag{3-45}$$

式中，k_h 为材料的磁滞损耗常数；V_c 为磁芯体积，单位是 cm^3；f_{sw} 是开关频率，单位是 Hz；B_{max} 是最大工作磁通密度，单位是 G。

如式（3-45）所示，磁滞损耗与工作频率 f_{sw} 成正比，也与最大工作磁通密度 B_{max} 的二次方成正比。虽然这个损耗一般会比功率开关管和二极管的功率损耗小，但是如果处理不当

也会成为一个问题。同时，由于铁磁材料在高频时性能会有所下降，因此随着频率的增加，最大工作磁通密度也随之降低。例如，在 100kHz 时，B_{max} 设定为材料饱和磁通密度 B_{sat} 的 50%，在 500kHz 时，B_{max} 则应设定为材料饱和磁通密度 B_{sat} 的 25%，在 1MHz 时，B_{max} 则应设定为材料饱和磁通密度 B_{sat} 的 10%。

② 涡流损耗 P_e

在磁芯线圈中加上交流电压 u_1 时，线圈中流过激励电流 i，激励（磁势）产生的全部磁通 Φ_i 在磁芯中通过。由于磁芯本身是半导体，磁芯截面周围也将链合全部磁通 Φ_i，可以把磁芯看成单匝的副边线圈。根据电磁感应定律有 $u=N\mathrm{d}\Phi/\mathrm{d}t$，每一匝的磁感应电势，即磁芯截面最大周边等效一匝感应电势为

$$i_e=\frac{u}{N}=\frac{\mathrm{d}\Phi_i}{\mathrm{d}t} \tag{3-46}$$

由于磁芯材料的电阻率不是无限大，绕着磁芯周边有一定的电阻值，感应电压产生电流 i_e 即涡流，流过这个电阻，引起 i_e^2R 损耗，这就是涡流损耗。

涡流损耗比磁滞损耗小得多，但随着工作频率的提高涡流损耗会迅速增加，可表示为

$$P_{\mathrm{Eddy}}=k_e V_c f_{sw}^2 B_{max}^2 \tag{3-47}$$

式中，k_e 为材料的涡流损耗常数。

一般而言，涡流是在强磁场中磁芯内部大范围内感应的环流。磁芯涡流损耗主要是因为磁芯材料电阻率尽管很大，但在高频电流驱动下，磁芯磁通变化率大，根据法拉第电磁感应定律可知，变化的磁通可以产生感应电流，越接近磁芯中央，出现环流的现象越严重，使得磁芯磁通趋于从磁芯表面经过，这是磁芯的趋肤效应。要减少涡流，就得阻止电流在磁芯中形成回路，可以使用高电阻率材质的磁芯，或者在磁芯中掺杂电阻率高的物质。

③ 剩余损耗 P_r

剩余损耗是由于磁化弛豫效应或磁性滞后效应引起的损耗。弛豫是指在磁化或反磁化的过程中，磁化状态并不是随磁化强度的变化而立即变化到其最终状态，而是需要一个过程，这个“时间效应”便是引起剩余损耗的原因。

在交变磁场中，磁芯单位体积（叠片合金材料用单位重量）能量损耗不仅取决于磁介质本身的电阻率、结构形状等因素，而且取决于交变磁场的频率和磁感应强度摆幅 ΔB。对于合金铁磁物质而言，在低频（50Hz）和较高的最大磁通密度 B_{max} 范围内，磁芯损耗 P_c 主要由磁滞损耗 P_h 和涡流损耗 P_e 决定；高频时，涡流损耗和剩余损耗会超过磁滞损耗，占主要地位。

（2）绕组中的损耗（铜损）

铜损是电感器或变压器内部绕组的电阻产生的损耗。低频损耗容易计算，高频时仍需要考虑绕组导线的集肤效应。集肤效应是指在导线内强交流电磁场作用下，导线中的电流趋向于在导线表面流通，此时导线的有效直径减小，因此导线的实际电阻增加。为区别起见，把绕组自身电阻和因集肤效应产生的电阻分别用直流电阻 r_{DC} 和交流电阻 r_{AC} 表示。相应地，绕组铜损包括直流电阻损耗和交流电阻损耗。交流电阻 r_{AC} 和直流电阻 r_{DC} 的关系为

$$r_{AC}=r_{DC}\frac{\pi d^2/4}{\pi d^2/4-\pi\left(d-2\Delta\right)^2/4}=r_{DC}\frac{d^2}{4\Delta^2-4d\Delta} \tag{3-48}$$

其中，r_{AC} 为导线的交流电阻，r_{DC} 为导线的直流电阻，d 为导线直径，Δ 为集肤深度，$\Delta=\sqrt{\dfrac{k\rho}{\pi\mu f}}$，$k$ 是电阻率的温度系数，ρ 是导线的电阻率，μ 是导线材料的相对磁导率，f 是开

关频率。随着频率的升高，集肤深度也在逐渐减小。为保证绕组的电流承受能力，可采用多股线并绕、利兹线或铜箔铜带等绕组方案。

因此，线圈的铜损 P_{Cu} 可表示为

$$P_{Cu} = I_{rms}^2 (R_{DC} + R_{AC}) \tag{3-49}$$

综上，电感的总损耗 P_L 可表示为

$$P_L = P_{Fe} + P_{Cu} \tag{3-50}$$

变压器的损耗与电感损耗分析相似，但会比电感损耗稍微复杂，读者可以根据变压器工作的具体方式查阅相关资料进一步认识。

3.3.3　散热的必要性

电力电子变换器的功率损耗指的是输入功率与输出功率的差值，如图 3.73 所示，变换器内元器件的功率损耗大部分都转化为热量。随着电力电子技术的发展以及制造工艺的提高，电路的集成度增加了几个量级，相应地，功率器件、芯片与其他电路器件所产生的热量也大幅度增加。功率增加，体积缩小，热密度急剧上升，电子设备的温度迅速增高。

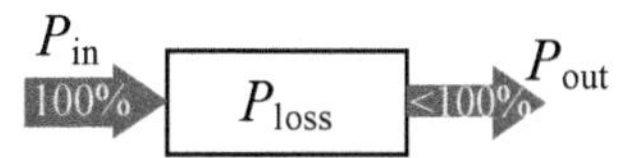

图 3.73　输入功率、输出功率和损耗的关系示意图

电力电子设备的运行实践表明，随着温度的增加，元器件的失效率呈指数规律增长，不同程度上降低了设备的可靠性，如图 3.74 所示。

国外统计资料表明，电子元器件的温度每升高 2℃，可靠性下降 10%。温升为 50℃时，寿命只有 25℃时的 1/6。

对于电力电子设备而言，超过一定值的高温带来的影响是材料的绝缘性降低，功率管的静态特性和动态特性变化，控制芯片、集成电路的电流增益变化，磁芯参数、电容量、阻值改变，从而引起电信号失真或频率产生漂移等。过低的温度造成的影响是：橡胶硬化、密封失效，导热硅脂粘度加大，水分凝冻，缝隙扩大等。同样地，温度循环或冲击也将使电子元器件或机械部分的热稳定性降低。

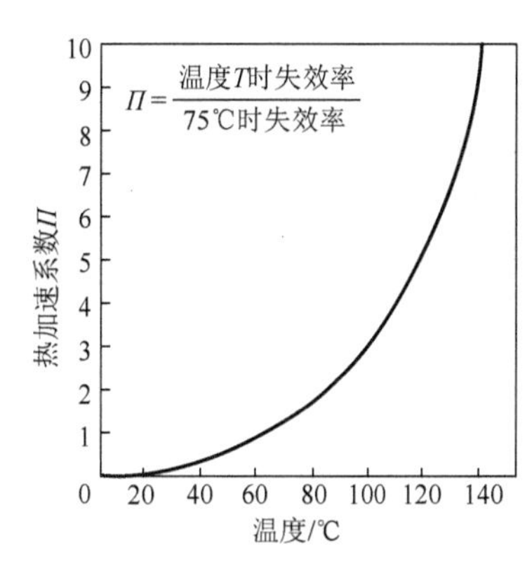

图 3.74　电子设备的热加速系数

电路因过热发生的故障，会使设备性能下降，对设备可靠性影响尤为巨大，甚至造成灾难性后果。因此，从事电力电子变换器研究与开发的工程师必须重视散热设计。

在具体介绍散热方法之前，首先要纠正两个常见的错误观点。

1）低损耗需不需要考虑散热

损耗即使只有 1W，也必须考虑散热设计。例如，焊接在 FR4 材料的 PCB 上的贴片元器件 PBSS5350X，虽然其最大耗散功率只有 1W，但其结到环境的热阻 R_{thja} 高达 225℃/W。当环境温度为 25℃时，1W 损耗将使其结温高达 250℃，远超 Si 器件的最高结温 150℃。

2）效率高达 99%需不需要考虑散热

即使效率高达 99%，也不能认为就不需要考虑散热设计。当样机功率为 100kW 时，损耗绝对数值就达到 1kW。以功率模块 FMF800DX-24A 为例，其结到环境的热阻 R_{thja} 为

0.103℃/W，当环境温度为 25℃时，其结温将为 128℃，离最高耐受结温只有 22℃的裕量，这将严重限制功率模块的电流能力，不利于长期可靠工作，甚至损坏模块。

因此在样机研制过程中，只分析计算功率损耗或者效率是不够的。无论是损耗计算或测试，还是效率计算或测试，都不能代表散热设计！

3.3.4 常用散热方法

散热方法按冷却剂与被冷元器件之间的配置关系，可以分为直接冷却和间接冷却。按照传热机理可以分为以下几类：①自然冷却（包括导热、自然对流和辐射换热的单独作用或两种以上换热形式的组合）；②强迫冷却（包括强迫风冷和强迫液体冷却等）；③蒸发冷却；④热电制冷；⑤热管传热；⑥其他冷却方法。

选择散热方法时，主要考虑设备的热流密度、体积功率密度、温升、使用环境、用户要求等，主要考虑以下要求：①保证所采用的散热方法具有较高可靠性；②散热方法应具有良好的适应性；③所采用的散热方法应便于测试、维修和更换；④所采用的散热方法应具有良好的经济性。

各类散热方法的换热系数和热流密度对比如表 3.13 所示。

表 3.13 各类散热方法的换热系数和热流密度对比

冷却方法	换热系数	表面热流密度（W/cm²）
空气自然对流	6～16	0.024～0.064
水自然对流	230～580	0.9～2.3
空气强制对流（风冷）	25～150	0.1～0.6
油强制对流（油冷）	60～5000	0.24～20
水强制对流（水冷）	3500～11000	14～44
水沸腾（蒸发冷却）	最大为 54000	最大为 135①
水蒸气膜状凝结	11000～26000	2.6～11
有机液蒸汽膜状凝结	1800～3800	0.38～1.8②

① 当换热表面和介质的温差为 25℃时；

② 当换热表面和介质的温差为 1～10℃时。

散热方法可以根据热流密度和温升要求，按如图 3.75 所示的关系进行选择。

由图 3.75 可知，元器件表面与环境之间的允许温差为 60℃时，自然对流和辐射的空气自然冷却仅对热流密度小于 0.05W/cm² 时有效。但强迫空气冷却使表面传热系数大约提高一个数量级。在允许温差为 100℃时，强迫空气冷却不大可能提供超过 1W/cm² 的传热能力。为了促进从元器件表面传输适度的和高的热流密度，热设计师应在采用强迫空气冷却散热器和直接或间接液冷之间做出选择。浸没冷却采用自然对流换热也具有

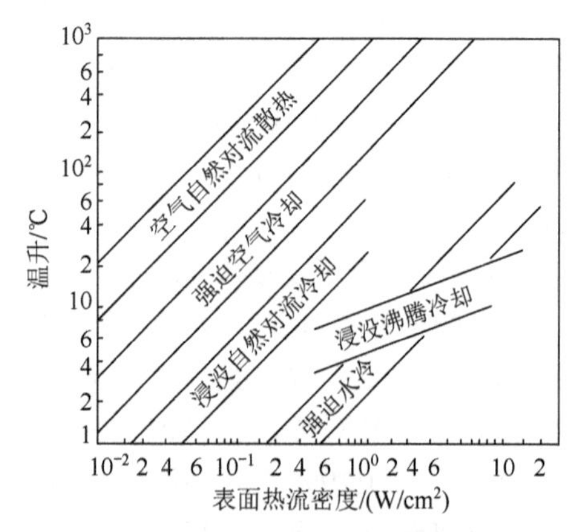

图 3.75 温升与各种冷却方法及热流密度的关系

明显的优点，它是衔接直接空气冷却和冷板技术的桥梁。

3.3.5　功率器件的散热和安装方法

功率器件工作时所产生的损耗要通过发热形式耗散出去。若功率器件的散热能力有限，则功率损耗就会造成功率器件内部芯片结温升高，使得功率器件可靠性降低，甚至无法安全正常工作。表征功率器件热能力的参数主要有结温和热阻。

一般将功率器件有源区称为结（Junction），功率器件的有源区温度称为结温，用 T_j 表示。这些器件的有源区可以是结型器件（如二极管、三极管）的 PN 结区，也可以是场效应器件（如 MOSFET）的沟道区。当结温 T_j 高于周围环境温度 T_A 时，热量通过温差形成扩散热流，由芯片通过管壳向外散发，散发出的热量随着温差(T_j-T_A)的增大而增大。为了保证功率器件能够长期可靠工作，必须规定一个最高允许结温 T_{jmax}。最高允许结温的大小是根据功率器件的芯片材料、封装材料和可靠性要求确定的。

功率器件的散热能力通常用热阻表征，记为 θ。热阻越大，则散热能力越差。热阻又分为内热阻和外热阻，内热阻是功率器件自身固有的热阻，与管芯、外壳材料的导热率、厚度和截面积以及加工工艺等有关；外热阻则与管壳封装的形式有关。一般来说，外壳面积越大，则外热阻越小，金属管壳的外热阻就明显低于塑封管壳的外热阻。

当功率器件的功率损耗超过一定值时，功率器件的结温升高，系统的可靠性降低。为了提高可靠性，应进行功率器件的热设计，以防止功率器件出现过热或温度交变引起的热失效。功率器件热设计可分为器件内部芯片的热设计、封装的热设计、管壳的热设计以及功率器件实际使用中的热设计。

对于一般的功率器件，在生产工艺阶段，就要充分考虑功率器件内部、封装和管壳的热设计，当功率器件功耗较大时，依靠器件本身的散热（芯片、封装及管壳的热设计）并不能够满足散热要求。功率器件结温可能会超出安全结温，此时需要采取合适的散热手段，通过有效散热，保证功率器件结温在安全结温之内且能长期正常可靠的工作。散热材质、散热方式及与散热材质连接方式如表 3.14 所示。

表 3.14　散热材质、散热方式及与散热材质连接方式

	分　类	举　例
散热材质	PCB 散热	
	散热器	

（续表）

	分　类	举　例
散热方式	自然冷却	
	强迫风冷	
	强迫水冷	
与散热材质连接方式	焊接	
	压接	夹具 功率器件 散热器 导热硅脂
	螺丝	螺丝 垫圈 功率器件 导热硅脂 散热器 垫圈 锁紧垫圈 螺母
	铆钉	铆钉 功率器件 导热硅脂 散热器

对于散热要求不太高的场合，常采用 PCB 散热方式。PCB 散热方式常采用自然冷却散热方式。为了增强 PCB 散热能力，通常会在 PCB 上敷金属导热板或金属导热网，如表 3.14 所示。为降低从功率器件壳体至 PCB 的热阻，可用夹具将功率器件压接到 PCB 上，或者直接将功率器件焊接在导热板（网）上。此外，元器件引线也是重要的导热通路，绘制 PCB 时引脚走线应尽可能粗大。

分立功率器件在 PCB 上的安装方式影响散热效果。以晶体管的安装方式为例，在 PCB 上安装晶体管，常使晶体管底座与板面贴合，如图 3.76（a）所示。这种安装方式由于引线的应变量不够，会导致焊点随 PCB 厚度的热胀冷缩而断裂。安装晶体管的几种较好的方法如图 3.76（b）～（e）所示。

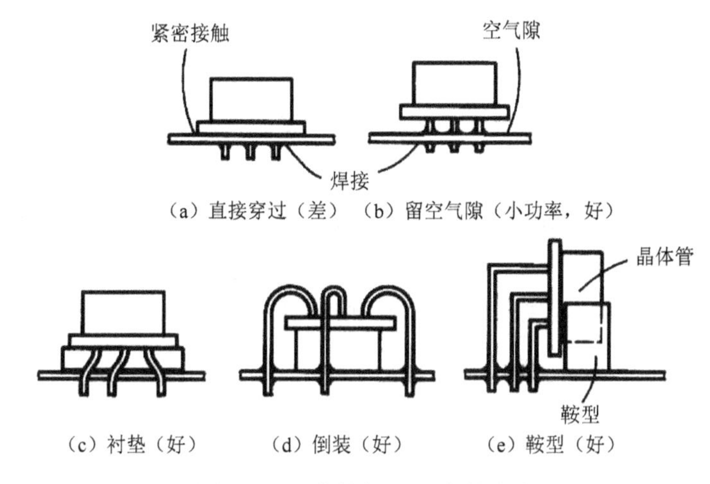

图 3.76　晶体管的 PCB 安装方式

贴片器件在 PCB 上安装时的散热效果取决于所采用的 PCB 散热技术。根据设计所需要的性能，可以使用多种散热技术，常用的几种技术如图 3.77 所示。PCB 上增大焊盘覆铜面积可以增强散热能力，如图 3.77（a）所示。当覆铜面积过大导致贴片器件布局稀疏，或覆铜方式不能满足散热要求时，可以考虑采用在 PCB 上打孔后安装散热片的方式，这种方式可以将贴片器件的散热基板直接与散热片相连，降低结到空气的热阻，从而增强散热能力。

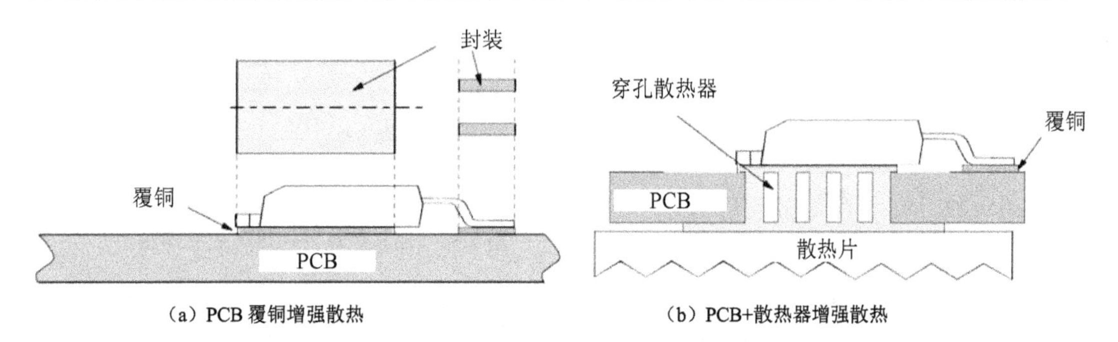

图 3.77　贴片器件在 PCB 板上的散热方式

对于散热要求较高的场合，如功率单管器件或功率模块，需要采用一定的措施来增强散热效果。下面将对其进行具体介绍。

3.3.5.1　单管的散热及安装方法

如图 3.78 所示，为直插式器件的典型封装类型。直插式器件的散热通常采用两种方式，一种是通过器件本身封装进行散热，散热能力取决于器件本身的热阻，也称为自然散热；另一种是通过外加散热器进行散热，达到减小热阻、增强散热能力的目的。

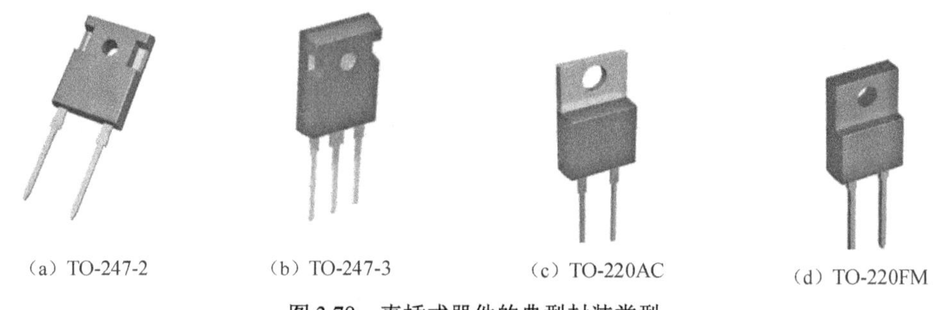

图 3.78　直插式器件的典型封装类型

1）自然散热

如图 3.79 所示为不加装散热器条件下的热等效原理图，此时结温 T_{j} 可表示为

$$T_{\mathrm{j}}=P_{\mathrm{d}}R_{\mathrm{th(j\text{-}a)}}+T_{\mathrm{a}} \tag{3-51}$$

式中，T_{a} 为二极管所处环境温度；P_{d} 为二极管的耗散功率；$R_{\mathrm{th(j\text{-}a)}}$为管芯到环境散热路径上的热阻。

通常情况下，最大允许结温 T_{jmax} 及环境温度 T_{a} 都是确定的，二极管稳定可靠工作要确保结温 T_{j} 小于 T_{jmax}，并留有一定余量。式（3-51）表明，可以通过减小电路的耗散功率 P_{d} 或者减小热路的热阻 $R_{\mathrm{th(j\text{-}a)}}$来增加器件的可靠性。

2）散热器散热

在自然散热条件下，$R_{\mathrm{th(j\text{-}a)}}$一般较大，即使很小的功耗也会使直插式器件结温超出最大耐受结温，因此必须加装散热器才能确保其可靠工作。加装散热器的热等效原理图如图 3.80 所示。

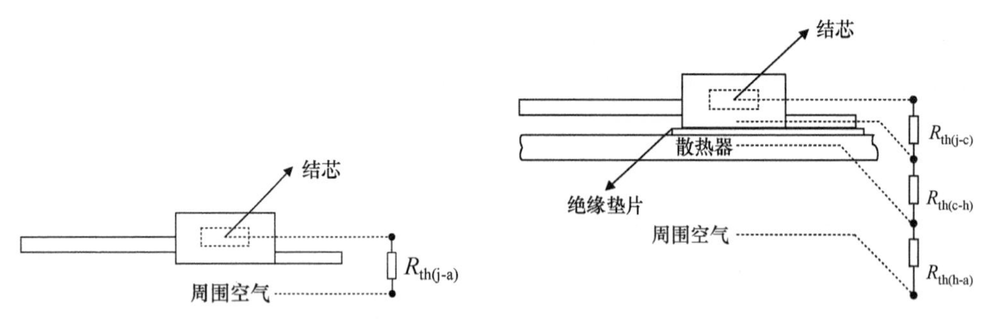

图 3.79　自然散热：热等效原理图　　　图 3.80　加装散热器的热等效原理图

加装散热器可以增强散热能力的根本原因是 $R_{\mathrm{th(j\text{-}a)}}$的减小，在相同的功率耗散条件下带来更低的温升，换言之，在相同温升条件下可以允许更大的耗散功率。对于直插式功率器件，市面上通常有绝缘型封装和非绝缘型封装两种形式。绝缘型封装在管芯焊盘与器件自身散热片之间添加陶瓷或者树脂，在连接外加散热器时可以无须使用绝缘垫片。

在加装散热器情况下 $R_{\mathrm{th(j\text{-}a)}}=R_{\mathrm{th(j\text{-}c)}}+R_{\mathrm{th(c\text{-}h)}}+R_{\mathrm{th(h\text{-}a)}}$，绝缘片的选择、散热器的选择以及安装方法都将影响热阻 $R_{\mathrm{th(j\text{-}a)}}$的大小。

（1）绝缘片的选择

常用的绝缘片主要分为三种类型，即云母绝缘片、陶瓷绝缘片以及硅绝缘片。

云母绝缘片：云母绝缘片一直是最常用的绝缘片，它具有良好的绝缘性能，但由于其刚性而导致不良的热界面，因此云母绝缘片每侧都需要涂抹导热硅脂，此外由于其刚性导致云母绝缘片很容易被破坏。

陶瓷绝缘片：陶瓷绝缘片比云母绝缘片贵、热阻低。同样由于其刚性，需要在接触面涂抹导热硅脂。与云母绝缘片相比，它不易碎，但很容易被折断。

硅绝缘片：硅绝缘片不是刚性的，因此接触面不需要涂抹导热硅脂。如果施加足够的压力，它会根据组件和散热器的形状发生形变。但是，接触面涂抹导热硅脂的稳定性要好得多。然而，硅绝缘片的热阻要高于云母和导热硅脂的组合，因此硅绝缘片很少被采用。表 3.15 为 TO-220 封装在不同绝缘材料下的热阻大小。

表 3.15　TO-220 封装在不同绝缘材料下的热阻大小（压力 F=30N）

符号	导热硅脂	云母绝缘片+导热硅脂（云母绝缘片厚度为 80μm）	云母绝缘片（云母绝缘片厚度 80μm）	硅绝缘片	单位
$R_{th(c\text{-}h)}$	0.5	1.7	4	2.6	℃/W

非绝缘型封装的单管功率器件在安装散热器时必须采用合适的绝缘片，虽然带绝缘的封装增加了功率器件本身的结壳热阻 $R_{th(j\text{-}c)}$，但是结–散热器热阻($R_{th(j\text{-}c)}$+ $R_{th(c\text{-}h)}$)将小于非绝缘封装外加绝缘垫片时的结–散热器热阻($R_{th(j\text{-}c)}$+ $R_{th(c\text{-}h)}$)。因此，在需要外加散热器的场合下，应优先考虑使用绝缘型封装的直插器件。

（2）散热器的选择

散热器的选择一般取决于多个参数：热特性、形状和成本等。在大多数应用中，扁平式散热器就可以满足散热要求。图 3.81 显示了加装扁平正方形散热器时，采用不同材料和厚度的 $R_{th(h\text{-}a)}$与其长度之间的关系曲线。

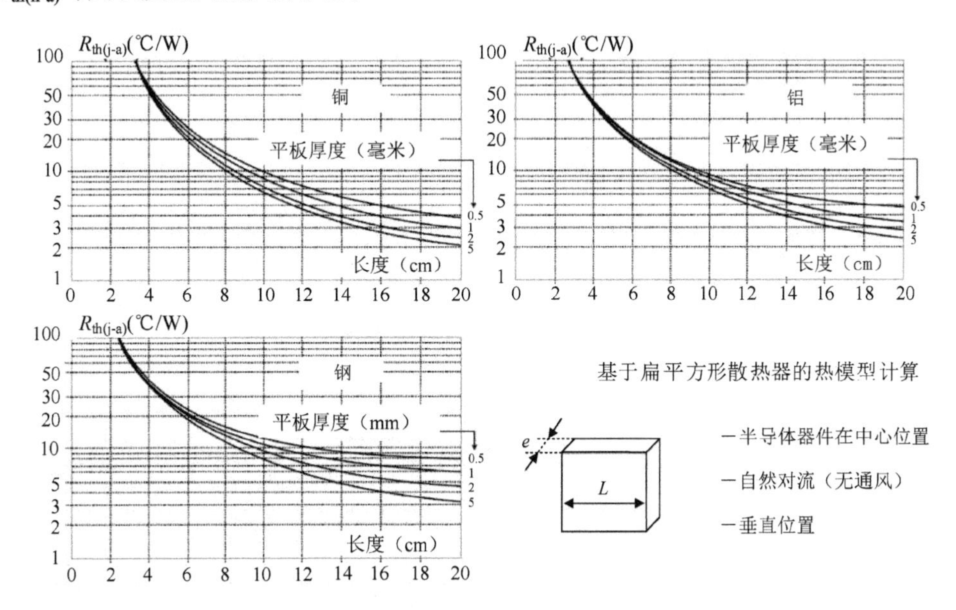

图 3.81　$R_{th(h\text{-}a)}$与平板散热器材料及形状关系曲线

在一些对散热要求较高的大功率应用场合下，可以采用其他形状的散热器，如插片式、翅片式等，还可以对散热器采取强制冷却措施。当设备结构较为紧凑，空间位置不允许安装散热器时，功率器件周围的空间较小，不能保证足够的空气对流，则也应考虑对功率器件采取强制冷却措施，强制冷却包括风冷和液冷。表 3.16 为功率器件常用的散热冷却方法比较。

表 3.16 功率器件常用的散热冷却方法比较

散热冷却方法		特 点
自然冷却		依靠空气的自然对流及辐射冷却；结构简单、无噪声，但散热效率低
强制冷却	风冷	强制通风，加强对流的散热方式；为自冷散热效率的 2～4 倍；噪声大
	液冷	散热效率极高，为自然冷却的上百倍；冷却介质为水、油等液体；投资高

3）散热器的安装

在散热器安装过程中，各部件的预处理、连接方式等都将影响功率器件的可靠性及散热性能。采取恰当的安装方法可以实现最佳的结构可靠性及散热效果。使用不合适的安装技术或不合适的安装工具将会影响散热设计的有效性，甚至损坏功率器件。

（1）器件引脚的弯曲与切割

在引脚弯曲过程中，引脚必须牢固地固定在塑料封装和弯曲点之间。如果封装或引脚接口受到拉伸，则器件耐潮湿性可能会变差，并且器件还会受到机械应力的损伤，这种损伤会影响器件的可靠性。如图 3.82 所示为弯曲引脚时的几点注意事项，在安装时要正确操作，避免产生这些典型错误。

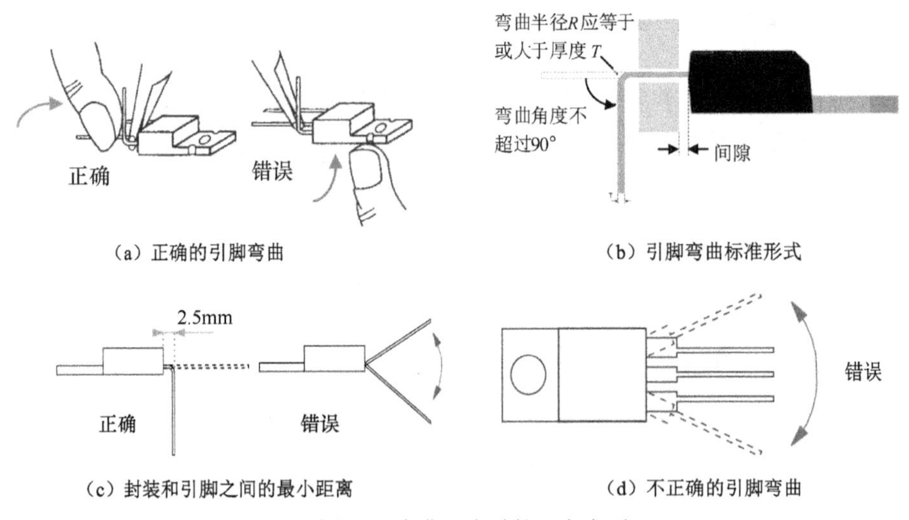

（a）正确的引脚弯曲　（b）引脚弯曲标准形式

（c）封装和引脚之间的最小距离　（d）不正确的引脚弯曲

图 3.82 弯曲引脚时的注意事项

（2）散热器安装方法

① 安装表面准备：安装表面应平整、清洁且无烫伤和划痕；涂抹导热硅脂时要注意其厚度要适中，较薄的导热硅脂层在安装初期可确保器件与散热器之间的接触热阻非常低，但随着运行时间变长，硅脂受温度影响会逐渐变少，导致热阻逐渐增大。然而太厚或太粘的硅脂也可能会产生相反的效果，并有可能导致器件变形。

② 连接散热器：安装力度要适中，安装力度过大可能会导致器件变形，从而对器件造成机械损坏。散热器常见的安装固定方法如图 3.83 所示。

③ 散热器固定：如果需要将散热器固定在 PCB 上，则在焊接引脚之前，应事先将功率器件连接到散热器上。

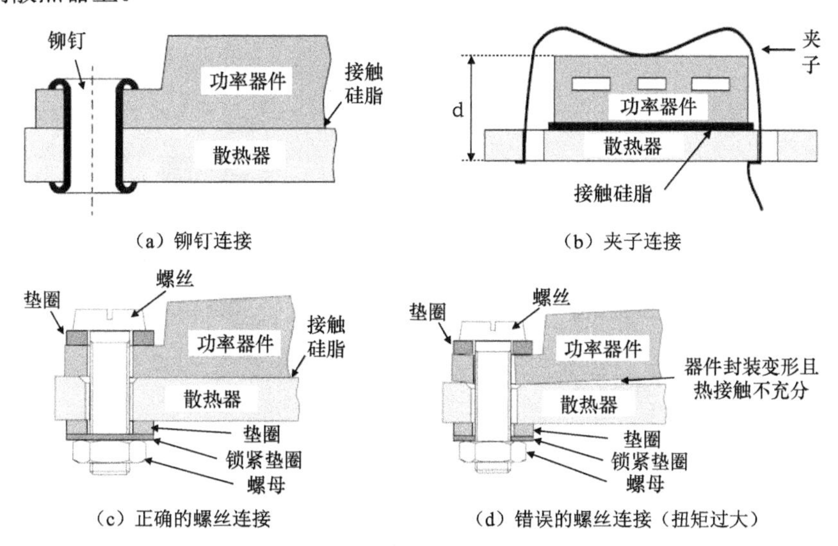

图 3.83　散热器常见的安装固定方法

④ 安装扭矩：在安装固定时，应当注意扭矩大小要适中。扭矩过小会导致热阻变大，扭矩过大又可能导致器件封装变形损伤，表面接触不充分，散热效果变差。图 3.84 以 0.6N·m 安装扭矩下的热阻为基准，给出了 TO-220 封装管壳到散热器之间的热阻 $R_{th(c-h)}$标幺值与安装扭矩之间的关系，表 3.17 为对应不同封装类型的推荐安装扭矩值。

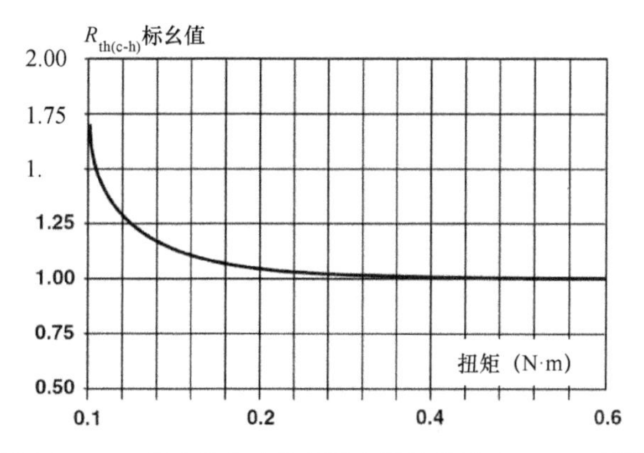

图 3.84　$R_{th(c-h)}$标幺值与安装扭矩之间的关系（TO-220 封装）

表 3.17　不同封装类型的推荐安装扭矩值

封 装 类 型	推荐扭矩（N·m）	最大扭矩（N·m）	接触面热阻（℃/W）
TO-220	0.55	0.7	0.5
TO-220SG		0.6	
TO-220FP		0.7	
TOP3	1.05	1.2	0.1
ISOTOP	1.3	1.5	0.05
TO247	0.8	1.0	0.1

⑤ 安装位置：对于直插式单管器件可采取卧式、立式、架空等安装方式，如图 3.85 所示。具体选择何种安装方式要根据实际情况确定。对于立式安装，因为热气流密度轻，自然向上流动，有利于形成“烟囱效应”，热阻一般可减小 15%～20%，便于散热。

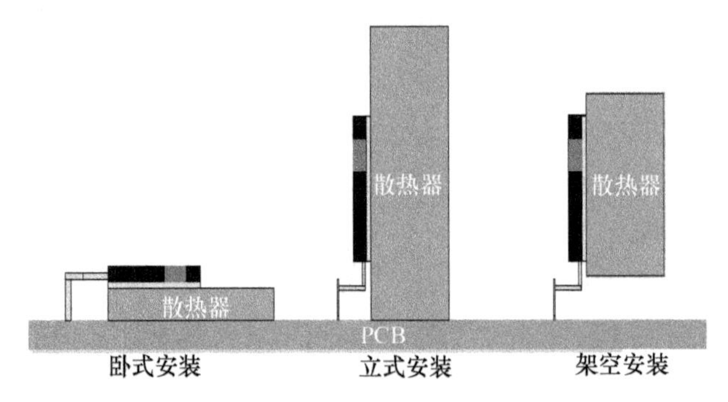

图 3.85 散热器三种安装方式示意图

3.3.5.2 功率模块的散热及安装方法

表 3.18 列出目前 SiC 器件主要供应商（Cree、Rohm、Infineon 和 Microsemi 等公司）所推出的 SiC MOSFET 功率模块实物图。

表 3.18 各公司 SiC MOSFET 功率模块实物图

公司名称	SiC MOSFET 功率模块实物图	
Cree		
Rohm		
Infineon		
Microsemi		

功率模块的散热基板起到了与内部芯片绝缘隔绝的作用，同时可以提高热量对流和辐射效果，加速热量的扩散、提高瞬态热量的衰减。然而，仅凭散热基板无法保证功率模块有效散热，因此必须添加外部散热装置。散热基板作为与外部散热结构连接的组件，将功率模块管芯中的热量传递到散热器上，通过热传导或者通过热载体同冷却剂进行热交换，进而降低功率模块的温度。

1. 功率模块散热路径与措施

大功率电力电子装置如 UPS、变频器、电机驱动等设备，输出功率负荷较大，虽然效率较高，但是其功率器件上的绝对损耗值还是相对较大，通常有几百瓦至数千瓦。这些功率模块一般均需安装在散热器上，并采用强迫风冷、强迫水冷或其他散热措施进行有效散热。

1）强迫风冷

强迫风冷是利用风机进行鼓风或抽风，提高设备的空气流动速度，达到散热目的。强迫风冷具有结构简单、费用低、维护简便等优点。功率模块采用强迫风冷散热方式的效果图如图 3.86 所示。

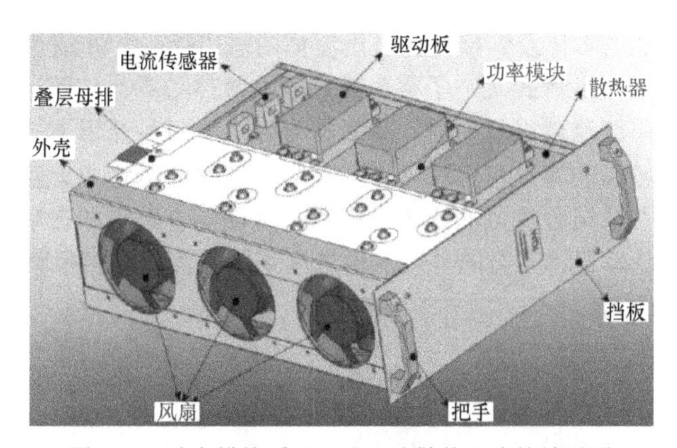

图 3.86　功率模块采用强迫风冷散热方式的效果图

对于功率模块的强迫风冷有两种形式：鼓风冷却和抽风冷却。

在采用强迫风冷方式时，首先要根据装置内流速分布特点进行元器件布局设计。在特定空间内，功率器件表面流速不可避免地存在不均匀问题，流速大的区域有利于散热，充分考虑这一因素进行布局设计将会使功率器件获得较优良的散热设计。

其次要考虑的是风道的设计。风道由机壳、器件、PCB、功率模块、进出风口等组成，依靠结构设计来实现。

风道设计时的基本原则要注意以下几点：

（1）降低系统的压力损失，力求对气流的阻力最小；

（2）合理控制气流和分配气流；

（3）保证流过关键热源的风速；

（4）防止风道中产生空气回流；

（5）进风口和出风口尽量远离，避免风流短路；

（6）防止系统中发热部件的相互影响。

按照风机的类型不同，风道分为鼓风风道和吹风风道两种。鼓风冷却的特点是风压大，风量集中，适用于功率单元内热量分布不均匀，风阻较大而器件较多的情况。抽风冷却的特点是风量大，风压小，风量分布比较均匀，在强迫风冷中应用更加广泛。

风道按照装置内部风道的个数划分，又可以分为“单区域”和“多区域”两种。“单区域”是指装置内部仅需设计单路风道，“多区域”是指装置内部需设计多路风道。

单位体积内空气流动的速度越快，冷空气通过散热器表面带走的热量越多。功率模块工作时产生的热量通过接触面传到散热器的过程属于固体导热。散热器鳍片周围是空气，散热器上的热量传到空气中属于固体与流体间的传热。强迫风冷增加了空气流通速度，散热器上增设风冷装置，相当于降低了散热器与空气间的传热热阻。因此从热阻方面考虑，强迫风冷比自然散热效果更佳。

2）强迫水冷

强迫水冷散热形式可用于大功率、高密度、高防护等级的功率模块散热。当电力电子设备所处环境恶劣，以及机舱内体积狭小，需要对功率模块部分有较高的防护等级和高效的散热时，强迫水冷具有高效的散热性能，并且可以完全密封，可以采用强迫水冷的方式对主功率系统进行散热。

水冷散热器是通过流经其内部的流体将安装在散热器上的器件的热量带走的，其结构上包括内部有流道的散热器本体及连接外部进出流体的进出接头，如图 3.87 所示。

水冷散热器的内部流道形式决定了整个散热器的散热效果，按照流体在内部流动方式可区分为：并联流道、串联流道以及串联、并联结合流道。每种流道方式各有其特点。串联流道具有阻力大、流速较高的特点；并联流道具有阻力较串联流道小、流速低的特点。水冷散热器通常采用串联、并联结合流道的方式。串联、并联结合流道即在功率器件下方的流道设计为并联流道，各个功率器件下方的并联流道之间采用汇流流道相串联，如图 3.88 所示。

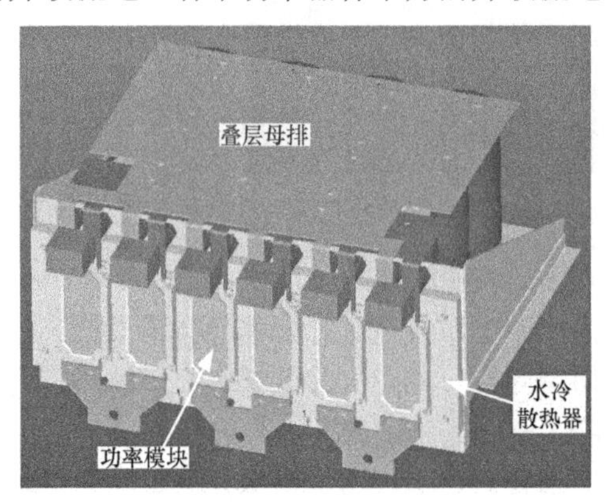

图 3.87 功率模块采用强迫水冷散热方式

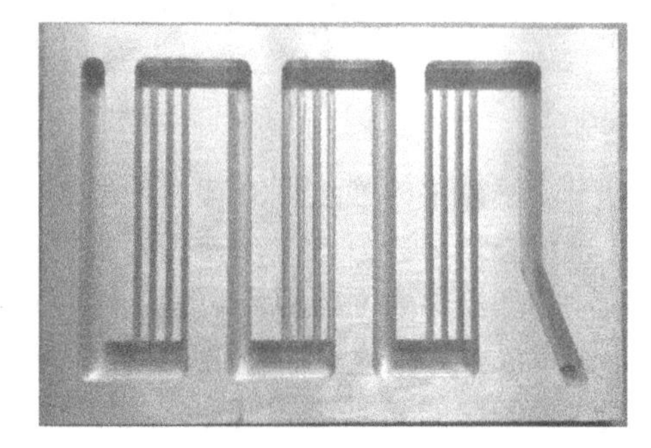

图 3.88 串联、并联结合流道的水冷散热器

水冷散热器本体是散热器的最主要部分，在设计时一定要考虑加工方式和密封。按照加工方式可分为：机械加工水冷散热器、钎焊水冷散热器、型材水冷散热器。

机械加工水冷散热器的流道主要用钻孔方法获得，加工工艺简单，加工量大，但不可避免其流道转折为直角或存在死角，会增加流道的流阻和在死角处留有气体，直接影响水冷散热器的散热效率。同时由于钻孔工艺的限制，散热器的尺寸不能太大，有一定的限制。机械加工水冷散热器如图 3.89 所示。

在盖板上铣出需要的流道，再将盖板和中间焊接板钎焊形成钎焊水冷散热器本体，如图 3.90 所示。此焊接为平面钎焊接，其密封由焊接质量保证，必要时可钎焊后再在散热器的一周焊缝增加氩弧焊。钎焊水冷散热器的流道是在盖板上铣加工出来的，流道的转角可以采用圆角实现平滑过渡，这样设计可以很大程度上减小散热器内部流道的流阻。

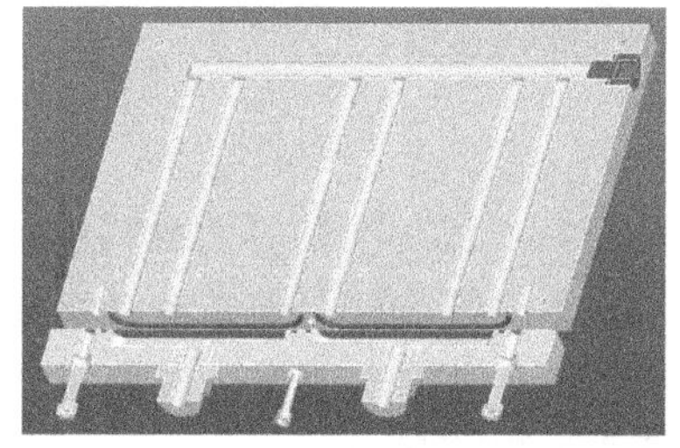

图 3.89　机械加工水冷散热器

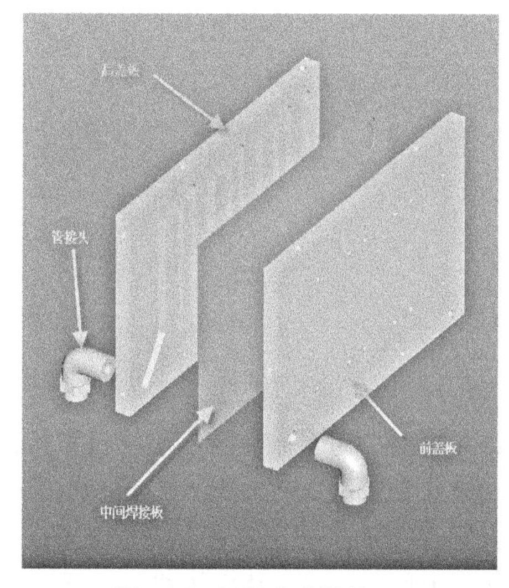

图 3.90　钎焊水冷散热器

型材水冷散热器利用型材作为散热器中间体，形成水冷散热器的主要流道，在端盖上铣加工出内部流道，再将端盖同中间体焊接而成型材水冷散热器的本体，如图 3.91 所示。型材水冷散热器中间体采用了型材，其流道可以由型材直接加工而成，对于复杂流道及难以型材加工的流道，也可以采用几个组合的方法，将简单流道同简单的零件组合而成。

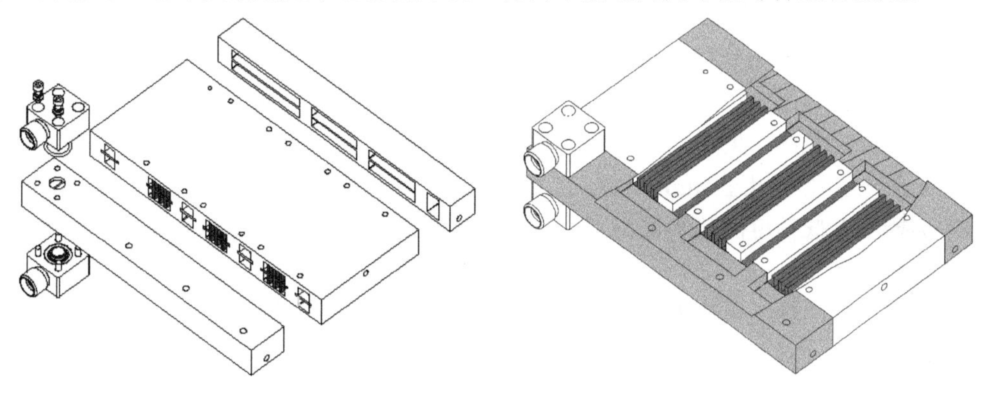

图 3.91　型材水冷散热器

与强迫风冷类似，功率模块工作时产生的热量通过接触面传到散热器，散热器上的热量通过内部管道传到流动的液体中。强迫水冷装置的泵增加了液体流通速度，相当于降低了散热器与液体间的传热热阻，更多的热量通过液体被带走。水的比热容约为空气的 3 倍，可以与散热器交换更多的热量。因此从热阻方面考虑，强迫水冷比强迫风冷散热效果更佳。

强迫风冷和强迫水冷均可以控制功率模块的温度，使其在所处的工作环境条件下不超过标准及规范所规定的最高温度，从而达到功率模块安全、稳定可靠性运行及延长设备使用寿命的目标。当然，除水冷外，在一些场合还会采用由其他液体组成的液冷方式，其散热效果也优于强迫风冷。

2. 热界面材料

当把功率模块安装到散热器上时，金属间具有微小的空隙和不规则性，使得功率模块基板和散热器表面不能完美结合，如图 3.92 所示。与金属材料相比，气隙里滞留的空气是不良的热导体。要防止安装空隙，主要方法是增加热界面材料，即热界面材料的目的是填充功率模块基板和散热器之间的微小气隙。

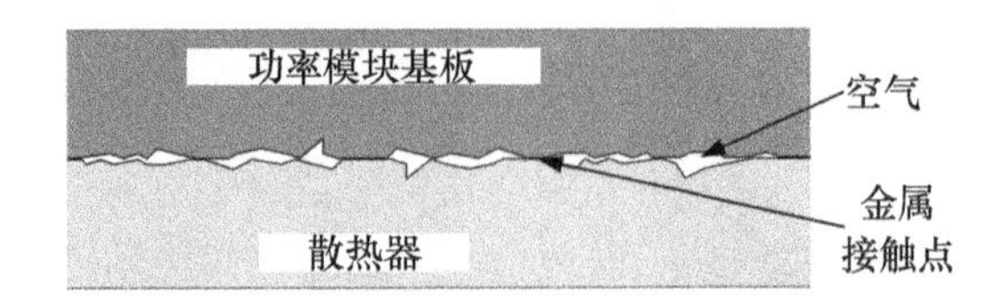

图 3.92 功率模块基板与散热器表面的微观图

1）热界面材料的选择

热界面材料分为固体类热界面材料和流体类热界面材料。固体类热界面材料由金属合金或石墨制成（如成型的铝片），这类热界面材料虽然简化了安装步骤，但是在功率模块基板和散热器间又增加了一层或多层附加的热阻，并且有时并不能完全填充金属表面的空气间隙，因此较少使用。对于功率模块，一般建议使用流体类热界面材料。

在选择流体类热界面材料时，应注意以下几点。

（1）避免使用导热胶。电力电子装置需要返工调整或维修时，导热胶会使功率模块的装配异常困难。

（2）确保在热循环时，热界面材料不会被金属材料从模块基板和散热器之间的接触区域中挤出，此外热界面材料还必须能够承受极端温度引起的“烘烤”。

（3）选择具有高导热率和低热阻的热界面材料。流体类热界面材料油脂内的悬浮物包括氧化铍、氧化铝、氧化锌、氮化铝、氮化硼、二氧化硅、石墨、铜、银等混合物。悬浮颗粒的物理尺寸会影响散热效果，如果悬浮颗粒太大，则会影响模块基板与散热器的贴合。推荐悬浮颗粒的最大直径不超过 1μm。

（4）选择具有低粘度的热界面材料。实验证明，低粘度的油脂更容易在模块基板和散热器间平铺开来。

按照上述原则，功率模块基板和散热器间的热界面材料可以选用导热膏或油脂。

2）热界面材料的使用步骤

功率模块基板与散热器接触程度对确保热量能够良好的传递至关重要。散热器和功率模块的接触面必须平整并且清洁（无污垢、无腐蚀、无损坏），以免在安装功率模块时导致热阻的增加。为了尽可能降低热阻，需要在涂导热油脂时使用“涂覆导热硅脂模板”，以确保导热油脂在散热器上均匀沉积。

涂覆硅脂模板中的图案通常由正方形、圆形、六边形或其组合组成。模板的厚度、图案间距和孔径大小将决定沉积在功率模块基板上的热界面材料量。Cree 公司为 XM3 模块设计的涂覆硅脂模板 CAD 图如图 3.93 所示。

在功率模块基板上涂覆硅脂前，需要做以下准备工作。

（1）使用固定装置以确保模板和功率模块正确对齐，即模板提起时不会对涂覆的硅脂造成任何扭曲。使用较高粘度的热界面材料时，功率模块可能不容易从模板上取下，因此建议将模块固定在固定装置中。功率模块涂覆硅脂模板固定装置如图 3.94 所示。

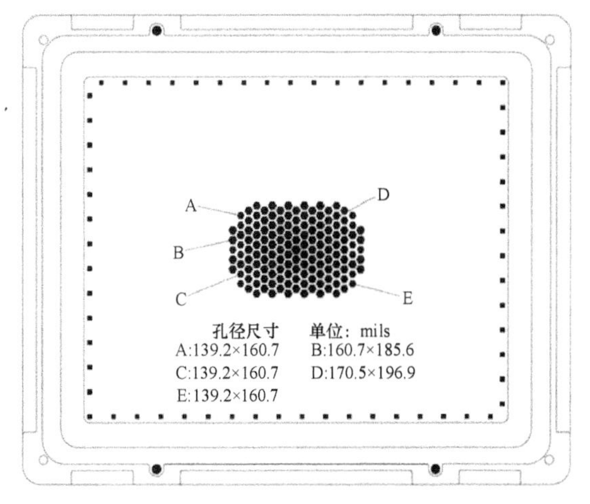

图3.93 Cree公司为XM3模块设计的涂覆硅脂模板CAD图

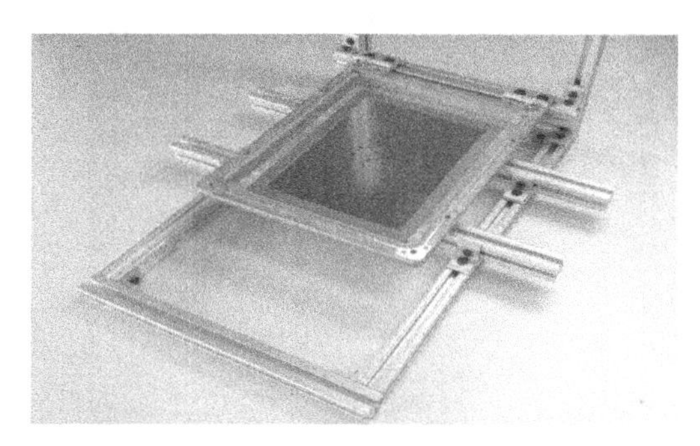

图3.94 功率模块涂覆硅脂模板固定装置

（2）为了避免灰尘进入导热硅脂，涂覆工作必须在清洁且防静电的工作台上操作，如图3.95所示。同时需要对工作台进行处理，包括高阻抗接地导电垫以及佩戴ESD（防静电）腕带。

准备工作结束后，方可进行涂覆工作，操作步骤如下。

（1）使用短路连接器将功率模块的栅源接头短路。仔细检查功率模块和散热器的表面，以确保它们没有污染物，并使用异丙醇和不起毛的毛巾清洁表面。清洁后的XM3功率模块表面如图3.96所示。

图3.95 清洁、防静电工作台

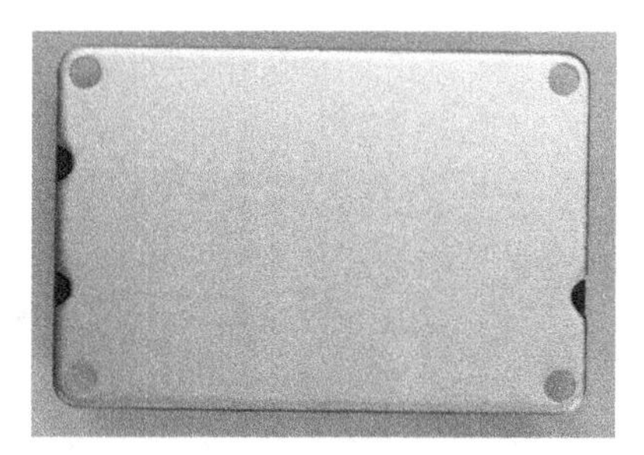

图3.96 清洁后的XM3功率模块表面

（2）将功率模块放入夹具中固定，如图3.97所示。释放模板，保证模板与基板共面并完全接触，如图3.98所示。如果两个表面之间存在间隙，则会沉积过多的热界面材料。

图3.97 固定后的XM3功率模块

图3.98 XM3功率模块与涂覆硅脂模板完全接触

（3）如图 3.99 所示，在模板图案边缘处涂抹一些热界面材料，这样可以随时调整热界面材料的用量以减少浪费。

为确保沉积所需量的热界面材料，刮板必须使热界面材料与模板表面齐平。操作时，建议刮板与涂覆硅脂模板间保持 45° 角，如图 3.100 所示。

图 3.99 热界面材料放置位置和用量

图 3.100 建议的刮板操作角度

如果模板孔太大或刮板硬度太低，则会发生如图 3.101 所示的“拔罐”现象，热界面材料的最终厚度将小于目标厚度。

（4）在刮板上施加向下的力，将导热硅脂拖过模板上的图案，使刮板通过后模具表面没有多余的热界面材料。检查模板上所有的图案，以确保它们被完全填充并且没有发生“拔罐”现象，刮板拖过模板后的正确示意照片如图 3.102 所示。

图 3.101 刮板硬度太低导致的“拔罐”现象

图 3.102 刮板拖过模板后的正确示意照片

检查过后，从固定装置上卸下模块并检查图案，各个小图案之间不应有热界面材料粘连，如图 3.103 所示。

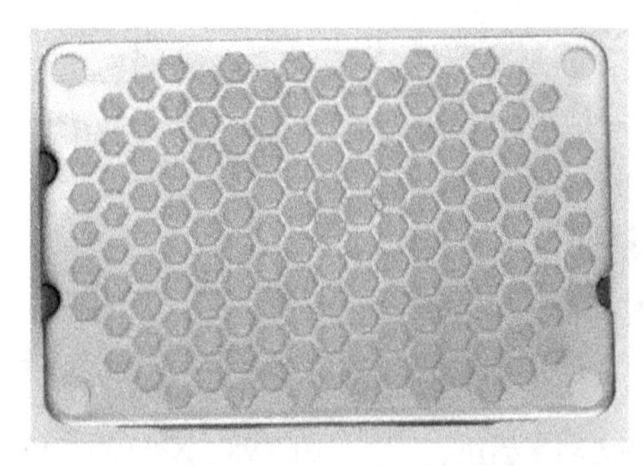

图 3.103 功率模块上热界面材料的正确示意照片

上述工作完成后，下一步将进行功率模块的安装和验证。

3．功率模块的安装和验证

安装功率模块时应小心地对准安装孔，然后将模块放置在散热器上，注意不要使模块滑动。如果模块滑动过大，如图 3.103 所示的图案将会变形，最终得到的热界面材料层厚度将无法控制。

模块放置好后，先用手指将螺丝和垫圈装入模块上的 M5 螺孔中，然后使用扭矩扳手，按照如图 3.104 所示的顺序拧紧螺丝，直到使所需的扭矩达到建议扭矩（3.0 N·m）。

对功率模块进行一段时间的热循环后，建议再次检查每个螺丝的扭矩。如果发生模块滑动的情况，则需要卸下模块，清洁所有表面，然后重复上述涂敷热界面材料中的过程。

为了验证热界面材料的厚度是否合适，强烈建议从散热器上取出模块并检查热界面材料层。如果在组装后立即卸下热界面材料层，可能没有时间完全铺开并覆盖接触面，因此建议拧紧模块并使其至少静置两个小时后再操作。

卸下模块时必须格外小心，以免毁坏图案、划伤模块表面。为了防止功率模块滑动使热界面材料层变形，在松动模块螺丝后，使用塑料凿子从螺栓相邻的角落撬起模块。一旦基板与表面分离，就可以卸下螺丝并小心地将模块提起来进行检查。

卸下后的模块的热界面材料层如图 3.105 所示，从图中可以看到模块边缘仅压出了少量的导热硅脂，这意味着硅脂涂覆时未施加过量。仔细检查两个表面，确保没有裸露出来的金属斑点。

图 3.104　功率模块螺丝的操作顺序

图 3.105　检查热界面材料层

一旦经过验证后，就可以清洁表面并重新涂覆热界面材料，然后将功率模块放入最终装置中。如果验证后又重新选择了散热器，则必须重复此验证过程。

经过上述过程的操作和验证后，可以确保导热硅脂的厚度恰好合适。

3.4　应力降额

元器件在工作中要承受电压、电流和温度等应力，为保证其可靠工作，延长使用寿命，电力电子变换器的元器件实际承受的应力不能超过元器件的额定应力，也即元器件需要留有一些安全裕量，降额使用。应力降额是设计人员用来降低元器件内部应力及其失效率的一种常用技术。在表示降额时，可以用应力系数表示，也可以使用设计裕量、安全裕量表示。

3.4.1 应力系数、设计裕量及安全裕量之间的关系

应力系数定义为

$$\text{应力系数}=\frac{\text{最大外加应力}}{\text{额定应力}} \tag{3-52}$$

或简写为

$$\text{应力系数}=\frac{\text{应力}}{\text{强度}} \tag{3-53}$$

设计裕量这个词也比较常用，例如，设计裕量为 2 意味着应力系数为 0.5（50%）。

安全裕量为

$$\text{安全裕量}=1-(\text{设计裕量}) \tag{3-54}$$

式中，设计裕量=强度/应力。

在一般商业应用中，应力系数通常设计为 80%左右，相应地，安全裕量为 1−1/0.8=0.25，即 25%。军用或其他需要的应用场合则要求应力系数小于 50%，相应地，安全裕量超过 100%。

降额设计选择安全裕量时，应折中考虑。过多的安全裕量不仅使元器件成本高昂，而且严重影响效率等性能。过少的安全裕量则影响可靠性，而且最终使维修成本过高。

3.4.2 工作环境

在电力电子变换器工作时，要注意三类典型的影响因素。

1）高频可重复事件

以开关频率重复的电压和电流系列，称为高频可重复事件。例如，开关管在开通过程中的电流尖峰和关断过程中的电压尖峰，均属于这类高频可重复事件。

对于这类事件，应力系数典型值可取为 70%～80%。

2）低频重复事件

低频重复事件包括上电或掉电、负载突变或电网瞬变，属于瞬时事件。对于这类事件，应力系数典型值可取为 10%左右。

3）非重复过电压事件

非重复过电压事件在完全无法预测的小概率下非重复发生，其原因可能是雷击或电网扰动，这类事件的主要特征是电压瞬时超过 $U_{\mathrm{in(max)}}$。对于这类事件，要额外留出 10%的安全裕量。

在设计电力电子变换器时，要保证所有工作条件、元器件公差、产品公差和环境温度等不会超过电力电子变换器中任何元器件的绝对最大额定值。同时要考虑电力电子变换器的应用场合，合理考虑非重复过电压事件，留出安全裕量。

针对不同设备和工作环境，IPC-9592 标准对应力系数给出了便于查询的降额表。然而，降额表最好只作为指南参考而不是作为规则来用，特别是对于电力电子变换器，它所涉及的因素非常广泛，如拓扑、应用、需求、工况等。降额系数并非一成不变，与电路工作模式、有无吸收电路、有无采用软开关等均有关系，因此需要根据实际情况折中考虑。

接下来以电力电子变换器中的典型元器件为例，讨论额定值和应力系数。

3.4.3 典型元器件的额定值和应力系数

1. 二极管

这里以二极管 MBR1045 为例。MBR1045 是 10A/45V 的 Si 肖特基势垒二极管（SBD）。

1）连续电流额定值

MBR1045 的平均连续正向电流额定值（$I_{F(AV)}$）为 10A，如果在最恶劣工况下 MBR1045 流过 8A 的平均电流，那么连续电流应力系数是 8/10=80%。这从电流应力降额角度看是可以接受的。但电力电子变换器实际工作中极少让二极管在这么大的电流下工作。

准确地说，二极管数据手册中规定的 $I_{F(AV)}$是一个热极限值，一般指结温 T_j 达到典型最大值 150℃时的电流。当然，除了按照最大结温为 150℃，也有二极管额定值是按照最大结温 $T_{j(max)}$为 100℃（极少见）、125℃、150℃（最常见）、175℃，甚至 200℃（如常用的玻璃二极管 1N4148/1N4448）规定的。对于体积更小、直接安装在电路板上的轴向或表贴二极管，其连续电流额定值是假设二极管单独暴露在自然对流条件下规定的，或者二极管以规定的导线长度安装在标准 FR-4 板上规定的。当环境温度超过 25℃时，为了防止结温 T_j 超过 $T_{j(max)}$，电流额定值会下降。对于体积更大的封装，如 TO-220 封装（如 MBR1045），连续电流额定值是假设二极管金属背板/壳贴在无限大散热器上规定的。因此按照 MBR1045 数据手册，该二极管可以在环境温度高达 135℃时流过 10A 电流。但是这只有在无限大散热器（如水冷式散热器）上才做得到。实际应用中使用的散热器不可能达到这个效果，二极管可安全流过的电流要小得多。二极管实际可流过的最大电流需要根据供应商提供的特征数据（内部热阻 R_{th} 和正向压降曲线）并结合预估的散热器热阻才能计算得到。

如图 3.106 所示为数据手册中 MBR1045 正向电流降额曲线。当环境温度超过 135℃时，其连续电流额定值会随环境温度升高而不断减小。这是因为当二极管中流过 10A 连续电流时，内部估计会有大概 15℃的温升（从结到外壳）。因此，二极管装在无限大散热器上，并且外壳温度保持在 135℃，则结温是 150℃。所以环境温度高于 135℃时，需要不断降低二极管的电流额定值以避免超过规定的最大结温。当环境温度为 150℃时，最大连续电流额定值降为 0，因为 $T_j= T_{j(max)}$时，不能再提供额外散热量。

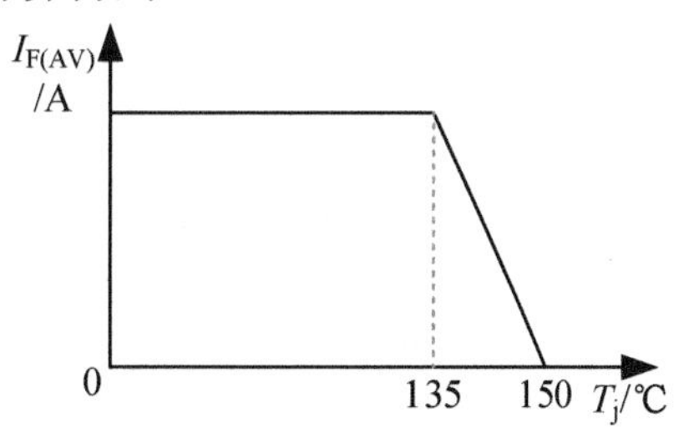

图 3.106 MBR1045 正向电流降额曲线

需要说明的是，在散热器无限大而温度又不超过 135℃时，MBR1045 的电流仍不能超过 10A，主要是考虑到长期性能退化、可靠性以及封装限制等因素。

从二极管通态特性可见，当二极管工作在最大额定电流附近时，其正向压降（称为 U_F 或 U_D）较大，导致导通损耗及相应的热应力较大，也对效率不利。

因此，在电力电子变换器设计中，一般推荐功率二极管电流应力系数设在 50%左右，对 MBR1045 而言，最大电流限制在 5A。

2）反向电流

二极管在承受反压时，会出现漏电流。无论是 Si SBD 或 FRD，还是 SiC SBD，反向漏电流均随温度升高而增加，只不过增加的幅度有所不同。一般而言，Si SBD 的反向漏电流会随着温度升高而显著增加，远高于 Si FRD 和 SiC SBD 的反向漏电流随温度增长的速度。

反向漏电流会影响二极管的预估损耗和实际结温，正向压降同样如此，因此不能孤立地考虑反向漏电流。对于 Si SBD 和 FRD，在其额定电流范围内，正向压降呈负温度系数，而反向漏电流呈正温度系数，因此在工作温度上应折中考虑。而对于 SiC SBD，其正向压降和反向漏电流均呈正温度系数，只不过反向漏电流绝对值较小，计算损耗时可不予考虑。因此，SiC SBD 应在尽可能低的温度下工作，以提高效率。

不同公司所生产的二极管，其反向漏电流可能相差较大。在选型时不可以想当然，而应不厌其烦地去查找数据手册，对参数值进行对比。表 3.19 列出了几种 Si SBD 的典型技术参数，从表中数据似乎可以得出：相同电压等级同类型二极管的反向漏电流差不多的“初步结论”，其实不然。对于 45V/10A Si SBD，仙童公司生产的 MBR1045 的反向漏电流为 3mA，安森美公司生产的 MBR1045 的反向漏电流为 10mA，Diodes 公司生产的 SBR1045（与 MBR1045 等效）的反向漏电流为 100mA，前者显然更有利。但是，对于 60V/10A 的 Si SBD，仙童公司生产的 MBR1060 的反向漏电流为 2mA，而安森美公司生产的 MBR1060 的反向恢复漏电流仅为 0.7mA，后者显然更有利。

表 3.19　几种 Si SBD 的典型技术参数

反向电压额定值	工　况	MBR1045	MBR1545CT	MBR2045CT
45V	10A，25℃时的 U_F	0.58V	0.62V	0.58V
	40V，125℃时的 I_R	3mA	2.8mA	3.6mA
反向电压额定值	工　况	MBR1060	MBR1560CT	MBR2060CT
60V	10A，25℃时的 U_F	0.7V	0.7V	0.7V
	40V，125℃时的 I_R	2mA	2.5mA	2.8mA

综合考虑各种因素，Si SBD 的结温可以保守地选在 90℃左右（考虑正向压降的负温度系数且反向漏电流大），SiC SBD 的结温选在 105℃左右（考虑正向压降的正温度系数且反向漏电流小），Si FRD 的结温选在 135℃（考虑正向压降的负温度系数且反向漏电流小）。因此，Si SBD 的温度应力系数为 90/150=0.6，SiC SBD 的温度应力系数为 105/150=0.7，Si FRD 的温度应力系数为 135/150=0.9。此处假设这些二极管的 $T_{j(max)}$均为 150℃。若 $T_{j(max)}$低于或高于 150℃，可基于上述应力系数调整目标结温。

3）浪涌/脉冲电流额定值

二极管浪涌电流额定值记为 I_{FSM} 或 I_{SURGE}，是其最大瞬时电流。浪涌电流虽然不会产生稳定的温升，但能造成二极管内突然局部发热。无论外部散热器有多大，都来不及做出反应，它甚至与封装连线的厚度无关。硅半导体结内部的热点温度通常可高达约 220℃，超过这个阈值，元器件封装用的一般模塑材料就会被分解或者降解。例如，MBR1045 的连续电流额定值为 10A，而单脉冲浪涌电流额定值高达 150A。

有两种前端设计需要特别考虑二极管浪涌电流额定值：第一种是不含功率因数校正（PFC）的 AC/DC 变换器选择整流桥时；第二种是精心设计的商用前端升压型功率因数校正电路在选择预充电二极管时。在不含 PFC 的 AC/DC 电源整流桥设计中，二极管浪涌电流额定值是一个重要考量。因为当电力电子变换器上电工作时，整流桥后电容电压为零。电压源通过二极管直接跨接到电容两端，导致瞬时大电流流经二极管为电容充电。为限制浪涌电流保护器件，需要设计浪涌保护电路来保护二极管。可以采用主动保护（常用晶闸管），也可采用被动保护（用负温度系数热敏电阻）。功率因数校正电路的预充电二极管直接跨过功率因数校正电感和升压/输出二极管，目的是当在电力电子变换器上电时转移流入功率因数校正升压输出电容的浪涌电流。巨大的浪涌电流流经具有较高浪涌电流额定值的预充电二极管，可避免损害电路中的电感和升压二极管。

预充电二极管在开机上电时工作，待功率因数校正升压电路工作后自动停止导通。因此其正向压降或连续电流额定值并不重要，选型主要关注的是其浪涌电流承受能力。

4）反向电压额定值

MBR1045 的最大反向重复性电压 U_{RRM} 额定值为 45V。一般来说，工作电压应保持在反向电压额定值之下，应力系数最好小于 80%，包括所有重复性电压尖峰和振铃。为抑制这些尖峰，需要在二极管两端并联吸收电路。吸收电路有助于降低电磁干扰，但也会显著增加二极管损耗，尤其是吸收电路只用 C，不用 R 和 C 时（采用电容吸收电路，每周期 C 的储能大部分都倾泻到二极管中，而采用 RC 吸收电路则倾泻到 R 中）。

虽然反向电压应力一般设置在 80%左右，但根据不同应用要求也可适当调整。举例来说，为了尽量提高安全裕量，若以 10A/60V 二极管替代 10A/45V 二极管，则效率可能会有所下降。这是因为当二极管电流额定值一定时，一般电压额定值越高，给定电流下的正向压降越高。若希望在增加反向电压安全裕量的同时保持低导通压降，可以考虑连续电流额定值更大的 60V 器件，例如，用 15A 或 20A 二极管替代 MBR1045 或 10A/60V 二极管，因为当二极管电压额定值一定时，一般电流额定值越高，给定电流下的正向压降越低。

但电流更大的器件成本会升高，同时也要注意到反向漏电流与反向电压额定值和连续电流额定值的关系。一般来说，二极管电压额定值相同时，电流额定值越高，反向漏电流越大。与之相反，二极管电流额定值相同时，电压额定值越高，反向漏电流越小。

由此可见，器件选型需要综合考虑多种因素折中考虑。

有些情况下允许器件的电压应力系数大于或等于 1，但不能降低其可靠性。例如，肖特基二极管一般在反向电压超出 U_{RRM}30%～40%时会发生雪崩击穿（类似于稳压管的表现）、在没有吸收电路或箝位电路的情况下，该特性可用于箝制电压尖峰。但是常规的肖特基二极管仅能在极短时间内工作在稳压管模式。为了让肖特基二极管可靠工作，数据手册必须给出保证的雪崩能量额定值（E_A，单位为 μJ）。此外，还必须确认实际应用中吸收的尖峰能量在特定的额定值之下。

5）du/dt 额定值

二极管不仅有连续电流额定值、浪涌电流额定值和稳态反向（阻断）电压额定值，而且在其开通或关断过程中的 du/dt 也能产生过应力及相应的故障模式。二极管的最大额定 du/dt 值通常出现在数据手册中某个不起眼的位置，常被工程师们忽略。实际应用中可能会发生二极管承受的反向直流电压小于二极管绝对最大反向电压额定值，但仍然在大规模产品测试中出现神秘失效的情况。其可能原因之一就是每个开关周期内出现过大的 du/dt 瞬时值，这只有在示波器上非常仔细地放大波形才能捕捉到。现在，肖特基二极管的 du/dt 额定值几乎普遍提高到 10000V/μs。但不久之前，2000V/μs 以下的二极管还存在鱼目混珠的现象。糟糕的布线经常使二极管关断电压波形中出现振铃，即使很小，也可能在波形某些点上导致 du/dt 瞬间值超过其最大额定值，造成器件损坏。为保证可靠性，可采用某种方式减缓、衰减或平滑关断过渡过程。例如，通过增大与二极管配对组成功率单元的可控开关（如 MOSFET 或 IGBT）的驱动电阻，减缓开关过渡过程，也有些商用电源在输出二极管上串联一个小铁氧体磁珠，以衰减高频振铃，提升可靠性。当然，这会对整机效率稍有影响。

2. MOSFET

这里以 MOSFET 4N60 为例。MOSFET 4N60 是 4A/600V 的 Si MOSFET。

1）连续电流额定值

与二极管类似，场效应晶体管也有连续/脉冲电流额定值，有时还有雪崩额定值。MOSFET 数据手册中规定的连续电流额定值实际上是一个热极限值，安装在无限大的散热器上，散热器外壳温度为 25℃的 TO-220 封装的 MOSFET 4N60 的额定值为 4A。但当散热器或外壳温度为 100℃时，其额定电流仅为 2.5A 左右，因为此时结温已达 150℃。导通电阻 $R_{DS(on)}$是 MOSFET 的一个重要参数，但数据手册中给出的 $R_{DS(on)}$标称值通常是在较好的条件下测得的。一般而言，MOSFET 的导通电阻 $R_{DS(on)}$呈正温度系数，导通电阻值、热损耗和结温之间存在正反馈式的相互影响，要精确获知不同工况下的导通电阻值需要经过反复迭代计算，也可利用信誉度良好的器件供应商提供的技术数据反推估算 $R_{DS(on)}$值。

以意法半导体公司生产的 TO-220 封装的 4A/600V 器件（STP4NK60Z）为例，数据手册中标称的 $R_{DS(on)}$值为 2Ω，这是在壳温 25℃、电流仅 2A 的极好条件下测定的。

该器件标称的结对壳热阻为 1.78℃/W。供应商给出的壳温 100℃时的最大漏极电流仅有 2.5A。假设这种情况下结温已达 150℃，则外壳到结的温升为 150−100=50℃。（结温 150℃时）最恶劣的 $R_{DS(on)}$估计值为

$$\Delta T_{jc}=R_{th(jc)}P=R_{th(jc)}(I_D^2R_{DS})\Rightarrow R_{DS}=\frac{\Delta T_{jc}}{R_{th(jc)}I_D^2}=\frac{50}{1.78\times 2.5^2}=4.5\Omega \tag{3-55}$$

可见，最恶劣 $R_{DS(on)}$值是其标称值的 2.25 倍左右。

与二极管一样，考虑到损耗和效率问题，场效应晶体管工作电流不能过于接近其标称的连续电流额定值。若壳温为 100℃对应 STP4NK60Z 器件的最恶劣工况，则其电流应力系数为 0.625。但这是在接无限大散热器条件下得出的应力系数，实际散热器对应的工作电流更低，需对连续电流作更大幅度的降额，典型值为 0.25 左右。

需要说明的是，估算二极管结温 T_j 相对容易，并由此估算其热应力，但场效应晶体管较难做到这一点。即使知道 $R_{DS(on)}$的准确值，也只能计算导通损耗，为了估算实际结温，还必须加上开关损耗。

此外还需注意，栅源电压 U_{GS} 也会影响 $R_{DS(on)}$。若 U_{GS} 不足够大，则会导致 $R_{DS(on)}$变大。对于 SiC MOSFET 器件，尤其要注意驱动电压 U_{DRV} 的合理取值。

2）浪涌/脉冲电流额定值

开关管在开通时，二极管反向恢复电流会叠加在开关管的开通电流中，产生明显的电流尖峰。反激电源在上电或掉电时很容易损坏，其主要原因是电流突升可能会引起磁芯饱和，进而在场效应晶体管中产生很大的电流尖峰；高电压下电源突然过载可能会在其开关管关断时引起巨大的电流尖峰，并导致场效应晶体管产生电压尖峰，使其损坏。对于这些实际问题，要采取有效的防范或保护措施，保证电力电子变换器可靠工作。

开关管开通电流尖峰属于高频可重复事件。与连续电流产生稳定温升效果不同，这种重复性电流尖峰会产生瞬时温升，导致局部发热。器件数据手册中通常给出的是单脉冲浪涌电流额定值，该额定值会随重复率增加而减小。因此在器件选型时，要结合电流尖峰的脉冲宽度与重复性周期之比考虑浪涌电流额定值。

防范反激电源在低电压下上电和掉电时损坏常用的技术是将电流限制与欠压锁定

（UVLO）以及最大占空比限制结合起来。高电压下电源突然过载引起的电流尖峰和电压尖峰可以通过采用电压前馈技术进行防范。对于这些低频重复事件如果缺乏足够的保护，即使稳态应力降额再大，也不足以保证现场可靠性。

3）漏源电压额定值

场效应晶体管的电压应力系数过小对电力电子变换器效率不利，因此在考虑到可能出现的异常和尖峰后，应力系数应尽可能高，理想的电压应力系数通常设为约90%。

若选用600V额定电压的4N60，对应预测的器件承受的最恶劣电压为540V左右，电压裕量为60V。

4）栅源电压额定值

MOSFET的栅极氧化物很容易击穿，即使很短时间内栅极电压超出规定的栅源最大绝对电压值也可能损坏，甚至走过地毯时的静电放电也能使其损坏。一旦安装在电路板上，静电放电损坏的可能性明显变小。由于栅极呈现高阻抗，栅极布线引入的寄生电感与MOSFET输入电容之间可能会出现频率极高的振荡。对于Si MOSFET，U_{GS}最大额定值为±30V左右，而对于SiC MOSFET，U_{GS}最大正压额定值为25V左右，最大负压额定值为−10V左右。且SiC MOSFET为了保证$R_{DS(on)}$尽可能小，驱动电压必须取得尽可能高（18～22V），这就使得栅极电压安全裕量较小。为此需要采取一些措施进行保护。例如，采用合适的栅极驱动电阻，在满足开关速度要求的同时抑制振荡，在栅源极之间并联一个几kΩ的电阻，以及针对桥臂串扰问题采取防止误导通措施等。

5）du/dt额定值

早期MOSFET因极高的重复性du/dt会造成其失效，其主要原因是触发了MOSFET内寄生的双极型晶体管（BJT），导致了雪崩击穿和快速恢复。现代功率场效应晶体管已能处理5～25V/ns的du/dt，因du/dt过高失效的情况已较少。SiC和GaN等宽禁带器件的du/dt处理能力更高。

3. 电容

对于电容，设计人员首先需要知道电容电压额定值。若保持电容工作在其极限下，最好再用一些典型的降额方法。铝电解电容和固态钽电容等有极性电容还具有反向电压额定值，一定不能超过该额定值。

电容种类较多，并非所有电容都遵循“电压应力降额有助于降低电容现场失效率”的传统观念。如今，制造技术的进步似乎对该观念提出了质疑，特别是对铝电解电容的质疑。对于这种特殊情况，可做出如下解释。击穿电压不是一个突变的阈值，它与电容电极上生成的化学氧化物厚度有关。氧化膜是电介质，承受外加电压。若电容工作电压增加，氧化物厚度也逐渐增加，耐压能力提高。另外，若工作电压降低，氧化物厚度也逐渐减小，电压额定值降低。这就是铝电解电容在长期储存后再使用时需要一个重新形成阶段的原因，要让外加直流电压缓慢地按照一定斜率增加（最大电流限制在几mA），使氧化物充分形成。这也表明铝电解电容长期运行在低电压下，其强度会逐渐降低。

通常，所有电容都会公布其纹波电流额定值，电容使用过程中不能超越这个值。铝电解电容最重要的参数是基于核心温度的寿命，而核心温度又取决于实际应用中流过电容的电流有效值。因此，最大纹波电流有效值实际上是一个热额定值。为了延长寿命，需要对纹波电流额定值降额选取。

铝电解电容的优势，除了在给定体积和成本情况下储能最多，还具有较强的鲁棒性。铝电解电容能在短时间内承受显著的过应力，其失效模式本质上是热失效。例如，铝电解电容一般能在 30s 内承受超出额定值 10%的电压而不损坏，这成为铝电解电容的浪涌电压额定值。铝电解电容还能承受浪涌电流，但其浪涌电流额定值并不太明确。例如，在 AC/DC 电源输入端，它能承受极高的冲击电流而不出现任何问题，只要不是迅速重复的冲击。铝电解电容具有自愈性，其氧化物层可快速重新形成。除非彻底滥用（这种情况下会爆裂），它极少出现开路或短路失效。其正常失效模式实际反映在参数上（如电容漂移、等效串联电阻漂移等）。因此，铝电解电容的应力系数不如使用寿命那样受到重视。

薄膜电容更容易遭受 $\mathrm{d}u/\mathrm{d}t$ 失效。常见的低成本 Mylar®（聚酯/KT/MKT）电容的 $\mathrm{d}u/\mathrm{d}t$ 额定值仅为 10～70V/μs，所以一般不适用于吸收或箝位电路。对于 AC/DC 反激电源中的吸收箝位电路，首选的薄膜电容类型是聚丙烯（KP/MKP）电容，其 $\mathrm{d}u/\mathrm{d}t$ 额定值一般为 300～1100V/μs。陶瓷电容和云母电容都有极高的 $\mathrm{d}u/\mathrm{d}t$ 额定值，但出于成本考虑，如今前者常用于箝位电路。在许多情况下，薄膜电容一般比云母电容更具优势，因为它们在经受外加电压、温度等因素的影响时，电容值及其他特征参数变化很小，更为稳定。

对于钽电容（Ta-MnO_2），若承受高 $\mathrm{d}u/\mathrm{d}t$ 会产生很大的浪涌电流，引起局部过热，导致电容立即损坏。因此钽电容额定电压需做较大幅度降额，例如，额定电压值为 35V 的钽电容，其工作电压一般不应超过其额定电压的一半，即 17.5V。但即使这样降额也有可能不够，实际上需要限制浪涌电流，以避免氧化物形成局部缺陷并迅速导致失效。通常建议在外加电压时，保证至少以 1Ω/V 的电源阻抗形式把浪涌电流限制在 1A 以下。实际上，保守的降额要求电源阻抗限制在 3Ω/V，电流限制在 333mA。还有更保守的工程师甚至不再用钽电容，而宁愿用陶瓷电容或聚合物电容。

现代多层聚合物电容性能稳定，具有高达 500V 的额定电压值和非常小的等效串联电阻（ESR），且有极高的 $\mathrm{d}i/\mathrm{d}t$ 和 $\mathrm{d}u/\mathrm{d}t$ 承受能力，在许多实际应用中比多层陶瓷电容（MLC）、钽电容和铝电解电容更受欢迎。

4. 印制电路板

印刷电路板（PCB）作为连接电子元器件的重要载体，与原理图中的连线有很大不同。原理图中的连线一般被认为只起电气连接作用，并没有物理含义，但实际 PCB 却包含了复杂的寄生参数网络模型。

由于 PCB 布线寄生电感的影响，功率管在关断时不仅要承受母线电压，而且会出现电压振荡和尖峰，增大开关器件的电压应力和开关损耗。在控制回路中，由于布线寄生电感的影响，也会使得采样、控制信号出现振荡。地线回路的寄生电感在有电流突然变化时，同样会使参考地的电平发生变化，产生严重的“地弹”现象，影响控制电路的正常工作。因此在进行实际电路分析，考虑应力及降额时，不宜忽略 PCB 寄生参数给实际电路工作带来的应力影响。

3.4.4 机械应力

关注电应力的同时，仍要注意机械应力。若器件和电路板热膨胀系数（TCE）不同，发热器件紧贴电路板会使电路板产生严重的机械应力，因此要注意避免这种情况。

误操作、跌落或运输等原因都能造成立即的或早期的损坏。为此，一般商用电源的 PCB 上都用室温硫化硅将较大的器件固定在相应位置。每个商用电源都需要在出厂测试中通过冲击和振动测试。

从机械应力角度看，机械应力应具有更细微的失效方式。当电力电子变换器输出功率和温度周期性上升或下降时，会不断产生明显的热胀冷缩。通常，表贴器件的热膨胀系数与通孔器件不同，因此会发生相对位移，导致严重的机械应力和最终断裂。不良的焊接也会产生微小裂纹，并随时间推移发展成失效。还要注意，大型 PCB 弯曲要比小型 PCB 大得多，这也会产生严重的应力，尤其是使用相对易碎的表贴陶瓷电容时问题更为严重。因此，在器件选型时要尽量使器件的膨胀系数与标准 FR-4 PCB 材料的膨胀系数接近。许多高质量电源设计和制造厂商均有严格的器件布局指南，对电力电子变换器设计人员使用尺寸超过 1812（0.18in×0.12in），甚至超过 1210（0.12in×0.10in）的表贴多层陶瓷电容做出限制。

引线成型或引线预弯在功率半导体器件上已经用了几十年，使用这种安装方式的考虑之一是为了方便。例如，器件可能先平行安装在散热器上，再把引脚垂直连接到 PCB 上，这样引线就需要弯曲。除方便之外，应力释放也是考虑因素之一。引线的轻微弯曲可以防止热循环引起的机械应力传递到封装上导致器件在长期工作后损坏。但是，在引线预弯过程中必须小心避免长期应力，也不能引起瞬时应力和早期损坏。器件采取塑料封装时，引线与塑料的交界面就是最薄弱点。在引线弯曲时，无论如何都不能让塑料受力或受限，否则，塑料与导线的交界面就很可能受损。如果有损坏，即使损坏不明显，封装抵御湿气进入的能力也会受到影响，最终导致器件因内部腐蚀而失效。

降额的运用意味着在电力电子变换器设计阶段需要审慎地选择器件，保证器件能够承受各种应用情况下出现的应力，具有更长的使用寿命。同时，也要综合考虑可靠性、使用寿命与成本、性能、尺寸等因素，进行合理权衡，优化选择器件。

3.5　电磁干扰

3.5.1　EMC 设计方法

由于电子技术的广泛应用，频谱占用日益拥挤，设备布局更加密集，大功率设备和对干扰敏感的精密设备增多，使得 EMC 问题越来越严重。EMC 设计的基本方法一般有三种：问题解决法、规范法和系统法。

问题解决法是过去应用较多的方法。它就是在发现产品被检测出问题后进行有针对性地改进，是一种“出现什么问题，解决什么问题”的经验方法。早期，由于电子电器产品工作频率低，工作电压高，产品在实际应用中出现电磁干扰问题的情况极少发生，因此大家在系统或设备研制过程中，一般不进行 EMC 设计，等到产品试验定型或系统安装完成时，发现电磁干扰问题，再有针对性地予以解决。这种方法采取“头痛医头，脚痛医脚”的思维方式解决干扰问题，过程中往往需要对设备乃至系统进行拆卸、修补甚至重新加工，既费时又费成本。因此问题解决法是一种比较落后的方法，它是在 EMC 理论不够完善、EMC 设计方法不够系统及 EMC 分析预测尚未形成的历史条件下产生的，曾被普遍采用。由于其针对性比较强，目前它还被部分工程人员所采用。

规范法即在产品开发阶段就按照有关 EMC 标准规范的要求进行设计，使产品可能出现的问题得到早期解决。该方法以系统和设备遵循的标准所规定的极限值为计算基础，进行设计指标的分配。由于各种标准和规范中的极限是以同类系统或设备中最严重情况制定的，因此可能导致具体设备设计过分保守。由于 EMC 标准和规范在一定程度上反映了系统和设备中存在的共性问题及解决问题的规则，因此该方法对系统或产品的 EMC 设计提供了预见性和综合性的指导，故它比问题解决法较为合理和进步。

系统法是近些年兴起的一种设计方法，它在产品的初始设计阶段对每一个可能影响产品 EMC 的器件、模块及线路建立数学模型，利用辅助设计工具对其 EMC 进行分析预测和控制分配，从而为整机产品满足要求打下良好的基础。它在系统或设备设计的全过程中贯彻始终，全面综合考虑电磁耦合因素，不断地对各阶段设计进行评估检验和修改，由于运算量较大，因此这种方法常需要借用先进的计算机辅助分析和预测手段。它是近代 EMC 学科研究和发展成就的体现，也是现代科技综合运用的最佳工程设计技术。

当然，无论是规范法还是系统法设计，其有效性都应以最后产品或系统的实际运行情况或检验结果为准则，必要时还需要结合问题解决法才能完成设计目标。

解决 EMC 措施、成本与产品的开发、生产过程之间的关系如图 3.107 所示。在图 3.107 中，横轴为产品推出过程的各个阶段；纵轴为对该产品解决 EMC 问题所需的成本及措施。由该图可见，在产品开发早期阶段（概念阶段）解决 EMC 问题所需成本为 1；到型号研制阶段（设计阶段），可能需要 10；再到批量生产（产品阶段）时，需要的成本可能达到 100。因为在量产阶段解决 EMC 问题，模具及工艺流程等都可能需要改变。如果批量生产时尚未发现或未能解决 EMC 问题，而到现场安装调试阶段（市场阶段）再解决，成本将可能高达成千上万倍。同样地，越早期发现 EMC 问题，解决问题的方法就越多，若产品投产后发现还有问题，解决的措施就大大减少了，解决的难度也会大很多。由此可见，对于一个产品或一个系统，尽早解决 EMC 问题是十分必要的。

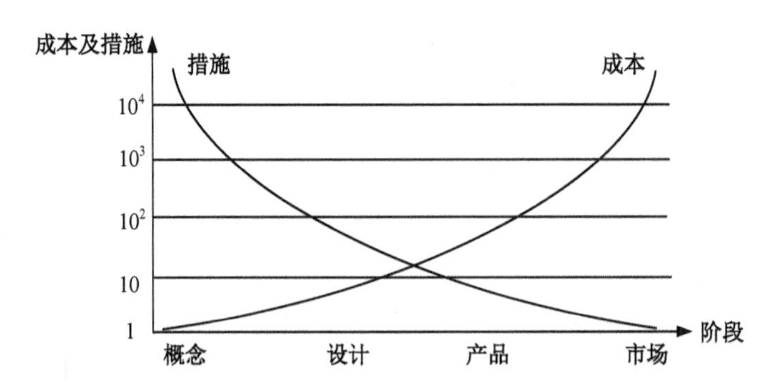

图 3.107 解决 EMC 措施、成本与产品的开发、生产过程之间的关系

3.5.2 电磁干扰形成的三要素

形成电磁干扰必然具备三个基本要素，即电磁干扰源、耦合途径（或传播通道）、敏感设备，如图 3.108 所示。EMC 设计即从这三个基本要素出发。概括地说，即抑制干扰源、切断耦合途径、提高敏感抗扰度。

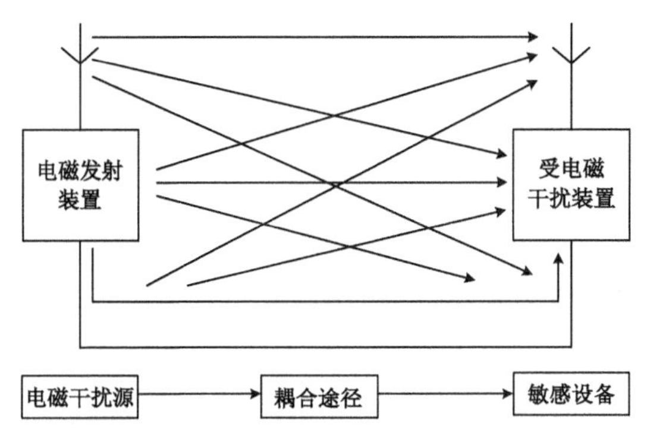

图 3.108　电磁干扰形成的三要素

1）电磁干扰源

电磁干扰源包括自然干扰源和人为干扰源。

自然干扰源包括来自银河系的电磁噪声、来自太阳系的电磁干扰、来自大气层的电磁干扰、热噪声等。

人为干扰源包括工科医疗（射频）设备、高压电力系统与电力电子系统、电力牵引系统、内燃机点火系统、声音和广播电视接收机、家用电器、电动工具、电气照明设备、信息技术设备、通信及广播设备、大功率定位设备（如雷达）、静电放电设备、核电磁脉冲设备等。

2）电磁干扰的途径

电磁干扰的途径包括传导途径和辐射途径。

传导途径必须在干扰源和敏感设备之间有完整的电路连接，干扰信号沿着这个连接电路传递到敏感设备，发生干扰现象。传输电路包括导线、设备的导电部件、供电电源、公共阻抗、接地平面、电阻、电感、电容和互感元件等。

辐射途径是干扰信号通过介质以辐射电磁波形式传播，干扰能量按电磁波的规律向周围空间发射。常见的辐射途径有三种：干扰源天线发射的电磁波被敏感设备天线意外接收，称为天线对天线的耦合；空间电磁场经导线感应而耦合，称为场对线的耦合；两根平行导线之间的高频信号感应，称为线对线感应耦合。

传导途径还包括互传导耦合和导线间的感性与容性耦合。辐射途径根据传播特性的差异又可分为近场耦合和远场耦合。

3）电磁干扰敏感设备

所有的低压小信号的设备都是对电磁干扰敏感的设备。

电磁干扰以辐射和传导方式侵害敏感设备。

4）端口

端口就如同传输的“界面”，通过这些端口，电磁干扰进入（或出自）被干扰的设备。干扰现象的性质、程度与端口的类型有关。例如，辐射干扰如果是在所干扰的设备壳体以外耦合到与设备相连的导线上，那么对设备主体来说，就变成了从电源或信号端口进入的传导干扰；而真正的辐射干扰是通过设备外壳端口直接进入设备内部的干扰（这里的外壳既可以是像屏蔽室、金属层等那样的实际屏蔽壳体，也可以是像塑料外壳那样没有电磁作用的遮蔽物）。

利用端口的概念可以将各种干扰传输通道加以区分。一般将端口分为以下 6 类：外壳端口、交流电源端口、直流电源端口、控制端口、信号端口、接地端口（系统和地或参考地之间的连接），如图 3.109 所示。

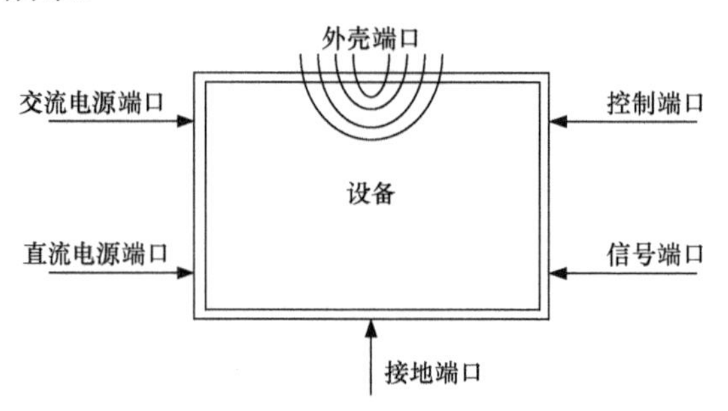

图 3.109　电磁干扰进、出设备端口

各种位置的兼容电平是按照对应端口进行设置的，其大小设置与该端口在实际应用中所面临的干扰的统计值有关。

在实际工作中，两个设备之间干扰通常包括多种途径的耦合，既有不同的传导耦合、辐射耦合，又有传导、辐射混合耦合。同时电磁发射设备内部也可能会包含敏感部分，而电磁敏感设备内部也会包含电磁发射源。各种电磁发射不但可能会在设备内部形成相互干扰，而且也会形成设备间的相互干扰，从而使干扰现象更为复杂。

3.5.3　电磁干扰源的特性

电磁干扰由寄生的、无用的、乱真的传导和辐射的电信号组成，可能造成系统或设备的性能发生不允许的降级。电磁干扰的起源基本上是电气上的传导（电压和/或电流）或辐射（电场和/或磁场）的有害发射。在时域内，电磁干扰可以是瞬变的、脉冲的或稳态的。在频域内，电磁干扰所包含的频率分量范围可从 50Hz 的低频直到微波波段。

电磁干扰有各种不同的时域波形，如矩形波、三角波、余弦形波、高斯形波等。由于波形是决定带宽的重要因素，设计人员应很好地控制波形。为了保持定时准确度或保证某种形式的准确动作，有时需要上升沿很陡的波形。然而，上升沿斜率越陡，所占的带宽就越宽。

如图 3.110 所示，各种波形占用带宽由宽到窄的排列为：矩形波>锯齿波>梯形波>三角波>余弦形波>高斯形波。

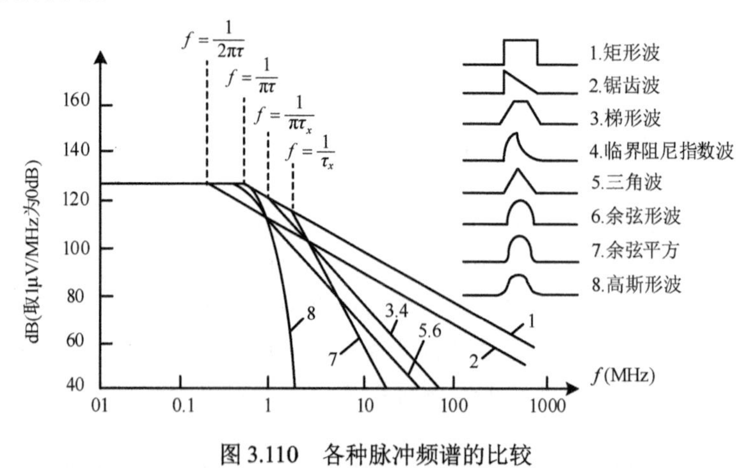

图 3.110　各种脉冲频谱的比较

由此可见，使干扰减小到最小的方法之一，是在可靠工作的情况下，使设计的脉冲波形具有尽可能慢的上升时间。通常脉冲下的面积决定了频谱中的低频含量，而其高频成分与脉冲沿的斜率有关。在所有脉冲中，高斯脉冲占有的频谱最窄。

3.5.4 电磁干扰传播特性

1）电磁干扰传播途径

如果干扰源和敏感设备在同一设备单元内，称“系统内”EMC 问题；若干扰源和敏感设备是两个不同的设备，则称为“系统间”EMC 问题。大部分 EMC 标准都是针对系统间 EMC 问题的。同一设备在一种情况下是干扰源，而在另一种情况下或许是敏感设备。

设备要满足性能指标，减小干扰耦合往往是消除干扰危害的唯一手段，因此弄清楚干扰耦合到敏感设备上的机理是十分必要的。通常减小干扰发射的方法也能提高设备的抗扰度，但为了分析方便，往往分别考虑这两方面的问题。

干扰源和敏感部位在彼此靠近时，就有从一方到另一方的潜在干扰路径。组建系统时，必须知道组成设备的发射特征和敏感性。遵守已出版的发射和敏感度标准并不能保证解决系统内的 EMC 问题。标准的编写是从保护特殊服务（在发射标准中，主要指无线电广播和远程通信）的观点出发的，并要求干扰源和敏感设备之间有最小的隔离。

许多电子硬件包含着具有天线能力的元器件，如电缆、PCB 的印制线、内部连接导线和机械结构。这些元器件可以采用电场、磁场或电磁场方式传输能量并耦合到线路中。在实际应用中，系统内部耦合和设备间的外部耦合，可以通过屏蔽、电缆布局及距离控制得到改善。地线面或屏蔽面既可以因反射而增大干扰信号，也可以因吸收而衰减干扰信号。电缆之间的耦合既可以是电容性的，也可以是电感性的，这取决于其走向、长度和相互间距。绝缘材料也可以因吸收电磁波使场强减小，尽管在许多场合其与导体相比可以忽略。

2）公共阻抗耦合

公共阻抗耦合是由于干扰源与敏感部位共用一个线路阻抗而产生的。最明显的公共阻抗是阻抗实际存在的场合，如干扰源和敏感设备共用的导体；但公共阻抗也可以是由两个电流回路之间的互感耦合，或由于两个电压节点之间的电容耦合而产生的。理论上，每个节点和每个回路通过空间都能耦合到另一个节点和回路。实际上的耦合程度随距离增大而急剧下降。

（1）导体连接

如图 3.111（a）所示，当干扰源与敏感设备共用一个接地时，由于干扰源的输出电流流过公共地阻抗，在敏感设备的输入端产生电压。公共阻抗仅是由一段导线或印制板走线产生的，导线的阻抗呈感性，因此输出总的高频或高 $\mathrm{d}i/\mathrm{d}t$ 分量将更容易耦合。当输出和输入在同一系统时，公共阻抗构成乱真反馈通路，这可能导致振荡。解决方法如图 3.111（b）所示，分别连接两个电路，因而在两个电路之间没有公共阻抗。该方法的代价是多用一根导线。该方法可用于任何包含公共阻抗的电路，如电源汇流条连接。

（2）磁场感应

导体中流动的交流电流会产生磁场，这个磁场会与邻近的导体耦合，在导体上感应出电压，如图 3.112（a）所示。敏感导体中感应电压计算为

$$V=-M\mathrm{d}I_{\mathrm{L}}/\mathrm{d}t \tag{3-56}$$

式中，M 表示互感系数，单位为亨利（H）。

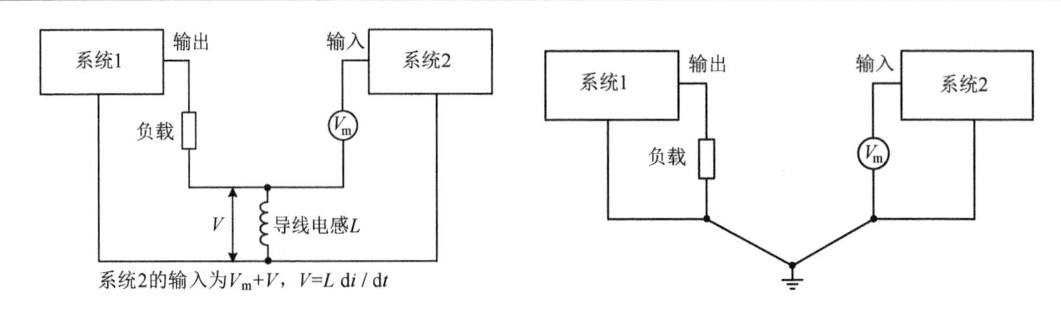

（a）公共阻抗耦合成因　　（b）公共阻抗耦合改进

图 3.111　传导性公共阻抗耦合成因及改进

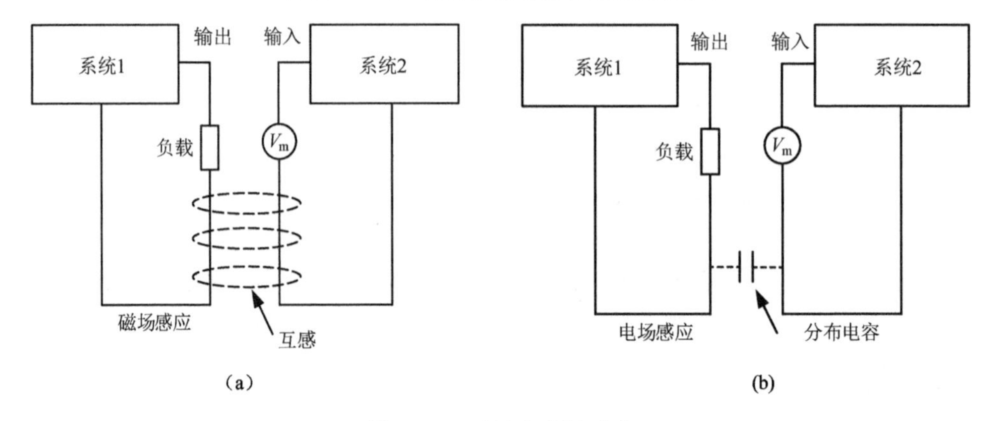

（a）　　（b）

图 3.112　磁场和电场感应

M 取决于干扰源和敏感电路的环路面积、方向、距离，以及两者之间有无磁屏蔽。

磁场耦合的等效电路相当于电压源串联在敏感设备的电路中。值得注意的是，两个电路之间有无直接连接对耦合没有影响，无论两个电路对地是隔离还是连接的，感应电压都是相同的。

（3）电场感应

导体上的交流电压产生电场，这个电场与邻近的导体耦合，并在导体上感应出电压，如图 3.112（b）所示。在敏感导体上感应的电压为

$$V = C_C Z_{in} \mathrm{d}V_L / \mathrm{d}t \tag{3-57}$$

式中，C_C 表示耦合电容；Z_{in} 表示敏感电路的对地阻抗。

这里假设耦合电容阻抗大大高于电路阻抗。噪声似乎是从电流源注入的，其值为

$$Z_C = C_C \mathrm{d}V_L / \mathrm{d}t \tag{3-58}$$

C_C 的值与导体之间的距离、有效面积及有无电屏蔽材料有关。典型例子是两个平行绝缘导线，间隔 0.1in 时，其耦合电容大约为每米 50pF；未屏蔽的中等功率电源变压器的初次级间电容为 100～1000pF。

在上述情况中，两个电路都必须连接参考地，这样耦合路径才能完整。但是如果有一个电路未接地，并不意味着没有耦合通路。未接地的电路与地之间存在杂散电容，这个电容与直接耦合电容串联。另外，即使没有任何地线，干扰源至敏感设备的低电压端之间也存在寄生电容，噪声电流还是能够加到敏感部位，但其值由 C_C 和杂散电容的串联值决定。

（4）负载电阻的影响

需要注意的是，磁场和电场耦合的等效电路之间的差异决定了电路负载电阻的变化引起的结果是不同的。电场耦合随 R_L 增大而增大，而磁场耦合随 R_L 增大而减小。例如，在观察耦合电压时，改变 R_L，就能够推断哪一种耦合模式起主导作用。

同理，低阻抗电路对磁场耦合的影响更大，而高阻抗电路对电场耦合的影响更大。

3）电源耦合

所有干扰能够从干扰源经电源配电网络进入敏感设备，由于两者是连接在一起的，因此对高频情况不利。尽管从线路上可以容易地预测阻抗，但是在高频时很难精确估算。在 EMC 试验中，电源的射频阻抗可用 50Ω 网络并联 50μH 电感近似表示（LISN）。

对于较长距离的电源电缆，在 10MHz 以下，其损耗是很低的，等效于特性阻抗为 150～200Ω 的传输线。然而在任何一个局部配电系统中，因负载连线、电缆接头和配电元器件引起的干扰是影响射频传输特性的主要因素，所有这些因素将增加回路的传输损耗。

4）辐射耦合

为了理解能量是如何从没有导体互连的较远的干扰源耦合到敏感设备的，需要了解一些电磁波传播的特性。

电场（*E* 场）产生于两个具有不同电位的导体之间。电场的单位为 V/m，电场强度正比于导体之间的电压，反比于两导体间的距离。

磁场（*H* 场）产生于载流导体的周围，磁场的单位为 A/m，磁场正比于电流，反比于离开导体的距离。

当交变电压通过网络导体产生交变电流时，产生电磁（EM）波。在远场时，电磁波的 *E* 场和 *H* 场互为正交，同时传播。其传播速度由媒介决定，在自由空间的传播速度等于光在真空中的传播速度（3×10^8m/s）。

在靠近辐射源时，电磁场的几何分布和强度由干扰源特性决定，仅在远处是正交的电磁场，如图 3.113 所示。

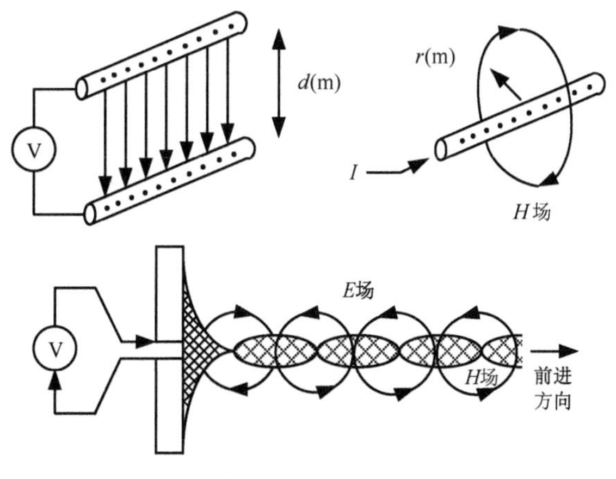

图 3.113 电磁场

电场强度与磁场强度之比称为波阻抗，如图 3.114 所示。

对于任何已知的电磁波，波阻抗是一个十分关键的参数，因为它决定了耦合效率，也决定了导体的屏蔽效能。

此处，假设辐射源到接收设备之间的距离为 d（单位为 m），电磁波的波长为 λ（单位为 m）。

对于远场，$d > \lambda/2\pi$，电磁波称为平面波，平面波的阻抗是恒定的，等于自由空间的阻抗 $Z_0= 120\pi\approx377\Omega$。

对于近场，$d < \lambda/2\pi$，波阻抗由辐射源特性决定。小电流、高电压辐射体（如棒）主要产生高阻抗电场，而大电流、低电压辐射体（如环）主要产生低阻抗磁场。如果辐射体阻抗正好约为 377Ω，那么实际在近场就能产生平面波，这取决于辐射体形状。

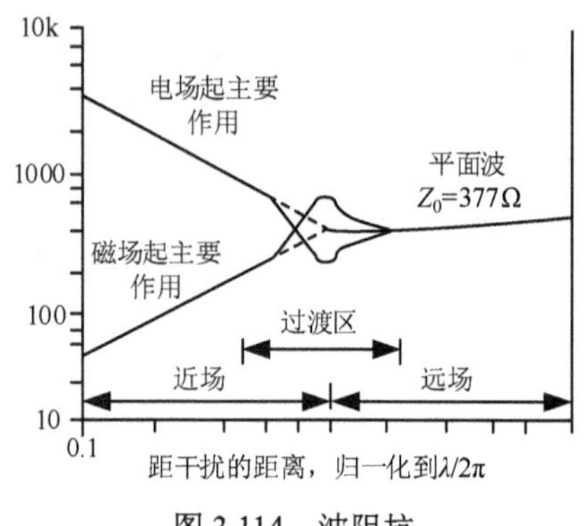

图 3.114 波阻抗

在 $\lambda/2\pi$ 附近区域，或近似 1/6 波长的区域，是处于近场和远场之间的传输区域，该区域又称为过渡区。

通常，平面波总是假设在远场，当分别考虑电场或磁场波时，则假设在近场。

5）耦合方式

差模、共模和天线模辐射场耦合是 EMC 的基本概念，在干扰发射和入侵耦合方面都起作用。

（1）差模

一根电缆连接起来的两台设备，如图 3.115（a）所示，电缆中两根靠近的导线传输差模（去和回）信号电流。辐射场可以耦合到这个信号传输环路中，并在两根导线之间感应出差模骚扰；同样地，差模电流在环路传输时也产生对外辐射场。

地参考面（可以是设备外部的大地，也可以是设备自身的支撑结构）在该耦合中不起作用。

（2）共模

电缆上还会传输共模电流，如图 3.115（b）所示，即电流在每根信号传输导线上都以同一方向流动，并通过公共地平面从负载端返回信号源端，从而构成共模电流传输环路，这些电流通常与信号电流无关。

共模电流可以由外部电磁场耦合到电缆、地参考面、设备与地连接的各种阻抗形成的回路来引起。当共模环路中有电流流动时，会对外辐射共模电磁场。

当外界电磁场在共模环路中感应出共模电流时，由于各信号通道的传输阻抗的不平衡，该电流可以引起内部差模电流，设备对差模电流是敏感的。共模电流也可以由地平面和电缆之间的内部干扰电压引起，这是共模辐射发射的主要原因。

需要注意的是，与导线和设备外壳有关的寄生电容和电感是共模耦合回路的主要部分，在很大程度上决定着共模电流的幅度和频谱分布。

这些寄生电抗由设备各部分之间的高频分布参数产生，而不是设计的，因此控制或预测这些参数比控制或预测那些决定差模耦合的参数（如电缆的间隔和滤波参数）更困难。

（3）天线模

天线模电流沿电缆和地平面同向传输，如图 3.115（c）所示。天线模电流通常不由内部干扰产生，但是当整个系统（包括接地平面）暴露于外场时，天线模电流将会流动。

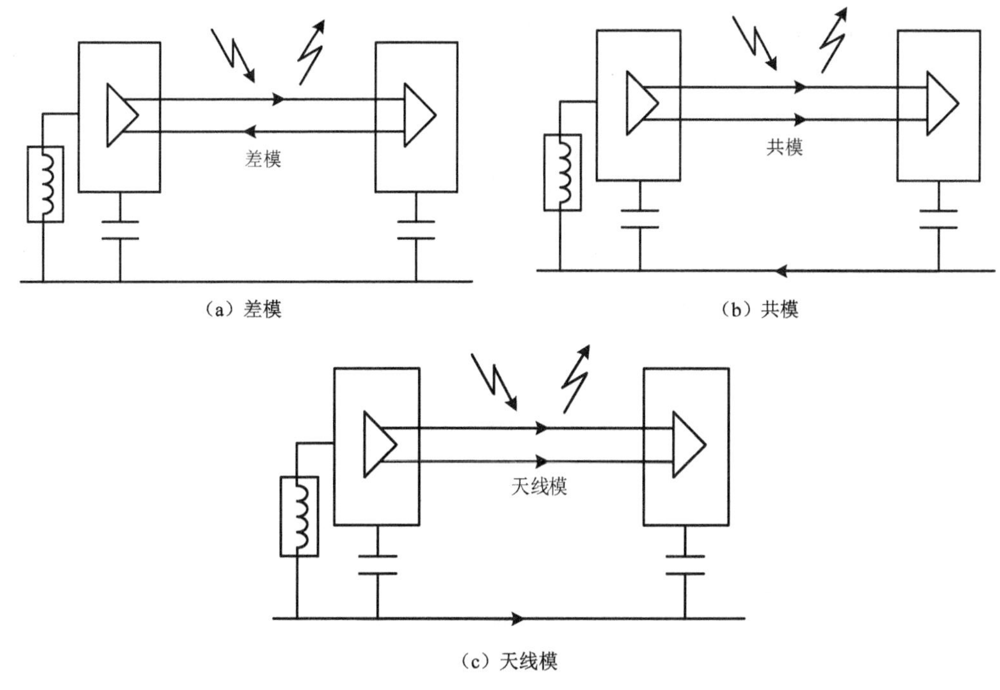

图 3.115　辐射耦合方式

例如，飞机飞入雷达发射的波束区域时，飞机机身作为内部设备的接地平面，它像内部导线一样传输同样的电流。

当不同电流通路上的阻抗不同时，天线模电流会变为差模或共模，这时天线模就成为系统的辐射场敏感性问题。

3.5.5　EMC 设计要点

EMC 设计的内容主要包括：

（1）分析设备或系统所处的电磁环境和要求，正确选择设计的主攻方向；

（2）精心选择产品所使用的频率，制定 EMC 要求和控制计划；

（3）对元器件、模块、电路采取合理的干扰抑制和防护技术。

EMC 设计的主要参数有限额值、安全裕度和费效比。

针对形成电磁干扰的三要素，EMC 设计可以分别从抑制电磁干扰源、切断耦合途径或者传播通道（抑制干扰耦合）、提高敏感设备抗扰度这几个方面去努力。

1）抑制电磁干扰源

抑制电磁干扰源的方法有许多，举例如下。

（1）尽量去掉对设备（或系统）工作用处不大的潜在电磁干扰源，以减少干扰源数量。

（2）恰当选择元器件和线路的工作模式，尽量使设备工作在特性曲线的线性区域，以使谐波成分降低。

（3）对有用的电磁发射或信号输出也要进行功率限制和频带控制。

（4）合理选择电磁波发射天线的类型和高度，不盲目追求覆盖面积和信号强度。

（5）合理选择电磁脉冲形状，不盲目追求上升时间和幅度。

（6）控制产生电弧放电和电火花，宜选用工作电平低的或有触点保护的开关或继电器，宜选用加工精密的直流电机。

（7）应用良好的线路设计技术，包括接地技术来抑制接地干扰、地环路干扰，并抑制高频噪声。

2）抑制干扰耦合

抑制干扰耦合主要是指切断耦合途径或传播通道，通过以下方法可以较好地抑制干扰耦合。

（1）把携带电磁噪声的元器件和导线与敏感元器件隔离。

（2）缩短干扰耦合路径的长度，使相应导线尽量短，必要时使用屏蔽线或加屏蔽套。

（3）注意 PCB 布线和结构件的天线效应。对通过电场耦合的辐射，尽量减小电路的阻抗，而对通过磁场耦合的辐射，则尽量增加电路的阻抗。

（4）应用屏蔽等技术隔离或减少辐射途径的电磁骚扰。

（5）应用滤波器、脉冲吸收器、隔离变压器和光耦合器等滤除或减少传导途径的电磁骚扰。

3）提高敏感设备的抗扰能力

对于干扰源的各种电磁发射抑制措施，一般也同样适用于敏感设备的保护，即可以采用滤波、内部屏蔽、隔离技术、内部去耦电路及线路和结构的合理布局等来防止电磁干扰。此外，在设计中尽量少用低电平元器件、不盲目选择高速元器件、去掉那些不十分需要的敏感部件、适当控制输入灵敏度等。

4）一般原则

一般实现设备 EMC 的技术方法可分为以下两类。一是在设备或系统设计时就注意选用相互干扰小的元器件和电路，并在结构上合理布局，以保证元器件等级上的兼容性；二是采用接地、屏蔽、滤波等技术，降低所产生的干扰电平，增加干扰在传播途径上的衰减。

接地属于线路设计的范畴，对产品 EMC 有着至关重要的意义。可以说，合理的接地是最经济有效的 EMC 设计技术。

滤波是抑制传导干扰最直接有效的办法。另外，由于良好的滤波抑制了干扰源的泄漏，所以也有利于解决辐射干扰方面的问题。屏蔽是抑制辐射干扰的有效办法。应用时注意，屏蔽措施经常要与滤波和接地共同使用才能发挥作用。

对于瞬态脉冲干扰，最有效的办法是使用脉冲吸收技术。

屏蔽可理解为隔离的一种方法，但隔离所包含的内容不止于此，它还包括位置的远离和传导干扰路径的切断（如使用光电耦合器切断地环路干扰）等。目前，市场上有大量的电磁干扰对策元器件可供选择，使用很方便，但也会增加产品成本。

一个产品若在设计阶段注意选择合理的元器件，并优化线路和结构布局，必要时再加上适当的屏蔽和滤波等措施，那么其 EMC 性能通常不会存在大的问题。

EMC 设计一般可以按照以下顺序进行。

第一，功能性设计。在方案已经确定的功能电路中，检验 EMC 指标能否满足标准要求。此时若不满足要求，则主要靠修改参数来达到要求，包括修改发射功率、工作频率、接收机灵敏度、重新选择元器件等。

第二，防护性设计。包括滤波、屏蔽、接地与搭接的设计，还包括时间、空间隔离和频率回避等技术措施。

第三，布局性设计。包括对整体布局的检验、电缆布线和分配、孔缝的位置检验和调整、组件和印制板布局方位的检验和调整等。

EMC 具体设计过程如图 3.116 所示。

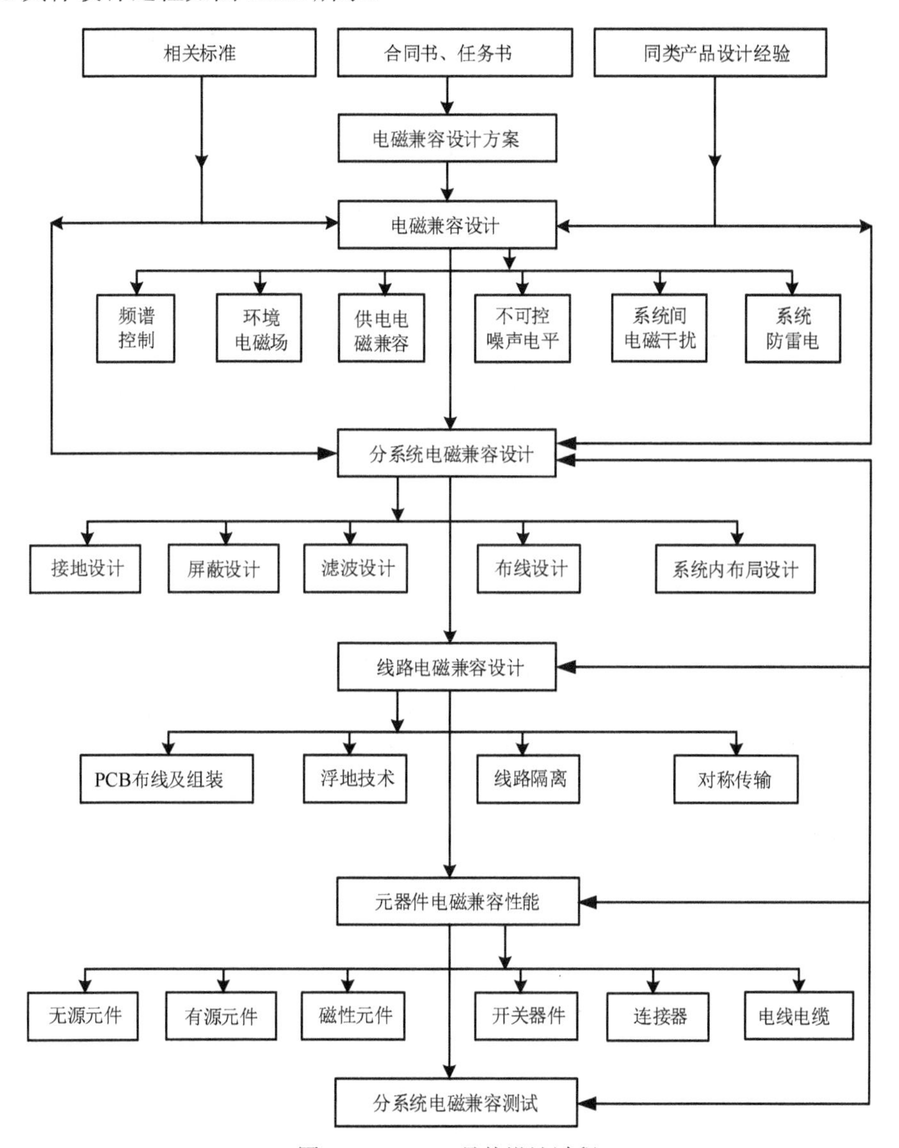

图 3.116　EMC 具体设计过程

通常电路和设备的 EMC 设计具体包括以下内容：

（1）元器件的选择；

（2）电路的选择；

（3）PCB 的设计；

（4）接地和搭接设计；

（5）屏蔽技术的应用；

（6）滤波技术的应用；

（7）电路布局和设备布局；

（8）导线的分类和敷设。

值得注意的是，EMC 设计要采取综合的方法，任何一种单独的措施可能都不会达到理想效果。EMC 的一个基本观点就是既要对干扰源进行抑制，又要提高敏感设备的抗扰度，不能单纯地强调一个侧面。如果无限制地对某个侧面提出过高要求，则可能导致人力、物力和时间上的浪费，有时甚至是难以实现的，因而应该站在整个系统的高度在系统的组织设计初期就考虑 EMC 问题，并在设备制造、现场施工及使用维护中加以实施，这样才能确保整个系统的正常运转。

3.6 可靠性与寿命

电力电子变换器的电气性能固然重要，但可靠性更是电力电子产品竞争力的重要保证。电力电子初学者应对可靠性和寿命建立起正确的认识，在设计实践中不断提高可靠性设计水平。

3.6.1 平均无故障时间

电力电子初学者首先要知道通电时间（POH）的概念。对元器件和设备而言，它也称为总元器件时间（TDH）。例如，1 个单元工作 10^5 小时和 10 个单元工作 1 万小时或 100 个单元工作 1000 小时的通电时间相同，都是 10^5POH。但统计上显然愿意让样本数量更多。注意，谈论失效率或平均无故障时间（MTBF）时经常谈到的小时数，实际上是指通电时间或总元器件时间。

失效率 λ 是单位时间内失效单元的数量，有多种表达方式，需要知道一些相互的转换关系。以前，失效率表示工作 1000 小时失效单元或元器件的百分比。后来，随着元器件质量提高，开始以工作 10^6 小时失效的数量来表示，称为每百万数 ppm。在质量进一步提高后，元器件失效率便以工作 10^9 小时失效的数量来表示，称为菲特（FIT），也常称为 λ，参见图 3.117 中的失效率转换和浴盆曲线。

例如，某一元器件失效率为 100FITs，等效于 0.1ppm，也等于 $0.1\times10^{-6}=10^{-7}$（小时）。

平均无故障时间是失效率的倒数。所以，100FITs 相当于 MTBF 为 10^7 小时（1 千万小时）。类似地，平均无故障时间为 50 万小时等效于失效率为 0.2%/1000 小时，或 2ppm，或 2000FITs。

系统失效率是所有元器件的失效率之和，即

$$\lambda=\lambda_1+\lambda_2+\lambda_3+\cdots+\lambda_n \tag{3-59}$$

$$\text{MTBF}=\frac{1}{\lambda}=\frac{1}{\lambda_1+\lambda_2+\lambda_3+\cdots+\lambda_n} \tag{3-60}$$

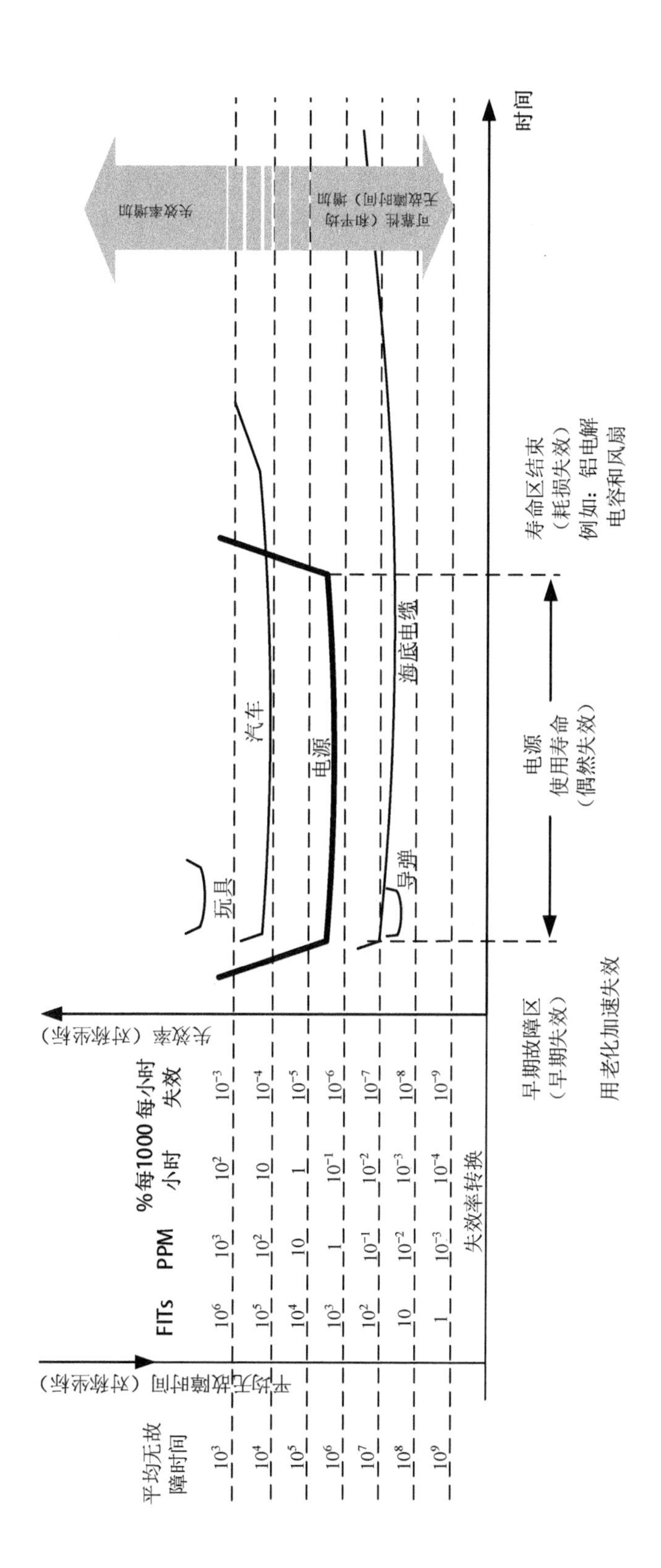

图 3.117　失效率转换和浴盆曲线

平均无故障时间为 25 万小时是某类电源产品的典型期望值。因为 1 年仅有 8760 小时，25 万小时似乎极长，近 30 年。那是否意味着大量的电源样品中平均每 30 年中预期仅有一个失效呢？显然不是。平均无故障时间被很多人误解了，这里需要特别澄清一下。

平均无故障时间为 30 年，实际上意味着 30 年后，只要未出现耗损失效（耗损失效稍后解释），初始电源产品中就有 1/3 仍在工作。换句话说，有 2/3 在平均无故障时间内（本例为 30 年）失效。即 1000 个单元中约有 700 个失效，2000 个单元中约有 1400 个失效，以此类推。因此，可估算出 5 年内有多少个失效。

根据定义，平均无故障时间实际上是一个函数的时间常数，函数总体以指数规律递减。

$$N(t) = N \times \mathrm{e}^{-\lambda t} = N \times \mathrm{e}^{-t/\mathrm{MTBF}} \tag{3-61}$$

可靠性 $R(t)$定义为

$$R(t) = \frac{N(t)}{N} = \mathrm{e}^{-\lambda t} \tag{3-62}$$

它实际上是给定设备正常运行时间为 t 的概率，因为 $N(t)$是经过时间 t 后幸存的单元数量，N 是初始数量。注意，可靠性是时间的函数。对于 t=MTBF，所有系统或设备的可靠性仅为 37%。换一种说法就是，从一开始就只有 37%的设备能幸存至 t=MTBF。只有更少的设备能幸存更长的时间，这也就是为什么可靠性作为时间的函数呈指数规律递减。

下面从不同角度解释说明平均无故障时间：

（1）大样本时，仅 37%的单元在平均无故障时间后幸存；

（2）单一单元，它幸存至平均无故障时间（t=MTBF）的概率仅为 37%；

（3）给定单元以 37%的置信度幸存至平均无故障时间（t=MTBF）。

下面澄清最后一个误解：如果电源的平均无故障时间从 25 万小时增至 50 万小时，那是否意味着“可靠性加倍”？不是。首先，这个问题本身就是错误的。计算 $R(t)$时需要指定 t。所以，假设选择 t=4.4 万小时（5 年）。问题变成了对比两个平均无故障时间概率（通常设置为设备的预期寿命）的可靠性。因此，

$$R(44\mathrm{k}) = \mathrm{e}^{-44\mathrm{k}/250\mathrm{k}} \approx 84\% \tag{3-63}$$

$$R(44\mathrm{k}) = \mathrm{e}^{-44\mathrm{k}/500\mathrm{k}} \approx 92\% \tag{3-64}$$

可以看出，平均无故障时间加倍后，按 5 年计算的可靠性大约仅增加了 10%（因为 $92/84 \approx 1.095$）。

3.6.2 保修成本

电源设计工程师对于军用、航空等领域电源产品的可靠性设计都非常重视，那为什么对于商业环境下的电源产品可靠性也如此重要呢？因为关乎成本！工程师们应该都知道“10 倍经验法则”：如果在电路板级检测到一个失效需要花 10 元维修，在系统级（产品检测时）发现一个失效需要花 100 元维修，那么在现场就需要花 1000 元维修，以此类推。实际上成本增加可能还远不止 10 倍。如果电源设计工程师能很好地预先理解变换器应力和潜在的失效模式，并且在设计阶段就消除它们，则是最省钱的途径。

算例

如果有 1000 个单元，平均无故障时间为 25 万小时，那么 5 年后有多少单元预期会失效呢？计算保修成本，假设一个单元的维修成本是 100 元。

现实情况中，损坏设备将立即更换并放回现场。所以，现场的平均数量不会以指数形式递减。这种情况下，可以计算日常保修成本或年度保修成本。在声称的 5 年（43.8×10^3 小时）保修期后，失效单元数为

$$\text{失效单元数}=\frac{1000\text{单元}\times43800\text{小时}/\text{单元}}{250000\text{小时}/\text{失效}}=175.2 \tag{3-65}$$

即 1000 个单元中每年有 175.2/5≈35 个单元失效，或每 100 个单元中约有 3.5 个单元失效。若维修一个单元需要花 1000 元，则 5 年内的每一年中，每 100 个单元需要花 3500 元保修，或每个单元需要花 35 元保修。对于卖出的 1000 个单元，且无论每个单元的建议售价如何，5 年的总维修成本已达 175200 元，或每年 175200/5=35000 元。换句话说，声称的保修期内，维修成本为每个单元 175.2 元。该成本要被供应商预先计入售价，否则会有破产的危险。另一种方法是缩短保修期，例如说仅保修 90 天。

3.6.3　寿命期望和失效标准

实际上，一般在 5 年左右，失效单元数量会陡增。因为在此时间点上寿命问题开始显现。工程师们不要混淆寿命和平均无故障时间，虽然它们最终都能导致可观测的失效。平均无故障时间概念仅在设备使用寿命期内适用。根据定义，使用寿命期内的失效率是常数（意味着无任何维修或更换的指数递减曲线），这也称为偶然失效。最终，耗损失效（寿命终结）导致失效率突然上升。参见图 3.117 中经典的浴盆曲线，图中给出了一些系统可靠性高但使用寿命短的例子（如导弹），以及与之相反的一些系统可靠性较低但使用寿命长的例子（如汽车）。

不过，还需要定义如何才算失效。失效不一定是设备完全不工作，可能只是超出了特定性能极限。例如，一辆汽车即使安全带、音响或卫星定位系统不工作，也能继续行驶。此时是否认定失效并把汽车开到路边维修，取决于司机。而对于电子元器件，究竟极限是什么以及什么参数才能构成一套失效标准，都在数据手册的电气特性表中予以规定。

如果在系统或设备中有铝电解电容，它就是导致耗损失效的罪魁祸首。如果有冷却风扇，它就是另一个经常影响寿命极限的因素。注意，从寿命角度看，通常认为套筒轴承风扇比滚珠轴承风扇情况更糟。但是，滚珠轴承风扇很快也会变得嘈杂。如果以某一噪声阈值作为风扇失效标准的一部分，那么套筒轴承风扇与滚珠轴承风扇差不多，甚至可能更好，而且便宜得多。另一个常用元器件——光电耦合器也表现出稳定的退化（耗损）。若长时间通入很大的阳极电流，光电耦合器的电流转换率（CTR）将持续快速地变差。光电耦合器寿命是其电流转换率降至 50%初始值的时间。一般来说，典型光电耦合器的过驱动电流超过约 10mA 将使寿命剧减。但是，电源应用中有一个高增益系统，即使最小的误差电流通过光电耦合器也能产生迅速的校正，从而减小电流。所以，在电源反馈环应用中，光电耦合器不能（连续）过驱动。光电耦合器的预期寿命一般在 15 万小时以上，通常会有足够的相位和增益裕量来避免公差和退化引起的不稳定。

元器件供应商经常围绕失效标准或保证的性能极限做文章。例如，松下电气声称大多数含铅铝电解电容的寿命终结是在其电容值比初始值下降 20%时，但对于该公司的表贴铝电解电容，这一比例却变成 30%。因此，在比较不同供应商提供的平均无故障时间或寿命时，需要仔细比较其失效标准，特别是同一供应商的不同产品系列，不可简单地认为失效标准完全一样。

3.6.4 验证可靠性测试

商用电源在出厂前通常要接受可靠性测试。几百个电源放置在同一个房间内，在最大负载和额定工作温度下（或按规定）运行。一段预设时间内失效的电源数量表示在一定的“置信度”下放置在现场的众多电源在可靠性方面的表现。平均无故障时间的统计公式为

$$\text{MTBF} = \frac{2\text{POH}}{\chi^2(a, 2f+2)}（单位：小时） \tag{3-66}$$

式中，f 是失效数量；a 是显著水平，与置信度的关系如下：

$$\text{CL} = 100 \times (1-\alpha)\% \tag{3-67}$$

需要参考表 3.20 给出的卡方（χ^2）。

表 3.20 卡方（χ^2）速查表

失效数量	60%置信度下的 χ^2	90%置信度下的 χ^2
0	1.833	4.605
1	4.045	7.779
2	6.211	10.645
3	8.351	13.362
4	10.473	15.987
5	12.584	18.549

算例

需要多少通电时间（POH）才能在 90%置信度下验证 25 万小时的平均无故障时间？（温度规定为 55℃）

0 个失效对应的运行时间是

$$\text{POH}_0 = \frac{\chi^2 \times \text{MTBF}}{2} = \frac{4.605 \times 250000}{2} = 575625（单元\times小时） \tag{3-68}$$

1 个失效对应的运行时间是

$$\text{POH}_1 = \frac{\chi^2 \times \text{MTBF}}{2} = \frac{7.779 \times 250000}{2} = 972375（单元\times小时） \tag{3-69}$$

算例

4 周测试时间需要多少单元才能在 60%置信度下验证 25 万小时的平均无故障时间？

若在 60%置信度下至多有 1 个失效，需要累积

$$\text{POH}_1 = \frac{\chi^2 \times \text{MTBF}}{2} = \frac{4.045 \times 250000}{2} = 505600（单元\times小时） \tag{3-70}$$

4 周共 672 个小时。因此，4 周测试时间需要测试

$$\frac{505600（单元\times小时）}{672（小时）} \approx 752（单元） \tag{3-71}$$

注意，这些单元都要在最大负载或（规定的）80%的最大负载条件以及最高环境温度 55℃（或规定温度）下同时运行。通常，一些按用户要求运行，一些按电源制造商要求运

行。4 周测试时间内，至多有 1 个失效。一旦进行失效分析，并且落实解决方案，就不再视其为责任失效（现场事件只是由电气特性造成的）。

3.6.5 加速寿命试验

若失效率随温度升高而增加，为什么不能选一批电源接受高温测试呢？其实通过如图 3.117 所示的浴盆曲线可以加快进度，在设备运行于正常（更低）温度时快速累积现场数据。只要知道如何随温度缩放，就有希望估计现场寿命和平均无故障时间。换句话说，需要知道（温度）加速系数（AF）。

这让人联想起描述化学反应与温度关系的阿累尼乌斯（Arrhenius）方程。按适用形式，反应变化率可写成

$$变化率 \propto \mathrm{e}^{-E_A/kT} \tag{3-72}$$

式中，E_A 是活化能量，单位为 eV（电子伏特）；k 是波尔兹曼常数，值为 8.617× 10^5eV/K（K 是开尔文）；T 是温度，单位为开尔文。阿累尼乌斯方程把每一个反应（失效）视为跨越一定高度的（经验）能量势垒（E_A 的单位是电子伏特）。当分子加热时，越来越多的分子振动加剧、足以越过势垒，反应加速（更多失效）。阿累尼乌斯方程常用于估计可靠性和寿命。

比较 T_1（较低）时的变化率和 T_2（较高）时的变化率，可得到加速系数为

$$\mathrm{AF} = \mathrm{e}^{(E_A/kT)[(1/T_1)-(1/T_2)]} \tag{3-73}$$

这就是加速系数，低温失效率乘以该系数就能得到高温失效率。

对于铝电解电容，常见的说法是经验法则“温度每升高 10℃，失效率加倍，寿命减半”对应的加速系数为 2。然而实际上 AF 是温度的函数。对照式（3-73）可见，如果设 T_1=273+50 和 T_2=273+60（50～60℃），那么 E_A=0.65eV 时 AF=2。如果温度由 80℃提高到 90℃，对于相同的 E_A，可得 AF=1.8，不是 2。因此，每 10℃加倍或减半的经验法实际上意味着假设 E_A=0.65eV。但活化能量 E_A 一般在 03～1.2eV 变化。对于特殊的失效机制，若 E_A=0.3eV，则在 50～60℃，其加速系数只有 1.4，在 80～90℃时加速系数下降到 1.3。

实际的可靠性测试主要分为两类。

（1）加速寿命测试（ALT）：虽然此处用词是寿命，但该测试包含升高温度，以及用加速系数在低温下预测寿命和平均无故障时间。该测试必须谨慎进行，防止引入正常低温下未出现的新的失效模型。

（2）加速应力测试（AST）：通常情况下，该项测试的目的并非预测。此处试图通过增加应力加速失效，意在发现薄弱环节。

加速应力测试子类下，能够进行如下测试。

（1）高加速寿命测试（HALT）：这是设备（如电源）开发工具。其目的在于识别自身设计阶段的弱点，以便成本允许时进行改进，也称为应力和寿命测试。

（2）高加速应力筛选（HASS）：这是制造设备时的产品筛选。产品样品在短时间内承受极高应力，以发现制造（或设计）过程中的弱点。

（3）高加速应力测试（HASY）：这是元器件层面的测试。为了发现弱点，样品要承受极高的环境应力（温度、压力或湿度）。评定半导体元器件时，通常要进行该测试。

进行加速测试时必须很小心，仅加速已知失效模式，不能创造新失效模式。

3.7 小结

本章对电力电子变换器中的实际问题进行了探讨。从功率器件、磁性器件、电容、PCB等方面对比分析了理想与实际的差异，指出实际因素对电路工作带来的影响。讨论了实际电力电子变换器中的主要损耗、典型元器件的损耗构成及其一般建模方法，给出了常用元器件散热设计方法以及安装方法。讨论了元器件应力对其可靠性和寿命的影响，介绍了降额设计的一般理念与方法。介绍了 EMC 设计的一般方法和过程，剖析了可靠性方面的一些误区，并对可靠性试验进行了简要介绍。

电力电子初学者在结合实际电力电子变换器制作进行学习时，若能同时认识到以上实际因素，则会更加深刻地理解电力电子变换器相关知识和设计过程，指导其实用设计。

思考题和习题

3-1　对比图 3.1 和图 3.2，阐述不加主电时理想与实际驱动波形的差异，并简要说明其原因。

3-2　对照图 3.2 和图 3.3，说明加主电和不加主电时测试得到的驱动波形的差异，并简要分析其原因。

3-3　以反激变换器 DCM 工作模式为例，阐述实验测试得到的功率器件漏源电压波形与理想分析不同的原因。

3-4　画出 N 沟道 Si MOSFET 实际器件等效电路模型，并结合模型说明各器件的物理含义。

3-5　画出 Cascode SiC JFET 实际器件等效电路模型，并结合模型说明各器件的物理含义。

3-6　画出实际电感器的三元件等效电路模型，并推导其等效阻抗表达式，绘出阻抗–频率特性典型曲线。

3-7　画出实际电容等效电路模型并推导其等效阻抗表达式，绘出阻抗–频率特性典型曲线。

3-8　画出实际变压器等效电路模型，并结合模型说明各元件的物理含义。

3-9　以反激变换器为例，画出标有主要寄生参数的主电路拓扑图。

3-10　反激变换器外加的吸收电路必须满足什么基本条件？

3-11　电力电子变换器的损耗主要来自哪些部分？

3-12　画出 MOSFET 开通过程的主要电压电流波形，并阐述其主要工作过程。

3-13　画出 MOSFET 关断过程的主要电压电流波形，并阐述其主要工作过程。

3-14　说明磁性元件损耗由哪些部分构成，并简述每部分损耗受哪些因素影响。

3-15　阐述应力降额的概念，并说明实际设计时要考虑应力降额的必要性。

3-16　EMC 设计的基本方法有几种？分别说明每种方法的特点。

3-17　结合图 3.116，阐述 EMC 具体设计过程。

3-18　解释平均无故障时间的含义。

3-19　为什么商用电源产品也要重视可靠性？

第4章　印制电路板的一般设计方法

电力电子变换器设计的关键步骤之一是印制电路板（Printed Circuit Board，PCB）的设计。如果这一步设计不当，电力电子变换器不仅性能有可能较差，甚至会工作不稳定，发射出超标的电磁干扰（EMI），无法满足设计要求。为此，电力电子变换器设计人员必须在充分理解电路工作原理的基础上，保证PCB设计合理。

本章首先对PCB的概况进行介绍，给出PCB设计的一般要求，讨论PCB的一般设计流程与方法，并紧扣PCB工程对相关设计规范和工艺要求进行细致阐述和分析，对PCB的热设计进行阐述。

4.1　PCB简介及设计基础

经过分析、设计、仿真验证，形成了电气原理图，确认了每个元器件的设计与选型，经论证认为“满足要求”。然而原理图与实际的电子产品之间仍有很大的差距。填补这一差距的主要部件就是PCB。

PCB对于电力电子变换器，犹如住宅对人类社会一样重要。打开电力电子变换器，可见其由形形色色的电子元器件组成，而这些元器件的载体和相互连接所依靠的正是PCB。不断发展的PCB技术使电力电子产品设计、装配走向标准化、规模化、机械化和自动化，体积减小，成本降低，可靠性、稳定性提高，装配、维修简单等。毫不夸张地说，没有PCB就没有电力电子技术和产业的高速发展。熟悉PCB基本知识，掌握PCB基本设计方法和制作工艺，是电力电子初学者需要学习掌握的重要专业技能之一。

4.1.1　PCB及互连

熟悉PCB的材料和性能，以及PCB互连方式是设计和制作PCB的基础，本节讲述的是目前普遍采用的工艺技术。最新的发展将在后面有关章节介绍。

4.1.1.1　PCB概况

1．基本概念

PCB是由印制电路和基板构成的，主要包含的几个概念如下。

（1）印制——采用某种方法，在一个表面上再现图形和符号的工艺，它包含通常意义的“印刷”。

（2）印制线路——采用印制法在基板上制成的导电图形，包括印制导线、焊盘等。

（3）印制元器件——采用印制法在基板上制成的电路元件，如电感、电容等。

（4）印制电路——采用印制法得到的电路，它包括印制线路和印制元器件或由二者组合成的电路。

（5）敷铜板——由绝缘基板和粘敷在上面的铜箔构成，是用减成法制造 PCB 的原料。

（6）PCB——完成了印制电路或印制线路加工的板子。它不包括安装在板上的元器件和进一步加工，简称印制板。

（7）PCB 组件——安装了元器件或其他部件的 PCB 部件。

板上所有安装、焊接、涂敷均已完成，习惯上按其功能或用途称为“某某板”“某某卡”，如控制板、驱动板、DSP 开发板等。

2．分类

习惯上按印制电路的分布划分 PCB，可以分为单面板、双面板和多层板。

（1）单面板——仅一面上有导电图形的 PCB，如图 4.1 所示。

（2）双面板——两面都有导电图形的 PCB，如图 4.2 所示。

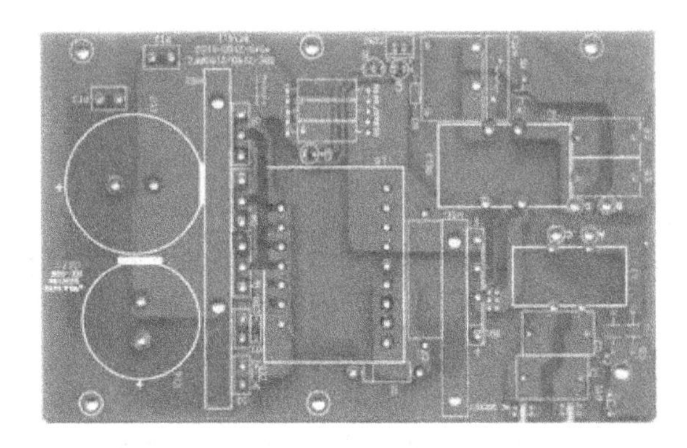

图 4.1　单面板

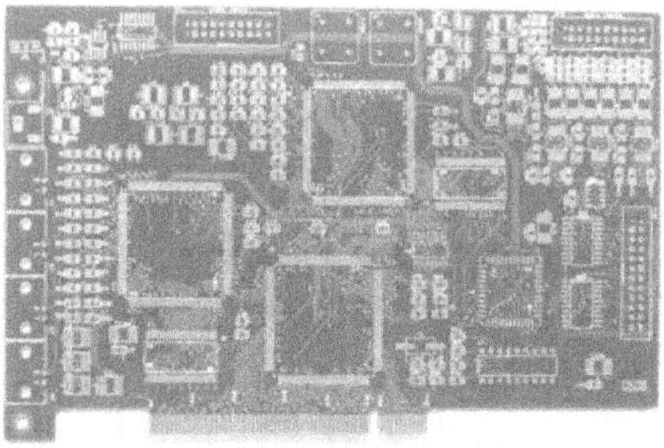

图 4.2　双面板

（3）多层板——有三层或三层以上导电图形和绝缘材料压合成的 PCB，如图 4.3 所示。

按机械性能又可分为刚性和柔性两种。

实际电力电子产品中使用的 PCB 千差万别，最简单的可以只有几个焊点或导线，如图 4.4 所示。一般简单的电力电子产品中 PCB 焊点数在数十个到数百个，如图 4.5 所示。焊点数超过 600 个属于较为复杂的 PCB，如变频器主板，如图 4.6 所示。

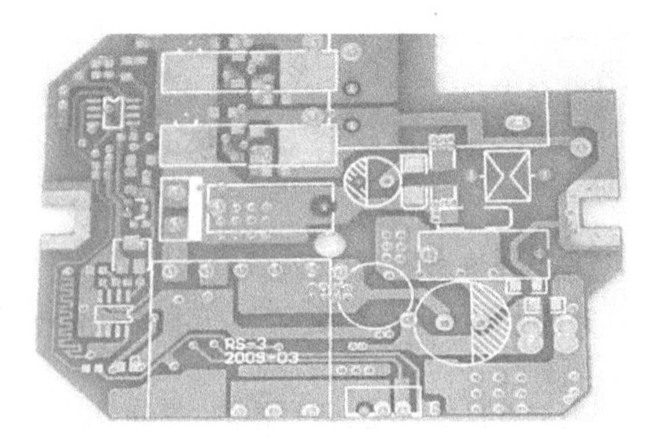

图 4.3　多层板

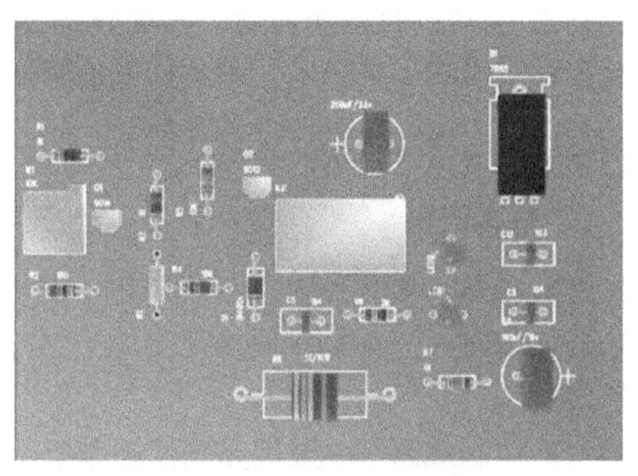

图 4.4　几个焊点的 PCB

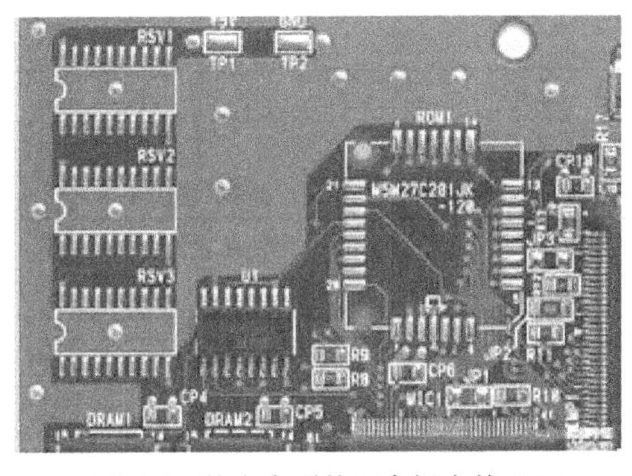

图 4.5　数十个到数百个焊点的 PCB

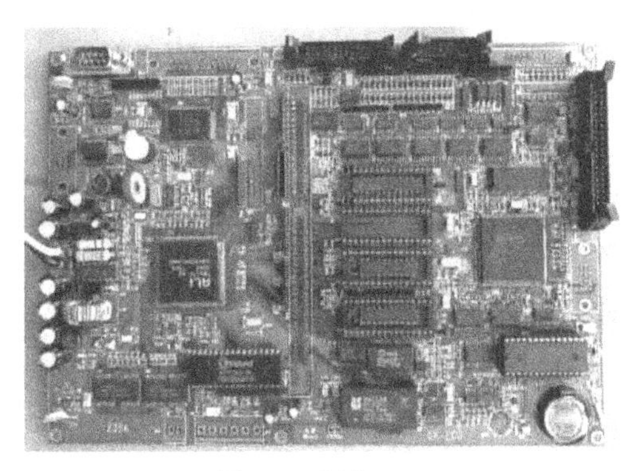
图 4.6　复杂 PCB

3. 印制电路的形成

在基板上再现导电图形有两种基本方式，即减成法和加成法。

1）减成法

这是最普遍采用的方式，即先将基板上敷满铜箔，然后用化学或机械方式除去不需要的部分。

（1）蚀刻法：采用化学腐蚀办法除去不需要的铜箔，这是目前最主要的制造方法，后面将专门介绍。

（2）雕刻法：用机械加工方法除去不需要的铜箔，这在单件试制或业余条件下可快速制出 PCB。

2）加成法

这是另一种制作 PCB 的方式：在绝缘基板上用某种方式敷设所需的印制电路图形，敷设印制电路方法有丝印电镀法、粘贴法等。

4.1.1.2　敷铜板

1. 敷铜板构成

敷铜板，全称为敷铜箔压层板。供生产印制用的敷铜板主要由三个部分组成：

（1）铜箔，纯度大于 99.8%，厚度 18～105μm（常用 35～50μm）的纯铜箔；

（2）树脂（粘合剂），常用酚醛树脂、环氧树脂和聚四氟乙烯等；

（3）增强材料，常用纸质和玻璃布。

2. 常用敷铜板种类及特性

几种常用敷铜板规格及特性见表 4.1。

表 4.1　常用敷铜板规格及特性

名　称	标称厚度（mm）	铜箔厚（μm）	特点	应用
酚醛纸敷铜板	1.0,1.5,2.0,2.5,3.0,3.2,6.4	50～70	价格低，阻燃强度低，易吸水，不耐高温	中低档民用品，如收音机、录音机等
环氧纸质敷铜板	1.0,1.5,2.0,2.5,3.0,3.2,6.4	35～70	价格高于酚醛纸敷铜板，机械强度，耐高温和潮湿性较好	工作环境好的仪器、仪表以及中档以上民用电器
环氧玻璃布敷铜板	0.2,0.3,0.5,1.0,1.5,2.0,3.0,5.0,6.4	35～50	价格较高，性能优于环氧酚醛纸敷铜板且基板透明	工业、军用设备、计算机等高档元器件

（续表）

名　称	标称厚度（mm）	铜箔厚（μm）	特点	应用
聚四氟乙烯敷铜板	0.25,0.3,0.5,0.8,1.0,1.5,2.0	35～50	价格高，介电常数低，介质损耗低，耐高温，耐腐蚀	微波、高频、电器、航空航天、导弹、雷达等
聚酰亚胺柔性敷铜板	0.2,0.5,0.8,1.2,1.6,2.0	35	可挠性，重量轻	民用及工业电器计算机、仪器仪表等

3. 敷铜板机械焊接性能

敷铜板机械焊接性能包括以下几个方面：

（1）抗剥强度，铜箔与基板之间结合力，取决于粘合剂及制造工艺；

（2）抗弯强度，敷铜板承受弯曲的能力，取决于基板材料和厚度；

（3）撬曲度，敷铜板的平直度，取决于板材和厚度；

（4）耐焊性，敷铜板在焊接时（承受熔态焊料高温）的抗剥能力，取决于板材和粘合剂。

以上标准都影响 PCB 成品的质量，应根据需要选择敷铜板种类及生产厂家，保证产品质量。

4.1.1.3 PCB 互连

一块 PCB 一般不能构成一个电力电子产品，PCB 之间以及 PCB 与其他零部件，如面板上元器件，执行机构等需要电气连接。选用可靠性、工艺性与经济性最佳配合的连接，是设计 PCB 的重要内容之一。

1. 焊接方式

在自制工装、电路实验、样机试制常使用焊接方式，优点是简单、可靠、廉价；不足之处是互换、维修不便，批量生产工艺性差。具体应用有以下 4 种接法。

（1）导线焊接，如图 4.7 所示。一般焊接导线的焊盘尽可能在 PCB 边缘，并采用适当的方式避免焊盘直接受力。

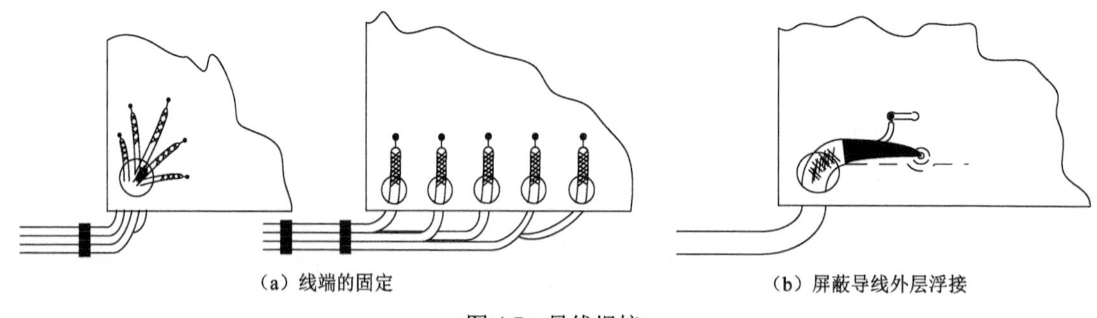

（a）线端的固定　　（b）屏蔽导线外层浮接

图 4.7　导线焊接

（2）排线焊接，如图 4.8 所示。两块 PCB 之间采用连接排线，既可靠又不易出现连接错误，且两块相对位置不受限制。

（3）PCB 之间直接焊接，如图 4.9 所示，常用于两块 PCB 之间为 90°夹角的连接。连接后成为一个整体 PCB 部件。

图 4.8　排线焊接

图 4.9　PCB 之间直接焊接

（4）通过标准插针连接，如图 4.10 所示。通过标准插针将两块 PCB 连接，两块 PCB 一般平行或垂直，容易实现批量规模生产。

2. PCB/插头连接

PCB/插头连接在 PCB 边缘做出印制插头，与专用 PCB 插座相配。

优点：互换性、维修性能良好，适于标准化大批量生产。

缺点：PCB 造价提高，对 PCB 制造精度及工艺要求较高。

如图 4.11 所示是典型 PCB/插头连接，常用于多板结构的产品。插座与 PCB 或底板又有簧片式和插针式两种，实际应用中以插针式为主。

图 4.10　通过标准插针连接

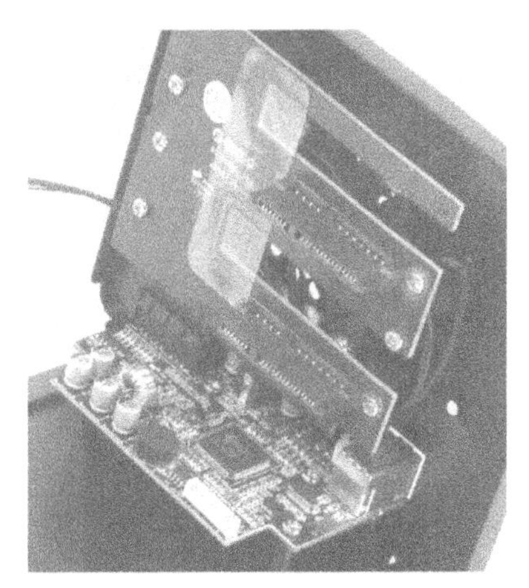

图 4.11　典型 PCB/插头连接

3. 插头/插座连接

插头/插座连接适用于PCB对外连接的插头座种类很多，其中常用的有以下几种。

（1）条形连接器，如图4.12所示，连接线数从两根到十几根不等，线间距有2.54mm和3.96mm两种，插座焊接到PCB上，插头用压接方式连接导线。一般用于PCB对外连接线数不多的地方，如计算机上电源线、声卡与CR-ROM音频线等。

（2）矩形连接器，如图4.13所示，连接线数从8根到60根不等，线间距为2.54mm，插头采用扁平电缆压接方式，用于连接线数较多且电流不大的地方，如计算机中硬盘、软盘、光盘驱动器的信号连接，以及并口、串口的连接等。

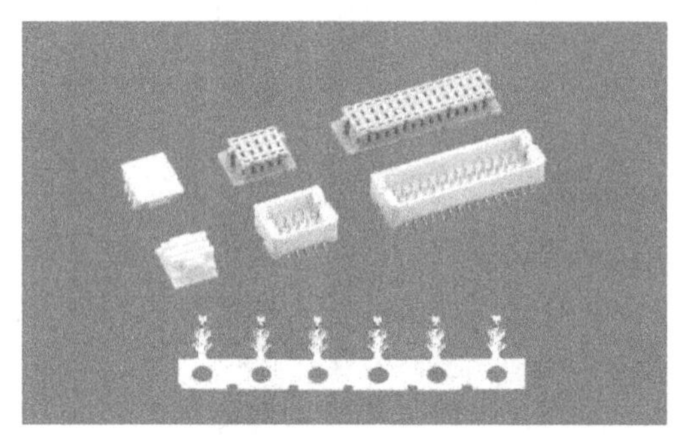

图4.12　条形连接器

图4.13　矩形连接器

（3）D形连接器，如图4.14所示，有可靠的定位且比较紧固，常用的线数为9根、15根、25根、37根几种，用于对外移动设备的连接，如计算机串、并口对外连接等。

（4）圆形连接器，如图4.15所示，这种连接器在PCB对外连接中主要用于一些专门部件，如计算机键盘，音响设备之间的连接。

图4.14　D形连接器

图4.15　圆形连接器

此外，还有专用于音、视频及直流电源连接的插接件。

一块PCB上根据需要可有一种或多种连接方式，例如计算机PCB就采用了除焊接外的各种连接方式。

4.1.2　PCB设计基础

4.1.2.1　PCB设计要求

1. 正确

“正确”是PCB设计最基本、最重要的要求，准确实现电原理图的连接关系，避免出现

"短路"和"断路"这两个简单而致命的错误。这一基本要求在手工设计和简单 CAD 软件设计的 PCB 中并不容易做到，一般较复杂的产品都要经过两轮以上试制修改，功能较强的 CAD 软件则有检验功能，可以保证电气连接的正确性。

2. 可靠

这是 PCB 设计中较高一层的要求。连接正确的电路板不一定可靠性好，例如，板材选择不合理、板厚及安装固定不正确、元器件布局布线不当等都可能导致 PCB 不能可靠地工作，早期失效甚至根本不能正确工作。再如，多层板与单、双面板相比，设计时要容易得多，但就可靠性而言却不如单、双面板。从可靠性的角度，结构越简单，使用元器件越小，板子层数越少，可靠性越高。

3. 合理

这是 PCB 设计中更深一层、更不容易达到的要求。一个 PCB 组件，从 PCB 的制造、检验、装配、调试到整机装配、调试，直到使用维修，都与 PCB 设计的合理性息息相关，例如，板子形状选得不好导致加工困难、引线控太小导致装配困难，没留测试点导致调试困难、板外连接选择不当导致维修困难等。每一个困难都可能导致成本增加，工时延长。而每一个造成困难的原因都是设计者的失误。没有绝对合理的设计，只有不断合理化的过程。它需要设计者的责任心和严谨的作风，以及实践中不断总结、积累经验。

4. 经济

这是一个不难达到又不易达到，但必须达到的目标。说"不难"，只要板材选低价、板子尺寸尽量小、连接用直接焊接导线、表面涂覆用最便宜的材料、选择价格最低的加工厂等，PCB 制造价格就会下降。但是不要忘记，这些廉价的选择可能造成工艺性、可靠性变差，使制造费用、维修费用上升，总体经济不一定合算，因此说"不易"。"必需"则是市场竞争的原则。竞争是无情的，一个原理先进、技术高新的产品可能因为经济性原因夭折。

以上四条 PCB 设计要求，相互矛盾又相辅相成，不同用途、不同要求的产品侧重点不同。上天入海、事关国家安全、防灾救急的产品，可靠性第一。民用低价值产品，经济性首当其冲。具体产品具体对待，综合考虑以求最佳，是对设计者综合能力的要求。

4.1.2.2　整机 PCB 布局

整机 PCB 的布局，这里主要指采用单板结构还是多板结构、多板如何分板、相互如何连接等。

1. 单板结构

当电路较简单或整机电路功能唯一确定的情况下，可以采用单板结构：将所有元器件尽可能布设在一块 PCB 上。成功的范例如风行 20 世纪 80 年代的"单片机"，在一块 PCB 上集中了微型计算机的全部内容：输入键盘、CPU、ROM、RAM、I/O、显示驱动、扩展区等一应俱全，如图 4.16 所示。

单板结构优点明显，主要为结构简单、可靠性高、使用方便。

单板结构缺点也很明显，主要为改动困难、功能扩展有限、工艺调试受限、维修性差。

2. 多板结构

多板结构也称为积木结构，是指将整机电路按原理功能分为若干部分，分别设计为各自功能独立的PCB，这是大部分中等复杂程度以上电子产品采用的方式。分板原则包括以下方面。

图4.16 单片机

（1）将能独立完成某种功能的电路放在同一块 PCB 上，特别是要求一点接地的电路部分尽量置于同一块板内。

（2）高低电平相差较大，相互容易干扰的电路宜分板布置，如电视机中电源与前置放大部分要分板布置。

（3）电路分板部位，应选相互之间连线较少的部位以及频率、阻抗较低的部位，有利于抗干扰，同时又便于调试。例如，普通示波器将电路分布在 5 块板上，如图 4.17 所示。前置放大与驱动电路分开，可将前置电路设计到面板上，使易受干扰的高阻电路导线最短，有利于减小分布参数和实施屏蔽；高频电压容易干扰其他电路，故单置一个板来进行屏蔽，其他几个独立功能块分置三块板。

像示波器这种功能结构的多板形式，一般由同一制造厂设计生产，而不同厂商甚至同一厂商的不同型号之间并没有统一的标准或协议，仅具有同一厂家或同一系列、同一型号的互换性。

另一种形式的多板结构是主辅型，也称为母子型，即用一块集中基本功能的主（母）板和若干扩展功能的辅（子）板构成。同一系列，甚至不同厂商的板子均按某一标准或协议设计生产，因而具有互换性和灵活组合特性。

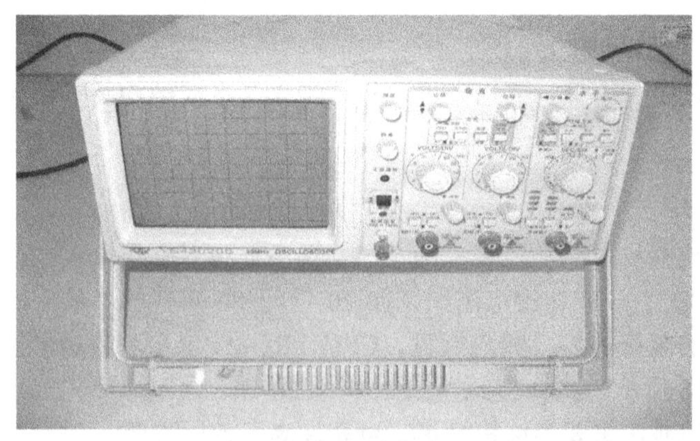

（a）示波器实物图

图4.17 分板结构示例（示波器电路分板图）

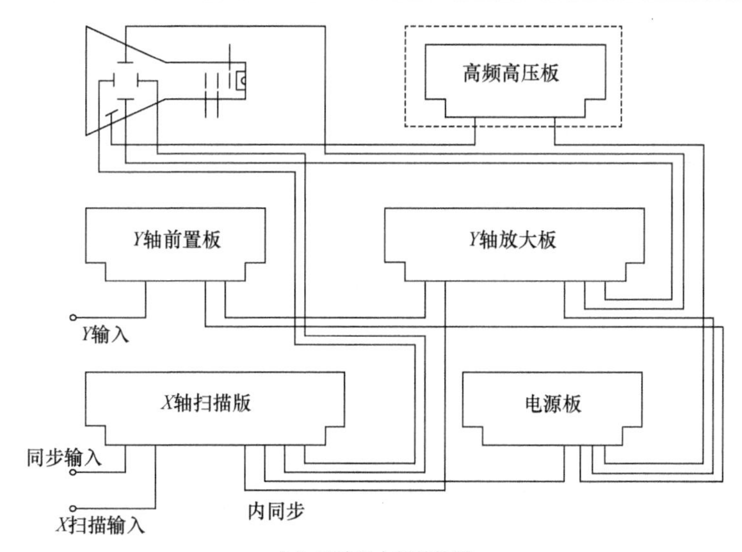

(b) 示波器内部结构图

图 4.17　分板结构示例（示波器电路分板图）(续)

当代最具活力的笔记本电脑是这种结构的典型，如图 4.18 所示为其内部结构示意图，主板上集中了 CPU、RAM 和 ROM 等功能，其他功能则由插接到主板上的不同插条完成。

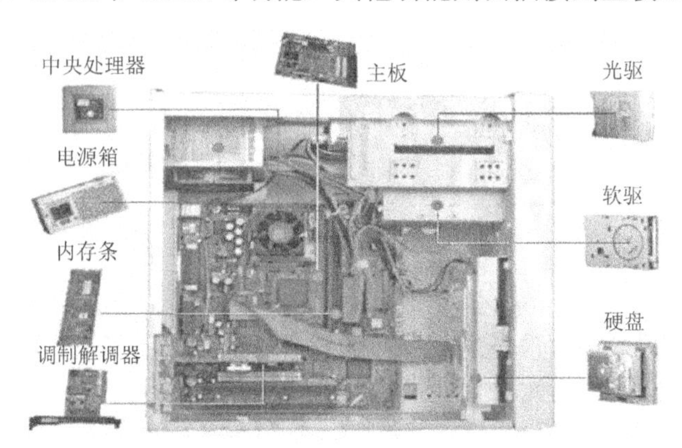

图 4.18　笔记本电脑内部结构示意图

选择多板结构的优缺点与单片机结构正好相反。

选择何种结构，不同产品都可具体分析找到较好的方案。有时同一产品，多板结构还是单板结构确实各有千秋，难分伯仲，用户也是仁者见仁，智者见智。例如，计算机主板，近年新兴的一种“All in One”结构板，即将尽可能多的功能集成到主板上，常见的有包括多功能卡、声卡、显示卡、内存条甚至 Modem 等功能的主板，可谓方便、简单，但同时也失去了维修、升级、灵活组合的便利性，以及一个功能损坏导致整块板子作废的弊病。

但是有一点可以肯定，由于板子数量少可以提高可靠性，降低成本，随着集成电路的发展和安装技术的进步，板内集成越来越多，板子的总数会趋向减少。1996 年以后的计算机主板，不带多功能卡的已经退出市场，便是例证。

4.1.2.3　元器件排列方式

元器件在 PCB 上的排列与产品种类和性能要求有关，常用的有以下三种方式。

1）随机排列

随机排列也称为不规则排列。元器件轴线任意方向排列，如图 4.19 所示。用这种方式排列元器件，看起来杂乱无章，但由于元器件不受位置和方向的限制，因而印制导线布设方便，并且可以做到短而少，使版面印制导线大为减少。这对减少线路板的分布参数，抑制干扰，特别对高频电路及音频电路有利。

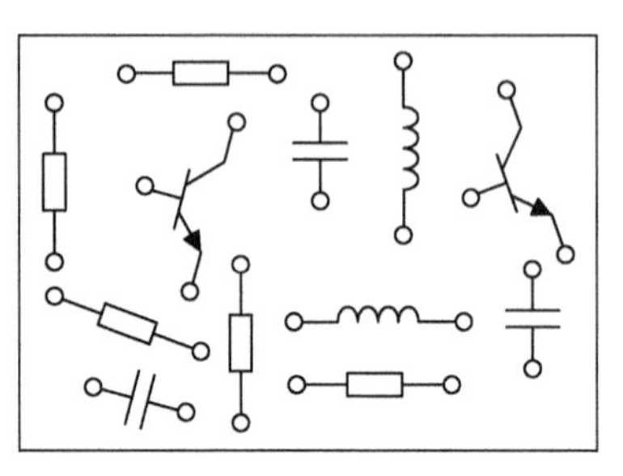

图 4.19　随机排列

2）坐标排列

坐标排列也称为规则排列，元器件轴线方向排列一致，并与板的四边垂直平行，如图 4.20 所示，电子仪器中常用此种排列方式。这种方式元器件排列规范，板面美观整齐，对于安装调试及维修均较方便。但由于元器件排列要受一定方向或位置的限制，因而导线布设要复杂一些，印制导线也会相应增加。这种排列方式常用于板面宽裕、元器件种类少但数量多的低频电路中。元器件卧式安装时一般均以坐标排列为主。

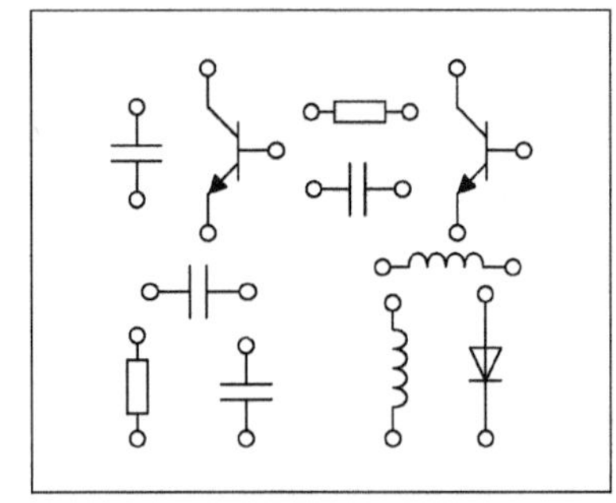

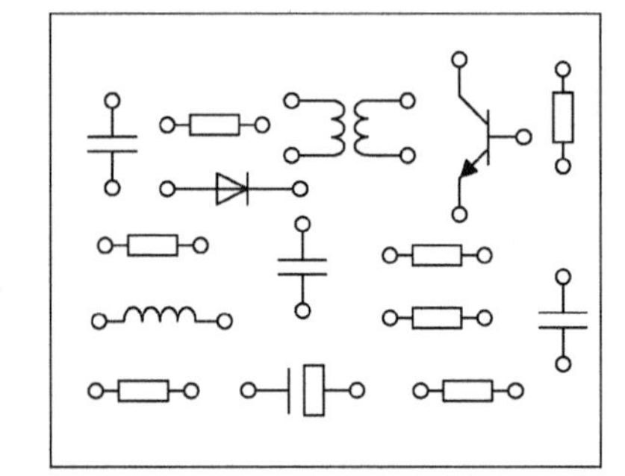

图 4.20　坐标排列

3）栅格排列

栅格排列也称为网格排列，它与坐标排列类似，但板上每一个孔位均在栅格交点上，如图 4.21 所示。栅格为等距正交网格，目前通用的栅格尺寸为 2.54mm，在高密度布线中也用 1.27mm 或更小尺寸。

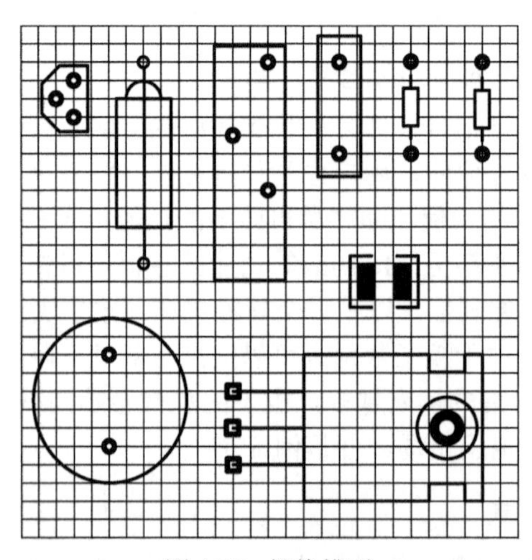

图 4.21　栅格排列

采用栅格排列的元器件整齐美观，便于测试维修，特别有利于机械化、自动化作业。

不同排列方式的选择要根据产品要求的设计、生产费用综合考虑，在保证性能的前提下采用规则排列有利于减少生产费用。图 4.22 中几种不同排列的生产费用系数不同，设计 PCB 时应全面考虑。

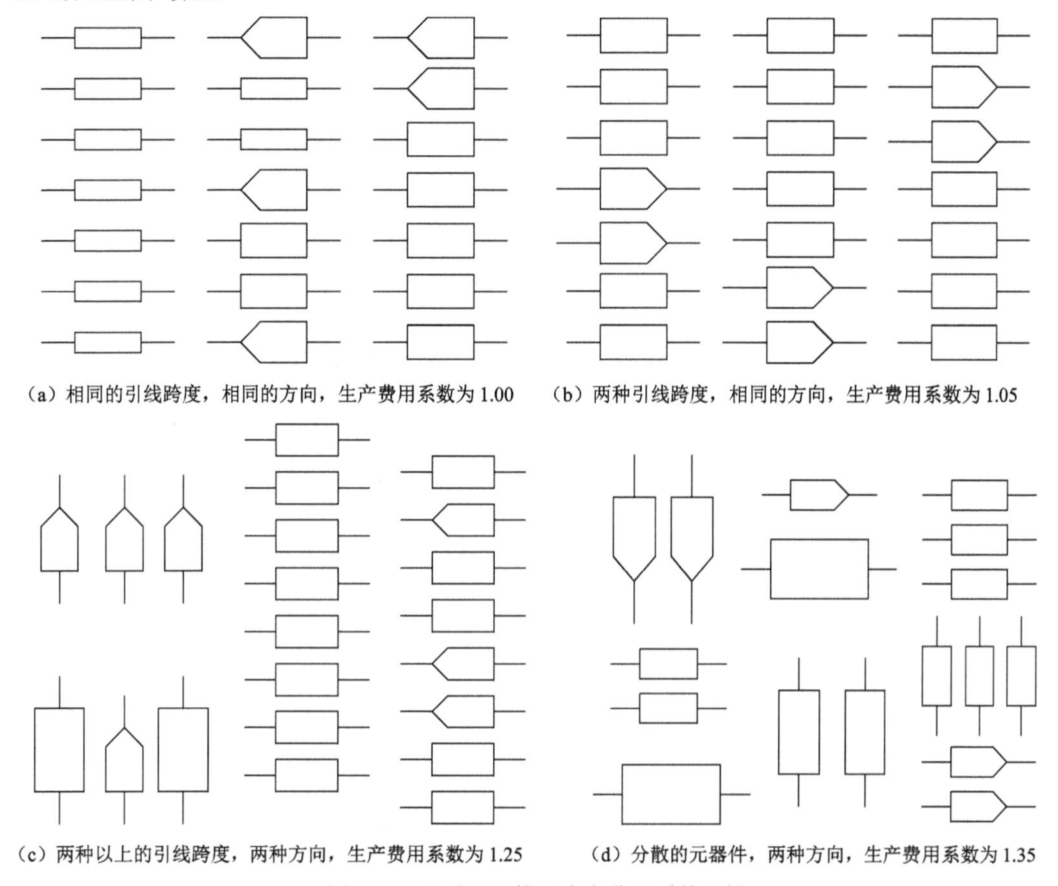

图 4.22　几种不同排列生产费用系数比较

4.1.2.4　元器件安装尺寸

1. IC 间距

设计 PCB 时我们常采用一种特殊的单位：IC 间距，一个 IC 间距为 0.1 英寸，约 2.54mm，标准双列直插封装（DIP）集成电路引脚间距和列间距及晶体管等引线间距均为 2.54mm 的倍数，如图 4.23 所示，设计 PCB 时尽可能采用这个单位可以使安装规范，便于 PCB 加工和检测。

当不同元器件混合排列时，相互之间距离也以 IC 间距为参考尺寸，如图 4.24 所示。

2. 软尺寸元器件和硬尺寸元器件

在元器件安装到 PCB 上时，一部分元器件，如普通电阻、电容、小功率三极管、二极管等，对焊盘间距要求不很严格，如图 4.25 所示，我们称之为软尺寸元器件；另一部分元器件，如大功率三极管、继电器、电位器等，引线不允许弯折，对安装尺寸有严格要求，如图 4.26 所示，我们称这一类元器件为硬尺寸元器件。

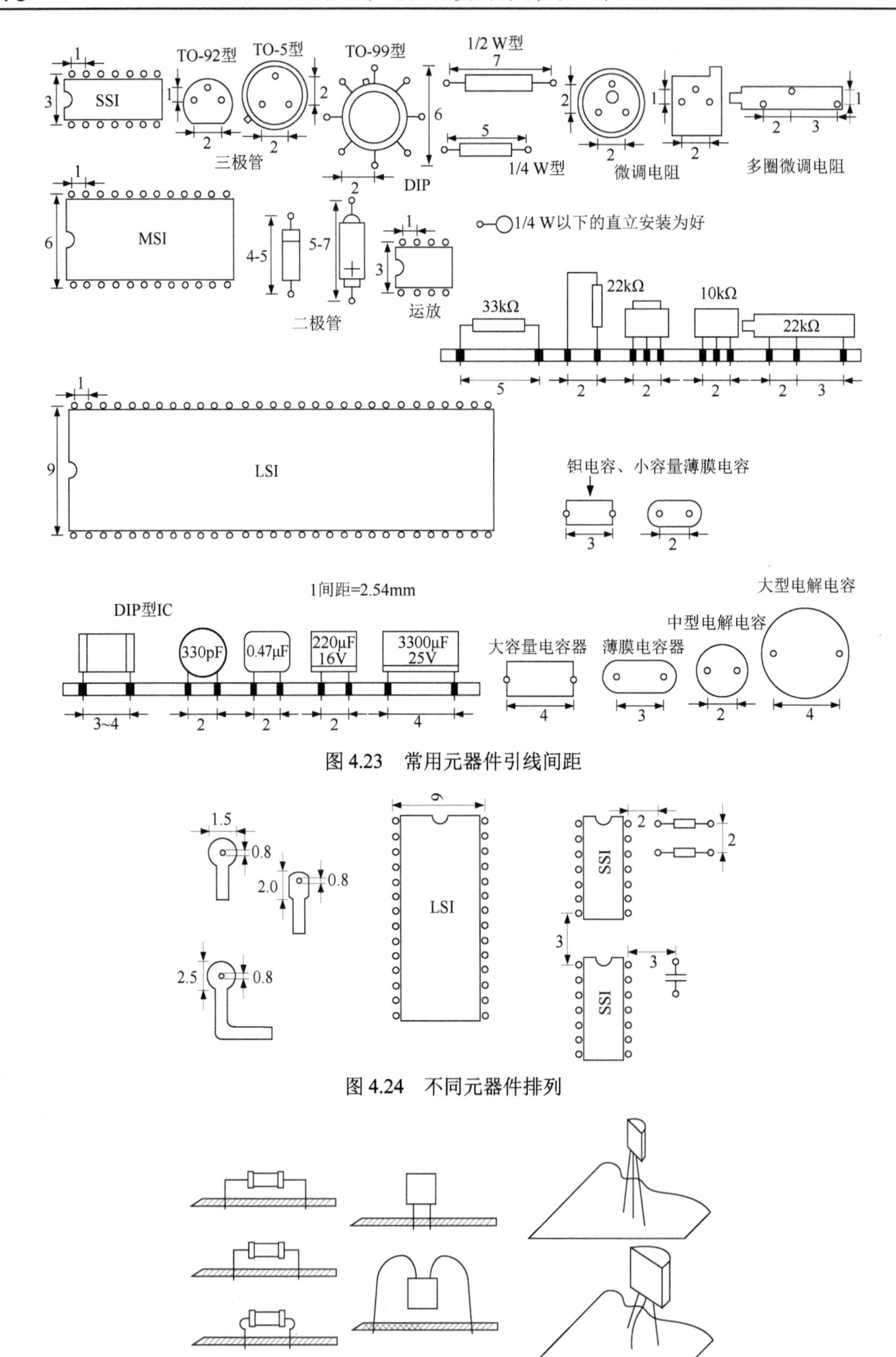

图 4.23　常用元器件引线间距

图 4.24　不同元器件排列

图 4.25　软尺寸元器件

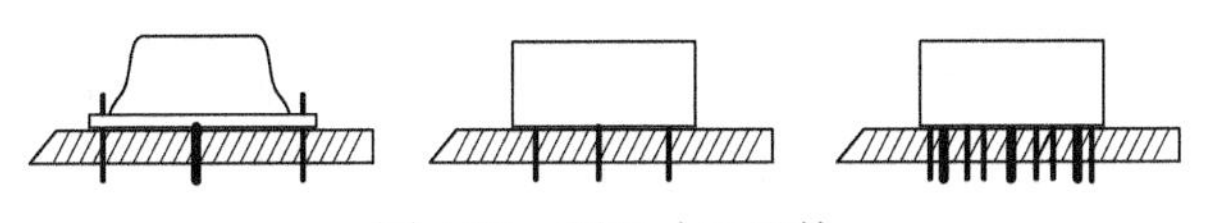

图 4.26　硬尺寸元器件

虽然软尺寸元器件对安装尺寸要求不高，但为了元器件排列整齐，装配规范以及适应元器件成型设备的使用，设计应按最佳跨度选取。表 4.2 和表 4.3 是常用金属膜电阻及常用电解电容安装尺寸；其余类型元器件可按其外形尺寸相应确定最佳安装尺寸。

表 4.2　常用金属膜电阻安装尺寸

功率/W	0.125	0.25	0.5	1	2
最佳尺寸（mm/in）	10/0.4	10/0.4	15/0.6	17.5/0.7	25/1.0
最大尺寸（mm/in）	15/0.6	15/0.6	25/1.0	30/1.2	35/1.4

表 4.3　常用电解电容安装尺寸

电容器直径（mm）	4	5	6	8	10,13	16,18
最佳尺寸（mm）	1.5	2	2.5	3.5	5	7.5

4.2　PCB 的一般设计流程与方法

当电力电子变换器的拓扑结构、控制电路及其他功能电路均确定之后，其电路原理图就确定了，接下来的主要工作就是设计 PCB。电力电子变换器的 PCB 设计应遵循一定的流程和方法。

1. 确定元器件的封装

PCB 设计的第一步是根据电路原理图创建网络表。网络表是电路原理图与 PCB 的接口文件，PCB 设计人员应根据所用的电路原理图和 PCB 设计工具的特性，选用正确的网络表格式，创建符合要求的网络表。在创建网络表的过程中，应根据电路原理图设计工具的特性，积极协助电路原理图设计者排除错误，保证网络表的正确性和完整性。

打开网络表，将所有封装浏览一遍，确保所有元器件的封装都正确无误，并且元器件库中包含所有元器件的封装。开关变换器中除了常用标准封装的电阻、电容以及集成电路，还包含着大量非标准封装的电感、高频变压器、大容量电解电容、大功率二极管、三极管以及各种尺寸的散热器等元器件。这些元器件的封装要在 PCB 设计之前确定，一般可以根据厂家提供的外型尺寸或实际测绘尺寸确定。

确定元器件的封装，就是按照元器件的实际物理尺寸和引线位置，画出其占用电路板空间的外形轮廓图，确定焊盘位置及焊盘、焊孔的尺寸。有极性的元器件（如电解电容、二极管等）要在其封装的丝网层标出极性，以免造成焊接时的麻烦，并防止焊接出错。有多个引脚的元器件（如高频变压器、三极管、MOSFET、IGBT、集成电路等）要在其封装的丝网层标出第一引脚的位置和外形轮廓图，以便 PCB 布局和元器件的安装。图 4.27 给出了几种元器件封装的外形轮廓图，该图形就是顶层丝网层图形，在 PCB 制作时，这些图形将被印刷在电路板的正面（元器件面）上。

在图 4.27 中，BR1 是整流桥的外形轮廓图，左上角的斜线标出第一引脚的位置；C1 是电解电容的外形轮廓图，中间有极性标志；T1 是高频变压器的外形轮廓图，左上角的斜线标出第一引脚的位置；SRQ2 是散热器的外形轮廓图。元器件的封装图形大小与实际元器件外形轮廓必须相同。封装图形应尽量表现出实际元器件形状的信息。

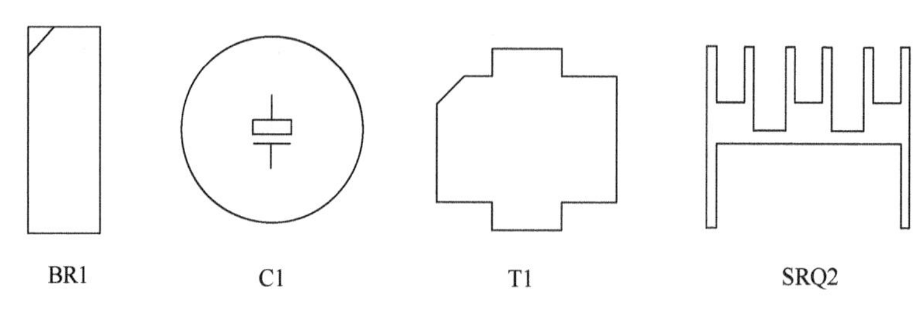

图 4.27　几种元器件封装的外形轮廓图

2. 元器件的布局

元器件的封装确定之后，接下来就是元器件的布局。为了设计质量好、造价低的 PCB，首先考虑的是 PCB 尺寸大小。PCB 尺寸过大时，印制线条变长，阻抗增加，抗噪声能力下降，成本也增加；PCB 尺寸过小时，则容易散热不好，且邻近线条易受干扰。在确定 PCB 尺寸后，再确定关键元器件的位置。最后，根据各功能电路要求，对电路的全部元器件进行布局。

元器件布局首先要考虑以下几个方面。

（1）根据结构图设置板框尺寸，按结构要素布置安装孔、接插件等需要定位的元器件，并给这些元器件赋予不可移动的属性，按工艺设计规范的要求进行尺寸标注。

（2）根据结构图和生产加工时所需的夹持边设置 PCB 的禁止布线区、禁止布局区域。根据某些元器件的特殊要求，设置禁止布线区。位于电路板边缘的元器件，离电路板边缘一般不小于 2mm。电路板的最佳形状为矩形，长宽比宜选为 3∶2 或 4∶3。电路板尺寸大于 200mm×150mm 时，应考虑电路板所受的机械强度，适当增加电路板的厚度。

（3）综合考虑 PCB 性能和加工的效率选择加工流程。加工工艺的优选顺序为：元器件面单面贴装→元器件面贴、插混装（元器件面插装、焊接面贴装可一次波峰成型）→双面贴装→元器件面贴、插混装、焊接面贴装。

（4）遵照“先大后小，先难后易”的布置原则，即重要的功能电路、核心元器件应当优先布局的基本原则。布局中应参考原理框图，按照电路的信号流程安排各个功能电路单元的位置，使布局便于信号流通，并使信号尽可能保持一致的方向。

（5）相同结构电路部分，尽可能采用“对称式”标准布局。按照均匀分布、重心平衡、版面美观的标准优化布局。

（6）元器件布局时的栅格的设置，一般双列直插（DIP）元器件布局时，栅格应为 50～100mil；小型表面安装（SMD）元器件布局时，栅格设置应不小于 25mil。

元器件布局还应尽量满足以下要求。

（1）总的连线尽可能短，关键信号线最短；高电压、大电流信号与小电流、低电压的弱信号完全分开；模拟信号与数字信号分开；高频信号与低频信号分开；高频元器件的间隔要充分大。集成电路（IC）芯片退耦电容的布局要尽量靠近其电源管脚，并使之与电源和地之间形成的回路最短。

（2）高频工作的电路，要考虑元器件之间的分布参数。尽可能缩短高频元器件之间的连线，设法减小它们的分布参数和相互间的电磁干扰。易受干扰的元器件不能相互挨得太近，输入和输出元器件应尽量远离。一般电路应尽可能使元器件整齐排列。这样不但美观，而且装焊容易，易于批量生产。

（3）某些元器件或导线之间可能有较高的电位差，应加大它们之间的距离，以免放电引起意外短路。带高电压的元器件应尽量布置在调试时手不易触及的地方。

（4）对于质量超过 15g 的元器件，应当用支架加以固定，然后焊接。那些又大又重、发热量多的元器件，不宜装在 PCB 上，而应装在整机的机箱底板上，且应着重考虑其散热问题。热敏元器件应远离发热元器件。

（5）发热元器件一般应均匀分布，以有利于单板和整机的散热。除温度检测元件以外，其他温度敏感元器件应远离发热量大的元器件。必要的情况下使用风扇和散热器，对于小尺寸、高热量的元器件加散热器尤为重要。

（6）对于电位器、可调电感线圈、可变电容器、微动开关等可调元器件的布局，应考虑整机的结构要求。若是机内调节，应放在 PCB 上方便调节的地方；若是机外调节，其位置要与调节旋钮在机箱面板上的位置相适应。元器件的排列要便于调试和维修，即小元器件周围不能放置大元器件、需调试的元器件周围要有足够的空间。

（7）应留出 PCB 定位孔及固定支架所占用的位置。机械定位或安装孔直径一般为 3mm，其圆心与板边缘距离一般为 5mm。定位孔到附近通孔焊盘的距离不小于 7.62 mm（300mil），到表贴元器件边缘的距离不小于 5.08mm（200mil）。

（8）根据功能电路要求，对电路的全部元器件进行布局时，要以每个功能电路的核心元器件为中心，围绕它来进行布局。元器件应均匀、整齐、紧凑地排列在 PCB 上，尽量减少和缩短各元器件之间的引线和连接。使用同一种电源的元器件尽量放在一起，以便于将来的电源分隔。

PCB 的板厚决定了最小过孔直径，板厚与孔径之比应小于 5～8。PCB 厚度与最小过孔的关系参见表 4.4。

表 4.4　PCB 厚度与最小过孔的关系

板材厚度（mm）	3.0	2.5	2.0	1.6	1.0
最小过孔（mil）	24	20	16	12	8
焊盘直径（mil）	40	35	28	25	20

在进行 PCB 设计时，经常需要添加一些测试孔。测试孔是指用于测试目的的过孔，可以兼做导通孔，原则上孔径不限，焊盘直径应不小于 25mil，测试孔之间中心距不小于 50mil。不推荐用元器件焊接孔作为测试孔。测试孔也不要放置在芯片底下。

在条件允许的情况下，可以适当增加焊盘和过孔的直径，常用的焊盘和过孔的尺寸对应关系表如表 4.5 所示。引脚直径更大的元器件，如散热器、高频变压器等，可根据实际情况，选择更大直径的焊盘和过孔，以便于元器件的安装和焊接。

表 4.5　常用的焊盘和过孔的尺寸对应关系表

焊盘直径（mil）	40	50	60	80	100
过孔直径（mil）	20	24	32	39	47

电力电子变换器的 PCB 布局，首先要考虑主电路关键元器件，然后是控制电路。电力电子变换器中输入滤波电容、高频变压器原边绕组和功率开关管组成一个较大脉冲电流的回

路。高频变压器副边绕组、整流或续流二极管和输出滤波电容组成另一个较大脉冲电流的回路。这两个回路要布局紧凑，引线短捷。这样可以减小寄生电感，从而降低吸收回路的损耗，提高电力电子变换器的效率。控制电路的元器件布局，主要考虑信号的流向和电压采样点的位置，特别是接地点的选择。控制电路的元器件既要靠近主电路，又不要让主电路较大的脉冲电流对控制电路产生干扰。

在设计 PCB 布局的时候，还要考虑元器件散热的问题。发热量较大的元器件（如原边功率开关管、副边整流二极管等）不要靠得很近。对温度敏感的元器件要尽量远离发热量较大的元器件。例如对于电解电容器，长期高温工作环境会造成电解液干涸失效；对于 PWM 控制芯片，环境温度过高会造成振荡频率漂移和基准电压偏差，从而影响电力电子变换器的性能指标。

多数情况下，PCB 的布局原则有冲突之处。例如，输入滤波电容、高频变压器和功率开关管要布局紧凑，引线短捷合理。这就可能会造成滤波电容和功率开关管的散热器距离很近，容易造成电解液干涸失效。这时就需要综合考虑元器件布局情况，必要时可采用耐热性能更好的电解电容，以便满足设计要求。图 4.28 给出某开关变换器的 PCB 图，从该图中可看出 PCB 布局、布线及元器件的封装等信息，可供读者设计 PCB 时参考。

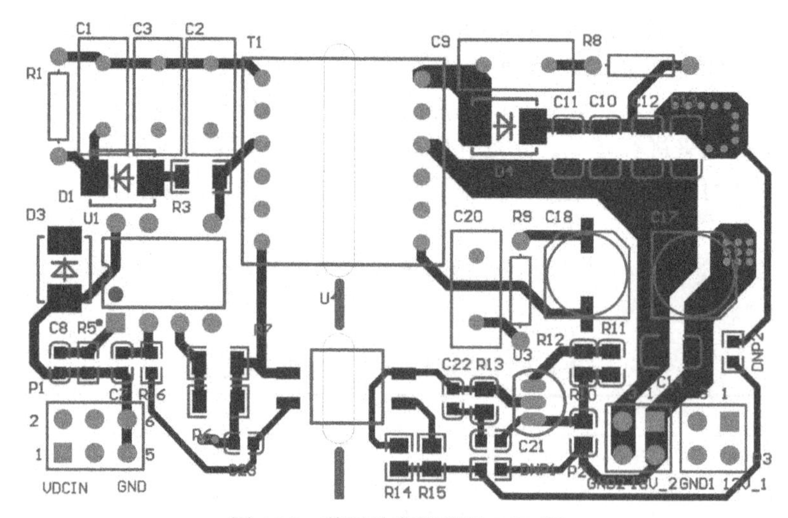

图 4.28 某开关变换器的 PCB 图

3. PCB 的布线

PCB 的布线是 PCB 设计图形化的关键阶段，设计中考虑的许多因素都应在布线中体现出来，PCB 上铜箔导线的布局及相邻导线间的串扰等因素会决定 PCB 的抗扰度，合理布线可使 PCB 获得最佳性能。从抗干扰性考虑，布线应遵循的设计、工艺一般原则有以下几点。

（1）只要满足布线要求，布线时应优先考虑选择单面板，其次是双面板、多层板。布线密度应综合结构及电性能要求等合理选取，力求布线简单、均匀。布线次序要遵循两个优先原则：①关键信号线优先原则：电源、模拟小信号、高速信号、时钟信号和同步信号等关键信号优先布线。②高密度优先原则：从 PCB 上连接关系最复杂的元器件着手布线；从 PCB 上连线最密集的区域开始布线。

（2）布线时应尽量遵循环路最小原则，即信号线与其回路构成的环面积要尽可能小，环面积越小，对外的辐射越少，接收外界的干扰也越小。针对这一原则，在地平面分割时，要考虑到平面与重要信号走线的分布，防止由于地平面开槽等带来的问题。在双面板设计中，在为电源留下足够空间的情况下，应该将留下的部分用参考地填充，且增加一些必要的过孔，将双面地信号有效连接起来，对一些关键信号尽量采用地线隔离，对一些频率较高的设计，需特别考虑其地平面信号回路问题，必要时可采用多层板。

（3）电路中的主要信号线最好应汇集于板中央，力求集近地线，或用地线包围它。信号线、信号回路线所形成的环面积要最小。要尽量避免长距离平行布线，电路中电气互连点间布线力求最短。信号（特别是高频信号）线的拐角应设计成 135º 走向或成圆弧形，切忌画成 90º 或更小角度形状。

（4）相邻布线面导线采取相互垂直、斜交或弯曲走线的形式，以减小寄生耦合。高频信号导线切忌相互平行，以免发生信号反馈或串扰，可以在两条平行线间增设一条地线。妥善布设外连信号线，尽量缩短输入引线，提高输入端阻抗。对模拟信号输入线最好加以屏蔽，当板上同时有模拟、数字信号时，宜将两者的地线隔离，以免相互干扰。

（5）PCB 上不同网络之间因较长的平行布线引起相互干扰（主要是由于平行线间的分布电容和分布电感的作用）时，为了减小线间串扰，可加大平行布线的间距，遵循“3W 规则”。“3W 规则”是指：当线中心间距不小于 3 倍线宽时，则可保持 70%的电场不互相干扰。如要达到 98%的电场不互相干扰，可使用 10 倍线宽的间距。

（6）妥善处理逻辑元器件的多余输入端。将与/与非门多余输入端接“1”（切忌悬空），将或门/或非门多余输入端接 U_{ss}，计数器、寄存器和 D 触发器等空闲置位或复位端经适当电阻接 U_{cc} 或地，触发器多余输入端必须接地。

（7）在 PCB 上增加必要的去耦电容，滤除电源上的干扰信号，使电源信号稳定。去耦电容的布局及电源的布线方式将直接影响整个系统的稳定性，有时甚至关系到设计的成败。在单面板和双面板设计中，一般应使电源先经过滤波电容滤波再接后级电路，同时还要充分考虑由于元器件产生的电源噪声对下游元器件的影响，必要时增加一些电源滤波环路。一般来说，采用总线结构设计比较好。在设计时，还要考虑到由于传输距离过长而带来的电压跌落给元器件造成的影响，避免产生较大的电位差。

（8）导线最小宽度和间距一般不应小于 0.2mm，布线密度允许时，适当加宽印制导线及其间距。印制板导线的最小宽度主要由导线与绝缘基板间的粘附强度和流过它们的电流值决定。当铜箔厚度为 0.05mm、宽度为 1mm 时，通过 1A 的电流，温度升高不会超过 2℃。因此，导线宽度按 1mm/A 选择即可满足要求。对于集成电路，尤其是数字电路，通常选 0.2～0.3mm 导线宽度。当然，只要允许，还是尽可能用宽一点的线，尤其是电源线和地线。导线的最小间距主要由最坏情况下的线间绝缘电阻和击穿电压决定。一般情况下，1mm 的导线间距完全可以承受 100V 的电压。

电力电子变换器的 PCB 设计与一般电子线路的 PCB 设计既有相同之处，又有不同的特点。一般电子线路的 PCB 设计中提到的布局、布线及铜线的宽度与通过电流的关系等原则在电力电子变换器电路中也同样适用。

电力电子变换器的 PCB 上装有高压、大功率元器件，与低压、小功率元器件应保持一定间距，尽量分开布线。在大功率、大电流元器件周围不宜布设热敏元器件或运算放大器等，以免产生感应或温漂。

电力电子变换器中的地线回路，无论是变压器原边还是副边，都要流过很大的脉冲电流。尽管地线通常设计得较宽，但还会造成较大的电压降落，从而影响控制电路的性能。地线的布线要考虑电流密度的分布和电流的流向，避免地线上的压降被引入控制回路，造成负载调整率下降。交流回路中（整流桥与滤波电容）的地线与直流地要严格分开，以免相互干扰，影响系统正常工作。

电力电子变换器中输出电压采样点的选择尤为重要，在采样回路中，既要考虑负载电流产生的压降，也要考虑整流或续流电路产生的脉冲电流对采样的影响。采样点应该尽量选择在输出端子的两端，以便得到最好的负载调整率。

总之，在 PCB 设计时，遵循一定的设计流程和方法非常重要。为便于初学者更好地上手，下面将结合 PCB 实际工程进一步阐述设计规范。

4.3 PCB 设计规范

4.3.1 PCB 工程设计的基本原则

4.3.1.1 板材选取基本原则

板材选取的基本原则是：PCB 在满足使用性能、安全性和可靠性的前提下，应充分考虑控制器的复杂程度，以及成本控制要求选取单面板和双面板，力求经济实用，成本最优。单面板可以选用 CEM-1、CEM-3 和 FR-4，不推荐使用 FR-1；双面板推荐采用 FR-4。PCB 板材选取原则可参考表 4.6。

表 4.6 PCB 板材选取原则

敷铜层数	单面				双面
PCB 材料	敷铜箔环氧酚醛纸层压板	敷铜箔改性环氧纸芯玻璃布复合基层压板	敷铜箔玻璃纤维芯环氧树脂玻璃纤维布基层压板	环氧树脂玻璃纤维布基敷铜箔层压板	环氧树脂玻璃纤维布基敷铜箔层压板
等级	FR-1	CEM-1	CEM-3	FR-4	FR-4
板厚	1.0～1.6mm	1.0～1.6mm	1.0～1.6mm	1.0～1.6mm	1.0～1.6mm
铜箔厚度	35μm min				
阻燃性	UL94 V-0				

4.3.1.2 PCB 电气基本要求

PCB 要实现所设计的电路功能满足电气基本要求，即：

（1）电气连接的准确性，须使用原理图中所规定的元器件，PCB 中的电气连接须与原理图保持一致，PCB 中的元器件代号须与原理图保持一致，包括非功能性跳线；

（2）PCB 应符合电磁兼容以及电器安全标准的要求。

4.3.1.3 PCB 拼板工艺要求

（1）结合整机结构需求，确定线路板的外形尺寸及定位孔位置等。

（2）PCB 的外形尽量避免复杂的形状，如局部狭窄的部分、线路板外围的大切口等。若无法避免复杂形状，须设计为邮票孔或 V_cut（V 型剪切板），使线路板外形整体保持规则并使邮票孔的位置处于非结构配合精度要求的一侧；如图 4.29 所示，若左图中尺寸不大于 10mm，则须按照右图处理。

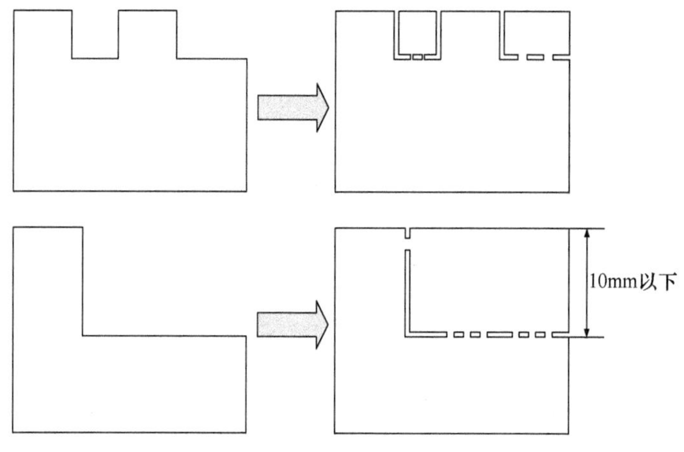

图 4.29　邮票孔示意图

（3）当 PCB 需要多板拼板设计时，须按照同一方向进行排列，如图 4.30 所示。

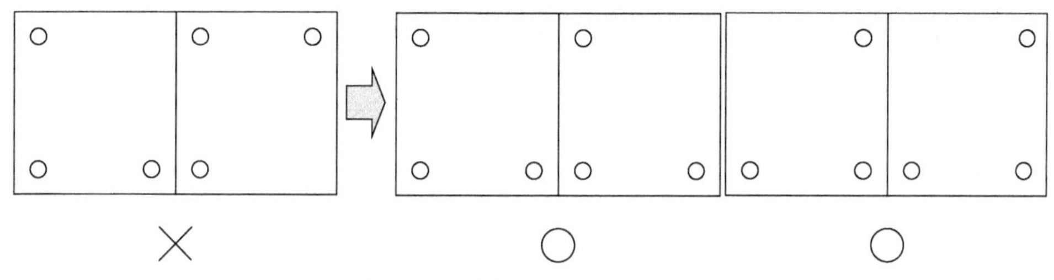

图 4.30　多板拼板设计示意图

4.3.2　PCB 设计的工艺要求

4.3.2.1　走线要求

（1）综合考虑电流容量、温升、机械强度、耐腐蚀性等因素，确定走线宽度；一般原则要求走线最小宽度为 0.3mm，双面板最小宽度为 0.2mm，单面板最小宽度为 0.25mm。

（2）走线宽度应符合印制导线的电流负载能力一般要求：每 1mm 宽的印制导线允许通过的最大电流为 1A（35μm 厚铜箔）。表 4.7 为走线宽度与最大负载电流的对应表，一般应降额 50%使用。

表 4.7　走线宽度与最大负载电流的对应表

最大电流值（A）	走线宽度基准值（mm）					
	铜箔厚 35μm 时的温升			铜箔厚 70μm 时的温升		
	10K	20K	40K	10K	20K	40K
0.5	0.4	0.4	0.4	0.4	0.4	0.4
1	0.5	0.4	0.4	0.4	0.4	0.4
2	1.3	0.6	0.4	0.6	0.4	0.4
3	2.3	1.3	0.7	1.3	0.7	0.4
4	3.4	2.1	1.2	2.0	1.2	0.6
5	4.4	2.9	1.8	2.8	1.7	0.9
6	5.4	3.8	2.4	3.6	2.2	1.3

（续表）

最大电流值（A）	走线宽度基准值（mm）					
	铜箔厚 35μm 时的温升			铜箔厚 70μm 时的温升		
	10K	20K	40K	10K	20K	40K
7	6.5	4.6	2.9	4.4	2.8	1.7
8	7.5	5.4	3.5	5.1	3.3	2.1
9	8.5	6.2	4.1	5.9	3.9	2.4
10	9.6	7.1	4.7	6.7	4.4	2.8
12	11.6	8.7	5.8	8.3	5.5	3.6

若难以满足表 4.7 的要求，则可以通过开窗剥离阻焊膜，放焊锡或跳线来增大过电流能力。一般为了方便波峰焊上锡需要，必须使用宽度不超过 2mm、间距 0.4mm 以上的条形露铜，每段露铜的长度不超过 8mm 且必须是直线条，不可使用大面积露铜，以免露铜处上锡不均匀和产生锡珠。

（3）走线宽度发生变化时，避免锐角、直角，应使用 135°走线过渡，不得突然改变，如图 4.31 所示。

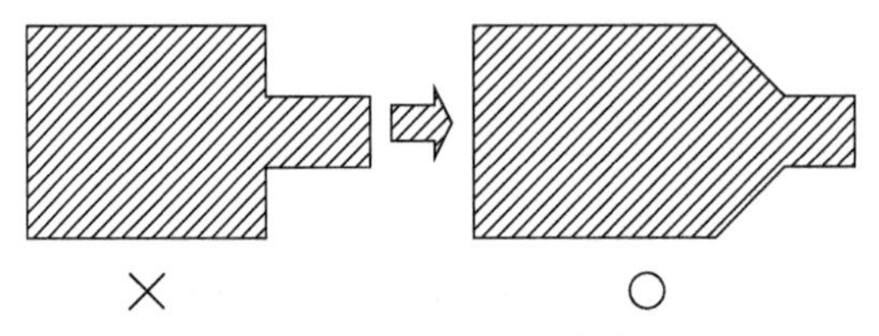

图 4.31　135°走线过渡

（4）宽度为 1mm 以下的直线走线，应大约间隔 100mm 设置折弯，防止温度变化以及线路板翘曲导致铜箔折断，如图 4.32 所示。

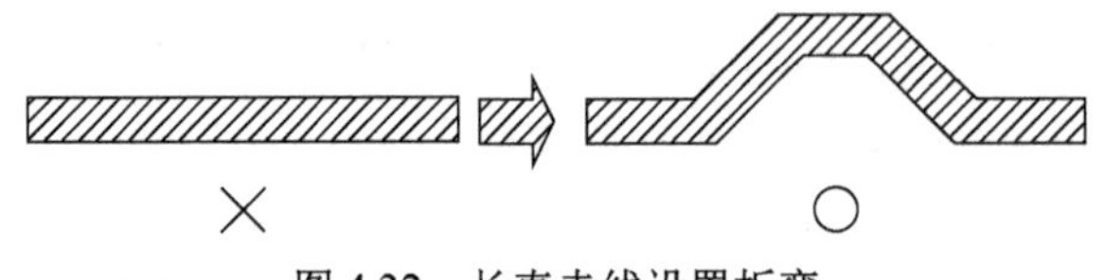

图 4.32　长直走线设置折弯

（5）走线发生折弯时，须用 135°折线过渡或半径大于 0.5mm 的圆弧过渡，不可直接用直角或锐角过渡，如图 4.33 所示。

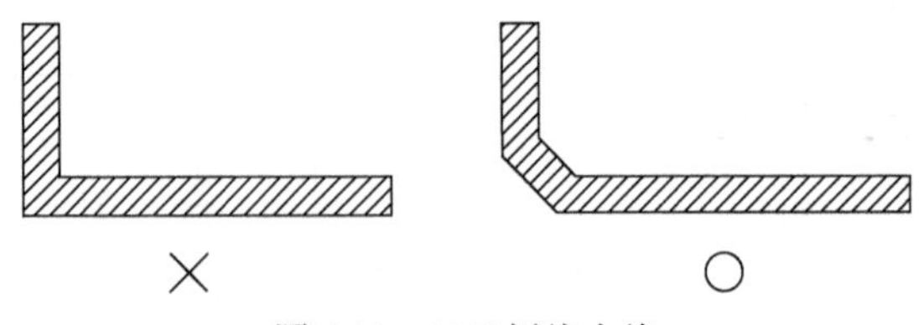

图 4.33　135°折线走线

（6）走线与线路板的边缘距离原则上应保证 0.8mm 以上，完全无法满足时最小距离应保证不小于 0.5mm。

（7）走线与线路板上的孔边缘的距离应为 0.3mm 以上。

（8）当有 Φ12mm 以上的铜箔面积时，如图 4.34 所示，在中央附近设置透气孔，防止走线铜箔受热膨胀脱离基板。

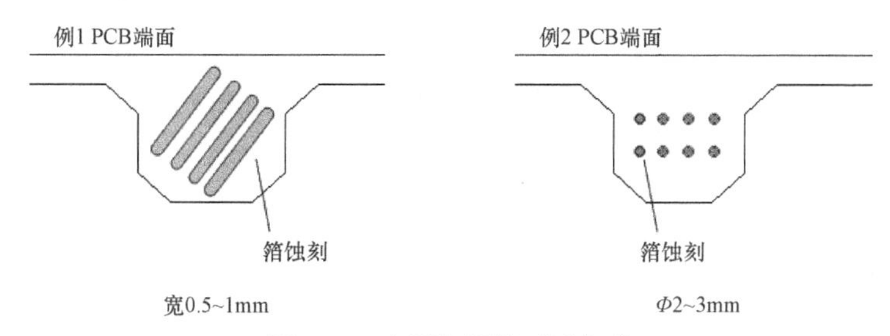

图 4.34　大面积铜箔开透气孔

（9）避免在贴片元器件焊盘上面放置通孔，以免锡膏流失导致元器件虚焊，如图 4.35 所示。

（10）贴片元器件焊盘的引出线，应垂直引出，避免斜向走线，并且可以增加泪滴，加强连接可靠性，如图 4.36 所示。

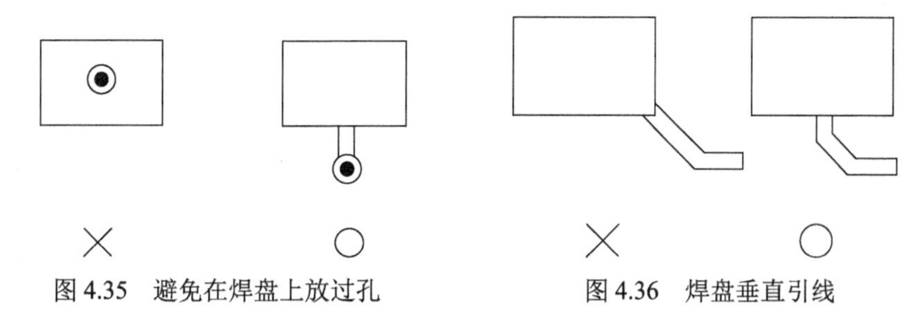

图 4.35　避免在焊盘上放过孔　　　图 4.36　焊盘垂直引线

（11）两焊点间距很小（如贴片元器件相邻的焊盘）时，焊点间不得直接相连，应在引脚焊盘外部进行连接，避免焊盘中间直连，如图 4.37 所示。

图 4.37　贴片元器件焊盘引脚连接

（12）走线之间的爬电距离电气间隙要求如表 4.8 所示。

表 4.8　走线之间的爬电距离电气间隙要求

<table>
<tr><td colspan="2">走线之间的电压</td><td colspan="2">一次 ～ 一次、一次 ～ 二次间走线之间的最小距离（mm）</td></tr>
<tr><td colspan="2">V≤125V</td><td colspan="2">1.6</td></tr>
<tr><td colspan="4">UL 标准（UL244　16.1）</td></tr>
<tr><td colspan="2"></td><td>V≤130V</td><td>130V<V≤250V</td></tr>
<tr><td rowspan="2">一次～一次</td><td>爬电距离</td><td>2.0（1.0）mm</td><td>3.0（2.0）mm</td></tr>
<tr><td>电气间隙</td><td>1.5（1.0）mm</td><td>2.5（1.0）mm</td></tr>
<tr><td rowspan="2">一次～二次</td><td>爬电距离</td><td>2.0（1.5）mm</td><td>4.0（3.0）mm</td></tr>
<tr><td>电气间隙</td><td>1.5（1.0）mm</td><td>3.0（2.5）mm</td></tr>
<tr><td colspan="4">IEC、EN 标准（IEC60335-1 29.1）</td></tr>
</table>

注：（）内数字为防尘保护的情况。

当电气间隙不能满足以上要求时根据额定脉冲电压试验确定最小电气间隙关系，如表 4.9 所示。

表 4.9　额定脉冲电压和最小电气间隙关系

	V≤50V	50V<V≤150V	150V<V≤300V
额定脉冲电压	500V	1500V	2500V
最小电气间隙	0.5mm	1.0mm	2.0mm

爬电距离需根据所处环境的污染程度以及材料种类来确定具体距离，如表 4.10 所示。

表 4.10　爬电距离设置方法

<table>
<tr><td rowspan="3">污染程度</td><td colspan="2">1. 干燥</td><td rowspan="3">材料种类
根据 Tracking 指数分组</td><td>Ⅰ：CTI600 以上</td></tr>
<tr><td colspan="2">2. 只有灰尘堆积</td><td>Ⅱ：CTI400～600</td></tr>
<tr><td colspan="2">3. 因结露而具有导电性</td><td>Ⅲ：CTI
Ⅲ a 175～400
Ⅲ b 100～175</td></tr>
<tr><td>污染程度</td><td>材料种类</td><td>V≤50V</td><td>50V< V≤150V</td><td>150V< V≤300V</td></tr>
<tr><td>1</td><td></td><td>0.2mm</td><td>0.3mm</td><td>0.6mm</td></tr>
<tr><td rowspan="3">2</td><td>Ⅰ</td><td>0.6mm</td><td>0.8mm</td><td>1.3mm</td></tr>
<tr><td>Ⅱ</td><td>0.9mm</td><td>1.1mm</td><td>1.8mm</td></tr>
<tr><td>Ⅲ a/ Ⅲ b</td><td>1.2mm</td><td>1.5mm</td><td>2.5mm</td></tr>
<tr><td rowspan="3">3</td><td>Ⅰ</td><td>1.5mm</td><td>1.9mm</td><td></td></tr>
<tr><td>Ⅱ</td><td>1.7mm</td><td>2.1mm</td><td>3.6mm</td></tr>
<tr><td>Ⅲ a/ Ⅲ b</td><td>1.9mm</td><td>2.4mm</td><td>4.0mm</td></tr>
</table>

（13）走线进行顶层-底层的层间转换时，不可利用单一金属化孔传导大电流（0.5A 以上）。

4.3.2.2　元器件布局要求

（1）元器件的布局应与系统结构进行匹配，按照结构要求放置接插件以及有可能存在干涉的元器件。

（2）当 PCB 呈现为狭长的板形时，元器件焊盘连线应与长边垂直，防止 PCB 因形变导致元器件受力，损坏焊盘，如图 4.38 所示。

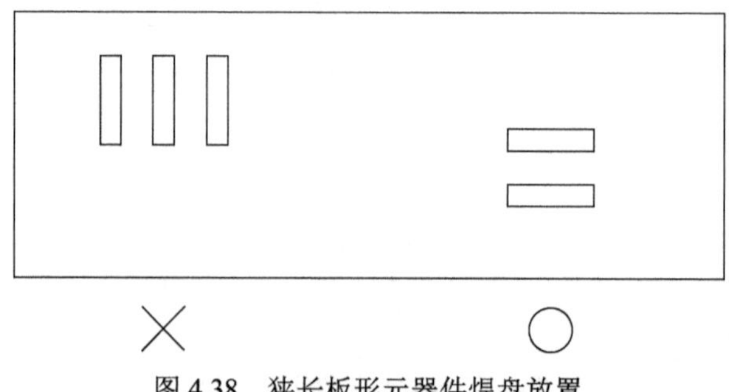

图 4.38　狭长板形元器件焊盘放置

（3）PCB 应设置工艺边，包括机插定位孔、波峰焊导轨边、SMT 定位点等；在机插定位孔范围内禁止放置机插元器件，波峰焊导轨边 5mm 范围内禁止放置元器件，防止波峰焊导轨爪与元器件干涉。

（4）电解电容、LED 等有极性的元器件进行手插时，为避免手插错误以及确保检查准确，原则上要求同一类型元器件应为同一方向。

（5）二极管、电解电容、晶体管等有极性的元器件进行机插时，应尽可能使以下两个方向统一，如图 4.39 所示。

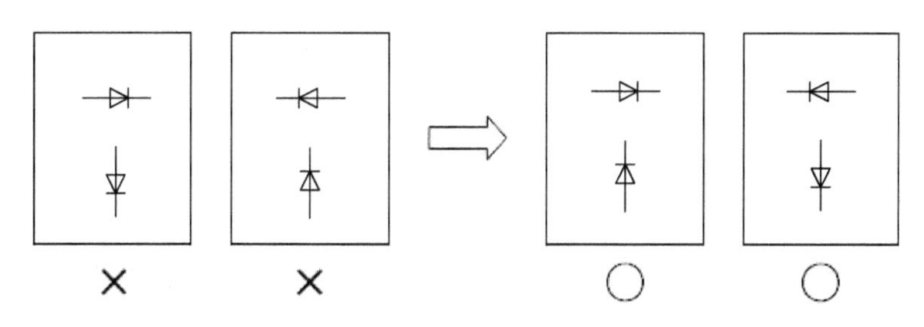

图 4.39　有极性的元器件统一方向

（6）连接器附件应避免使用较高的元器件，防止操作接插件不便以及损坏较高的元器件。

（7）发热元器件应抬高安装；发热元器件应与其他元器件保持一定距离，电解电容与其他元器件距离为 3mm 以上，其他元器件与发热元器件距离 2mm 以上。

（8）Φ5mm 以上的孔的周边必须与其他元器件（焊锡面除外）保持 1.5mm 以上的距离，以免元器件波峰焊时被焊锡上溢附着。

（9）螺钉孔的周边放置元器件时应注意保持安全距离，一般元器件的安全距离为自螺钉孔中心起半径为 5mm 的范围。

（10）SMT 器件（3 个引脚以上的）设计为波峰焊工艺时，应注意与波峰焊方向的相对关系，如图 4.40 所示。

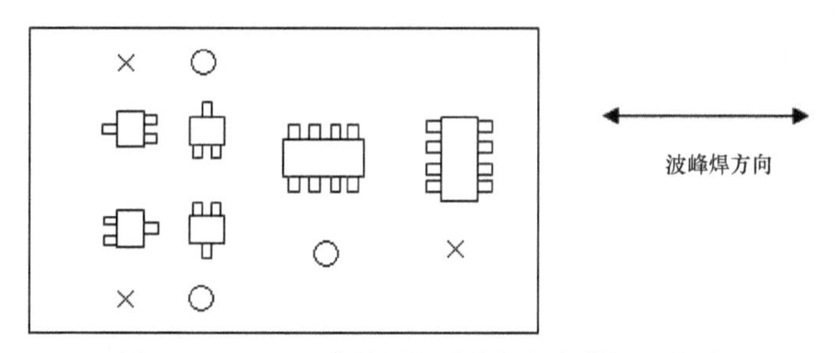

图 4.40　SMT 器件放置与波峰焊方向的相对关系

（11）SMT 器件之间应保证 0.5mm 以上的距离，如图 4.41 所示。

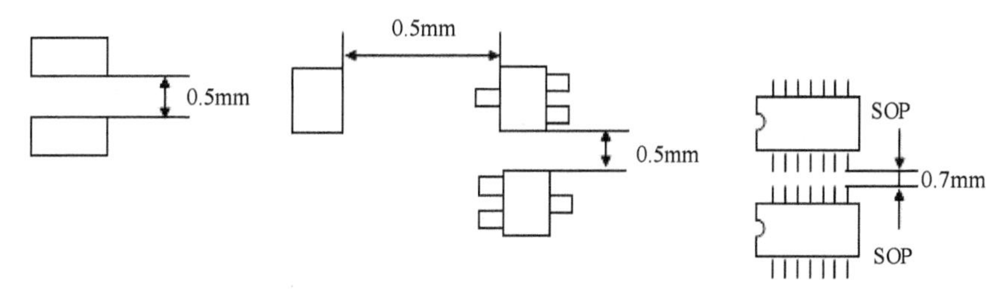

图 4.41　SMT 器件间距要求

（12）SMT 器件焊盘与其他零散元器件的焊盘应保证 1mm 以上的距离，如图 4.42 所示。

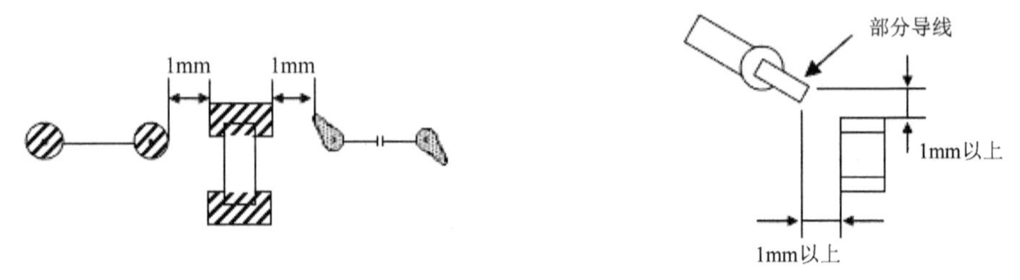

图 4.42　SMT 器件焊盘之间的间距要求

（13）SMT 器件与 V_cut 槽之间应保证 1.5mm 以上的安全距离，贴片层压陶瓷电容与 V-cut 槽之间应保证 3mm 以上的安全距离，以避免 PCB 在分板时的压力造成断裂。

（14）手工焊接的元器件应尽量放置在一起，并用丝印进行标明；在手工焊接的元器件区域内应避免出现自动安装的元器件（间隔距离应保证 2mm 以上），以免焊接过程中有锡渣掉落。

（15）元器件的代号以及标注：原则上要求标注于元器件符号的上方或左方、与符号平行的位置。确保元器件代号在完成安装后不被遮挡，如图 4.43 所示。

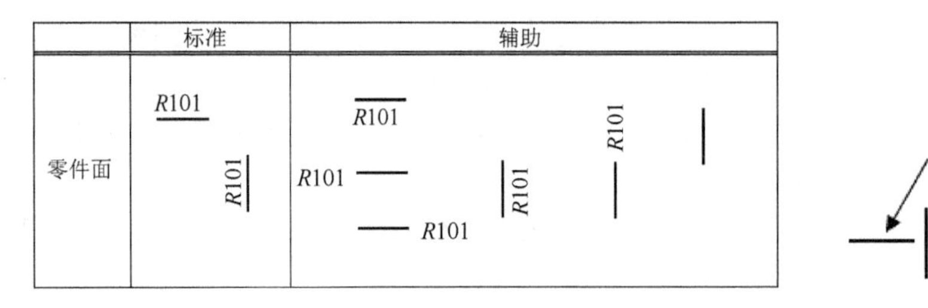

图 4.43　元器件的代号及标注

原则上要求必须使用标准标注法，由于周边元器件布局关系难以实现，则可以使用辅助标注法，切忌与其他符号标注混淆。当辅助标注法也难以实现时，可以在空白处标注并用箭头指示。

（16）机插元器件折弯后的安全距离，以焊盘中心为圆心，L 为半径的圆周内均不能有其他元器件，如图 4.44 所示。

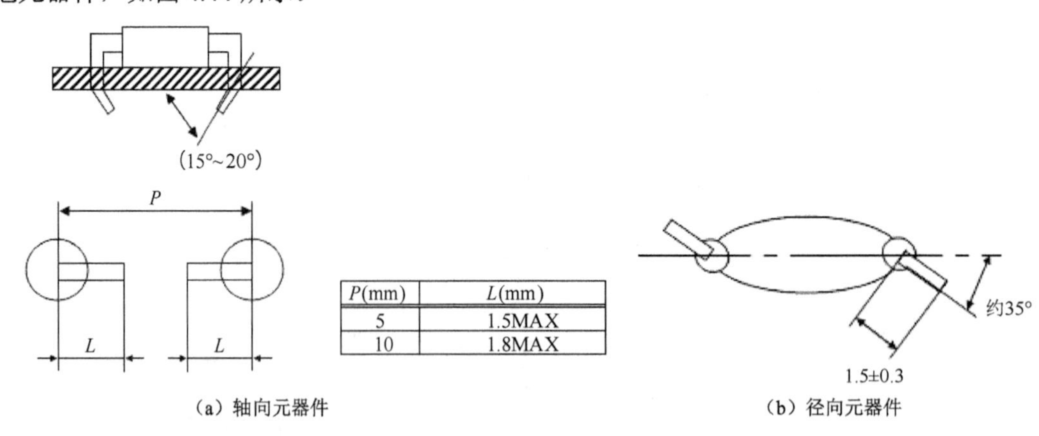

P(mm)	L(mm)
5	1.5MAX
10	1.8MAX

图 4.44　机插元器件折弯后的安全距离

4.3.3　回路相关设计注意事项

4.3.3.1　避雷器的安装

安装线与线之间的避雷器时，须尽量靠近 AC 电源引入处。安装线与接地之间的避雷器时，须选择接地距离最短的地方安装；线与地线之间不可直接安装压敏电阻，应使用压敏电阻与气体放电管串联或两个压敏电阻串联。

4.3.3.2　复位电路和振荡器的安装

复位电路和振荡器须尽可能靠近 MCU，另外 GND 线同 MCU 的 GND 线回路距离应尽可能短。

单面板和双面板没有电源层和地层，MCU 的时钟走线可以参照图 4.45。

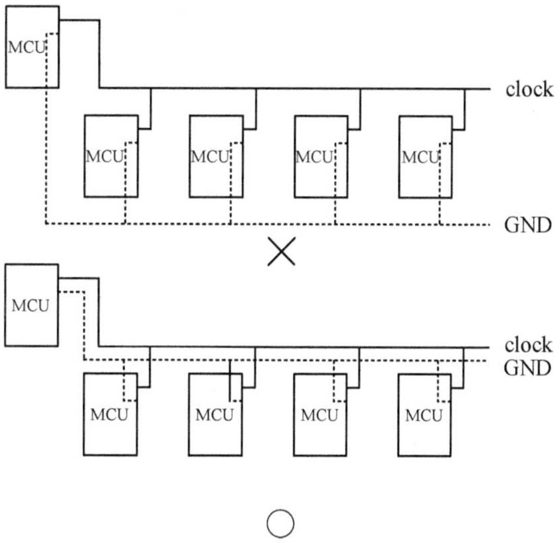

图 4.45　MCU 的时钟走线

4.3.3.3　电源和 GND 回路的设计

尽量给出单独的电源层和底层；即使要在表层拉线，电源线和地线也要尽量短且要足够粗。对于多层板，一般都有电源层和地层。需要注意的是，模拟部分和数字部分的地和电源即使电压相同也要分隔开来。对于单面板、双面板电源线应尽量粗而短。电源线和地线的宽度要求可以根据 1mm 的线宽最大对应 1A 的电流来计算，电源和地构成的环路尽量小，如图 4.46 所示。

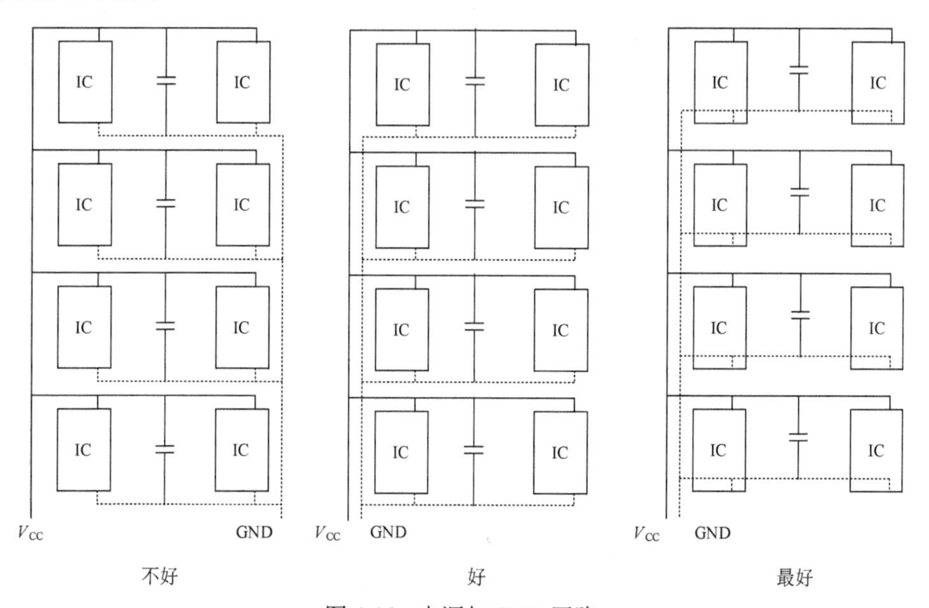

图 4.46　电源与 GND 回路

焊盘在布线中应保持接地良好，焊盘可以通过过孔接地，如图 4.47 所示。

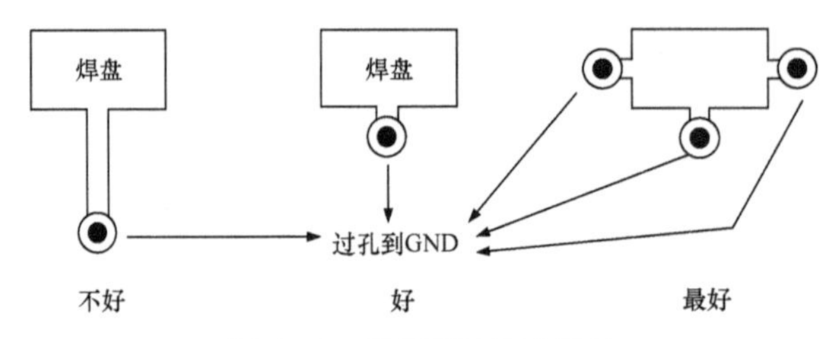

图 4.47 焊盘通过过孔接地

GND 回路原则上不能形成环形，应单点接地，如图 4.48 所示。

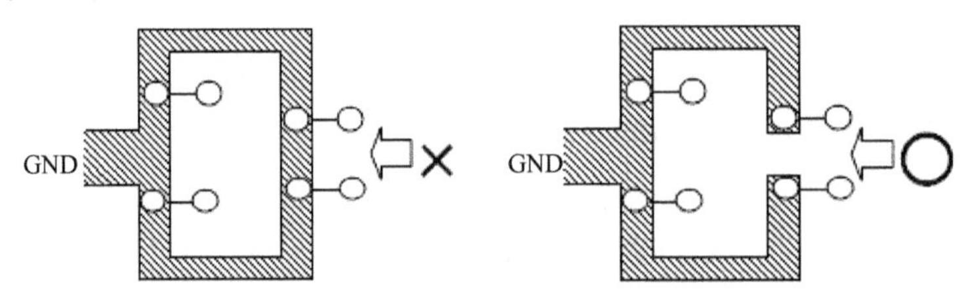

图 4.48 GND 的单点接地

4.3.3.4 去耦电容的安装

为了防止电源线较长时，电源线上的耦合噪声直接进入负载元器件，应在进入每个元器件之前，先对电源去耦。且为了防止它们彼此间的相互干扰，对每个负载的电源独立去耦，并做到先滤波再进入负载，如图 4.49 所示。

MCU 和集成 IC 的去耦电容应置于电源入口处，如图 4.50 所示。

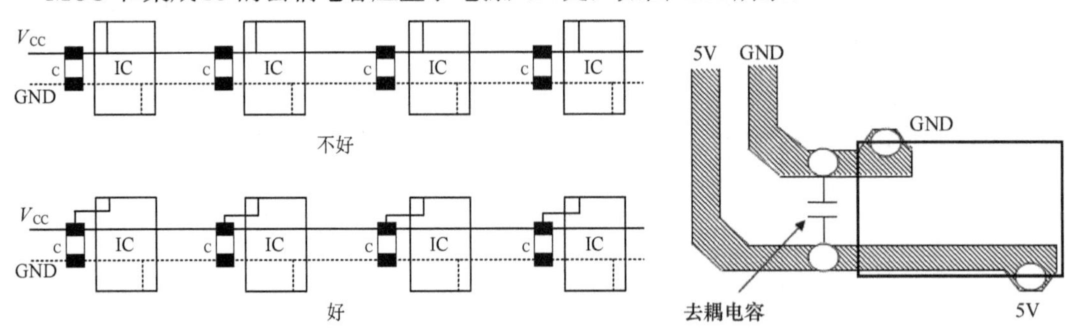

图 4.49 多 IC 供电走线　　图 4.50 去耦电容放置位置

4.3.3.5 带导线的温度传感器的 GND 设计

温度传感器的 GND 线应与 MCU 的 GND 线分开，如图 4.51 所示。

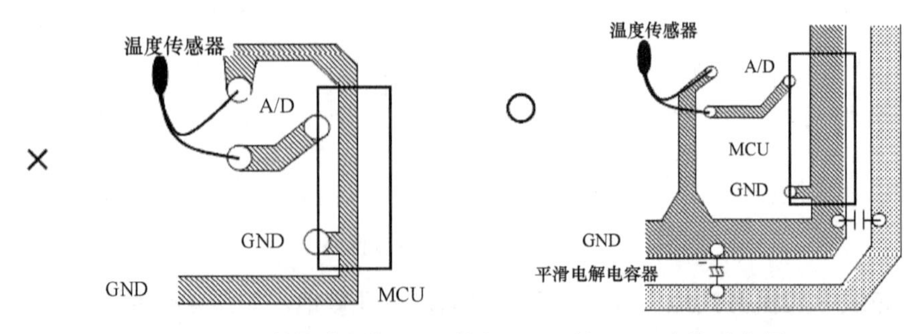

图 4.51 温度传感器的 GND 线与 MCU 的 GND 布线示意图

4.3.3.6　PCB 与控制盒匹配时的设计

PCB 与控制盒匹配时，走线应避免在控制盒的凸台以及筋接触，如图 4.52 所示。当无法避免接触时，走线应做如图 4.53 所示的处理。

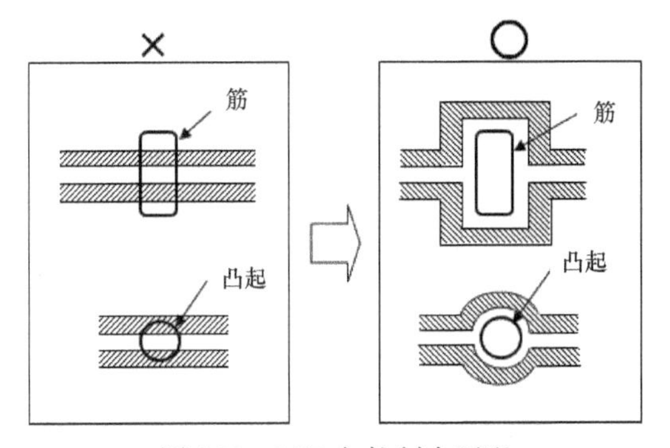

图 4.52　PCB 与控制盒匹配

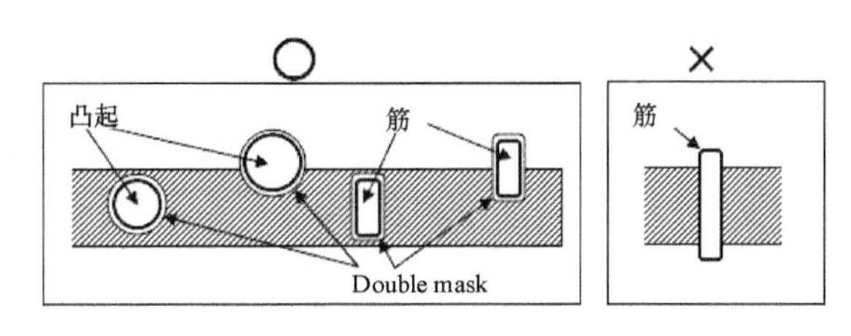

图 4.53　走线与控制盒的凸台以及筋接触的处理方法

4.3.3.7　MCU 的电源走线处理

原则上禁止在有大电流的回路中途给 MCU 供电，MCU 供电与大电流回路电源必须分开，地线也应尽可能粗，如图 4.54 所示。

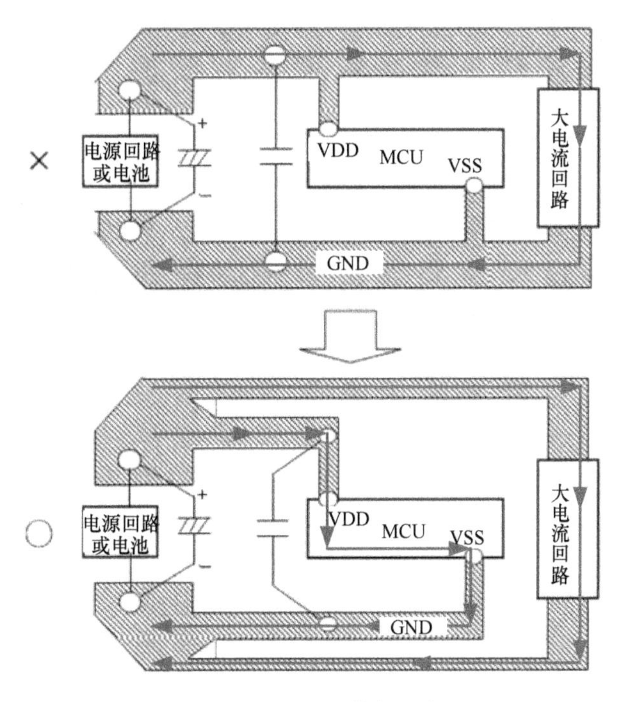

图 4.54　MCU 供电回路

4.3.4　焊盘设计

4.3.4.1　直插类元器件焊盘设计

1）焊盘插入孔径设计

机插元器件的焊盘插入孔径应比元器件引脚直径大 0.5mm，手工插入的元器件的焊盘插入孔径应比元器件引脚直径大 0.2mm。

2）圆形焊盘设计

根据不同的插入孔径可以采用图 4.55 中的标准。

						轴向（Axial）	
						P=10	P=5
插入孔径（d）	1.1以下	1.5以下	1.8以下	2.4以下	2.5	1.0	0.9
焊盘直径（D'）	2.5以下	3.0以上	3.5以上	4.0以上	5.0以上	2.5	
阻焊层直径（D）	D'~D'+0.5						

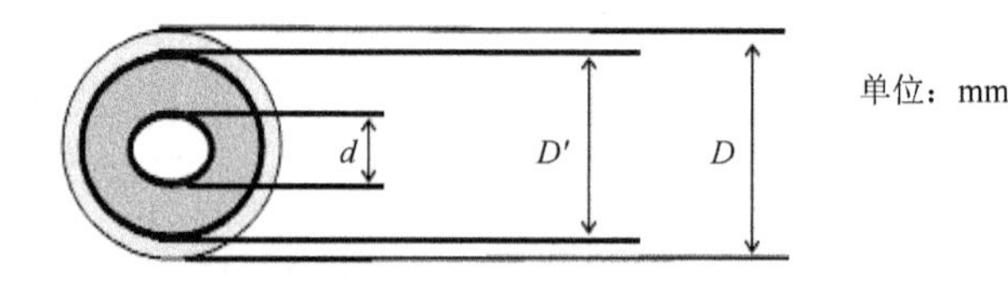

图 4.55　圆形焊盘设计标准

3）椭圆形焊盘的短边可以参照圆形焊盘的设计

4）机插元器件的焊盘处理

机插元器件的焊盘应按照引脚折弯后的方向设计，呈椭圆状。折弯后的引脚不应超出焊盘，防止与相邻元器件焊盘短接，如图 4.56 所示。

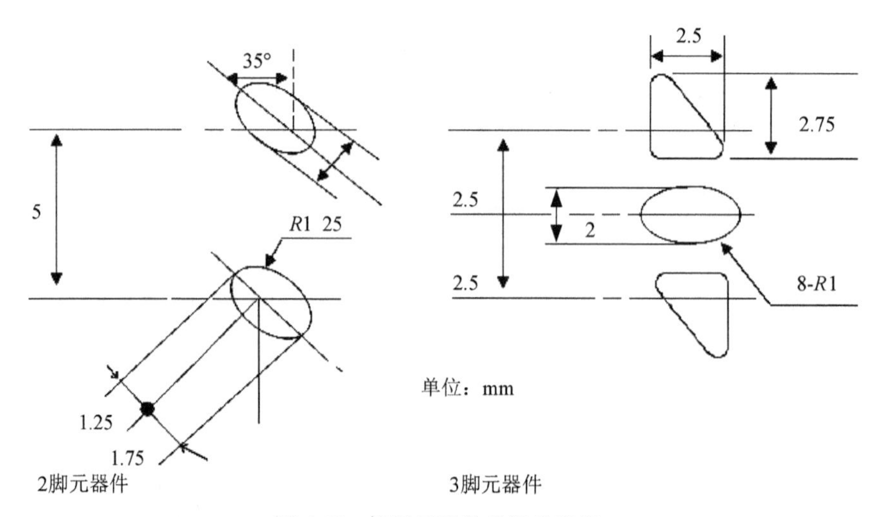

图 4.56　机插元器件的焊盘处理

5）重型元器件焊盘处理

在安装变压器、继电器、大型电解电容器等重型、较高元器件时应采用如图 4.57 所示的梅花型焊盘，并加以金属、扎带、粘合剂等辅助固定方式，防止在振动、跌落试验时出现焊盘开裂、PCB 折断等现象。原则上，对于单面板中电流超过 3A 的元器件引脚以及较重的元器件（如变压器等），必须添加铆钉。

6）焊盘剪切处理

原则上不允许对焊盘进行剪切，当无法避免剪切焊盘时，应确保 0.5mm 以上的铜箔留存，如图 4.58 所示。

图 4.57　梅花型焊盘

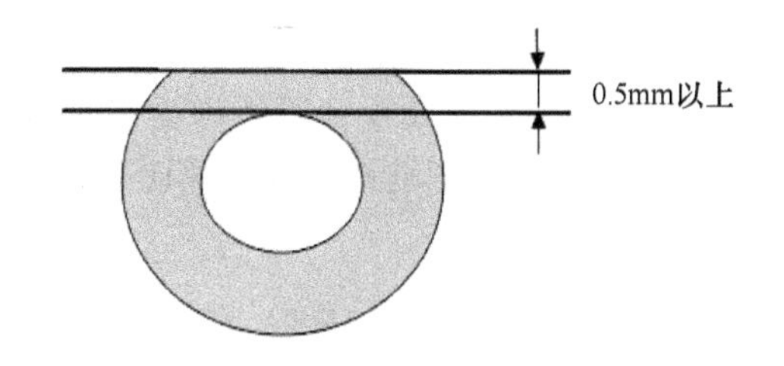

图 4.58　焊盘剪切处理

7）手焊焊盘处理

单面板中若有手焊元器件，要开走锡槽，方向与波峰焊方向相反，宽度视插入孔径的大小取为 0.3～0.8mm，如图 4.59 所示。

8）焊盘保护处理

走线与焊盘的连接处应对焊盘进行保护处理，自动生成“泪滴”或手工走线保护，如图 4.60 所示。

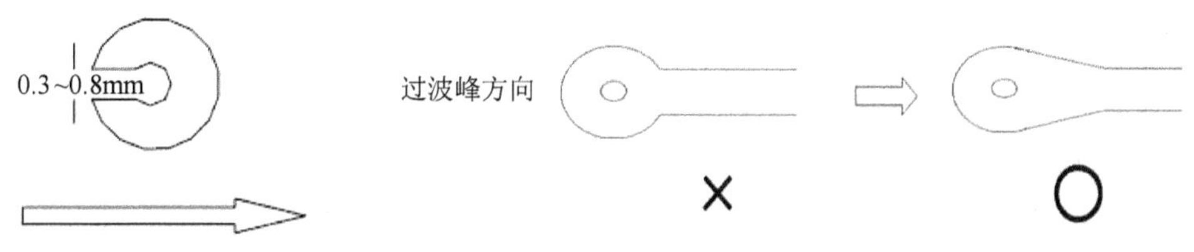

图 4.59　单面板开走锡槽　　图 4.60　走线与焊盘的连接处保护处理

4.3.4.2　SMT 元器件焊盘设计

SMT 元器件根据生成工艺的不同而有不同的焊盘设计。波峰焊焊盘稍大，方便焊锡的留存；回流焊焊盘稍小，可以节省锡膏以及防止元器件过炉之后本体移动。

4.3.4.3　脱锡焊盘设计

1）双丝印阻焊

当焊盘与焊盘之间的间隔距离过小时，需要在焊盘之间添加丝印，防止波峰焊时焊锡发生桥接，如图 4.61 所示。

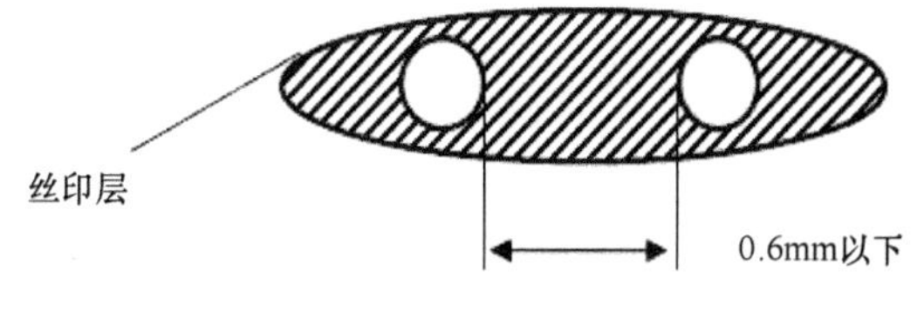

图 4.61　双丝印阻焊

2）插件焊盘的脱锡焊盘设计

焊盘间距不大于 3mm 的插件焊盘均应设计脱锡焊盘。

（1）当焊盘排列平行于波峰焊方向时，需在最后一个焊盘下方设计倒三角式的脱锡焊盘。

（2）当焊盘排列垂直于波峰焊方向时，需间隔一个焊盘设计一个倒三角式的脱锡焊盘。

3）SMT 焊盘的脱锡焊盘设计

SMT 工艺的 IC 的放置方向应平行于波峰焊方向，并在 IC 的最后焊盘处设计脱锡焊盘，且原则上应保证脱锡焊盘的面积在普通焊盘面积的 2.5 倍以上，如图 4.62 所示。

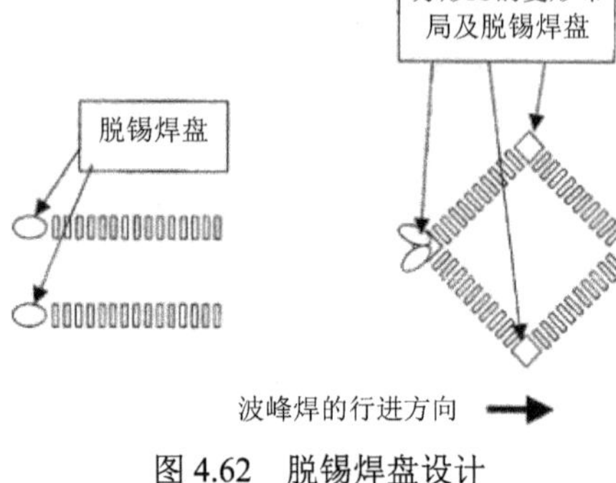

图 4.62 脱锡焊盘设计

4.3.4.4 光学定位点（MARK）点设计

（1）在有贴片元器件的安装面需设置 MARK 点，放置位置为控制器四角空白区域（呈对角线放置），距离板边缘最小距离为 3mm，旁边用 MARK 丝印标注，数量最少 2 个。

（2）当贴片元器件引脚中心距≤0.6mm 时，也需要放置 MARK 点，其在贴片元器件的对角线放置，要求在安放元器件后仍能清晰看到 MARK 点，数量最少为 2 个。

（3）最佳的 MARK 点是实心圆焊盘，直径为 1.0mm，外侧加直径为 3mm 的阻焊层。

4.3.5 PCB 标注要求

1）PCB 应标注对应机型型号、种类、版本、设计完成日期

例如，WBG-Y1 主板控制器 V1.0 2021.06.15。原则上，PCB 上应标注物料号。当多个机型共用同一个 PCB 作为母板时，不能标注物料号，改为控制器标贴物料号标签。

2）连接器的代号标注

连接器的代号应用相对于其他元器件代号更为醒目的大小字体来标明，在空间允许的条件下，应对连接器的每个端子进行功能标注。

3）保险丝的标注

保险丝附近应用醒目的丝印标明，保险丝规格型号（电压、电流、熔断速度）以及替换注意事项。

4）MCU 以及集成 IC 的第一脚应用三角形或圆形丝印标注，如图 4.63 所示。

5）波峰焊方向标注

原则上，PCB 应按照长边方向进行波峰焊，一般应于该方向标注 Dip 图标。图 4.64 为推荐的 Dip 图标。

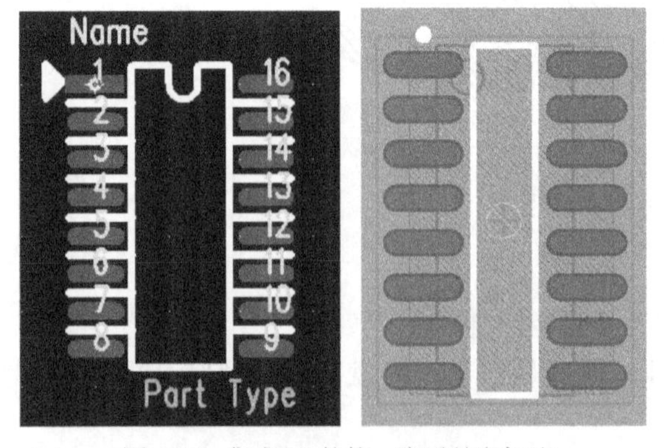

图 4.63 集成 IC 的第一脚需丝印标注

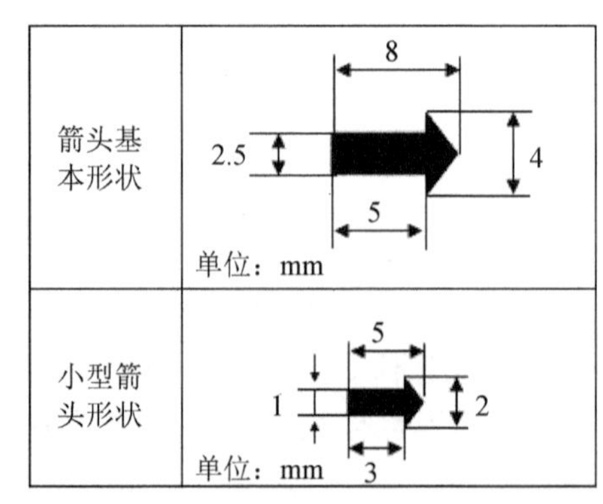

图 4.64 波峰焊方向标注 Dip 图标

6）补焊点位标注

对于需要补焊的焊盘，可以在焊盘附近参照图 4.65 进行简要标注。

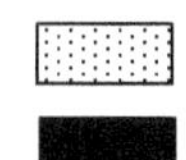

图 4.65　补焊点位标注

7）强弱电区域标注

应用丝印线条对 PCB 上的强弱电区域进行区分，强电高压区域可用醒目文字“高压危险！”标明，如图 4.66 所示。另外须标明施加的电压信息，如 AC 220V。

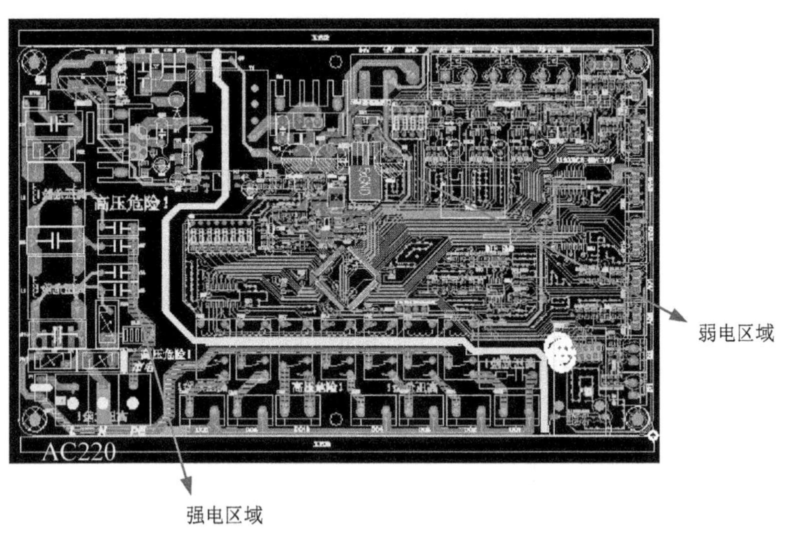

图 4.66　强弱电区域的标注

8）灌胶处理

为了便于注入树脂，在线路板的中间部位开 $\Phi3\sim\Phi5$ 的注入孔，为了使树脂在 PCB 表面达到均匀分布，应在 PCB 上尽可能多地开孔，如图 4.67 所示。

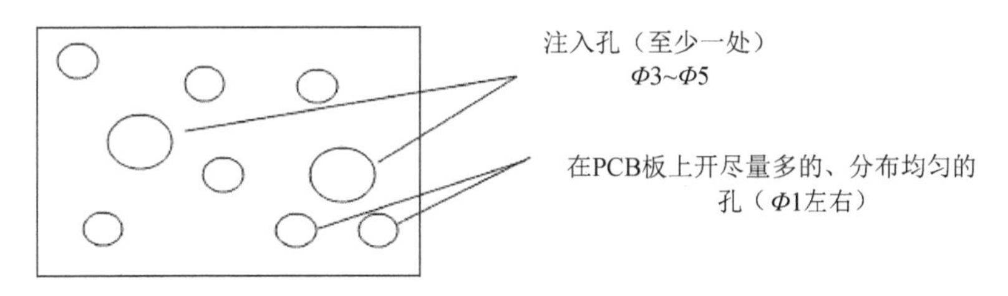

图 4.67　灌胶处理

4.4　PCB 的热设计

随着电力电子产品技术的发展，元器件的表贴化、小型化趋势越来越明显，产品的紧凑程度也不断增加。反映到 PCB 上，就是元器件密集度会不断增加。然而从散热角度上考虑，热流密度会不断提升，从而导致产品散热问题日渐严峻。当元器件主要通过 PCB 进行散热时，PCB 的热特性对元器件的温度影响就会变得非常明显。

4.4.1 PCB 热传导特性

目前，在电子行业遇到的单板绝大多数是多层结构，如图 4.68 所示。多层结构的 PCB 主要由基板树脂材料和铜箔组成，信号层、电源层及地层之间等必须通过绝缘的树脂材料进行隔开。而实际上信号层，也就是铜箔层往往非常薄，树脂层会占据大量空间。同时，因为树脂材料（FR4）的导热率[约 0.3W/(m·℃)]远低于铜箔[约 398W/(m·℃)]，因此 PCB 在厚度方向上的综合导热系数很低。通常，PCB 在平面方向上的导热能力比法向上的导热能力强数十倍，多数 PCB 厚度方向的导热系数甚至低于 0.5W/（m·K），而平面方向却可以达到约 30W/（m·K）。

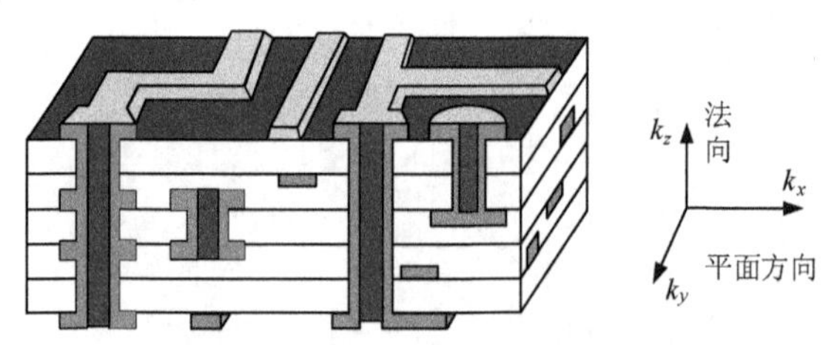

图 4.68 单板的多层结构示意图

一个 PCB 的宏观等效导热系数可以简单地通过傅里叶导热定律推算出来，即

$$\text{法向:}\frac{1}{k_z}=\frac{\varphi_{\text{FR4}}}{k_{\text{FR4}}}+\frac{\varphi_{\text{Cu}}}{k_{\text{Cu}}} \tag{4-1}$$

$$\text{平面方向:}\ k_z=k_{\text{FR4}}\varphi_{\text{FR4}}+k_{\text{Cu}}\varphi_{\text{Cu}} \tag{4-2}$$

式中，φ_{FR4} 为 FR4 的体积含量；φ_{Cu} 为铜的体积含量；k_{FR4} 和 k_{Cu} 分别为 FR4 和铜的导热系数。需要指出的是，式（4-1）和式（4-2）是在铜层均匀分布前提下推导出来的，对于实际的单板，由于铜含量并非各处均匀，因此其导热系数不仅法向和平面方向导热系数不同，单板不同位置的导热系数也不相同。这样，就有了通过设计局部敷铜来改变单板的热传导能力，从而控制元器件温度这一热设计方法。

4.4.2 PCB 敷铜准则

PCB 敷铜可以提高抗干扰能力，降低压降，提高电源效率。当热流密度足够小时，PCB 敷铜完全不考虑散热是可行的。但当单板功率密度增大，元器件散热风险升高后，单板内的铜层设计就可以起到关键作用。了解敷铜对散热的影响也是电力电子初学者在绘制 PCB 时的必修课。

铜层的敷设面积需要结合局部散热需求，可归纳为以下几个准则。

1．敷铜实现热量定向引流

通常情况下，由于发热源集中，故单板的温度是不均匀的。通过设计铜层的走向，加大敷铜面积，将热量引导向散热条件较好、温度较低的区域会有助于散热。

2．阻断铜层来降低热敏元器件风险

在单板中，元器件种类众多。它们通常发热量不同，对温度的敏感性也不相同。例如，多数电容的发热量很小，但其耐温性普遍较差。而 MOSFET、IGBT 等发热量较大，耐温性也较强。当出于电气或空间要求，两种元器件不得不距离很近时，电容就会被 MOSFET、

IGBT 等功率器件影响。当采用的散热器可以保证 MOSFET、IGBT 在 95℃时，它们都是安全的，但对于一些电容，这个温度已经不可以接受。这时，通过阻断、缩减连接两者间的铜层，可以从一定程度上缓解这些高温元器件对低发热量且不耐温元器件的烘烤作用。

3. 根据元器件的封装特点定制铜层

通过前述对芯片封装热特性的描述可知，不同封装形式的芯片内部热量往顶部和往底部传递热量的阻力是不同的。单板敷铜对那些热量主要从底部散失的芯片（θ_{JB} 较小）效果会更加明显。

4. 铜层局部连续打通热流通道

由于 FR4 的导热系数极低，故铜层如果被隔断会极大地降低单板热量的传递效率。可以看到，在厚度方向上，由于单板铜层被 FR4 隔断，单板厚度方向导热系数远低于平面方向。为了提高单板传热性能，在部分需要特殊强化散热的芯片底部，可以通过施加热过孔将导热效率高的铜层连接起来，从而提高芯片热量传递到单板上的效率。

4.4.3 热过孔及其设计注意点

当热量从芯片结发出，经衬底传导到芯片底部后，就需要进入 PCB。这时，如果不施加过孔，则热量在进入 PCB 后，就必须经由导热性能极低的 FR4 才能散发到单板的背面来，这显然非常不利于热量的散失。

当过孔位于芯片下方时，其直接洞穿 PCB，过孔孔壁材料一般为铜，孔内如果填锡，则整个过孔都是由金属组成的，纵向的导热系数相比无过孔时大大提高。同时，过孔贯穿 PCB，相当于将平面方向导热率较高的信号层、电源层和地层的铜箔层都连接起来了，芯片自身的热量可以更顺畅地在单板平面方向铺展开来。因此，过孔可以大大降低底部散热元器件的温度。施加热过孔后，芯片在单板侧的主要传热路径如图 4.69 所示。

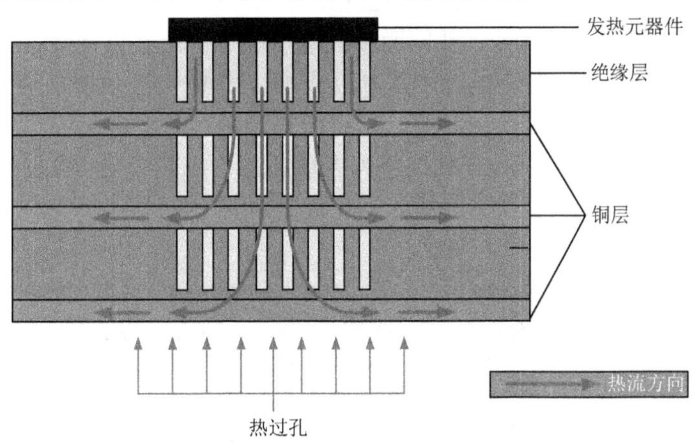

图 4.69　施加热过孔后，芯片在单板侧的主要传热路径

注意，虽然绝缘层导热系数很低，但仍然会有一小部分热量通过绝缘层往四周扩展，图 4.69 中未画出。

1. 配合芯片封装

需要注意的是，热过孔改善的是 PCB 到单板侧的传热，而芯片的热量要传递到单板上，还需要经过芯片内部的封装材料。这时可能出现两种情况。

1）封装工艺使得结到 PCB 的热阻 θ_{JB} 很低

如图 4.70（a）所示，为 QFN 封装，IC 芯片底部的焊盘可直接大面积接到地层，这时在其下方的单板上施加热过孔对芯片温度控制将有非常明显的效果。

2）封装工艺使得结到 PCB 板的热阻 θ_{JB} 很大

如图 4.70（b）所示，为 QFP 封装，芯片底部与 PCB 之间存在空隙，芯片热量难以导向 PCB，从而导致施加热过孔改善幅度较为有限。

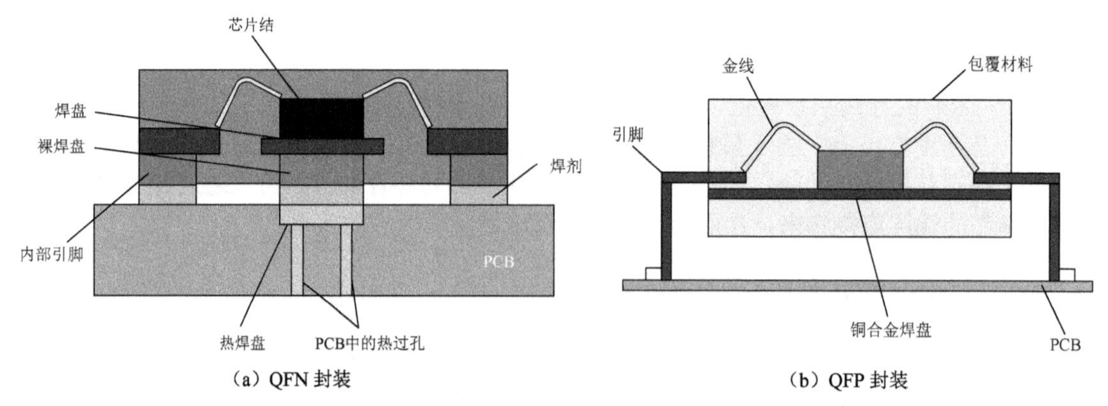

（a）QFN 封装　　（b）QFP 封装

图 4.70　θ_{JB} 较低的 QFN 封装和 θ_{JB} 较高的 QFP 封装

2．连接方式、几何参数和填充材料

热过孔有两种连接方式，一种是铜线连接方式，另一种是敷铜连接方式。这两种不同连接方式对元器件结温的影响也不相同。敷铜连接方式热通路面积大，其散热效果优于铜线连接。有时，为进一步加强散热，在空间允许的情况下，还会对芯片位置处单板正、反两面的散热焊盘敷铜区域进行周向扩展，加大散热面积。

热过孔的几何参数包含孔内径、孔间距和孔壁厚度等。合理设计热过孔的几何参数能有效改善 PCB 的散热能力，同时不过度增加制板成本。如图 4.71 所示，用 d 表示热过孔内径，p 表示过孔间距，t 表示过孔壁厚度。已有研究表明，对于常见的芯片，热过孔的合理设计区域为 $d/p > 25\%$，$t/p > 2\%$，在此区域内再增加过孔内的密度和孔壁厚度对单板的传热效果仍有强化效果，但强化曲线变得平缓。

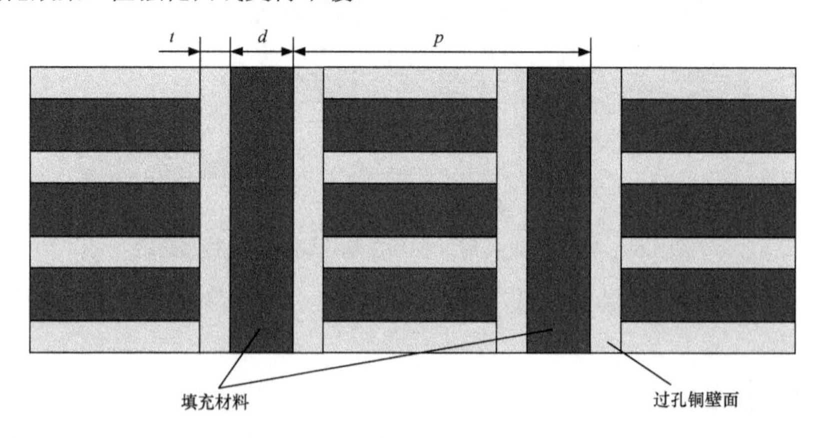

图 4.71　热过孔的几何参数示意

热过孔的孔壁材质是铜，孔内根据需要可以选择是否填充其他材质。如图 4.72 所示为未填充的过孔，中间将会是空气。显然，在过孔中填充高导热系数的物质会进一步提升过孔对单板厚度方向上导热的强化作用，但这些填充会带来成本增加以及单板生产过程中的溢锡（当填充物是金属锡时）问题。有计算表明，热过孔填充与否对芯片的温度影响甚微。因此，在散热风险已经可控的情况下，可以考虑放弃填充。

热过孔是除风道设计、散热器设计之外另一种非常重要的散热强化手段，尤其是对于那些贴片封装、结板热阻较低的芯片。对某些尺寸很小、加装散热器困难的小芯片而言，热过孔甚至可能是最有效的散热强化手段。在实际应用中，热过孔的设计还需要充分考虑芯片的功率密度、芯片周边的热源布局、芯片的具体封装特点、单板内铜层的敷设特点以及芯片正面的散热强化手段等因素。

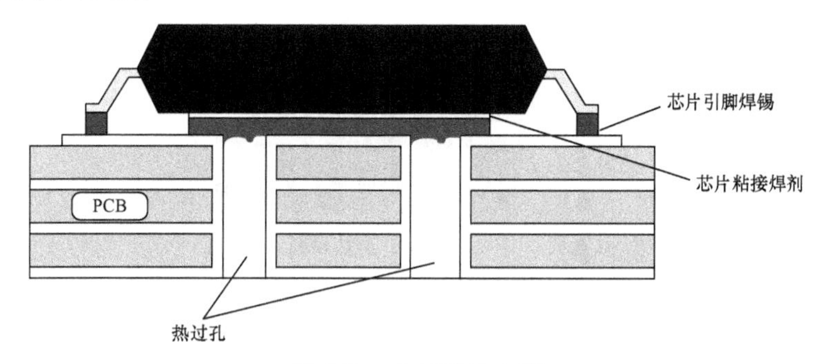

图 4.72 热过孔放大图

4.4.4 GaN 器件散热实例

GaN HEMT 是宽禁带半导体器件的典型代表，其散热设计对其成功应用非常重要。GaN Systems 公司的 eGaN HEMT 具有两种典型封装形式：P 型封装（如 GS66508B）和 T 型封装（如 GS66508T），如图 4.73 所示。P 型封装的散热基板与栅、漏、源极基板均处于器件的底面，直接与 PCB 相连接；而 T 型封装的散热基板处于器件的顶部，直接与空气相接触。

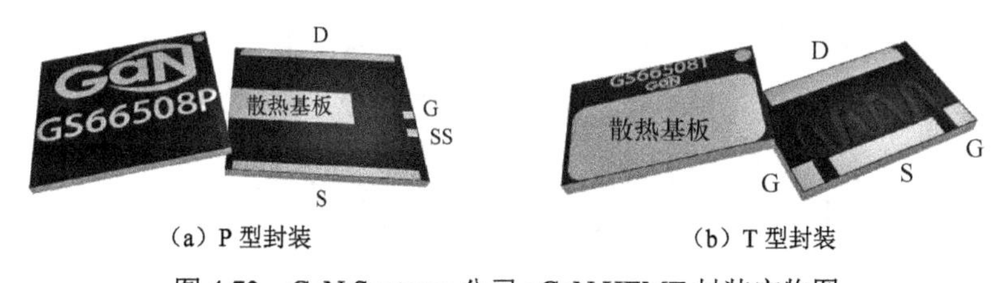

（a）P 型封装　　（b）T 型封装

图 4.73 GaN Systems 公司 eGaN HEMT 封装实物图

图 4.74 给出 P 型封装和 T 型封装的热传输路径和热阻示意图。如图 4.74（a）所示，对于 P 型封装的器件，GaN 衬底产生的热量通过散热基板传输到 PCB 上，一部分热量通过 PCB 的覆铜表面散发到空气中，另一部分热量通过 PCB 内部的低热阻热孔传输至 PCB 底部。散热器通过导热材料（TIM）与 PCB 底部连接，并将热量传输到空气中。由图 4.74（b）可见，对于 T 型封装的器件而言，GaN 衬底产生的热量直接通过其顶部传输至导热材料中，并通过安装在导热材料上的散热器散发至空气中。对比两种封装形式的 GaN 器件可见，相较于 P 型封装，T 型封装的热传输路径中并没有通过 PCB 传输，因此也不存在 PCB 的热阻，从而减小了整个结到环境的热阻，提高了散热性能。

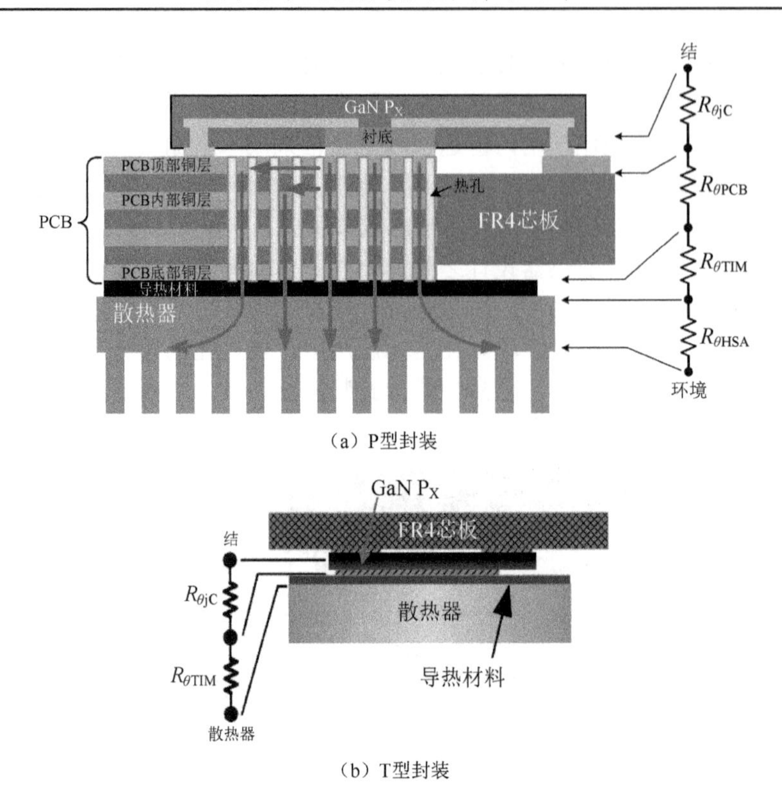

（a）P型封装

（b）T型封装

图 4.74　两种封装形式 GaN 器件的热传输路径和热阻示意图

对于 P 型封装，其顶部的热阻通常是结到壳的热阻的几倍，尽管如此，在损耗较大的情况下，仍然可以在器件顶部安装散热器，形成双面冷却方式以提高散热效率，双面冷却示意图如图 4.75 所示。P 型封装器件的顶部覆上了一层铜和阻焊剂，由于该层表面凹凸不平，并且不具备耐高压以及绝缘能力，因此需要在该层上方添加一层导热材料以确保其安全工作，最后将散热器安装在导热材料上。

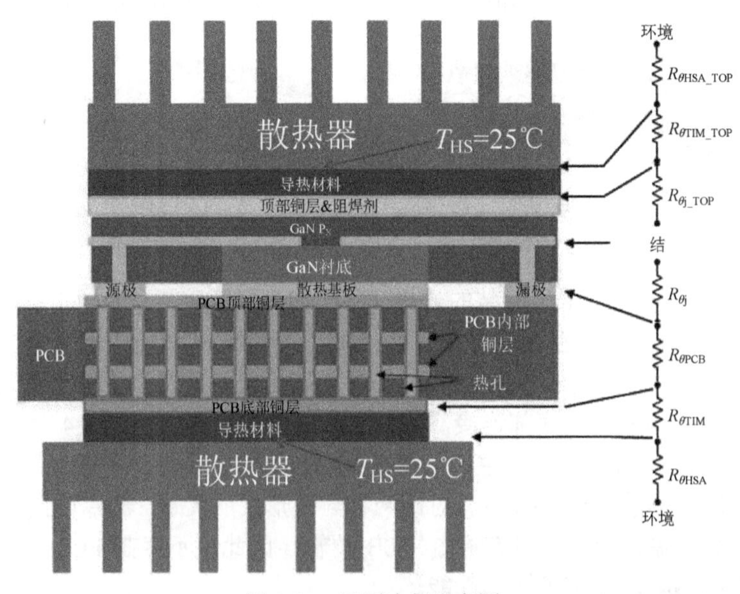

图 4.75　双面冷却示意图

图 4.76 给出了双面冷却和单面冷却的热仿真结果对比，由于双面冷却有两条散热路径，其顶部和底部的热阻相当于并联，因此总热阻小于单面冷却总热阻，由仿真结果可见，双面冷却方式相较于单面冷却方式，其结温下降了约 35%。

在 GaN 器件工作时，产生的热量由 GaN 器件的小面积散热基板传输到 PCB 顶部的大面积铜层上，并通过铜层发散到空气中，因此 PCB 顶部铜层需要有足够的厚度来确保有效的散热，通常需要 2 盎司或者更厚。PCB 底部的铜层主要和导热材料或者散热器连接，因此需要有足够的面积确保覆盖导热材料和散热器的表面。

由于 FR-4 材料 PCB 的导热性能较差，因此元器件产生的热量不能有效地从 PCB 顶部传输到底部，而通过在 PCB 内部添加热孔能够减小 PCB 的热阻，提高导热性能，增强散热能力。在设计热孔时，需要考虑焊料芯吸问题：向焊盘添加开放式热孔时，在回流过程中，焊锡会浸入到通孔中，并在焊盘上产生焊料空隙。为了解决这一问题，通过减小热孔直径能够有效地减少浸入通孔的焊锡量，除此之外，在通孔中添加导热材料能够限制焊锡的浸入并且提高导热性能，但是会增加工艺成本。

图 4.77 给出了 GaN Systems 公司推荐采用的 PCB 设计实例。其 PCB 覆铜面积为 $10\times5\text{mm}^2$，完全覆盖 GaN 器件封装的散热基板，并且在 PCB 内部添加了约 120 个热孔以提高 PCB 传热效果，每个热孔的直径为 0.3mm。采用该种 PCB 设计方法得到的各部分热阻值分别为 $R_{\theta\text{PCB}}$=5.13℃/W、$R_{\theta\text{TIM}}$=1.95℃/W、$R_{\theta\text{jHS}}$=7.58℃/W。

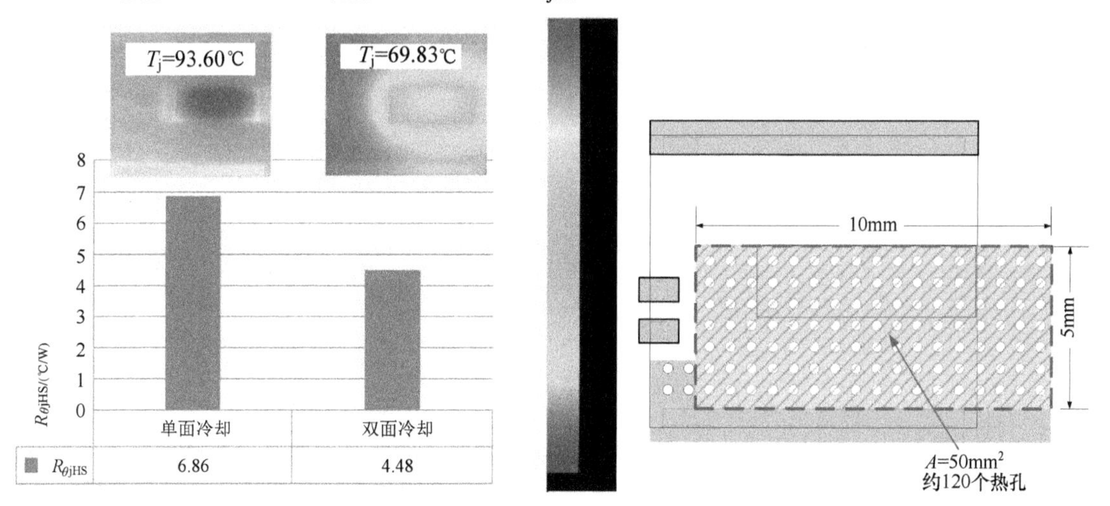

图 4.76 双面冷却和单面冷却热仿真结果对比

图 4.77 GaN Systems 公司推荐的 PCB 设计实例

4.5 小结

本章介绍了 PCB 的概况，给出 PCB 设计的一般要求，阐述了 PCB 设计的一般流程与方法，对元器件封装的确定、元器件的布局、PCB 的布线等进行了逐一论述。并紧扣 PCB 工程对相关设计工艺规范进行了阐述，对走线要求、元器件布局要求、焊盘设计要求以及回路相关设计注意事项进行了细致的分析。并进一步对 PCB 的热设计进行了阐述，探讨了 PCB 热传导特性、PCB 铜层敷设准则和热过孔设计注意点，给出 GaN 器件 PCB 热设计实例分析。

PCB 设计是电力电子变换器设计中的重要一环，电力电子初学者通过本章学习，掌握了 PCB 设计的一般流程和方法后，应紧密结合实际电力电子变换器的设计，把基本原则和方法运用到实际的 PCB 绘制中去，并在具有 PCB 设计丰富经验的导师或资深工程师指导下不断改进设计，增强自己的独立设计能力。

思考题和习题

4-1 简要说明单面板、双面板、多层板的特点。

4-2 简要说明 PCB 设计的基本要求。

4-3 简要说明 PCB 走线宽度的基本要求。

4-4 简要说明 PCB 走线之间的爬电距离和电气间隙要求。

4-5 阐述去耦电容安装的基本要求。

4-6 阐述焊盘设计的基本要求。

4-7 热过孔涉及哪些典型几何参数？说明这些几何参数需要满足的基本要求。

4-8 使用 PCB 绘图软件绘制某电路的 PCB（电路可以自由选择，要求元器件数目不少于 30 个），并对布局布线的主要考虑方面进行说明。

第 5 章　电力电子变换器的参数优化设计

目前电力电子变换器的设计较多采用的是基于经验和试凑的设计方法，设计结果大体上只是满足指标要求的一组可用参数，但并非最优结果。本章初步介绍了功率变换器的优化设计方法。在最优化设计理论的基础上，利用数学模型和优化算法程序，借助计算机进行计算，建立电力电子变换器性能指标和设计参数之间的对应关系，从而确定最佳的电路参数。与传统设计方法相比，这种优化设计方法可以提高电力电子变换器的设计质量、缩短设计周期、减轻设计人员的电路调试负担。

5.1　电力电子变换器参数的传统设计方法

5.1.1　传统设计方法介绍

航空航天、电动汽车、高铁、新能源发电、数据中心等应用场合对电力电子变换器的要求越来越高，如图 5.1 所示，这些场合的电力电子变换器不断朝着高效率、小型化、低成本和高可靠性的方向发展，并且需要能够同时较好地满足多项性能指标的要求，这就增加了电力电子变换器的设计难度。

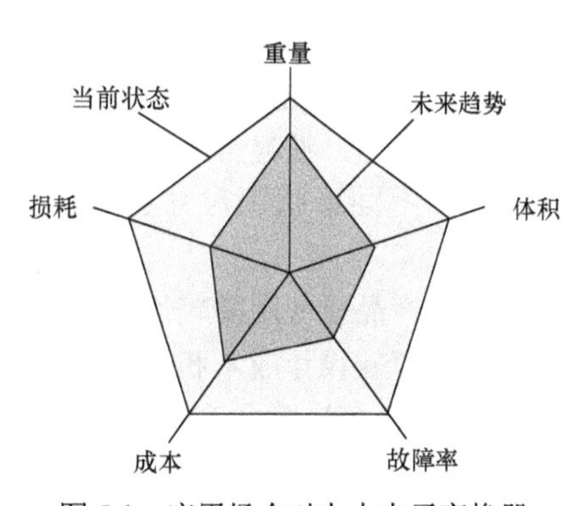

图 5.1　应用场合对电力电子变换器发展趋势的要求

新的拓扑结构、新的调制方法和新的半导体器件技术可以明显提高系统性能，但是随着时间的推移，如果希望进一步提升系统性能，只能在主电路参数的选择、拓扑结构选择、控制电路设计以及元器件的排列布局等方面进行优化设计。

传统的功率变换器设计方法是根据系统效率、体积、重量等性能指标的要求，根据设计者对功率变换器及应用场合的熟悉程度做一些假定和简化，然后采用以试凑法为主的方法进行参数选取和设计，当某组设计的结果能达到指标要求后即认为合格了。尽管有些设计经验丰富的设计者凭借积累的经验和专业水平通过进一步参数调整，也能获得一个相对较好的设计结果，但其设计结果很可能在其所要求的情况下并不是最优的，适当改变某些设计参数，可能会进一步提高功率变换器的性能。

5.1.2　传统设计方法的缺陷

目前在电力电子变换器的设计过程中，工作频率、磁芯最大工作磁通密度、线圈电流密度等的确定，以及滤波电感电流纹波率、元器件工作时温度等的假定都没有明确依据。传统设计方法未能给出设计参数与系统指标之间的直接对应关系。设计参数的选择对最终性能的影响，并不能直接得到，因而无法明确性能指标和设计参数之间的数量对应关系。

功率变换器的设计涉及多个领域，如电、磁、热等多个方面。除了电气性能要满足一定要求，磁场和热场也要符合一定标准，功率变换器才能正常工作。随着功率变换器功率密度的不断提高，电源结构的热设计已成为影响电源可靠性的关键因素之一。功率变换器中元器件的损耗会造成元器件自身及周围环境温度的升高，导致元器件失效，进而影响功率变换器的寿命和可靠性。大量的研究数据表明，高温已成为电子产品故障的主要原因，元器件结温与寿命关系的统计结果、产品故障主要原因的统计结果分别如图 5.2、图 5.3 所示。

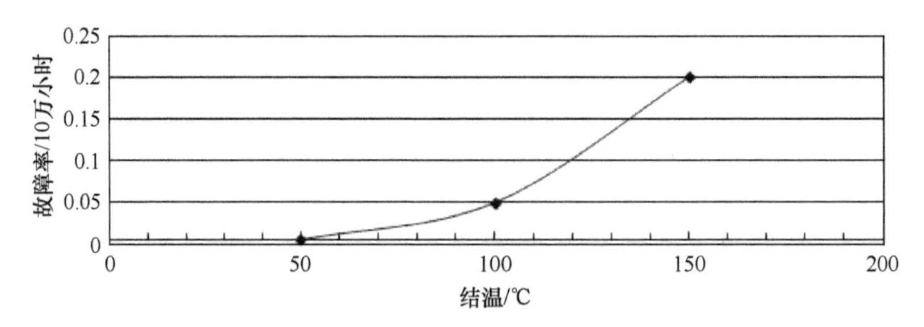

图 5.2　元器件结温与寿命关系

传统的热设计通常是根据设计者的经验或应用有限的换热公式进行预先估计，然后加以热电偶、红外测温等热控手段进行保护，这种设计方法的缺点有以下几个。

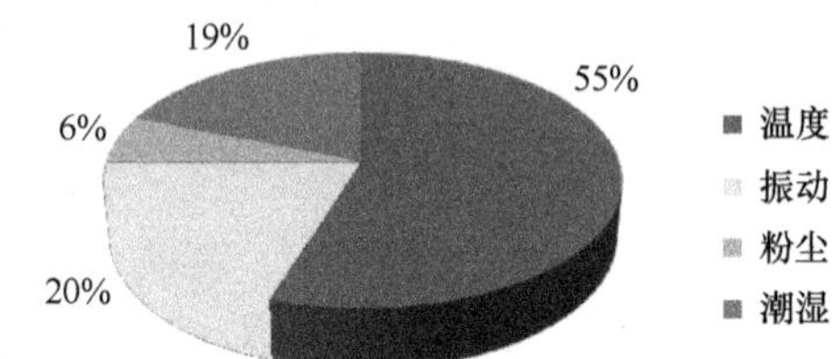

图 5.3　产品故障主要原因

（1）无法明确元器件之间温度的相互影响程度及电源内部的整体温度分布情况，可能存在电源局部过热的故障隐患，没有考虑元器件的布局优化。

（2）不同形状和尺寸参数的散热器的散热效果不明确，无法进行有效的散热器优化设计。

（3）产品设计周期较长，成本较高。

为了节省设计成本和提高设计效率，在功率变换器的设计阶段还要考虑 EMC 的问题。良好的 PCB 布局结合 EMI 滤波器可以有效地减小功率变换器的 EMI 水平。在同等条件下良好的 PCB 布局可以得到较低的 EMI 水平，从而减小滤波器的体积，甚至可能不使用滤波器就可以满足相应的 EMI 标准。但是目前的 PCB 布局布线主要还是依据设计者的经验，在设计阶段没有对 PCB 布局布线对电路 EMI 的影响做具体研究，一般都是在电路制作完成以后再设计相应的滤波器来降低 EMI 水平，这样就加大了滤波器设计的难度和代价，没有从源头上解决问题。

EMI 滤波器一般采用无源元器件结构，即以电感电容为基本组成单元，通过一定的电路组合能够使得通过滤波器的噪声得以有效衰减。传统的 EMI 滤波器由于电感和电容采用分立器件，占据了较大的设备体积，不符合开关电源小型化、集成化的发展趋势，进一步压缩体积并更加有效地降低 EMI 水平成为新型滤波器的重要发展方向。目前主要的发展方向有柔性滤波器、平面滤波器和母线型滤波器，虽然在平面型滤波器方面做了很多工作，但是在滤波器材料的选择、结构的改善及设计原则方面仍需要继续完善。

此外，传统的无源滤波器的设计方法一般是基于对滤波原理以及系统要求进行分析，然后根据工程经验来选择参数，较少采用优化设计，且在已有的设计方法中，大多是根据单一的技术或经济指标对各参数进行分别设计，没有进行整体优化。

根据上述分析，可以看出传统功率变换器设计过程中存在的缺点有以下几方面。

1）电气方面

（1）设计过程中对工作频率、电流纹波率、磁芯最大工作磁通密度等设计参数的简化和假定没有明确依据，具有太大的任意性。

（2）设计过程中效率、体积等性能指标与设计参数之间的关系不明确，没有实现量化，设计完成之后去校核系统的效率、体积等性能如果不满足要求，只能根据经验改变某几个参数，重新进行设计，设计周期较长。

（3）设计的参数虽然符合系统性能要求，但可能不是最佳的，适当改变设计参数，可能会进一步提高系统效率、体积等性能指标。

（4）对多项性能指标赋予不同加权系数进行多目标优化时，设计参数的变化范围不明确。

2）热场方面

在传统的功率变换器设计中，对半导体器件的散热设计主要根据经验公式进行估算，然后加以热电偶、红外测温等热控手段进行监测保护，功率变换器内部的热分布不明确，元器件之间温度的互相影响不清楚，可能存在局部过热的故障隐患，且不同尺寸参数下散热器的散热效果不确定，没有对散热器进行优化设计。

3）磁场方面

在功率变换器的设计阶段没有详细分析 PCB 布局布线对电路 EMI 的影响，加大了滤波器设计的难度和代价，且传统 EMI 滤波器较多采用分立器件，占据的系统体积较大，同时在 EMI 滤波器的优化设计方面还有所欠缺，需要综合考虑不同的指标要求，对 EMI 滤波器参数进行整体优化设计。

5.2 电力电子变换器参数的优化设计思想及过程

5.2.1 优化设计思想

功率变换器的优化设计是在最优化设计理论的基础上，利用数学模型和优化算法程序，借助计算机进行计算，建立功率变换器性能指标和设计参数之间的对应关系，从而确定最佳的电路参数。这种优化方法与传统的设计方法相比，具有明显的优越性，既可以提高功率变换器的设计质量，又可以大大缩短设计周期，减轻设计人员的电路调试工作。优化设计的本质是将优化目标、约束条件及设计变量用数学方式来描述，以便使用数学方法进行求解，设计过程包括数学模型的建立、数学模型的求解及优化设计结果的修正。功率变换器的设计涉及电、磁、热等方面中的很多变量，其中很多变量是非线性的，所以功率变换器的优化设计属于非线性规划问题。

5.2.2 优化设计过程

功率变换器优化设计流程图如图 5.4 所示，具体流程包括以下几点。

（1）优化过程的起点是关于功率变换器规格的一些固定参数，如输入电压、输出电压、输出功率、电压纹波及最大磁通密度等。

（2）根据输入、输出电压的大小及性质，如是否需要升降压、是否需要隔离，选择合适的功率变换器拓扑结构和调制方式。

（3）根据电路结构及工作方式，建立电路的电气模型，通过设计变量的初始值计算得到主要工作点的电压、电流波形。

（4）在此基础上计算功率变换器主要元器件的损耗，并建立相应的热模型，确定各个元器件实际工作温度。

（5）通过局部优化，重新核算考虑温度因素之后的各元器件损耗情况，并对电感、变压器等磁性元器件的尺寸进行优化选择。

（6）计算功率变换器总的功率密度、效率等性能指标，然后在设计变量取值范围内改变其数值，重新进行循环计算。

（7）性能指标最高的一组设计参数即为相应优化目标下的最优化参数。

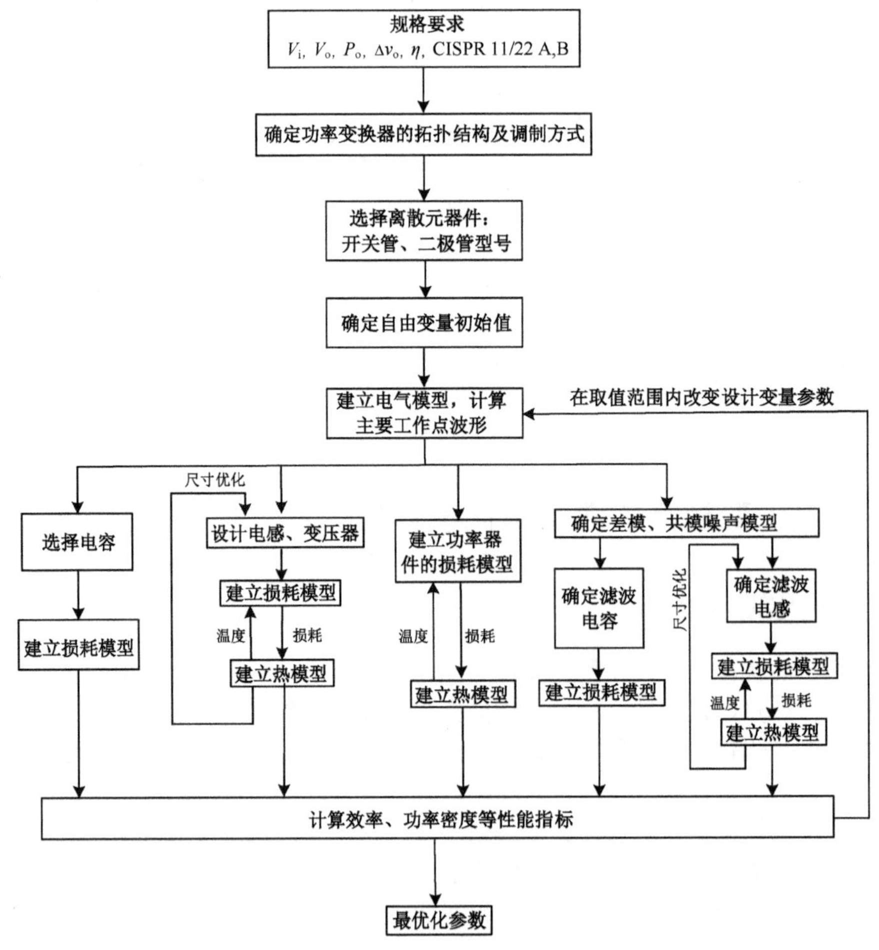

图 5.4 功率变换器优化设计流程图

5.3 电力电子变换器参数优化设计实例分析

本节以移相全桥变换器为例，额定输入电压为 540VDC，额定输出功率 2kW，输出电压为 220VDC，对其进行优化设计。

5.3.1　数学模型的建立

最优化设计的基础是通过对所研究问题的分析建立该问题的数学模型，用方程式、等式和不等式等来说明最优化问题。一个完整的数学模型由目标函数、设计变量和约束条件 3 个基本要素构成，它是为了确定最佳的解决方案，根据对研究对象的分析，建立出反映目标函数和设计变量数量关系的一组数学表达式，一个好的数学模型应该满足两个条件。

1）正确性

建立的数学模型需要能够反映问题的本质要求，能够准确地说明优化问题的设计目标及设计变量所要满足的约束条件。

2）简易性

数学模型应该正确且简易，即容易处理，使计算过程简单方便，提高优化求解速度，如果模型过于复杂会失去实用价值。

5.3.1.1　设计变量

设计变量是设计中需要进行最优选择的基本参数，设计变量不同的取值对应着不同的设计方案，使设计方案达到最优时的设计变量取值即为该优化问题的最优解。优化求解过程中在找到最优解之前，设计变量会随着迭代次数在约束条件范围内不断变化。在移相全桥变换器优化设计问题中，取磁芯型号、线圈匝数、导线截面积和开关频率等为设计变量，共有 9 个变量，用 X 表示为

$$X=[N_{\rm Lr},N_{\rm p},N_{\rm s},N_{\rm Lf},j_{\rm p},j_{\rm s},j_{\rm Lf},r,\Delta B] \tag{5-1}$$

式中，$N_{\rm Lr}$、$N_{\rm p}$、$N_{\rm s}$、$N_{\rm Lf}$ 分别为谐振电感、变压器原边、变压器副边、输出滤波电感匝数；$j_{\rm p}$、j_s、$j_{\rm Lf}$ 分别为变压器原边、变压器副边、输出滤波电感线圈的电流密度；r 为滤波电感电流纹波率；ΔB 为变压器磁芯的磁通密度摆幅。

5.3.1.2　目标函数

目标函数是设计变量的函数，把设计变量与性能指标的关系用函数式来表达，设计变量在其可行域内变化时，通过目标函数的最小化或最大化来确定一个最佳的设计方案。如功率变换器的效率、功率密度等，其数学描述为

$$f(X)=f(x_1,x_2,\cdots,x_m) \tag{5-2}$$

这里以移相全桥变换器效率最大化为优化设计目标，即移相全桥变换器总体损耗最小化，因此对应的目标函数为

$$\min P=\min(P_{\rm r}+P_{\rm s}+P_{\rm t}+P_{\rm d}+P_{\rm l}+P_{\rm c}) \tag{5-3}$$

式中，$P_{\rm r}$、$P_{\rm s}$、$P_{\rm t}$、$P_{\rm d}$、$P_{\rm l}$、$P_{\rm c}$ 分别为谐振电感、开关管、变压器、二极管、输出滤波电感、输出滤波电容损耗。

5.3.1.3　约束条件

约束条件是目标函数求解时的限制条件，限制设计变量的取值范围，约束条件包括等式和不等式约束。在功率变换器优化设计问题中，磁性元件温升、线圈电流密度、电感电流纹波率要进行适当限制、磁芯最大工作磁通密度应小于饱和磁通密度等，这些约束多数是非线性函数，约束条件的数学描述为

$$g(x_i) \geq 0,\ i=1,2,\cdots,m \tag{5-4}$$

$$h(x_j) = 0,\ j=1,2,\cdots,n \tag{5-5}$$

式中，$g(x)$为不等式约束；$h(x)$为等式约束。

1）电感电流纹波率约束

$$0.1 \leqslant r \leqslant 2 \tag{5-6}$$

电感电流纹波率 r 是电感电流交流分量与直流分量的比值，在电流连续模式下它的有效变化范围为 0～2。当 r 为 0 时，表明此时电感量无穷大，实际应用中不可能出现电感电流纹波率等于零的情况，所以其下限设置为 0.1；当 r 为 2 时，表明此时电感电流在临界连续状态。

2）线圈电流密度约束

$$4 \leqslant J \leqslant 6.5\mathrm{A/mm^2} \tag{5-7}$$

电流密度较高时，线圈导线截面积小，相同窗口面积可以容纳更多导线，但会使导线电阻增大，增加线圈损耗及磁性元件温升。功率变换器在自然冷却条件下，电流密度变化范围一般为 4～6.5A/mm^2。

3）磁性元件温升约束

$$0 \leqslant \Delta T \leqslant 50\ ℃ \tag{5-8}$$

磁性元件的损耗会使线圈和磁芯工作温度升高，从而影响导线电阻率及单位体积磁芯损耗，降低系统效率。磁性元件温升受磁芯和绝缘材料限制，自然冷却条件下，最大允许温升一般为 50℃。

4）最大工作磁通密度约束

$$0 \leqslant B_{\mathrm{m}} \leqslant 0.3\mathrm{T} \tag{5-9}$$

磁性元件设计过程中受磁芯饱和及损耗限制，需要选择其最大工作磁通密度。功率变换器中的磁芯大部分采用铁氧体材料，在 100℃时最大磁通密度一般为 0.3T。

5）变压器磁芯 AP 约束

$$\mathrm{AP} = A_{\mathrm{e}}A_{\mathrm{w}} \geqslant \left[\frac{P_{\mathrm{o}}}{\Delta BKf}\right]^{4/3}\ \mathrm{cm}^4 \tag{5-10}$$

式中，A_{e} 是磁芯有效截面积（cm^2）；A_{w} 是磁芯窗口面积（cm^2）；P_{o} 是输出功率（W）；ΔB 是磁通密度摆幅（T）；K 是变压器系数，全桥变换器取 0.017；f 是工作频率（Hz）。

6）电感磁芯 AP 约束

$$\mathrm{AP} = A_{\mathrm{w}}A_{\mathrm{e}} \geqslant \left[\frac{LI_{\mathrm{sp}}}{B_{\max}}\frac{I_{\mathrm{L}}}{K_1}\right]^{4/3} \tag{5-11}$$

式中，A_{e} 是磁芯有效截面积（cm^2）；A_{w} 是磁芯窗口面积（cm^2）；L 为电感值（H）；I_{sp} 为电感峰值电流（A）；I_{L} 为电感电流的有效值（A）；$B_{\max}$ 为磁芯最大工作磁通密度（T），K_1 为电感系数，单线圈电感取 0.03。

7）线圈导线线径约束

$$0 < d \leqslant 2\Delta = 2\sqrt{\frac{\rho_{20}}{\pi\mu f}\left(1+\frac{T-20}{234.5}\right)} \tag{5-12}$$

式中，ρ_{20} 为导线材料在 20℃时的电阻率；μ 为导线材料的磁导率；f 为工作频率（Hz）；T 为导线温度（℃）。

集肤深度随着导线工作温度的升高而增大，因此线圈导线的线径上限需要在常温下进行计算。

8）磁芯窗口填充系数约束

$$0 \leqslant k_{\mathrm{w}} = \frac{\sum N A_{\mathrm{cu}}}{A_{\mathrm{w}}} \leqslant 0.3 \tag{5-13}$$

式中，N 是线圈匝数；A_{cu} 是导线有效截面积（cm^2）；A_{w} 是磁芯窗口面积（cm^2）。

线圈绕制时，导线之间的空隙和导线绝缘会占据较大的窗口面积，在高压情况下考虑安全绝缘要求，磁芯骨架端部还要留有一定的爬电距离，综合考虑层间绝缘、屏蔽、骨架及爬电距离等因素，窗口充填系数最大值取为 0.3。

9）超前桥臂 ZVS 约束

$$E_{\mathrm{lead}} = \frac{1}{2} I_{\mathrm{lead}}^2 (L_{\mathrm{r}} + N^2 L_{\mathrm{f}}) > C_{\mathrm{lead}} V_{\mathrm{in}}^2 + \frac{1}{2} C_{\mathrm{T}} V_{\mathrm{CT}}^2 \tag{5-14}$$

式中，C_{T}、V_{CT} 为整流二极管结电容折算到原边的等效电容（F）及其电压（V）；C_{lead} 为超前桥臂开关管的结电容；N 为变压器原副边匝；I_{lead} 为超前桥臂开关管关断时的变压器原边电流（A）；L_{r}、L_{f} 分别为谐振电感（H）、滤波电感（H）。

由于输出滤波电感值较大，折算到原边的电流也较大，超前桥臂实现 ZVS 比较容易。

10）滞后桥臂 ZVS 约束

$$E_{\mathrm{lag}} = \frac{1}{2} L_{\mathrm{r}} I_{\mathrm{lag}}^2 > C_{\mathrm{lag}} V_{\mathrm{in}}^2 \tag{5-15}$$

式中，C_{lag} 为滞后桥臂开关管的结电容；I_{lag} 为滞后桥臂开关管关断时的变压器原边电流；L_{r} 为谐振电感。

滞后桥臂开关管实现 ZVS 的能量全部由谐振电感中存储的能量提供，由于谐振电感值通常较小，实现 ZVS 比较困难。

11）变压器副边占空比丢失约束

$$D_{\mathrm{loss}} \approx \frac{4 L_{\mathrm{r}} I_{\mathrm{o}} f}{N V_{\mathrm{in}}} \leqslant 0.1 \tag{5-16}$$

谐振电感值越大时，滞后桥臂开关管越容易实现 ZVS，但是同时会使占空比丢失增大，因此需要对最大允许占空比丢失进行限制，以保证输出电压稳定。

12）输出电压纹波约束

$$0 \leqslant \sigma = \frac{\Delta V}{V_{\mathrm{o}}} \leqslant 1\% \tag{5-17}$$

最大允许输出电压纹波通常取为 1%。

13）变量非负约束

考虑到实际应用情况，所有变量均应满足非负条件。

5.3.2　数学模型的改进

优化问题根据有无约束条件可以分为无约束问题和有约束问题，在功率变换器设计过程中，设计变量需要满足很多的约束条件，所以电力电子变换器优化设计属于约束优化问题。根据目标函数和约束条件的性质，约束优化问题可进一步分为：线性约束问题和非线性约束

问题，因此功率变换器优化设计问题在数学上可归结为有约束非线性规划问题，其数学模型的典型形式为

$$\begin{cases}\min f(X)=\min f(x_1,x_2,\cdots,x_n)\\ \text{s.t. } g(x_i)\geqslant 0,\ i=1,2,\cdots,m\\ \quad h(x_j)=0,\ j=1,2,\cdots,n\end{cases} \tag{5-18}$$

5.3.2.1 数学模型的尺度变换

当所建立的数学模型中出现设计变量数量级相差较大的情况时，需要对模型进行改进，否则会使模型不便于被算法处理，从而影响求解速度和结果的精度。对数学模型进行尺度变换是一种常用的模型优化方法，实际应用情况表明，通过变换使设计变量无量纲化、约束条件规格化，可达到加快优化算法收敛速度和提高结果准确性的目的。

功率变换器中的设计变量通常具有不同的数量级，如滤波电感和电容的标准单位数量级通常为 10^{-6}，而开关频率的标准单位数量级通常为 10^5，线圈电流密度的标准单位数量级通常为 10^6，不同变量之间数量级的差异过大会导致优化算法收敛困难，所以要对设计变量 X 进行如下变换，即

$$X=HX_n \tag{5-19}$$

式中，变量 H 和变量 X_n 分别为

$$H=[1,1,1,1,10^{-6},10^{-6},10^{-6},1,1] \tag{5-20}$$

$$X_n=[x_1,x_2,\cdots,x_n] \tag{5-21}$$

5.3.2.2 线图和表格数据程序化

在电力电子变换器的优化设计问题中，会用到很多线图和数据表格，如磁芯尺寸规格表、单位体积磁芯损耗与开关频率、磁通密度、温度关系曲线图等，为了在优化设计中利用这些数据进行优化计算，就需要将其程序化。

程序化处理就是根据优化程序处理的要求，编制子程序以便能够查找和处理线图和数据表中的数据，根据原始数据来源的不同，有以下几种处理方法。

（1）对于原始数据有理论计算公式，只是由于手工计算比较复杂，在传统设计中为了提高效率而制成表格或线图的情况，可以直接按照原始计算公式编制子程序，利用计算机进行处理。

（2）对于原始数据没有理论计算公式，通过实验测试或经验公式简化计算后，再根据实际情况进行校正，得到离散的但有一定函数关系的数据，可以用差值法或曲线拟合的方法编写子程序，满足优化算法查找和处理的需求。

（3）对于原始数据没有理论计算公式，并且数据之间没有一定函数关系的离散数据，无法使用插值法进行处理，只能把这些数据以数组的形式直接编写在优化程序中，在优化过程中直接进行调用。

（4）对于线图形式的数据，在进行程序化时首先要将线图转换成相应的数据表，然后再按照数据表程序化的方法进行变换。

在磁性元件设计过程中，线图和表格数据主要有磁芯型号参数表、单位体积磁芯损耗曲线图、磁性元件交直流电阻比值关系图等需要进行程序化处理。磁芯型号参数属于离散的且相互之间没有一定函数关系的数据，因此在优化模型中直接以数组形式进行处理，根据磁性

元件所需要的面积乘积在磁芯型号数组中进行查找选择；单位体积磁芯损耗属于通过实验测试得到的相互之间有一定函数关系的数据，因此在优化模型中用差值法或曲线拟合的方法进行处理，然后根据拟合得到的函数关系编写子程序，便于计算机计算求解；线圈交直流电阻比值关系图也属于离散的但有一定函数关系的数据，通过对比值关系的分析及适当修正，得到相应的函数关系。

5.3.2.3　恒定频率次优化

由于开关频率与多个设计变量及约束条件相关，如磁性元件型号的选择、输出电压纹波约束、线圈导线的线径约束等，且开关频率变化范围较大，开关频率作为设计变量会需要大量时间进行迭代计算，使收敛速度变慢，甚至出现不收敛情况，因此需要对优化方法进行改进，进行恒定频率次优化，改进的功率变换器优化设计流程图如图 5.5 所示。

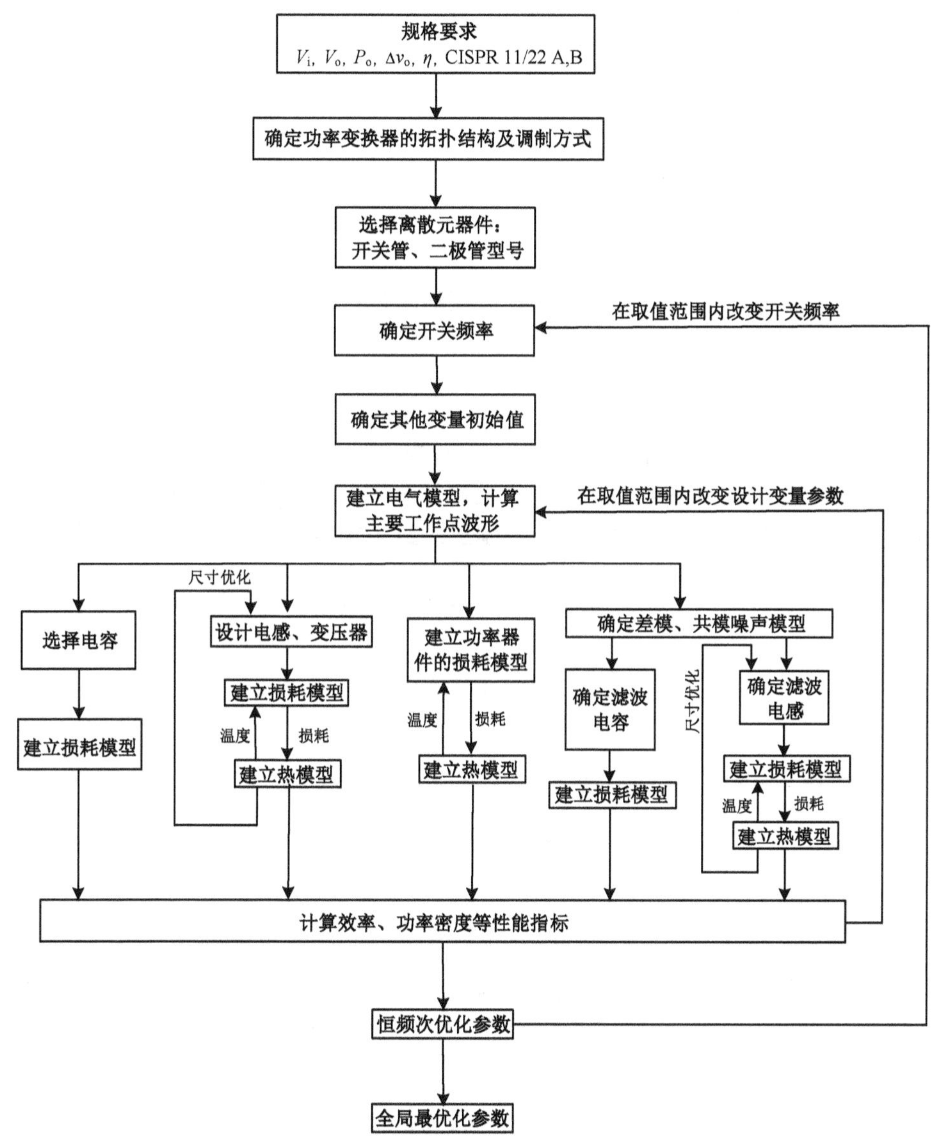

图 5.5　改进的功率变换器优化设计流程图

恒定频率次优化就是在每一次的优化计算过程中，将开关频率设为常量，给定相应频率下的其他设计变量的初始值，在特定的开关频率下进行功率变换器次优化设计，然后在开关频率的变化范围内不断改变频率大小，重复次优化计算，以得到不同频率点对应的功率变换器最佳设计方案。在每次优化求解过程中将开关频率设为常数可以大大简化非线性优化问题，优化算法可以加快收敛，最后通过绘制功率变换器损耗与开关频率曲线图，可以很容易地找到最优化的开关频率点及相应的其他设计变量的最优解。

5.3.2.4 设计变量初始值的确定

以移相全桥变换器为例，开关频率变化范围设定为 20～200kHz，优化设计过程中每隔 10kHz 进行计算一次，得到相应频率下的次优解。在设计变量较多的优化问题中，变量初始值的合理选择对算法收敛速度和优化结果精度有很重要的影响，初始值应该选择在一个合理的区域以便使每个等式约束的值尽可能小，防止最终结果为局部最优解而不是全局最优解。下面以 100kHz 开关频率为例，说明变量初始值的确定。移相全桥变换器主要性能指标如下（以下计算数值均为舍入之后的结果，不代表精确值）：

（1）输入电压：540VDC±15%；

（2）输出电压：220VDC；

（3）输出功率：2kW；

（4）输出电压纹波率：<1%；

（5）保护功能：输出过压保护、输入过流保护、过温保护。

1．变压器的设计

1）变压器匝比

匝比的确定首先要保证在输入电压变化范围内且满载工作时能够得到所要求的输出电压，其次匝比要尽量大些以减小流过开关管的电流和整流二极管承受的电压应力。变压器的匝比按输入电压最低时来选择，假设变压器副边的最大等效占空比 D_{secmax} 为 0.8，则副边最小电压 V_{secmin} 为

$$V_{\mathrm{secmin}}=\frac{V_{\mathrm{o}}+V_{\mathrm{D}}+V_{\mathrm{Lf}}}{D_{\mathrm{secmax}}}=\frac{220+1.5+0.5}{0.8}=277.5\mathrm{V}$$

式中，V_{o} 是输出电压；V_{D} 是输出整流二极管的正向压降，取 1.5V；V_{Lf} 是输出滤波电感上的直流压降，取 0.5V。

最小输入电压为 460V，则变压器匝比 N 为

$$N=\frac{V_{\mathrm{inmin}}}{V_{\mathrm{secmin}}}=\frac{460}{277.5}=1.66$$

2）确定变压器磁芯型号

变压器磁芯型号的选择可以根据面积乘积法确定，它是磁芯截面积和磁芯有效窗口面积的乘积。根据传输功率和开关频率的设计要求，通常选用铁氧体材料的磁芯，所需要的面积乘积为

$$\mathrm{AP}=A_{\mathrm{e}}A_{\mathrm{w}}=\frac{P_{\mathrm{o}}\times10^{6}}{2\eta fB_{\max}Jk_{\mathrm{w}}}\mathrm{cm}^{4}$$

式中，P_{o} 是输出功率（W）；$B_{\max}$ 是磁芯最大工作磁通密度（Gs，1T=10000Gs），铁氧体磁

芯取 1200Gs；J 是线圈电流密度，取 4A/mm^2；η 是变压器效率，取 0.9；k_{w} 是窗口充填系数，取 0.3；f 是工作频率（Hz）。

代入参数计算可得

$$\mathrm{AP}=\frac{2000\times10^{6}}{2\times0.9\times10^{5}\times1200\times4\times0.3}=7.7\mathrm{cm}^{4}$$

根据计算的 AP 值，选择飞利浦 EE42/33/20 型磁芯，磁芯有效截面积 A_{e}=2.36cm^2，磁芯窗口面积 A_{w}=4.49cm^2，AP=$A_{\mathrm{e}}A_{\mathrm{w}}$=10.6cm^4>7.7cm^4，符合设计要求。

3）确定变压器原副边匝数

工作频率为 100kHz 时，磁芯单位体积损耗为 100mW/cm^3 时对应的磁通密度摆幅为 110mT；根据电磁感应定律可得，变压器副边需要的匝数为

$$N_{2}=\frac{V_{\mathrm{secmin}}D_{\mathrm{secmax}}}{4f\Delta BA_{\mathrm{e}}}=\frac{277.5\times0.8}{4\times10^{5}\times0.11\times2.36\times10^{-4}}=21.3$$

所以，取 N_2=21 匝。

由于变压器原副边匝比 N=1.66，则变压器原边匝数 N_1 取 35 匝。

4）确定绕组线径

变压器高频工作时导线线径的选择需要考虑集肤效应的影响，导线上的穿透深度与工作频率的关系为

$$\Delta=\sqrt{\frac{2\rho}{\omega\mu}}=\sqrt{\frac{\rho}{\pi f\mu}}$$

式中，ρ 为导线材料的电阻率，20℃时为 1.724×10^{-6}(Ω·cm)；μ为导线的磁导率，铜线取 $4\pi\times10^{-7}$(H/m)；f 为工作频率。

根据上式可得工作频率为 100kHz 时的穿透深度为

$$\Delta=0.24\mathrm{mm}$$

因此绕组线圈直径应该小于 0.48mm。

选择线圈电流密度 J 为 4A/mm^2，则变压器原边导线所需的截面积为

$$S_{\mathrm{p}}=\frac{I_{\mathrm{p}}}{J}=\frac{P_{\mathrm{o}}}{V_{\mathrm{in}}J\eta}=\frac{2000}{510\times4\times0.9}\approx1.1\mathrm{mm}^{2}$$

因此变压器原边可以选用直径 0.1×150mm 的利兹线进行绕制，等效线圈截面积为 1.18mm^2。

变压器副边导线所需的截面积为

$$S_{\mathrm{s}}=\frac{I_{\mathrm{o}}}{2J}=\frac{9.1}{8}\approx1.2\mathrm{mm}^{2}$$

因此变压器副边也可以选用 0.1×150mm 的利兹线进行绕制。

5）校核窗口面积

变压器原边线圈采用 0.1×150mm 的利兹线，每股截面积为 1.2mm^2，绕制 35 匝，总共 1 层，相当于 12×12 层；副边线圈采用 0.1×150mm 的利兹线，每股截面积为 1.2mm^2，绕制 21 匝，总共 1 层，相当于 12×12 层。变压器总绕组面积为 92.4mm^2，EE42/33/20 的窗口面积 A_{w}=449mm^2，则窗口充填系数为

$$k_{\mathrm{w}}=\frac{\Sigma NA_{\mathrm{cu}}}{A_{\mathrm{w}}}=0.2$$

窗口充填系数小于 0.3，因此所选磁芯符合条件。

6）校核温升

EE42/33/20 磁芯的平均匝长 l_{av} 为 9.9cm，假设变压器正常工作时线圈温度为 60℃，则原副边线圈的直流电阻分别为

$$R_{dc1} = \rho \frac{l_1}{A_1} = \frac{2 \times 10^{-6} \times 9.9 \times 35}{0.012} \approx 58\text{m}\Omega$$

$$R_{dc2} = \rho \frac{l_2}{A_2} = \frac{2 \times 10^{-6} \times 9.9 \times 21}{0.012} \approx 35\text{m}\Omega$$

当输出电流为 9.1A，开关频率为 100kHz，穿透深度为 0.24mm，变压器原边线圈等效层数 p_1 为 12.6 层，变压器副边线圈等效层数 p_2 为 12.6 层，占空比 D_s 取 0.5，t_{r1}/T 取 10%、t_{r2}/T 取 20%时，变压器原、副边线圈交流电阻如表 5.1 所示。

表 5.1 变压器原、副边线圈交流电阻

变压器原边线圈交流电阻	变压器副边线圈交流电阻
$I_{rms1}=\frac{I_o}{N}\sqrt{1-\frac{8t_{r1}}{3T}}=4.7$	$I_{rms2}=I_o\sqrt{D-\frac{4t_{r2}}{3T}}=4.4$
$I'_{rms1}=\frac{I_o}{N}\sqrt{\frac{4}{t_{r1}T}}=3.5\times10^6$	$I'_{rms2}=I_o\sqrt{\frac{2}{t_{r2}T}}=2.9\times10^6$
$\Psi_1=\frac{5p_1^2-1}{15}=48$	$\Psi_2=\frac{5p_2^2-1}{15}=48$
$R_{ac1}=R_{dc1}\left[1+\frac{\Psi_1}{3}\left(\frac{d_1}{\Delta}\right)^4\left(\frac{I'_{rms1}}{2\pi f I_{rms1}}\right)^2\right]$ $=580\times(1+16\times0.03\times1.4)=96\text{m}\Omega$	$R_{ac2}=R_{dc2}\left[1+\frac{\Psi_2}{3}\left(\frac{d_2}{\Delta}\right)^4\left(\frac{I'_{rms2}}{2\pi f I_{rms2}}\right)^2\right]$ $=35\times(1+16\times0.03\times1.1)=53\text{m}\Omega$

变压器副边采用全波整流结构，原边线圈中流过的电流为高频交流分量，变压器原副边线圈电流的交直流分量分别为

$$I_{dc1} = 0$$

$$I_{ac1} = I_{rms1} = 4.7\text{A}$$

$$I_{dc2} = I_o\left(D - \frac{t_r}{T}\right) = 2.7\text{A}$$

$$I_{ac2} = \sqrt{I_{rms2}^2 - I_{dc2}^2} = 3.5\text{A}$$

则变压器原副边线圈损耗 P_{cu} 分别为

$$P_{cu1} = I_{ac1}^2 R_{ac1} = 2.1\text{W}$$

$$P_{cu2} = I_{dc2}^2 R_{dc2} + I_{ac2}^2 R_{ac2} = 0.9\text{W}$$

EE42/33/20 磁芯的磁芯体积为 34.2cm^3，假设磁芯工作温度为 60℃，根据 3C90 磁芯材料的损耗系数可得磁芯损耗为

$$P_{core} = (ct_0 - ct_1 T + ct_2 T^2) C_m f^\alpha B^\beta V_{core} = C_T C_m f^\alpha B^\beta V_{core} = 105.2 \times 34.2 \approx 3.6\text{W}$$

因此，总的变压器损耗为 6.6W。

变压器热阻为

$$R_{th} = 53 V_e^{-0.54} = 7.8℃/\text{W}$$

因此变压器温升为

$$\Delta T = R_{\text{th}}(P_{\text{core}} + P_{\text{cu}}) = 52℃$$

变压器温升大于最大温升约束，不满足设计条件，需要重新选择磁芯，选择飞利浦 EE55/28/25 型磁芯，磁芯有效截面积 A_e=4.2cm²，磁芯窗口面积 A_w=3.75cm²，AP=A_eA_w=15.7cm⁴>7.7cm⁴，符合设计要求。

此时变压器原副边匝数分别为 20 匝、12 匝，变压器总绕组面积为 48.4mm²，EE55/28/25 的窗口面积 A_w=375mm²，则窗口充填系数为 0.13，满足要求。

EE55/28/25 型磁芯的平均匝长 l_{av} 为 12.5cm，则变压器原副边直流电阻分别为 42mΩ、25mΩ，交流电阻分别为 70mΩ、38mΩ，变压器线圈损耗和磁芯损耗分别为 2.8W、4.2W，变压器热阻为 6.3℃/W，因此变压器温升为 44℃，符合设计要求。

2．谐振电感的设计

1）确定谐振电感值

由于滞后桥臂的开关管实现 ZVS 的能量全部来自谐振电感中存储的能量，谐振电感必须满足

$$\frac{1}{2}L_r I_{\text{lag\_off}}^2 \geqslant \frac{4}{3}C_{\text{ds}}{V_{\text{in}}}^2 \tag{5-22}$$

其中，L_r 是谐振电感，$I_{\text{lag\_off}}$ 是滞后桥臂关断时原边电流的大小，C_{ds} 是开关管漏源极电容，V_{in} 是输入直流电压。

谐振电感值越大时滞后桥臂越容易实现 ZVS，但同时会使占空比丢失增大，限制最大占空比丢失为 0.1，谐振电感必须满足

$$D_{\text{loss}} = \frac{4L_r I_o f}{V_{\text{in}} N} \leqslant 0.1$$

最高输入电压为 620V，开关管选取 Cree 公司的 SiC MOSFET 管 C2M0080120D，漏源极等效寄生电容 C_{ds} 为 90pF，要求在最大输入电压和 1/3 满载时能够实现 ZVS，假设输出电感电流纹波率为 0.2，因此滞后桥臂关断时原边电流的大小和需要的谐振电感分别为

$$I_{\text{lag\_off}} = \frac{I_o/3 + \Delta i_{\text{Lf}}/2}{N} = 2.4\text{A}$$

$$L_r = \frac{8C_{\text{ds}}{V_{\text{in}}}^2}{3I^2} = 13.1\mu\text{H}$$

在最大负载电流和最小输入电压情况下，占空比丢失达到最大值，即

$$D_{\text{loss max}} = \frac{4 \times 13.1 \times 10^{-6} \times 9.1 \times 10^5}{460 \times 1.66} \approx 0.06$$

最大丢失占空比小于 0.1，满足约束要求。

2）确定谐振电感磁芯型号

满载输出电流为 9.1A，则谐振电感电流的最大值为

$$I_{\text{Lf max}} = \frac{I_o + \Delta i_{\text{Lf}}/2}{N} = 6\text{A}$$

谐振电感磁芯所需的面积乘积为

$$\text{AP} = A_e A_w = \left[\frac{L_r \Delta I I_{\text{Lr}}}{\Delta B_m K}\right]^{\frac{4}{3}} \tag{5-23}$$

式中，ΔB_{m} 为最大工作磁通密度摆幅，工作频率为 100kHz、磁芯单位体积损耗为 100mW/cm^3 时对应的磁通密度摆幅为 110mT；I_{Lf} 为电感电流的有效值，为 4.7A；系数 K 取 0.021。

代入参数可计算出谐振电感磁芯所需的面积乘积为 0.08cm^4，因此选用飞利浦公司的 EE19/8/9 型磁芯，磁芯窗口面积 A_{w}=54.4mm^2，磁芯有效截面积 A_{e}=41.3mm^2，$A_{\text{e}}A_{\text{w}}$=0.22cm^4>0.08cm^4，初步满足设计条件。

3）计算谐振电感匝数

$$N_{\text{Lr}}=\frac{\Delta IL_{\text{r}}}{\Delta B_{\max}A_{\text{e}}}=\frac{6\times 13.1\times 10^{-6}}{0.11\times 4.13\times 10^{-5}}=17.3$$

谐振电感匝数取 17 匝。

4）确定绕组线径

由于谐振电感电流和变压器原边电流近似相等，因此谐振电感也选用直径 0.1×150mm 的利兹线进行绕制。

5）校核窗口面积

谐振电感采用 0.1×150mm 的利兹线绕制，每股截面积为 1.2mm^2，绕制 17 匝，总共 2 层，相当于 12×24 层。谐振电感总绕组面积为 20.4mm^2，EE19 的窗口面积 A_{w}=54.4mm^2，则窗口充填系数为 0.38，大于约束条件 0.3，因此需要重新选择磁芯，选择飞利浦 EE25/13/7 型磁芯，磁芯窗口面积 A_{w}=87mm^2，磁芯有效截面积 A_{e}=52mm^2，$A_{\text{e}}A_{\text{w}}$=0.45cm^4>0.08cm^4，满足设计条件。此时重新计算谐振电感匝数，需要绕 14 匝，重新核算窗口充填系数为 0.19，满足约束条件。

6）校核温升

EE25/13/7 磁芯的平均匝长 l_{av} 为 5cm，假设正常工作时温度为 60℃，则谐振电感线圈的直流电阻为

$$R_{\text{dc}}=\rho\frac{l}{A}=\frac{2\times 10^{-6}\times 5\times 14}{0.012}=11.6\text{m}\Omega$$

谐振电感用直径 0.1×150mm 的线绕 14 匝，总共 2 层，相当于 12×24 层，谐振电感线圈的交流电阻为

$$R_{\text{ac}}=R_{\text{dc}}\left[1+\frac{\Psi}{3}\left(\frac{d}{\Delta}\right)^4\left(\frac{I'_{\text{rms1}}}{2\pi fI_{\text{rms1}}}\right)^2\right]=11.6\times(1+64\times 0.03\times 1.4)=42.5\text{m}\Omega$$

则谐振电感线圈损耗 P_{cu} 为

$$P_{\text{cu}}=I_{\text{ac}}^2R_{\text{ac}}=0.94\text{W}$$

EE25 磁芯的体积为 1.9cm^3，假设磁芯工作温度为 60℃，根据 3C90 磁芯材料的损耗系数，可得谐振电感磁芯损耗为

$$P_{\text{core}}=(ct_0-ct_1T+ct_2T^2)C_{\text{m}}f^{\alpha}B^{\beta}V_{\text{core}}=C_{\text{T}}C_{\text{m}}f^{\alpha}B^{\beta}V_{\text{core}}=81\times 3=243\text{mW}$$

谐振电感热阻为

$$R_{\text{th}}=53V_{\text{e}}^{-0.54}=29.3℃/\text{W}$$

因此谐振电感温升为

$$\Delta T=R_{\text{th}}(P_{\text{core}}+P_{\text{cu}})=35℃$$

温升也满足约束条件，所以 EE25 磁芯符合设计要求。

3. 滤波电感的设计

1）确定滤波电感值

滤波电感的设计主要需要考虑输出电流纹波的大小，工程上经常取输出滤波电感的电流纹波为满载电流的 20%，则电感的电流纹波为

$$\Delta i_{Lf} = I_o \times 20\% = 1.8\text{A}$$

所以，电感临界连续电流为 0.9A，为了使变换器始终工作在连续导通模式，取最小输出电流 I_{omin} 为 0.9A，输出电压 V_o 为 220V，输入最大电压 V_{inmax} 为 560V，变压器的匝比 N 为 1.66，整流二极管的通态压降 V_d 取为 1.5V，输出滤波电感上的压降 V_{Lf} 取为 0.5V，则需要的电感值为

$$L_f = \frac{V_o\left(1-\dfrac{V_o}{V_{inmax}/N - V_D - V_{Lf}}\right)}{4I_{omin}f} = 210\mu\text{H}$$

2）确定滤波电感磁芯型号

满载输出电流为 9.1A，则滤波电感电流的最大值为

$$I_{Lf\max} = I_o + \Delta i_{Lf}/2 = 10\text{A}$$

滤波电感磁芯所需的面积乘积为

$$\text{AP} = A_e A_w = \left[\frac{L_f I_{Lf\,rms} I_{Lf\max}}{B_{\max} K}\right]^{\frac{4}{3}}$$

式中，B_{max} 为铁氧体磁芯最大工作磁通密度，取 0.3T；I_{Lfrms} 为电感电流的有效值，为 9.1A；I_{Lfmax} 为电感电流的最大值，为 10A；系数 K 取 0.03。

可计算出谐振电感磁芯所需的面积乘积为 2.7cm^4，因此选用飞利浦公司的 EE42 型磁芯，磁芯窗口面积 A_w=2.33cm^2，磁芯有效截面积 A_e=2.56cm^2，A_eA_w=5.96cm^4>2.7cm^4，初步满足设计条件。

3）计算滤波电感匝数

铁氧体磁芯的最大磁通密度 B_{max} 取 0.3T，满载电流为 9.1A，电流纹波率取 0.2，则磁通密度摆幅为

$$\Delta B = B_{\max}\frac{\Delta I}{I_{peak}} = \frac{0.3\times 1.8}{10} = 0.054\text{T}$$

滤波电感需要的匝数为

$$N_{Lf} = \frac{\Delta I L_f}{\Delta B A_e} = \frac{1.8\times 210\times 10^{-6}}{0.054\times 2.56\times 10^{-4}} = 27.3$$

因此滤波电感取 27 匝。

4）确定绕组线径

导线线径的选择需要考虑集肤效应的影响，由于变压器副边采用全波整流的结构，开关管的工作频率为 100kHz，则滤波电感上的等效开关频率为 200kHz，此时导线的穿透深度为

$$\Delta = \sqrt{\frac{2\rho}{\omega\mu}} = \sqrt{\frac{\rho}{\pi f \mu}} = 0.17\text{mm}$$

式中，ρ 为导线材料的电阻率，温度在 20℃时为 $1.724\times10^{-6}\Omega\cdot\text{cm}$；$\mu$为导线的磁导率，铜线取 $4\pi\times10^{-7}\text{H/m}$；$f$为工作频率。

因此绕组线圈直径应小于 0.34mm，由于满载输出电流为 9.1A，因此滤波电感选用直径 0.1×250mm 的利兹线进行绕制。

5）校核窗口面积

滤波电感采用 0.1×250mm 的利兹线绕制，每股截面积为 2mm^2，绕制 27 匝，总共 2 层，相当于 16×32 层。滤波电感总绕组面积为 54mm^2，EE42 的窗口面积 $A_\text{w}=233\text{mm}^2$，则窗口充填系数为

$$k_\text{w}=\frac{\Sigma NA_\text{cu}}{A_\text{w}}=0.23$$

窗口充填系数小于约束条件 0.3，初步满足设计条件。

6）校核温升

EE42 磁芯的平均匝长 l_av 为 9.9cm，假设正常工作时温度为 60℃，则滤波电感线圈的直流电阻为

$$R_\text{dc}=\rho\frac{l}{A}=\frac{2\times10^{-6}\times9.9\times27}{0.02}=26.7\text{m}\Omega$$

输出电流为 9.1A，等效开关频率为 200kHz，电流纹波率取 0.2，占空比 D_1 取 0.8，此时滤波电感线圈电流有效值和电流微分的有效值为

$$I_\text{rms3}=I_\text{o}=9.1\text{A}$$

$$I'_\text{rms3}=\frac{I_\text{o}r}{T}\sqrt{\frac{1}{D_1(1-D_1)}}=9\times10^5\text{A}$$

滤波电感用直径 0.1×250mm 的线绕 27 匝，总共 2 层，相当于 16×32 层，穿透深度为 0.17mm，则滤波电感线圈的交流电阻为

$$R_\text{ac}=R_\text{dc}\left[1+\frac{\Psi}{3}\left(\frac{d}{\Delta}\right)^4\left(\frac{I'_\text{rms1}}{2\pi fI_\text{rms1}}\right)^2\right]=26.7\times(1+114\times0.12\times6.2\times10^{-3})=29\text{m}\Omega$$

滤波电感电流的交直流分量分别为

$$I_\text{dc}=I_\text{o}=9.1\text{A}$$

$$I_\text{ac}=\frac{\Delta I}{2\sqrt{3}}=0.52\text{A}$$

则滤波电感线圈损耗 P_cu 为

$$P_\text{cu}=I_\text{dc}^2R_\text{dc}+I_\text{ac}^2R_\text{ac}=2.2\text{W}$$

EE42 磁芯的磁芯体积为 22.7cm^3，假设磁芯工作温度为 60℃，根据 3C90 磁芯材料的损耗系数可得谐振电感磁芯损耗为

$$\begin{aligned}P_\text{core}&=(ct_0-ct_1T+ct_2T^2)C_\text{m}f^\alpha B^\beta V_\text{core}=C_\text{T}C_\text{m}f^\alpha B^\beta V_\text{core}\\&=3.22\times10^{-3}\times(2\times10^5)^{1.46}\times0.054^{2.75}\times17.3=46.7\times22.7=1.1\text{W}\end{aligned}$$

滤波电感热阻为

$$R_\text{th}=53V_\text{e}^{-0.54}=9.8℃/\text{W}$$

因此滤波电感温升为

$$\Delta T = R_{\mathrm{th}}(P_{\mathrm{core}} + P_{\mathrm{cu}}) = 32.3℃$$

温升也满足约束条件，所以 EE42 磁芯符合设计要求。

4．滤波电容的设计

输出滤波电容的取值与输出电压峰峰值 ΔV_{opp} 的要求有关，取 $\Delta V_{\mathrm{opp}}= 1\%V_{\mathrm{o}}$，则需要的输出滤波电容的容值为

$$C_{\mathrm{f}} = \frac{V_{\mathrm{o}}}{8L_{\mathrm{f}}(2f)^2\Delta V_{\mathrm{opp}}}\left(1 - \frac{V_{\mathrm{o}}}{\dfrac{V_{\mathrm{in\_max}}}{N} - V_{\mathrm{d}} - V_{\mathrm{Lf}}}\right) = 0.5\mu\mathrm{F}$$

考虑到电解电容的等效模型中含有等效串联电阻 ESR，在实际选用电容的时候需要对 ESR 进行限制，可按照下式来计算，即

$$\mathrm{ESR} < \frac{\Delta V_{\mathrm{opp}}}{\Delta i_{\mathrm{Lf}}} = 1.2\Omega$$

实际选用 2 个 1μF/450V 电容并联使用，等效 ESR 为 0.43mΩ。

5．开关管选择

满载电流为 9.1A，变压器匝比为 1.66∶1，所以开关管最大电流为 6A。由于输入电压最大为 620V，所以选择型号为 C2M0080120D 的 SiC MOSFET，漏源极最大电压为 1200V，100℃时其连续漏极电流为 20A。

6．二极管选择

变压器副边采用全波整流，满载电流为 9.1A，二极管电流有效值为 4.5A，最大反向电压为 675V，所以选用型号为 SCS210KG 的 SiC SBD，其反向电压为 1200V，150℃时正向平均电流为 10A。

5.3.3　优化设计结果与分析

功率变换器的设计中很多变量是非线性的，且变化范围有一定限制，所以功率变换器的优化设计属于非线性、有约束优化问题。在数学模型中，约束条件通常包括等式约束、不等式约束和设计变量的上下限约束，求解非线性、有约束优化问题时，首先需要考虑约束条件。根据对约束条件的处理方法，对非线性、有约束优化问题的求解方法可以分为两类。

1）直接法

不对约束条件进行转化，直接利用约束条件对问题进行求解。这类方法主要有可行方向法、投影梯度法、复合形法、线性逼近法等。

可行方向法是将约束非线性问题限制在约束范围之内，然后进行线性逼近的方法，属于直接搜索法，其收敛速度较快，这种方法适用于目标函数和约束函数均为非线性、不等式约束的大中型约束优化问题。其基本思想是在可行域内选取合适的搜索方向和步长，使迭代沿着目标函数下降的方向进行移动。

复合形法的基本原理是在可行域中选取多个顶点，组成初始的复合形多面体，通过比较各顶点处目标函数值的大小不断去掉最坏点，从而找出能够使目标函数值下降的新的可行点，组成新的复合形，不断迭代直到收敛为止。

2）间接法

对约束条件进行转化，将有约束优化问题转化成无约束优化问题。这类方法主要有罚函数法、增广乘子法、序列二次规划算法等。

罚函数法属于间接优化法，其基本原理是将优化模型中的约束函数通过加权进行转化，与原有目标函数结合形成新的目标函数，即罚函数，求解新的无约束的目标函数的极小值，间接得到原有目标函数在约束条件下的最优解。罚函数法由于原理简单、算法易行，是应用较普遍的一种最优化问题求解方法。根据迭代过程在可行域的进行范围，罚函数法可分为外点罚函数法、内点罚函数法和混合法，且三种方法均可与其他的无约束优化问题的求解方法结合使用。

增广乘子法的基本思想和外点罚函数法类似，首先将约束优化问题转化为无约束优化子问题进行求解，然后以子问题的解去逼近约束优化问题的解。与罚函数法不同的是，增广乘子法需要先构造出原问题的外点罚函数，形成增广极值问题，然后构造拉格朗日函数作为原问题的无约束优化子问题进行求解，从而有效地避免了初始罚因子的取值对迭代过程收敛速度的影响。

序列二次规划法是将二次规划法推广并应用到求解一般非线性规划问题的优化方法，其基本思想是在每个迭代点处构造出一个二次规划子问题，然后以这个二次规划子问题的解作为迭代点的搜索方向进行搜索，找到下一个迭代点，重复进行迭代，直到逼近原问题的近似约束最优解。

本节在 MATLAB 软件中建立优化数学模型，利用工具箱中提供的专门用于求解非线性、有约束问题的 fmincon 函数进行求解，此函数集成了信赖域法、有效集法、内点罚函数法和序列二次规划法这四种算法，在优化过程中根据优化模型的复杂程度选择一种或多种算法进行求解，假设数学模型为

$$\begin{cases} \min f(X) = \min f(x_1, x_2, \cdots, x_n) \\ \quad c(X) \leqslant 0 \\ \quad \text{ceq}(X) = 0 \\ \quad A \cdot X \leqslant b \\ \quad \text{Aeq} \cdot X \leqslant \text{beq} \\ \quad \text{lb} \leqslant X \leqslant \text{ub} \end{cases} \tag{5-24}$$

则 fmincon 函数的一般调用格式如下：

$$[X, \text{fval}] = \text{fmincon}(\text{fun}, X_0, A, b, \text{Aeq}, \text{beq}, \text{lb}, \text{ub}, \text{nonlcon}) \tag{5-25}$$

式中，返回结果 X 为求解目标函数的最小值；fval 为返回结果 X 对应的目标函数值；fun 为目标函数的 M 文件名；X_0 为设计变量的初始值；A、b 为线性不等式约束条件；Aeq、beq 为等式约束条件；lb、ub 为设计变量的上下限约束条件；nonlcon 为非线性不等式 c 或等式 ceq 约束函数的 M 文件名。

优化过程中会对设计变量连续取值，而磁芯型号参数是离散的，为了使求解结果能够与实际的型号参数对应，需要在优化求解之前预先进行处理。根据离散数据实现程序化的方法，首先编写一个 search 函数，将所有磁芯型号相关参数放入一个数组内，每种型号的参数包括相应型号磁芯的 AP 值、有效截面积、有效体积、平均匝长、窗口宽度等，在 search 函数中通过循环比较 AP 值确定最终需要的磁芯参数并返回到主函数中。在主函数中 search 函数的调用格式为

$$y = \text{search}(\text{AP}) \tag{5-26}$$

式中，AP 为理论计算的磁芯 AP 值；y 为一个数组，包括磁芯的 AP 值、有效截面积、有效体积、平均匝长、窗口宽度参数。

由于滤波电感磁芯型号的预选取与电感电流纹波率有关，在优化求解之前需要确定磁芯型号的相关参数，所以在优化求解之前还需要对其进行预处理。电感电流的纹波率最大变化范围为 0～2，考虑到实际使用情况，在开关频率为 100kHz 的情况下，将其范围限制为 0.1～1，计算不同电流纹波率下的变换器损耗，每隔 0.1 计算一次，以确定变换器损耗与电流纹波率的变化关系，开关管和二极管分别选择 C2M080120 和 SCS210KG，对各元器件损耗进行计算。不同电流纹波率下的变换器损耗计算结果如表 5.2 所示，其中 P_{M}、P_{D}、P_{Lr}、P_{Tr}、P_{Lf}、P_{C}、P_{tol} 分别表示开关管损耗、二极管损耗、谐振电感损耗、变压器损耗、滤波电感损耗、滤波电容损耗和总损耗。电流纹波率的变化会引起滤波电感和电容的改变，所以滤波电感损耗和滤波电容损耗随电流纹波率变化关系明显，而二极管损耗主要和平均电流相关，变压器损耗、谐振电感损耗主要和电流有效值相关，所以电流纹波率变化时这几个损耗值基本保持不变。开关管在不同电流纹波率下的各部分损耗如表 5.3 所示，其中 P_{drv}、P_{con}、P_{sw_lead}、P_{sw_lag} 分别为四个开关管的驱动损耗、通态损耗、超前桥臂的开关损耗和滞后桥臂的开关损耗，通态损耗和驱动损耗与电流纹波率无关。由于开关管可以实现 ZVS，所以开关损耗只计算关断损耗，超前桥臂的开关管和滞后桥臂的开关管在关断时的电流不同，随着电流纹波率的增加，超前桥臂的开关管关断时的电流会增加，其关断损耗增加，而滞后桥臂的开关管关断时的电流会减小，其关断损耗也减小，但是四个开关管总的损耗保持不变。

表 5.2　不同电流纹波率下的变换器损耗计算结果

纹波率	损耗						
	P_{M} (W)	P_{D} (W)	P_{Lr} (W)	P_{Tr} (W)	P_{Lf} (W)	P_{C} (W)	P_{tol} (W)
0.1	32.2	13.6	1.03	9.85	4.05	0.08	60.8
0.2	32.2	13.6	1.03	9.85	2.32	0.17	59.2
0.3	32.2	13.6	1.03	9.85	2.00	0.26	58.9
0.4	32.2	13.6	1.03	9.85	2.14	0.34	59.2
0.5	32.2	13.6	1.03	9.85	2.24	0.43	59.4
0.6	32.2	13.6	1.03	9.85	2.50	0.52	59.7
0.7	32.2	13.6	1.03	9.85	2.88	0.61	60.2
0.8	32.2	13.6	1.03	9.85	2.80	0.69	60.2
0.9	32.2	13.6	1.03	9.85	3.14	0.78	60.6
1.0	32.2	13.6	1.03	9.85	3.52	2.70	61.1

表 5.3　开关管在不同电流纹波率下的各部分损耗

纹波率	损耗				
	P_{drv} (W)	P_{con} (W)	P_{sw_lead} (W)	$P_{sw\text{-}lag}$ (W)	P_{M} (W)
0.1	0.6	3.68	14.68	13.28	32.2
0.2	0.6	3.68	15.36	12.58	32.2
0.3	0.6	3.68	16.06	11.88	32.2
0.4	0.6	3.68	16.76	11.18	32.2
0.5	0.6	3.68	17.48	10.48	32.2
0.6	0.6	3.68	18.16	9.78	32.2
0.7	0.6	3.68	18.86	9.08	32.2

（续表）

纹波率	损耗				
	P_{drv} (W)	P_{con} (W)	P_{sw_lead} (W)	P_{sw-lag} (W)	P_M (W)
0.8	0.6	3.68	19.56	8.38	32.2
0.9	0.6	3.68	20.26	7.68	32.2
1.0	0.6	3.68	20.96	6.98	32.2

电流纹波率的变化会改变滤波电感磁芯体积、匝数和单位体积磁芯损耗等参数，同时会影响到滤波电容的容值、等效串联电阻和其有效电流，因此滤波电感损耗和滤波电容损耗会随着电流纹波率的变化而变化。图 5.6 给出了滤波电感损耗和滤波电容损耗随电流纹波率变化曲线，图 5.7 给出了变换器总损耗随电流纹波率变化曲线。从图 5.6 可以看出电流纹波率在 0.1～1 范围内变化时，滤波电感损耗在电流纹波率为 0.3 时出现最小值，滤波电容损耗随电流纹波率线性增加，从图 5.7 可以看出变换器总损耗出现最小值时电流纹波率也为 0.3，在电流纹波率为 0.7 时，变换器总损耗曲线出现转折点，这是因为磁芯型号属于离散变量，电流纹波率从 0.7 增加到 0.8 时，磁芯型号变大，线圈损耗的减小量大于磁芯损耗的增加量，所以总的滤波电感损耗减小。

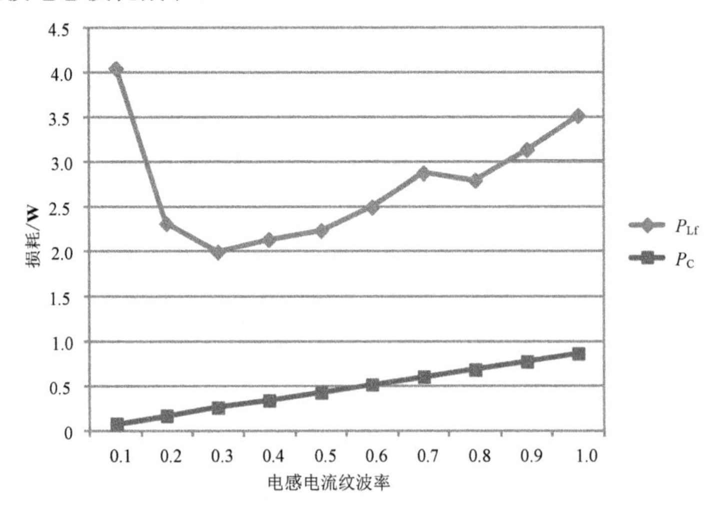

图 5.6 滤波电感损耗和滤波电容损耗与电流纹波率关系

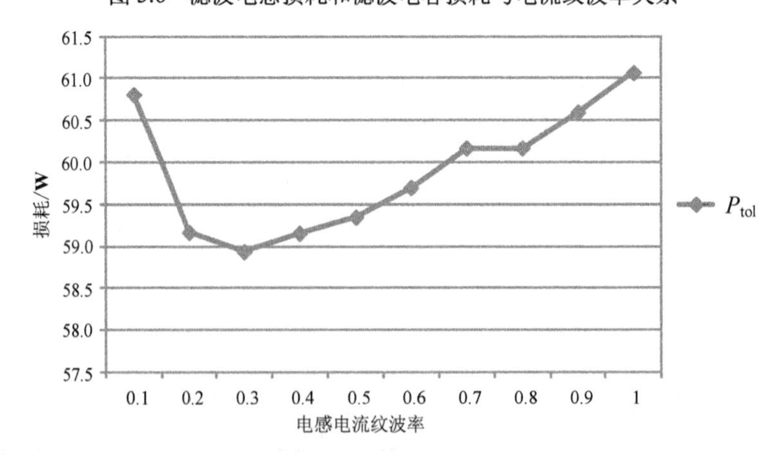

图 5.7 变换器总损耗与电流纹波率关系

由于在每次优化求解过程中将开关频率设为常量，进行恒定频率次优化，所以在每次优化求解过程中由于开关频率的不同，设计变量的初始值也需要相应进行改变，根据前面对设计变量初值确定方法的介绍，需要编写一个确定设计变量初值的 start 函数，在主函数调用 fmincon 函数进行优化计算之前进行调用，从而在不同频率处获得相应的设计变量初始值，提高优化结果的精确度。start 函数的调用格式为

$$X_0 = \text{start}(f) \tag{5-27}$$

式中，f为开关频率；X_0为相应开关频率下设计变量的初始值。

综上所述，需要对 fmincon 函数的调用格式进行修订，新的调用格式为

$$[X,\text{fval}] = \text{fmincon}(@(x)\text{fun}(x,f),X_0,A,b,\text{Aeq},\text{beq},\text{lb},\text{ub},@(x)\text{nonlcon}(x,f)) \tag{5-28}$$

式中，返回结果 X 为求解目标函数的最小值；fval 为返回结果 X 对应的目标函数值；fun 为目标函数的 M 文件名，通过@(x)fun(x，f)命令调用以 x 为变量、以开关频率 f 为常量的目标函数；X_0 为设计变量的初始值；A、b 为线性不等式约束条件；Aeq、beq 为等式约束条件；lb、ub 为设计变量的上下限约束条件；nonlcon 为非线性不等式 c 或等式 ceq 约束函数的 M 文件名，通过@(x) nonlcon (x，f)命令调用以 x 为变量、以开关频率 f 为常量的约束函数。

电感电流纹波率取为 0.3，开关频率在 20～200kHz 范围内变化，每隔 10kHz 进行一次恒定频率次优化计算，得到的相应频率下的其他设计变量的初步最优解及目标函数在最优解处对应的函数值如表 5.4 所示，对应的效率曲线如图 5.8 所示。从表 5.4 和图 5.8 可以看出，开关频率为 50kHz 时，变换器总损耗最小，对应达到最高效率 97.8%。开关频率继续增加时，开关管的开关损耗在变换器总损耗中的比例增大，使总损耗随开关频率线性增大。

表 5.4　恒定频率次优化结果

f(kHz)	N_{Lr}	N_p	N_s	N_{Lf}	j_p(A/mm^2)	j_s(A/mm^2)	j_{Lf}(A/mm^2)	ΔB(T)	P_{tol} (W)
20	11.5	56.9	34.3	93.9	5.2	4.0	4.0	0.22	51.7
30	14.3	35.4	21.3	46.9	6.5	4.0	4.0	0.17	48.9
40	16.2	35.5	21.4	42.8	6.5	4.0	4.0	0.12	45.3
50	29.1	30.5	18.4	32.1	5.8	4.0	4.0	0.11	43.2
60	20.5	27.7	16.7	33.0	5.6	4.0	4.0	0.10	45.2
70	20.3	28.9	17.5	27.5	5.6	4.0	4.0	0.10	48.0
80	17.9	28.8	17.3	42.0	4.5	4.0	4.2	0.08	49.9
90	18.9	26.6	16.0	36.7	4.7	4.0	4.0	0.08	52.7
100	19.7	24.7	14.9	32.6	4.9	4.0	4.0	0.08	55.8
110	17.8	25.8	15.5	29.7	4.5	4.0	5.3	0.08	58.8
120	13.3	26.5	16.0	27.1	4.0	4.0	4.8	0.08	60.7
130	13.8	25.1	15.1	24.8	4.0	4.0	4.0	0.07	63.5
140	14.2	23.9	14.4	22.9	4.0	4.0	4.1	0.07	66.4
150	14.6	22.8	13.7	21.3	4.0	4.0	4.0	0.07	69.5
160	12.4	30.1	18.1	19.8	4.0	4.0	4.0	0.08	72.8
170	12.5	28.7	17.3	32.1	4.0	4.0	6.4	0.08	79.9
180	13.5	29.2	17.6	30.4	4.0	4.0	6.1	0.07	82.7
190	15.9	24.9	15.0	28.8	4.0	4.0	5.8	0.08	86.8
200	12.4	25.6	15.4	27.4	4.0	4.0	5.5	0.07	88.0

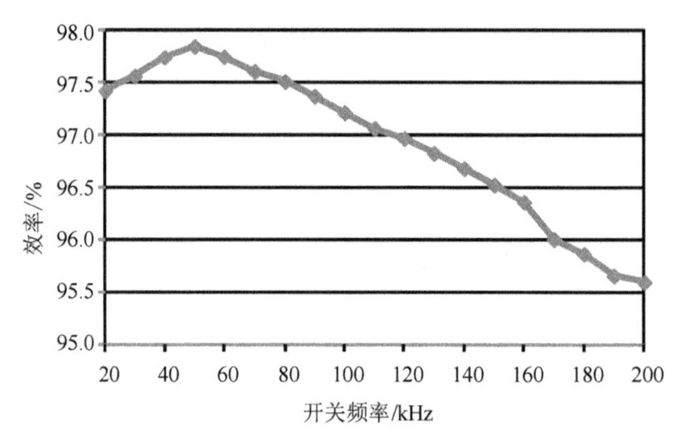

图 5.8 恒定频率次优化效率曲线

5.4 小结

本章对电力电子变换器参数的优化设计方法进行了介绍，分别介绍了数学模型的建立、改进、求解和优化结果，并以移相全桥变换器效率为优化目标，建立了效率与开关频率、电流纹波率等设计变量之间的数学关系，重点对线图和表格数据的程序化和恒定频率次优化等数学模型的改进方法进行了介绍，得到了不同开关频率下的初步优化计算结果。

优化设计有助于设计人员获取不同权重值目标空间所对应的参数组合，进一步提升变换器的综合性能。感兴趣的读者可以在本章介绍的变换器优化设计基本方法基础之上，进一步深入研究，探索多变量–多目标电力电子变换器设计方法。

思考题和习题

5-1 简要说明电力电子变换器的传统设计方法存在什么缺陷。

5-2 磁性元件的温升和磁通密度一般需满足什么约束条件？

5-3 变压器绕组的直流电阻与交流电阻有何区别？

5-4 电力电子变换器设计中有哪些典型设计变量？

5-5 电力电子变换器设计中有哪些典型设计目标？

第 6 章　电力电子变换器的一般调试与排故方法

电力电子变换器广泛应用于工农业生产、交通运输、国防、航空航天、石油冶炼、核工业及能源工业的各个领域，大到几百兆瓦的直流输电装置，小到日常生活中的家用电器，到处都可以看到它们的身影。虽然各种电力电子变换器的使用领域千差万别，功率大小不尽相同，控制手段各有千秋，但其使用目的都可以归结为进行电能的形式变换。这种变换的目的在于改善供电质量和用电效率，实现最合理的用电方式，提高产品性能，使人们的生活水平更高、生活环境更舒适。无论是哪种类型的电力电子变换器一般均需要经过设计、生产、装配、局部调试、整机调试及在使用现场与负载匹配的调试，以满足用户使用要求，实现最佳的适应负载性能。

电力电子变换器的调试是其电气性能的实验和电气参数的调整的统称。本章首先介绍电力电子变换器调试的定义、分类及目的，然后阐述电力电子变换器调试前应做的准备工作和电力电子变换器对调试的一般要求，以及电力电子变换器调试的一般步骤和方法等基本问题，且介绍了故障的一般检测方法，并以某些典型电力电子变换器的实际调试与排故过程进行举例阐述。

6.1　电力电子变换器调试的基本问题

6.1.1　调试的定义

电力电子变换器调试是指对某一按设计指标制作完成的电力电子变换器进行电气性能的试验和部分或全部参数调整的全过程。例如，应用兆欧表（俗称摇表）测试电路对外壳的绝缘电阻，用专用的耐压设备检测电路对外壳的耐压水平，接上负载后测试记录各部件的温升，对过载、短路保护进行检测等，这些都是电气性能试验；而按用户要求的指标整定保护动作门槛值（常用的过流、过压、缺相、过温、欠压、欠流、短路等），整定放大器或调节器的参数（如放大器的放大倍数，闭环调节器的比例、积分、微分系数），则属于参数调整。

在实际工作中，参数调整与性能试验是相互依赖、相互补充的，试验、调整，再试验、再调整，直至达到设计指标要求。

6.1.2　调试的分类

电力电子变换器的调试可按不同的方法分为不同的类型，常用的分类方法有以下几种。

1．按是整机调试还是零部件调试来分

电力电子变换器可以分为零部件调试、部分电路调试、整机调试和系统调试（又称为成套设备调试）。

零部件调试又称为零部件检验，即按设计人员提出的电力电子变换器所用元器件清单，对采购回来的元器件按使用说明书进行复检，检验其是否达到了出厂及说明书所说的指标。应特别注意的是，这里所说的零部件是广泛意义上的，既可以指一个电感、一个变压器、一个电容、一个控制器，也可以指一台小型的电力电子变换器。例如，大功率背靠背变流器中所用的AC/DC机内电源，对于背靠背变流器这种电力电子变换器而言便只是一个零部件了。

在零部件调试结束的基础上，按设计意图把所用零部件按整个电力电子变换器的总设计进行装配，完成配线后，分部分进行调试的过程称为部分电路调试。主控制板的调试便是部分电路调试的一个实例，主控制板是把电阻、电容、晶体管、运算放大器、专用控制芯片、稳压电源等电子零部件按电路原理设计加工成印刷电路板并安装完成后的产物，是整个电力电子变换器的控制核心。几乎所有的电力电子变换器调试的第一步都是先调试主控制板，包括检验主控制板是否达到设计性能指标、整定保护动作门槛值等。再如继电操作电路调试，通常是在主电路不带电的情况下，试验合、分闸功能，验证保护后继电操作电路的动作及指示是否正常。

整机调试是在各个部分电路都调试正常无误的基础上，对整个电力电子变换器总体性能的调试，这种调整实际上是综合考虑各部分电路之间的协调与匹配问题。例如，对带有闭环调节的电力电子变换器而言，在反馈检测单元与给定积分单元分别调试完成后，要使整个电力电子变换器达到指标，还要把反馈检测单元与给定积分单元的输出调节相匹配，并综合处理放大倍数、控制精度、动态响应时间与稳定性的矛盾。

系统调试是指按用户的要求把整个工程项目中的所有电力电子变换器协调配合调试的过程。举例来讲，一个适用于钢铁行业电弧炉应用场合的±30MVar链式STATCOM装置，所用的电力电子变换器协调配合调试有配电房、高压开关柜、35kV/10kV变压器、链式STATCOM变换器、双电源切换电源柜、冷却水循环装置、直流屏柜、监控中心等，其中每一个环节都是一个单独的电力电子变换器或者通信监控终端，这种调试过程包括从高压输入（一般为35kV或110kV）到链式STATCOM在电网PCC连接补偿端获得需要的电压和电流的全过程。可见，系统调试是整个工程中全部电力电子变换器的调试，所以可以称为成套设备调试，这往往要求各生产厂家相互协调和配合，对调试的总调人员的技术水平和综合分析能力的要求很高。

2．按调试的地点来分

电力电子变换器可以分为在生产厂家的调试和在用户使用现场的实际负载调试，前者又分为出厂前调试和型式试验。

出厂前调试是电力电子变换器生产厂家在电力电子变换器组装检验完成后按产品检验规范和用户供货要求及有关国家或行业标准，对电力电子变换器的性能逐项进行出厂前的必要调整、试验，以确认产品的电气性能指标是否合格，是否达到了国家或行业标准的要求，是否满足用户供货指标要求，保证产品的质量，严把质量关，方便用户使用。

型式试验一般是指电力电子变换器生产厂家在一种新型电力电子变换器试制完成或在某种电力电子变换器产品生产数批后，对产品的性能、质量进行全面考核试验，以确认产品的技术性能水平和质量优劣的整个试验过程。实际上电力电子变换器的设计阶段要做许多试验验证设计思想实施的可能性和一些计算的正确性，但对设计的全面验证还是要通过产品的型式试验完成。

由于电力电子变换器最终要在工、农业生产中实际使用，其设计、制造及出厂前调试一般都是按照国家或行业标准中规定的通用技术条件及与用户方签订的技术协议、检验调试规范进行的。尽管出厂调试对这些要求与规范都进行过一遍甚至几遍的检验，但这并不等于该电力电子变换器完全能满足用户负载的使用要求，即与用户负载性能完全匹配。其原因在于使用现场情况甚为复杂，各种电力电子变换器同时运行，有的还会相互影响产生很大的干扰；有些电力电子变换器的负载特性很难在生产厂家根据实际运行状态进行模拟，而出厂调试中周围一般没有像使用现场中那样同时运行多种较大功率的电力电子变换器。因此，即使出厂时做了充分调试，大部分电力电子变换器仍然必须在用户现场进行与负载适配的调试，如按负载的实际额定值重新整定电力电子变换器的电流截止值、过流及过电压的保护动作值；还有很多电气参数，特别是动态参数，必须在实际应用现场根据生产工艺的要求和实际条件进行调试整定。这便是电力电子变换器制造与使用行业中通常所说的用户现场调试，该调试阶段主要是对已经出厂调试的电力电子变换器的性能及参数重新进行检验和验证及参数整定，使其更好地与用户负载及现场工作环境相适应，达到最佳运行状态。

3. 按是否带负载来分

按这种分类方法可以把电力电子变换器的调试分为空载调试与负载调试。空载调试是指电力电子变换器的输出开路或带可使电力电子变换器正常工作的极小负载（如不隔离升压型变换器和反激变换器保证正常工作所带的较小负载）时，对该电力电子变换器的性能进行调试与验证，这种调试往往在出厂调试与用户现场调试中都会遇到，但由于这种调试输出电流未达到用户需要的实际运行电流，更无法超过用户使用的实际电流，所以对有些保护或性能（如过流保护、电流闭环调节性能）是无法进行检验的。负载调试是指在空载调试正常的条件下，使电力电子变换器的输出电流在用户需求的额定电流与电压下运行来试验或整定其参数的全过程。这种调试一般是为了检验电力电子变换器的负载能力、长期运行的可靠性、各部件的发热情况等。

4. 按开环与闭环调试来分

这种分类方法仅适用于工作时为闭环运行的电力电子变换器，这类电力电子变换器在调试中一般先进行开环调试，然后再进行闭环调试。开环调试是指先把闭环调节器改为跟随器或者放大倍数为 1 的放大器，并断开反馈通道，调试好电力电子变换器的各种参数、保护性能，然后接入实际反馈信号，再进行闭环调节器的参数调节与整定，综合考虑与处理动态过程响应时间、输出稳定性、超调量、静态误差、振荡次数之间的矛盾，使整个电力电子变换器的性能能够更好地满足用户的使用需求。

6.1.3 调试的目的

电力电子变换器调试的主要目的表现在以下 5 个方面：一是验证电力电子变换器设计、生产的合理性；二是检查所用元器件的性能是否达到该电力电子变换器对它们的要求；三是检查生产厂家的工艺及选用导线等是否达到了该电力电子变换器必须具备的性能；四是及时发现设计、生产及元器件存在的不足和缺陷，从而针对这些不足和缺陷进行整改，使之达到满意的工作状态；五是通过调试和参数调节使电力电子变换器与负载特性达到最完美的匹配，实现最佳运行，使电力电子变换器的运行工作点及运行条件和状态都尽可能达到最佳。

6.1.4 调试前应做的准备工作

尽管电力电子变换器的复杂程度不同，调试人员的调试水平不同，电力电子变换器调试过程时间有长有短，但总体来讲在电力电子变换器调试之前应做好充分准备，只有这样才能使调试过程有章可循、有条不紊，并使调试时间极大缩短，达到事半功倍的效果。电力电子变换器调试前的准备可分为以下几个方面。

1．人员准备

由于电力电子技术属于电力电子元器件、电力电子变换技术及应用电力电子元器件实现电力电子变换所用的控制技术三者相结合的交叉学科，所以对电力电子变换器调试人员提出了一定的要求，这些要求在调试前就必须做好准备，即调试前的人员准备。

首先，电力电子变换器的调试人员应当懂得电力电子技术的基本原理，熟练掌握待调试电力电子变换器所用的变换电路和工作过程，以及电工仪器、测量仪表、电控元器件及各种电力电子元器件的基本结构与工作机理；其次，电力电子变换器的调试人员还应熟悉所要调试变换器的元器件及常用控制元器件的参数、引脚功能和使用方法，并具备一定的机电安装与电气安全知识。具有这些基本素质的技术人员是电力电子变换器调试的人员基础。

2．技术准备

为了缩短电力电子变换器的调试时间，保证调试质量，提高调试工作的效率与成功率，除了在调试前做好调试人员的准备，还需进行充足的技术准备。

1）阅读相关图纸和资料

调试人员应充分了解要调试的电力电子变换器的性能特点、工作原理、电路结构、元器件的具体安装位置，认真阅读该电力电子变换器的所有图纸和使用说明书，一定要看懂其电气原理图，在阅读图纸和资料时要学会比较。一般来说，每一种新的电力电子变换器都是在原有技术和已有产品的基础上发展起来的，要抓住各类电力电子变换器的相同点和不同点进行分析，找出要调试的电力电子变换器与曾经调试过的电力电子变换器的相同点和不同点；特别是对采用数字信号处理器或可编程控制器 PLC、工业控制机等控制的电力电子变换器，充分熟悉其编程思想与源程序，做到融会贯通，只有这样才会在调试中得心应手。

2）明确技术条件、技术指标

电力电子变换器的技术条件是产品设计、调试、使用的基本依据，分为通用、专用两大类。根据技术条件的标准颁布单位又分为国家标准、部颁标准、行业规范标准、地区标准、企业标准等几类。首先，对供需双方针对该台电力电子变换器的技术协议中无约定的指标应按国家标准、部颁标准及行业规范标准、企业标准进行设计和调试，有约定的指标应按供需双方签订的技术协议所规定的技术条件进行设计和调试。

电力电子变换器的调试人员要充分了解与理解要调试的变换器的通用技术条件，熟练掌握调试规范，明确电力电子变换器应达到的技术性能指标，只有这样才能做到有的放矢，提高调试效率，缩短调试时间。

3）学习或编制调试大纲

电力电子变换器的调试大纲要以产品的技术条件和技术指标及设计（试制）任务书为依据进行编写，是指导调试的重要文件。一般应由产品设计人员编制，试制产品的调试大纲常由有经验的调试人员和设计人员共同编制。调试大纲应明确电力电子变换器调试的目的、方法、使用的仪器仪表、实验设备等；还应包括调试中保障人身、设备安全的必要措施。调试人员在调试前必须认真学习调试大纲，熟练掌握与理解调试大纲的内容。

3．物质准备

电力电子变换器调试中需对一些元器件的参数进行调整，对个别性能参数不好的元器件还需进行更换，这必然要用到检验电力电子变换器性能的仪器仪表。在调试现场还需对运输过程中振动或者松动的螺丝进行检查和紧固。另外，还需连接用户负载与要调试电力电子变换器之间的主母线及控制线、信号线。这就决定了电力电子变换器调试前还需准备必要的工具。一般电力电子变换器生产厂家的调试人员应自带电子元器件、轻便的仪器仪表和检测设备常用的简单工具。专用的仪器仪表及测量设备，由用户方与生产厂家协商决定，一般来讲应由用户自行解决，若用户没有这些专用仪器、仪表或工具，可由生产厂家协助解决。

电力电子变换器调试过程中常用的工具有扳手、螺丝刀、压线钳、电烙铁，常用的仪器仪表有摇表、绝缘耐压测试仪、输出电流电压测试仪表、接触式或红外非接触式温度测试仪表、示波器，专用设备如各种专用调试台、电力电子元器件均流或均压测试设备，以及各电力电子变换器制造厂根据本单位产品的特点自行制造的专用调试设备。

6.1.5　调试的一般要求

电力电子变换器调试的一般要求主要表现在以下几个方面。

1．根据待调试变换器的容量、试验条件及图纸核查校对

在调试时要反复核对与校验待调试电力电子变换器的容量、保护动作值，核对与相关设备之间的接线及所用实验设备、测量仪器仪表之间的接线是否合理、正确，且特别注意以下几个方面的问题：

（1）二次接线在端子上的压接应紧固，在同一接线螺钉上一般不压接 3 个以上的线头；

（2）所有二次接线不得有不经过端子板的中间接头；

（3）所有接线应与接地金属部分绝缘隔开；

（4）接线螺丝的平垫圈和弹簧垫圈应齐全，线头的绕向及垫圈的大小应符合工艺要求。

2．调试所用仪器仪表及专用设备应准确无误

为保证所调试的电力电子变换器的调试效果与电气性能，在调试过程中应保证调试所用的仪器仪表性能良好；其误差应在规定的范围内；选择合适的量程，使其使用在满刻度 20% 以上的部分；对于易受外界磁场影响的仪表（如电动式与电磁式仪表），应放置在离大电流导线 1m 以外进行测量；被测量值与温度有关的，必须准确测量被测物的温度，如被测物温度不易直接测量时，可通过测量环境温度的方法间接测量。

3．调试中应特别注意人身安全及设备安全

由于电力电子变换器一般都为弱电控制强电的电能变换产品，一般输入及输出电压相对较高，而且输出电流也相对较大，所以电力电子变换器的调试过程中应特别注意人身安全与设备安全，特别是进行绝缘和耐压试验应按规范标准进行。操作人员应穿绝缘鞋、戴绝缘手套，地上应铺绝缘橡胶垫块等。

4．调试中的数据处理

电力电子变换器的电气性能检验要依据测量与记录数据来判别，所以，数据的处理要采用大家公认的方法。测量读数时一般应取 3 次或 3 次以上读数的算术平均值。测绘各种特性

曲线时，在变化率较大的工作区段应测定足够的点数以保证描绘成平滑的曲线。

电力电子变换器的调试中应认真做好原始记录，并随时审核判断，对可疑之处应当复查复调。参数记录应准确，记录必须保证真实性，重要数据的记录应最少有 3 人签字，即记录、复核、批准 3 栏的签字应完整无误，要杜绝弄虚作假。数据有更改之处应有更改人的亲笔签字。

5. 调试中元器件的更换、整定与处理

电力电子变换器调试中若发现所采用的元器件有损坏，则应及时更换、复调。试验设备不得带故障运行，在调试中试验设备、仪器仪表发生故障时必须修复或更换后进行复调复测。需要整定的参数如可调电阻、可调电感、可调电容，必须在整定后采取锁紧、加封或给予明显标志等措施。调试完电力电子变换器后应复查被调试电力电子变换器各处接线是否良好，确保无误后拆除调试时的临时接线。

6.1.6 调试的一般步骤

电力电子变换器的类型众多，按所在大类来分又可分为多个子系列，同一电力电子变换器的使用领域也会有很大不同。每个品种每个系列电力电子变换器使用场合的差异决定了不同电力电子变换器的调试步骤也有很大不同。即使是同一类别、同一系列的电力电子变换器，随着使用场合的不同，其调试步骤也有很大的差别。本节仅给出在各种电力电子变换器调试中都会遇到的调试问题的步骤，而针对具体类别的电力电子变换器的详细调试步骤将在后续章节中讨论。

1. 检查调试文件的合理性与调试前准备的充分性

在进行外观检查及配线检查之前，应检查调试文件（调试大纲）编制是否合理，是否满足要求，调试前的准备是否充分，确认无误后再进行调试。

2. 安装质量的检查

由于电力电子变换器通常输入或输出电流都较大，运行在大电流的作用下，不可避免地会有振动。所以调试前必须对电力电子变换器的安装质量进行检查，此检查主要包括以下几个方面的内容。

（1）安装是否水平垂直，地基是否固定牢靠。一般电力电子变换器是放置在平台上的，对变流柜与控制柜应与平台上的底座或预埋件焊接牢靠，保证运行中不会因振动受力而使螺丝松动或影响接插件的接触可靠性，避免安装不牢靠，造成油浸冷却的渗漏油或水冷却的漏水。

（2）大电流输出的电力电子变流柜或配套变压器引出线与外部用户系统母线之间加软连接过渡安装（又称为伸缩结），以确保不是硬碰硬连接造成强力扭曲变形、使得接触面接触不良导致发热或漏油渗水。

（3）水冷或油冷的电力电子变换器引出端头不应受长期应力。对油冷或水冷的电力电子变换器（如整流变压器）一般是用密封圈穿过外壳引出或堵漏的，要保证安装的母排或外接的管线（冷却水管）具有可靠的支撑与固定措施，确保运行中不造成连接处长期受应力变形导致断裂或漏油渗水。

（4）检查冷却油（或水）管的畅通情况。对强油冷或水冷的电力电子变换器，要检查安装的外接或内部油（水）管是否可靠畅通，是否有造成油（水）流不通的死结，是否渗漏，油（水）流量及油（水）压是否足够，一般水冷设备水压应既不低于 0.1MPa，又不大于 0.25MPa。

（5）安装场所是否空气流通。安装场所的散热条件是必须检查的一个重要环节，要保证安装电力电子变换器的场所空气流通，不应是密封的或空气流动性很差的闷罐子式房间。

（6）是否有易燃易爆介质检查。安装场所是否有易燃易爆气体或粉尘的存在，是调试通电前必须检查的，也是保证调试后电力电子变换器运行长期稳定可靠的根本。

（7）安装场所是否存在腐蚀或破坏绝缘的介质及湿度检查。要对调试的电力电子变换器安装场所是否存在腐蚀或破坏绝缘的介质进行检查，若存在腐蚀性气体或破坏绝缘的介质，必须先进行防腐处理后再进行后续工作，同时应检查安装场所的湿度，湿度过大（超过 90%）应先采取除湿措施后再进行后续调试。

（8）绝缘距离的检查。对高电压输入或输出的电力电子变换器，要检查安装场所的层高及爬电距离，必须满足要求，确保在绝缘距离要求的范围内无裸露或绝缘强度不足的其他金属或导电物体存在。

（9）接地可靠性的检查。要检查电力电子变换器外壳及应接地点的可靠接地情况，确保接地电阻足够小。

3．设备外观及接线正确性的检查

对电力电子变换器外观的检查主要是查看电力电子变换器的结构是否合理，设计制造中外观是否有缺陷，运输或保管过程中是否有损伤（如碰伤、掉漆等）。对接线正确性的检查主要是对照该电力电子变换器的电气原理图、安装位置图、配线图及元器件明细表，检查电力电子变换器内部各元器件的安装位置、安装方法、连线线号标记、元器件标识是否与图纸相符，接线是否牢固，导线、汇流排规格截面积选择是否合理，以初步检查判断可否进行通电调试。

4．绝缘性能检验与调试

一般电力电子变换器的调试在查线无误后，便先进行绝缘性能检验与性能。绝缘性能指标是电力电子变换器长期可靠运行、保障人身安全的根本，所以，电力电子变换器通电调试前必须进行绝缘性能检验与测试。绝缘性能检验与测试分绝缘电阻测试和绝缘强度试验两种，绝缘电阻测试通常采用 500V、1000V 或 2000V 兆欧表（俗称摇表）。具体使用哪种兆欧表要视电力电子变换器的额定输出工作电压而定，对输出电压低于 500V 的，多用 500V 兆欧表；输出电压大于 500V 而小于 1000V 的，常用 1000V 兆欧表；输出电压大于 1000V 而小于 2000V 的，常用 2000V 兆欧表；输出电压大于 2000V 的就很少用兆欧表测绝缘电阻了。将电力电子变换器的主电路中不等电位点短接成等电位点，然后用兆欧表测量其对外壳或主电路中电位严格绝缘部分（如变压器原边与副边）之间的绝缘电阻。通常，对额定输入及输出电压小于 500V 的电力电子变换器，绝缘电阻最小应不低于 2MΩ；输出电压大于 500V 而小于 2000V 的电力电子变换器，绝缘电阻最小应不低于 10MΩ。

绝缘强度试验是采用专用的耐压设备测量主电路对外壳或主电路电位严格绝缘部分（如变压器原边与副边）之间对外壳的绝缘耐压。对额定输入及输出电压小于 1000V 的电力电子变换器，绝缘强度电压最低应该不低于 2500V；对输入或输出电压较高的电力电子变换器，绝缘强度电压的测试值应更高，如原边额定工作电压为 10kV 的整流变压器，国标规定其对外壳及原边对副边的绝缘耐压应不小于 35kV（50Hz，1min）；原边额定工作电压为 35kV 的整流变压器，国标规定绝缘强度试验电压应不低于 60kV（50Hz），且应在 1min 内无打火及闪烁现象发生。由于绝缘强度试验耐压与环境湿度和漏电流密切相关，同一电力电子变换器随漏电流定义与环境湿度的不同往往有不同的耐压水平，这一点应特别注意。通常，允许漏电流大，则绝缘电压水平高，反之则降低。另外要特别注意的是，因为电力电子变换器的绝缘试验是超过额定输入或输出电压参数的试验，故同一电力电子变换器的绝缘强度试验不可反复多次进行。为保证试验不给该电力电子变换器的性能造成损害，国际规定出厂时按 100%耐压指标进行测试，而复检时仅测试至额定指标的 80%。例如，对原边额定工作电压为 10kV 的整流变压器，出场绝缘耐压试验电压额定值应为 35kV（50Hz，1min），但在用户现场的复检耐压试验，电压按 80%×35kV 测试（试验至 28kV）便满足要求了，这一点必须加以注意。

5. 控制单元电路调试

控制单元电路一般包括控制电路板、控制插件，有些电力电子变换器还有控制插件箱以及微机控制单元或 PLC 控制系统等。通常电力电子变换器在出厂调试前需先对控制电路板、控制插件和控制电路箱进行硬件检验和调试，对微机控制单元及 PLC 控制系统先进行软硬件检验和调试，并对这些部分的性能参数、工作波形、保护特性进行调试与检验。只有在确保其电气性能无误后，才可装入电力电子变换器。一台电力电子变换器运行性能与工作特性的好坏，主要取决于控制单元的性能。控制单元就如同电力电子变换器的心脏，是电力电子变换器运行的控制核心、指挥中心与神经中枢，有经验的电力电子变换器设计和调试人员极其重视控制单元的调试工作。

6. 主电路的调试

电力电子变换器主电路的调试通常分为空载、轻载及负载调试，一般先进行空载调试或按电力电子变换器工作情况接较小的负载进行轻载调试。这是因为有的电力电子变换器使用的电力电子器件通常需要通过一定的电流才能正常工作（如晶闸管只有通过阳极的电流大于擎住电流才可正常导通）。空载或轻载调试主要是整定过压保护门槛、检验该电力电子变换器的电气绝缘性能、各电力电子器件的耐压能力、串联电力电子器件的均压情况。在轻载调试后，为检验各电力电子器件的负荷性能还需进行负载调试，这种调试一般需按调试规范来进行。对特大容量的电力电子变换器，受生产厂家负载能力及供电电源功率容量的限制，常采用额定工作电压而输出电流较小的轻载调试和额定输出电流而输出电压较低（多用短路试验）的负载调试相结合的调试方法。负载调试主要是整定过流保护门槛，检查运行后各部件的发热及散热情况、并联元器件的均流情况，这种调试一般在电力电子变换器生产厂家有负载条件时在出场调试时进行，当生产厂家无条件时便直接在用户现场调试中带实际负载进行。

7. 整机调试及系统调试

整机调试是指在分部分调试、控制单元调试、主电路调试都正常的条件下，按调试规范或试验大纲进行电力电子变换器整体性能的全面调整试验，以满足用户使用需求。系统调试是指把经整机调试后的电力电子变换器与用户负载及用户系统中的其他设备配合进行整个系统所有设备的调试过程，例如中频熔炼系统中频感应加热用晶闸管类电力电子变换器自身的调试属于整机调试，而把中频感应加热用晶闸管类电力电子变换器与供电变压器、中频熔炼炉、铸钢设备和扎制一定规格的钢材产品的设备进行联调的过程称为系统调试。

6.1.7　常见故障及产生原因

电力电子变换器常见故障的原因，可从大的方面分为：驱动电路不良、主功率器件本身故障、负载短路或断路及接地、电力电子变换器运行的外部环境变化等。

1. 驱动电路不良引起的故障

1）驱动电路输出信号高电平与低电平状态不正常

这种故障指正向或负向驱动电压或电流信号幅值不足，导致被驱动的电力电子器件工作时不是在导通与截止（关断）两个状态之间迅速切换，而是进入了放大工作区，引起被驱动电力电子器件正向或反向工作状态超出安全工作区，导致瞬时承受的功率超出安全极限而发生击穿、烧断或炸裂等损坏。

2）驱动电路输出信号过大

该故障会导致被驱动电力电子器件（如 IGBT、GTR 等）进入深度饱和区，造成其开关频率严重降低，影响正常使用。对晶闸管及其派生元器件，过大的驱动信号会造成门极引线与晶闸管管芯内部点焊或压接的门极脱焊或松动而失去导通功能，引起逆变失败。

3）驱动电路输出信号相位或频率不正常

因驱动电路中某个器件损坏引起驱动电路输出驱动信号的相位或频率发生变化，导致被驱动电力电子器件提前或滞后导通，引发主电路中的直通短路故障，造成电力电子变换器损坏。

4）驱动电路输出驱动信号突然消失

对主功率器件为半控制型电力电子器件（如晶闸管或 GTO）的电力电子变换器，由于驱动电路输出信号的突然消失，导致被驱动的应当导通的电力电子器件不导通工作，而原导通的电力电子器件（本应关断）继续导通工作，使整个电力电子变换器的工作逻辑变得混乱，造成主电路直通或短路故障的发生。

2. 主功率器件本身的故障引起的电力电子变换器故障

1）电力电子器件因承受瞬时过电压而击穿

由于电力电子器件长期热疲劳、本身性能的下降或因瞬时承受尖峰过电压而发生击穿失效，这种故障的直观现象是两个主电极之间相通，该器件因被击穿无法通过封锁驱动脉冲而退出运行，当同桥臂的另一个电力电子器件导通时便直接发生直通、短路等故障。

2）主电极承受过大电流而损坏

主电极承受过大电流引起损耗增加，发热不能及时散去，引起热积累，造成该电力电子器件主电极“先烧穿后烧断”的现象。

3）控制极断路或短路

电力电子器件的这种故障导致即使驱动电路自身工作正常，也会因控制极断路（又称开路）或短路发生故障。当被驱动的电力电子器件控制极断路时，尽管驱动电路输出的驱动电压信号波形正常，但驱动电流却为零；当被驱动的电力电子器件控制极短路时，则输入驱动信号电压波形幅值接近零；而驱动电流却变得很大，极有可能损坏驱动电路，即使不损坏驱动电路，也会因被驱动的电力电子器件无法导通而使电力电子变换器主电路的工作状态极不正常，引起严重的直通或短路。

3．负载短路或断路及接地引起的故障

1）负载短路引起短路或过流动作

在保护电路可靠及有效时，负载短路引起短路或过流频繁动作；当保护电路不灵敏或不可靠时，这种故障有可能会造成电力电子变换器中的电力电子器件损坏，甚至导致整流输入侧过流保护熔断器熔断。

2）负载回路接地导致接地保护动作或损坏桥臂电路中的电力电子器件

负载回路接地时，当接地保护可靠或动作迅速时，引起接地保护电路频繁动作；在保护电路不可靠或不迅速时，会造成电压型桥臂电路中的续流二极管烧坏，或导致桥臂电路中的电力电子器件自身的续流管或整流电路中的电力电子器件损坏。

4．电力电子变换器运行的外部环境变化引起的故障

1）冷却不良、散热效果变差

各种电力电子变换器的正常工作，一般是需要外部的冷却介质（如空气、风、水）的流动，将电力电子器件工作时的损耗、发热及时散发带走来保证的，若因某种原因（如风道堵塞、空气不流通、水流不畅）引起冷却不良或过热保护动作，动作不及时便会导致电力电子变换器中的器件热疲劳或承受热应力使结温超过允许极限值而损坏。

2）供电电源缺相

当电力电子变换器的供电电源因某种原因发生断相或缺相运行时，常会引起欠压保护动作或继电操作回路误动作，当所缺相恰好是保证散热条件的那相供电电源时，若保护不及时，则有可能对电力电子变换器造成更大的损害。

3）同电网其他较大功率电力电子变换器的投入或切除

由于电网上传输线总存在着分布电感，较大功率的电力电子变换器的投入或切除常常会因电流突变引起感应电压 $L \cdot \mathrm{d}i/\mathrm{d}t$，在线路上造成尖峰过电压，该过电压会引起电力电子变换器的误跳闸，甚至击穿电力电子器件。

4）控制电路供电电源突然掉电

对于主电路为电压型逆变器的电力电子变换器，主电路一般并联有大容量的电解电容，电压相对较高，电容量又很大，其积累的电荷量较大，放电所需要时间较长，而控制电路中控制脉冲形成及驱动电路中的工作电源电压相对较低，电容量又不太大，其积累的电荷量相对较小，放电所需要时间较短。控制电路供电电源突然停电，会造成在主电路电压还未降到安全值以下时，控制电路电源就已无法保证驱动电路输出驱动信号的正常工作逻辑电平，引起高低电平状态不明确，即高电平不高、低电平不低，导致同桥臂电力电子器件发生直通。由于此时保护电路已无正常工作电源，所以直通与短路保护无法动作，引起严重的故障。在主电路供电与控制电路供电不是同一电源的应用场合，这种故障具有更大的危险性。

6.1.8 调试中所遇故障的一般检测方法

在调试中，遇到故障在所难免。为了排除故障，需要适当的方法，查找、判断和确定故障具体部位及其原因。下面介绍几种常用的故障检测方法，具体应用中还需根据实际应用，交叉、灵活加以运用。

6.1.8.1 观察法

观察法是通过人体感觉发现故障的方法。这是一种最简单、最安全的方法，也是各种仪

器设备通用的检测过程的第一步。

观察法又可分为静态观察法和动态观察法两种。

1）静态观察法

静态观察法又称为不通电观察法。在电力电子变换器通电前主要通过目视检查找出某些故障。实践证明，占电力电子变换器故障相当比例的焊点失效、导线接头断开、电容漏液或炸裂、接插件松脱、焊接点生锈等故障，完全可以通过观察发现，没有必要对整个电路大动干戈，导致故障升级。

“静态”强调静心凝神，仔细观察，马马虎虎、走马观花往往不能发现故障。

静态观察，要先外后内，循序渐进。打开机壳前先检查机壳外表，有无碰伤，按键、插口电线电缆有无损坏，保险是否烧断等。打开机壳后，先看机内各种装置和元器件，有无相碰、断线、烧坏等现象，然后用手或工具拨动一些元器件、导线等进行进一步检查。对于试验电路或样机，要对照原理图、接线图检查接线有无错误，元器件是否符合设计要求，IC 管脚有无插错方向或折弯，有无漏焊、桥接等故障。

当静态观察法未发现异常时，可进一步用动态观察法。

2）动态观察法

动态观察法也称通电观察法，即给电路通电后，运用人体视、嗅、听、触觉检查电路故障。

通电观察，特别是较大设备通电时应尽可能采用隔离变压器和调压器逐渐加电，防止故障扩大。一般情况下还应使用仪表，如电流表、电压表等监视电路状态。

通电后，眼要看电路内有无打火、冒烟等现象；耳要听电路内有无异常声音；鼻要闻电路工作时有无烧焦、烧糊的异味；手要触摸一些管子、集成电路等是否发烫。(注意：高压、大电流电路须防触电、防烫伤)，发现异常应立即断电。

通电观察，有时可以确定故障原因，但大部分情况下并不能确认故障确切部位及原因。例如，一个集成电路发热，可能是周边电路故障，也可能是供电电压有误，既可能是负载过重也可能是电路自激，当然也不排除集成电路本身损坏，必须配合其他检测方法，分析判断、找出故障所在。

6.1.8.2　测量法

测量法是故障检测中使用最广泛、最有效的方法。根据检测的电参数特性又可分为电阻法、电压法、电流法、逻辑状态法和波形法。

1）电阻法

电阻是各种电子元器件和电路的基本特征，利用万用表测量电子元器件或电路各点之间电阻值来判断故障的方法称为电阻法。

测量电阻值，有“在线”测量和“离线”测量两种基本方式。

“在线”测量需要考虑被测元器件受其他并联支路的影响，测量结果应对照原理图分析判断。

“离线”测量需要将被测元器件或电路从整个电路或印制板上脱焊下来，操作较麻烦但结果准确可靠。

用电阻法测量集成电路，通常先将一个表笔接地，用另一个表笔测各引脚对地电阻值，然后交换表笔再测一次，将测量值与正常值进行比较，相差较大者往往是故障所在。

电阻法对确定开关、接插件、导线、印制板导电图形的通断及电阻的变质，以及电容短路、电感线圈断路等故障非常有效而且快捷，但对晶体管、集成电路以及功能电路单元来说，一般不能直接判定故障，需要对比分析或兼用其他方法，但由于电阻法不用给电路通电，可将检测风险降到最小，故一般检测首先采用。

使用电阻法测量时应注意:

（1）使用电阻法时应在电路断电、大电容已放电的情况下进行，否则结果不准确，还可能损坏万用表；

（2）在检测低电压供电的集成电路（≤5V）时避免用指针式万用表的 10k 档；

（3）在线测量时应将万用表表笔交替测试，对比分析。

2）电压法

电路正常工作时，线路各点都有一个确定的工作电压，通过测量电压来判断故障的方法称为电压法。

电压法是通电检测手段中最基本、最常用的方法。根据电源性质又可分为交流电压测量和直流电压测量。

（1）交流电压测量

一般电路中交流电路较为简单，对 50/60Hz 市电升压或降压后的电压只需使用普通万用表选择合适 AC 量程即可，测高压时要注意安全并养成用单手操作的习惯。

对于非 50/60Hz 的电源，例如变频器输出电压的测量就要考虑所用电压表的频率特性，一般指针式万用表为 45～2000Hz，数字式万用表为 45～500Hz，超过范围或非正弦波，测量结果都不正确。

（2）直流电压测量

检测直流电压一般分为三步：

① 测量稳压电路输出端是否正常；

② 各单元电路及电路的关键“点”，例如放大电路输出点、外接部件电源端等处电压是否正常；

③ 电路主要元器件如晶体管、集成电路各管脚电压是否正常，对集成电路首先要测电源端。

比较完善的产品说明书中应该给出电路各点的正常工作电压，有些维修资料中还提供集成电路各引脚的工作电压。另外也可对比正常工作的同种电路测得各点电压。偏离正常电压较多的部位或元器件，往往就是故障所在部位。

这种检测方法，要求工作者具有电路分析能力并尽可能收集相关电路的资料数据，才能达到事半功倍的效果。

3）电流法

电路正常工作时，各部分工作电流是稳定的，偏离正常值较大的部位往往是故障所在。这就是用电流法检测线路故障的原理。

电流法有直接测量法和间接测量法两种方法。

直接测量法就是将电流表直接串接在欲检测的回路测得电流值的方法。这种方法直观、准确，但往往需要对线路做“手术”，例如断开导线、脱焊元器件引脚等，才能进行测量，因而不大方便。对于整机总电流的测量，一般可通过将电流表两个表笔接到开关上的方式测得。

间接测量法实际上是用测电压的方法换算成电流值。这种方法快捷方便，但如果所选测量点的元器件有故障则不容易准确判断。例如 UC3842 用于反激变换器的设计时，通常采用如图 6.1 所示电路对流过 MOSFET 的电流进行检测，进而实现电流反馈及过流保护，如果 R_2 阻值偏差较大，就会引起电流反馈失真和过流误判。

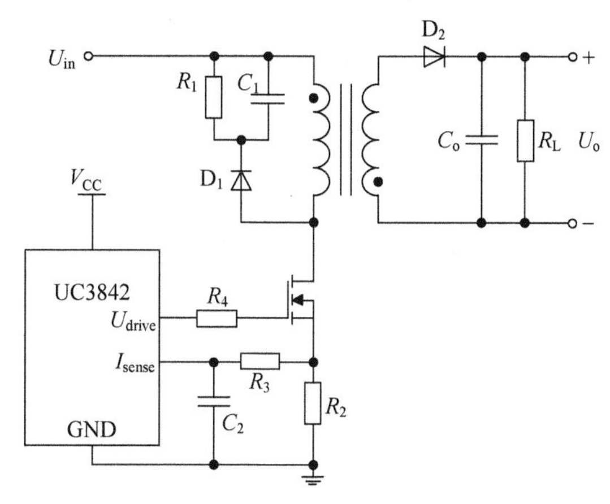

图 6.1　UC3842 的电流检测电路

采用电流法检测故障，应对被测电路正常工作电流值事先心中有数。一方面大部分线路说明书或元器件样本中都给出正常工作电流值或功耗值；另一方面通过实践积累可大致判断各种电路和常用元器件工作电流范围，例如一般运算放大器，TTL 电路静态工作电流不超过几毫安，CMOS 电路则在毫安级以下等。

4）波形法

对交变信号产生和处理电路来说，采用示波器观察信号通路各点的波形是最直观、最有效的故障检测方法。

波形法应用于以下三种情况。

（1）波形的有无和形状

在电路中一般对各点的波形有无和形状是确定的，在电力电子变换器控制电路和驱动电路的原理图分析中，一般会给出各点波形的形状及幅值（如图 6.2 所示），如果测得某点波形没有或形状相差较大，则故障发生于该电路可能性较大。

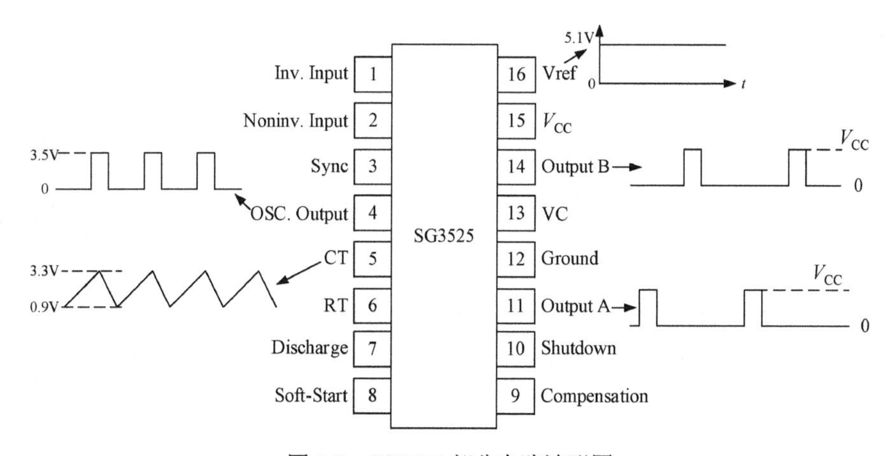

图 6.2　SG3525 部分电路波形图

（2）波形失真

在放大或缓冲等电路中，若电路参数失配或元器件选择不当或损坏都会引起波形失真，通过观测波形和分析电路可以找出故障原因。

（3）波形参数

利用示波器测量波形的各种参数，如幅值、周期、前后沿相位等，与正常工作时的波形参数对照，找出故障原因。

应用波形法要注意:

（1）对电路高电压和大幅度脉冲部位一定注意不能超过示波器的允许电压范围，必要时采用高压差分探头或对电路观测点采取分压或取样等措施；

（2）示波器接入电路时本身输入阻抗对电路有一定影响，特别是在测量脉冲电路时，要采用有补偿作用的 10∶1 探头，否则观测的波形会与实际不符。

5）逻辑状态法

对数字电路而言，只需判断电路各部位的逻辑状态即可确定电路是否工作正常。数字逻辑主要有高、低两种电平状态，另外还有脉冲串及高阻状态，因而可以使用逻辑笔进行电路检测。

逻辑笔具有体积小、携带使用方便的优点。功能简单的逻辑笔可测单种电路（TTL 或 CMOS）的逻辑状态，功能较全的逻辑笔除了可以测多种电路的逻辑状态，还可以定量测脉冲个数，有些还具有脉冲信号发生器作用，可发出单个脉冲或连续脉冲供检测电路用。

6.1.8.3 跟踪法

信号传输电路包括信号获取（信号产生），信号处理（信号放大、转换、滤波、隔离等）以及信号执行电路，在控制电路中占有很大比例。这种电路的检测关键是跟踪信号的传输环节。具体应用中根据电路的种类可以分为信号寻迹法和信号注入法两种。

1）信号寻迹法

信号寻迹法是针对信号产生和处理电路的信号流向寻找信号踪迹的检测方法，具体检测时又可分为正向寻迹法（由输入到输出顺序查找）、反向寻迹法（由输出到输入顺序查找）和等分寻迹法三种。

正向寻迹法是常用的检测方法，可以借助测试仪器（示波器、频率计、万用表等）逐级定性、定量地检测信号，从而确定故障部位。图 6.3 是 MOSFET 驱动电路图及检测示意图。我们在输入端加入频率固定的 PWM 信号，从隔离芯片输入端开始逐级检测各级电路，根据该级电路功能及性能可以判断该处信号是否正常，逐级观测，直到查出故障。

显然，反向寻迹法检测仅仅是检测的顺序不同。

等分寻迹法对于单元较多的电路是一种高效的方法。以如图 6.4 所示的低频信号放大电路为例，10 号为低频信号输入点。电路共有 9 个测试点，如果第 2 测试点有问题，采用正向寻迹法需测试 8 次才能找到。等分寻迹法是将电路分为两部分，先判定故障在哪一部分，然后将有故障的部分再分为两部分检测。仍以第 2 测试点故障为例，用等分寻迹法测第 5 测试点的信号，发现正常，判定故障在后半部分；再测第 3 测试点的信号，仍正常，可判断故障在第 1 测试点和第 2 测试点；第三次测第 1 测试点和第 2 测试点，即可确定第 2 测试点的故障。显然等分寻迹法的效率大为提高。

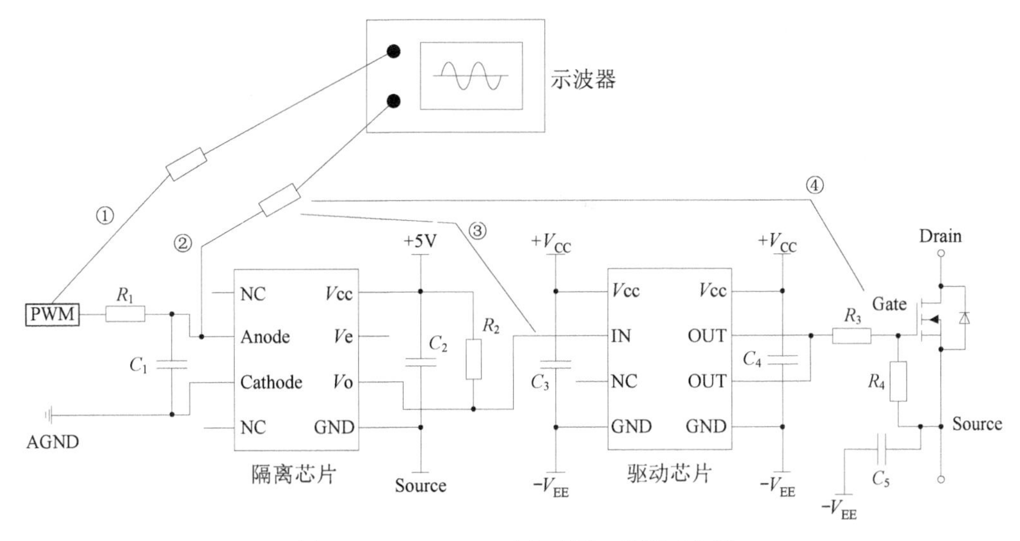

图 6.3 MOSFET 驱动电路图及检测示意图

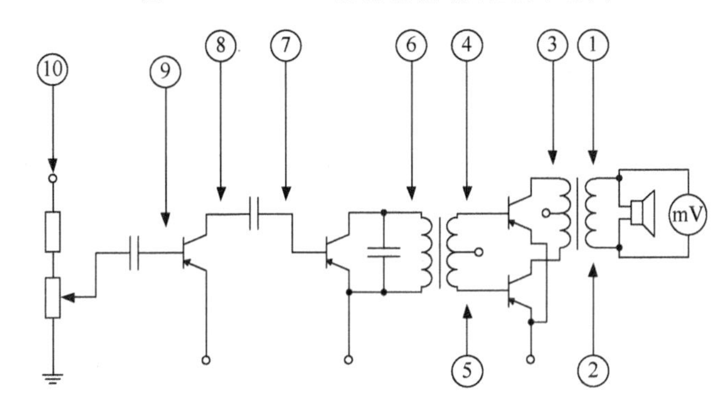

图 6.4 低频信号放大电路

等分寻迹法适用多级串联结构的电路，且各级电路故障率大致相同，每次测试时间差不多的电路。对于有分支、有反馈或单元较少的电路则不适用。

2）信号注入法

对于本身不带信号产生电路或信号产生电路有故障的信号处理电路采用信号注入法是有效的检测方法。信号注入法就是在信号处理电路的各级输入端输入已知的外加测试信号，通过终端指示器（如指示仪表、扬声器、显示器等）或检测仪器来判断电路工作状态，从而找出电路故障。

图 6.5 是计算机模拟量输入接口电路，通常检测采样电路是否工作正常，可采用在输入端输入一定的电压，通过计算机监测最终的转换量，判断电路故障。如果检测电路部分正常，就将信号注入点从预处理电路、放大或衰减器、A/D 转换器依次注入，直到找出故障点。

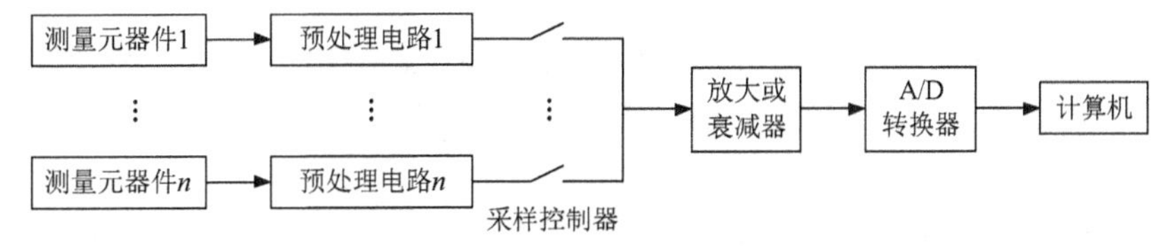

图 6.5 计算机模拟量输入接口电路

采用信号注入法检测时要注意以下几点。

（1）信号注入顺序根据具体电路可采用正向、反向或中间注入的顺序。

（2）注入信号的性质和幅度要根据电路和注入点变化，如图 6.5 所示的计算机模拟量输入电路，放大或衰减器两端的输入信号的幅值不相同，同样信号注入放大或衰减器，注入 A/D 转换器可能过强使 A/D 转换器击穿。通常可以估测注入点工作信号作为注入信号的参考。

（3）注入信号时要选择合适的接地点，防止信号源和被测电路相互影响。一般情况下可选择靠近注入点的接地点。

（4）信号与被测电路要选择合适的耦合方式，例如交流信号应串接合适电容，直流信号串接适当电阻，使信号与被测电路阻抗匹配。

（5）信号注入有时可采用简单易行的方式，如 A/D 转换器检测时就可用 A/D 转换器的输出高低电平进行判别。同理，有时也必须注意感应信号对外加信号检测的影响。

6.1.8.4 替换法

替换法是用规格性能相同的正常元器件、电路或部件，代替电路中被怀疑的相应部分，从而判断故障所在的一种检测方法，也是电路调试、检修中最常用、最有效的方法之一。

实际应用中，按替换的对象不同，替换法可有三种方法。

1）元器件替换

元器件替换除某些电路结构较为方便外（如带接插件的 IC、开关、继电器等），一般都需拆焊，操作比较麻烦且容易损坏周边电路或印制板，因此元器件替换一般只作为其他检测方法均难判别时才采用的方法，并且尽量避免对电路板做“大手术”。例如，怀疑某两个引线元器件开路，可直接焊上一个新元器件进行试验；怀疑某个电容容量减小可再并联上一只电容进行试验。

2）单元电路替换

当怀疑某一单元电路有故障时，用另一台同样型号或类型的正常电路，替换待查电力电子变换器的相应单元电路，可判定此单元电路是否正常。有些电路有相同的若干单元电路若干路，例如三相逆变器中，任一个半桥模块的驱动板完全相同，可用于交叉替换试验。

3）部件替换

随着集成电路和安装技术的发展，电力电子产品迅速向集成度更高、功能更多、体积更小的方向发展，不仅元器件级的替换试验困难，单元电路替换也越来越不方便，过去十几块甚至几十块电路的功能，现在用一块集成电路即可完成，在单位面积的印制板上可以容纳更多的电路单元。电路的检测、维修逐渐向板卡级甚至整体方向发展。特别是较为复杂的由若干独立功能件组成的系统，检测时主要采用的是部件替换。

部件替换试验要遵循以下三点。

（1）用于替换的部件与原部件必须型号、规格一致，或者是主要性能、功能兼容的，并且能正常工作的部件。

（2）要替换的部件接口工作正常，至少电源及输入、输出口正常，不会使替换部件损坏。这一点要求在替换前分析故障现象并对接口电源做必要检测。

（3）替换要单独试验，不要一次换多个部件。

最后需要强调的是替换法虽然是一种常用检测方法，但不是最佳方法，更不是首选方法。它只是在用其他方法检测的基础上对某一部分有怀疑时才选用的方法。

对于采用数字信号处理器的系统还应注意先排除软件故障，然后再进行硬件检测和替换。

6.1.8.5　比较法

有时用多种检测手段及试验方法都不能判定故障所在，并不复杂的比较法却能出奇制胜。常用的比较法有整机比较法、调整比较法、旁路比较法及排除比较法四种方法。

1）整机比较法

整机比较法是将发生故障的电力电子变换器与同一类型正常工作的电力电子变换器进行比较、查找故障的方法。这种方法对缺乏资料而本身较复杂的电力电子变换器，如以数字信号处理器为基础的产品尤为适用。

整机比较法是以检测法为基础的。对可能存在故障的电路部分进行工作点测定和波形观察，或者信号监测，比较好坏电力电子变换器的差别，往往会发现问题。当然由于每台电力电子变换器不可能完全一致，检测结果还要分析判断，这些常识性问题需要基本理论基础和日常工作的积累。

2）调整比较法

调整比较法是通过整机可调元器件或改变某些现状，比较调整前后电路的变化来确定故障的一种检测方法。这种方法特别适用于放置时间较长，或经过搬运、跌落等外部条件变化引起故障的设备。

正常情况下，检测设备时不应随便变动可调元器件，但因为设备受外界力作用有可能改变出厂的整定而引起故障，因而在检测时在事先做好复位标记的前提下可改变某些可调电容、电阻、电感等元件，并注意比较调整前后设备的工作状况。有时还需要触动元器件引脚、导线、接插件或者将插件拔出重新插接，或者将怀疑印制板部位重新焊接等，注意观察和记录状态变化前后设备的工作状况，发现故障和排除故障。

运用调整比较法时最忌讳乱调乱动，而又不做标记。调整和改变现状应一步一步改变，随时比较变化前后的状态，发现调整无效或向坏的方向变化应及时恢复。

3）旁路比较法

旁路比较法是用适当容量和耐压的电容对被检测设备电路的某些部位进行旁路的比较检查方法，适用于电源干扰、寄生振荡等故障。

因为旁路比较实际上是一种交流短路试验，所以一般情况下先选用一种容量较小的电容，临时跨接在有疑问的电路部位和“地”之间，观察比较故障现象的变化。如果电路向好的方向变化，可适当加大电容容量再试，直到消除故障，根据旁路的部位可以判定故障的部位。

4）排除比较法

有些组合整机或组合系统中往往有若干相同功能和结构的组件，调试中发现系统功能不正常时，不能确定引起故障的组件，这种情况下采用排除比较法容易确认故障所在。排除比较法是逐一插入组件，同时监视整机或系统，如果系统正常工作，就可排除该组件的嫌疑，再插入另一块组件试验，直到找出故障。

例如，某控制系统用 8 个插卡分别控制 8 个对象，调试中发现系统存在干扰，采用比较排除法，当插入第五块插卡时干扰现象出现，确认问题出在第五块插卡上，用其他卡代替，干扰排除。

在采用排除比较法时应注意：

（1）上述方法是递加排除，显然也可采用逆向方向，即递减排除；

（2）这种多单元系统故障有时不是一个单元组件引起的，这种情况下应多次比较才可以排除；

（3）采用排除比较法时注意每次插入或拔出单元组件都要关断电源，防止带电插拔造成系统损坏。

6.1.8.6 计算机智能自动检测

利用计算机强大的数据处理能力并结合现代传感器技术可以使电路检测逐步实现自动化和智能化。这在当前各种计算机以及以计算机为主体的设备中应用越来越广泛，水平越来越高。以下几种是目前常见的计算机检测方法。

1）开机自检

这是一种初级检测方法。利用计算机 ROM 中固化的通电自检程序（Power-On Self Test，POST）对计算机内部各种硬件，外设及接口等设备进行检测，另外还能自动测试机内硬件和软件的配置情况，当检出错误（故障）时，进行声响和屏幕提示。

这种开机用软件检测硬件各部分的特征参数，测试结果与预先存储的标准值对比的方式进行诊断，可以判定硬件的好坏，但一般情况下不能确定故障具体的部位，也不能按操作者意愿进行深入测试。

2）检测诊断程序

这种方法是计算机运行一种专门的检测诊断程序，它可以由操作者设置和选择测试的目标、内容和故障报告方式，对大多数故障可以定位至芯片。

这一类专用程序很多，如 QAPLUS、NORTON、PCTOOLS 等，随着版本升级，功能越来越强。另外系统软件中一般本身也带有检测程序，如 Linux、Window7、Window10 都具有相应的检测功能。

显然这种检测方法的前提是计算机本身基本正常工作。如果计算机有严重故障，这种方式就无能为力了。

3）智能监测

这是目前最新技术发展趋向，是最先进的保证机器正常工作的模式。这种方法利用装在计算机内的专门硬件和软件对系统进行监测，例如对 CPU 的温度、工作电压、机内温度等不断进行自动测试，一旦超出范围立即显示出报警信息，便于用户采取措施，保证机器正常运转。这种智能监测方式在一定范围内还可以自动采取措施消除故障隐患，例如机内温度过高，自动增加风扇转速强迫降温，甚至强制机器“休眠”，而在机内温度较低时降低风扇转速或停转，以节能和降低噪声。

显然，这种防患于未然并能自动调整运行的模式是检测最理想的方法，现在主流计算机和以计算机为主体的设备大都具有这种先进功能。随着技术的发展，这种智能自动监测方式将会在更多的产品上使用，使电子产品向更高的水平发展。

6.2 典型电力电子变换器的调试过程

这里以反激变换器和电机驱动器为例，简要说明典型电力电子变换器的典型调试过程。

6.2.1　反激变换器

电力电子变换器中的控制电路包括核心控制芯片及其外围电路、驱动电路、保护电路、反馈电路、信号检测与处理电路、放大器电路和调节电路等。这些电路单元均需要供电电源，其电源是低压直流，如+24V、+20V、±15V、+5V、+3.3V 等。而电力电子变换器的输入端口电压往往是高电压或大电流，如市电 220V（380V）/50Hz，航空电源 115V/400Hz，因此需要给控制电路配备合适的工作电源，也称“机内电源”。反激变换器是电力电子变换器中机内电源最常用的拓扑之一。

反激变换器一般按照以下步骤进行调试。

（1）外观检查：工程师拿到工厂加工制作的电路板后，需要观察每个元器件是否有虚焊、短接、极性错误的现象。根据元器件特性，采用万用表等测试仪表确认关键元器件，如 MOSFET、整流器桥等，是否有损坏现象。

（2）功能确认：成熟的反激方案可以接通电源直接上电测试输出电压是否正常；但如果是新方案，则需调节调压器旋钮，慢慢提升输入交流电压直到 265V，提升输入电压时需用差分探头观察 MOSFET 的 DS 端电压、变压器原边电流、副边肖特基二极管电压、副边输出电压等波形。在整个观测过程中需注意两点：一是 MOSFET 的 DS 端电压的尖峰是否控制在一定余量内（如 MOSFET 的耐压为 650V，则测得的 DS 端电压尖峰不能超过 600V），一般情况下，如果余量小于 50V 则需停止继续升高交流电压，修改吸收电路后再继续以上操作。同样肖特基二极管电压尖峰也需满足两倍的余量要求。二是观察变压器原边电流，观测电流有没有凸起，变压器是否存在饱和问题，电流尖峰是否超过 MOSFET 的极限。如果遇到这些情况同样需修改变压器参数或者 MOSFET 漏源极间的吸收电路参数。调压器交流电压在提升过程中，控制副边的负载在 1.2 倍额定值，调压器输出最大电压为 265V。

（3）可靠性要求：样板测试正常后需进行可靠性测试以满足产品要求。测试项目有启动电压、最大输入电流、负载动态响应、开关机过冲、输出过流保护、输出过压保护、输入过欠压保护、高温保护、空载到短路、满载到短路、短路开机、反复开关机、动态负载、高压负载、低压限流、纹波要求等。

① 启动电压：给电源带小的负载，把输入电压从 0 开始慢慢升高，直至电源输出正常，记录此时的输入电压值；再给电源加满载，把输入电压从 0 开始慢慢升高，直至电源输出正常，记录此时的输入电压值。输入电压小于输入电压范围的最小值判定为合格，否则为不合格。

② 最大输入电流：电源电压为其输入电压范围的下限值，电源所带负载为最大负载，测量此时的输入电流值记为最大输入电流，要求最大输入电流小于标定的最大输入电流。

③ 电压漂移：输入电压为额定值，电源输出负载为满载，试验温度为产品要求的最高工作温度，让电源在以上条件下工作，确认电源工作正常。在电源工作 0.5 小时后测量其输出电压，然后每隔 1 小时测量一次输出电压，电源持续工作 8.5 小时，测量 9 次数据。为了确保数据的准确性，应使用四位半或以上的电压表测量电压。最后计算出电源的最大电压漂移量（电压的最大变化量除以 0.5 小时测得的输出电压值），电压漂移不大于 0.5%判定为合格。

④ 负载动态响应：如图 6.6 所示，输入电压为电源的额定电压，输出负载能够在 20%～50%及 50%～75%额定电流之间阶跃，将示波器设为自动状态，把电子负载设为 20%～50%额定电流之间阶跃模式。开启电源及电子负载，使电子负载电阻阶跃，测量瞬态过冲幅度及瞬态恢复时间并记录。过冲幅度是指最大过冲的峰值与公差带中心值之差的绝对

值和公差带中心值之比；恢复时间是指直流输出电压变化量上升至大于稳定精度处开始，恢复至小于等于并不再超过稳定精度处为止的这段时间。过冲幅度与恢复时间均符合产品技术要求则判定为合格。

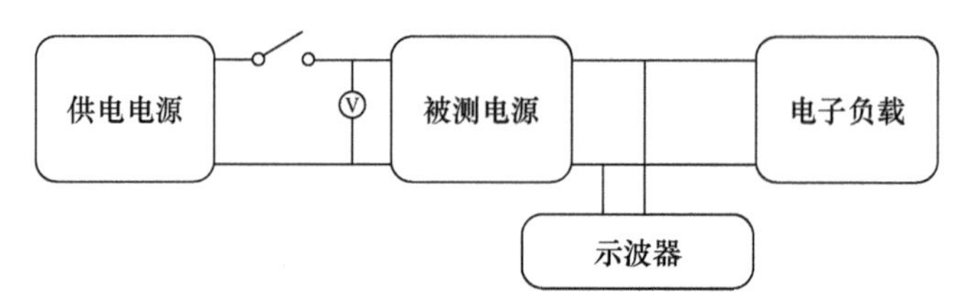

图 6.6 动态过程测试接线示意图

⑤ 开关机过冲：按照如图 6.6 所示的接线示意图布置好测试电路，将示波器设置到正常上升沿捕捉状态，开启电源，开启瞬间，示波器即会捕捉到一个过冲信号，分别在以上各种情况下开启几次电源，去掉其中最大者，即开机过冲幅度。当电源工作时，关闭电源，示波器即会捕捉到电压下降信号，测量电压下降信号，测量电压在下降之前的过冲，在各种条件下多关闭几次电源，取其中最大者即为关断电压过冲幅度（保存开关机过冲波形，过冲幅度的测量需剔除毛刺部分）。判定标准为：（a）开关机过冲幅度≤5%V_{O}；（b）关机过冲电压不出现负压；（c）起机后输出电压如出现掉坑现象，此掉坑不应跌出规格要求的输出电压范围。

⑥ 输出过流保护：输入电压为额定电压，让电源工作，由小到大调节输出电流，直到符合输出条件（输出电流增大不了或者输出电压刚好超出输出范围下限或电源关断），此时的最大电流即为限流值。开关电源限流值不小于 1.2 倍额定值，不大于 1.4 倍额定值。

⑦ 输出过压保护：按图 6.7 接好电路，输入电压为额定电压，输出负载为小的负载，用外接电源并到开关电源的输出端，在外接电源上电之前先调节其电压等于此路的输出电压，然后开关电源上电，再慢慢调高直流电源的电压直到另外一路输出关断，此时的外接电源的电压即为输出过压点。输出过压保护点应符合产品技术要求。

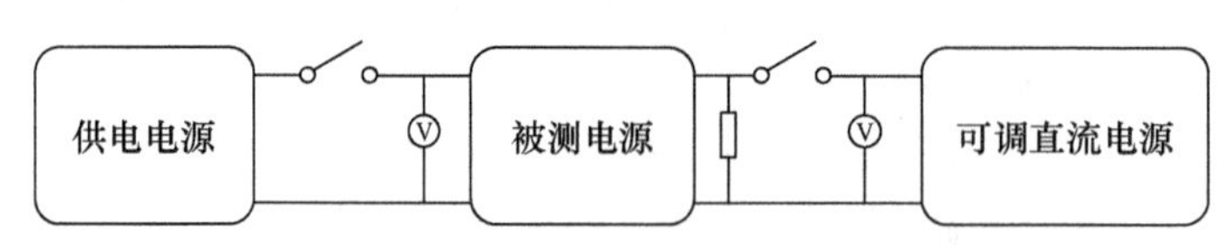

图 6.7 输出过压保护测试接线示意图

⑧ 输入过欠压保护：电源输出为半载，按图 6.8 布置好测试电路，供电电压从额定电压慢慢调高，直到电源输出关断，为输入过压点。然后调低供电电压，直到电源恢复输出，此时为高压保护恢复电压。慢慢调低输入电压，直到电源输出关断，此时电压为输入欠压点。接着再往回慢慢调高电压，直到电源恢复输出，此时的输入电压为欠压恢复点。输入过欠压保护点及恢复点符合产品技术要求在输入电压范围之外则判定合格。

图 6.8 输入过欠压保护测试接线示意图

⑨ 高温保护：输入电压设为标准电压，电源输出负载为满载，把电源放入恒温箱加热

箱中，用温度计测量发热元器件的表面温度，并把温度调到高温保护点-10℃，让电源保持工作 1 小时。然后慢慢调高恒温箱温度（2℃/min），直到电源发生高温保护，此时的温度为过温保护点。过温保护点应符合产品的技术要求。

⑩ 空载到短路：输入电压设为电源允许的最高电压，在常温环境下接自制短路开关，使电源 1s 短路，然后断开 10s，持续 3600 次。输入电压设为电源允许的最低电压，在常温环境下接自制短路开关，使电源 1s 短路，然后断开 10s，持续 3600 次。短路排除后，模块应能正常工作，电路板及其他部分无异常现象。

⑪ 满载到短路：输入电压设为电源允许的最高电压，在常温环境下接自制短路开关，使电源 1s 短路，然后断开 1s，持续 2 小时。输入电压设为电源允许的最低电压，在常温环境下接自制短路开关，使电源 1s 短路，然后断开 1s，持续 2 小时。短路排除后，模块应能正常工作，电脑板及其他部分无异常现象。

⑫ 短路开机：输入电源电压设为开关电源允许的最高电压，先把输出短路然后给电源上电持续 1s 后把短路断开，持续 10 次。输入电源电压设为开关电源允许的最低电压，先把输出短路然后给电源上电持续 1s 后把短路断开，持续 10 次。短路排除后，模块应能正常工作，电路板及其他部分无异常现象。

⑬ 反复开关机：输入电压设为 220V，电源模块接满载，用 AC SOURCE 控制输入电压，通 15s 断开 5s，连续运行 2 小时。输入电压设为欠压点+5V，重复实验。输入电压设为过压点-5V，重复实验。电源模块应能正常工作，性能无明显变化。

⑭ 动态负载：输入额定电压，用转换开关连接最大和最小负载，负载在最大和最小之间跳变，持续时间各为 1s，运行 1 小时。电源模块应能正常工作，性能无明显变化。

⑮ 高压负载：输入电压设为输入过压保护-3V，恒温箱调到开关电源运行的最高温度，开关电源在恒温箱中空载运行 2 小时。电源模块能够稳定的运行，不出现损坏或者其他不正常现象。

⑯ 低压限流：输入电压设为输入欠压保护+3V，恒温箱调到开关电源运行的最高温度，开关电源在恒温箱中满载运行 2 小时。电源模块能够稳定的运行，不出现损坏或者其他不正常现象。

⑰ 纹波要求：通道设置为耦合，即通道耦合方式的选择。纹波是叠加在直流信号上的交流信号，所以，我们要测试纹波信号就可以去掉直流信号，直接测量所叠加的交流信号就行。关闭带宽限制，首先选用电压探头的方式，然后选择探头的衰减比例。必须与实际所用探头的衰减比例保持一致，这样从示波器所读取的数才是真实的数据。例如，所用电压探头放在×10 档，此时这里的探头的选项也必须设置为×10 档。触发类型为边沿。信源是实际所选择的通道。斜率为上升。如果是在实时地观察纹波信号，则触发方式选择“自动”触发。示波器会自动跟随实际所测信号的变化，并进行显示。这时也可以通过设置测量按钮，实时地显示所需要的测量数值。但是，如果想要捕捉某次测量时的信号波形，则需要将触发方式设置为“正常”触发。此时，还需要设置触发电平的大小。一般当知道你所测量的信号峰值时，将触发电平设置为所测信号峰值的 1/3 处。如果不知道，则触发电平可以设置得稍微小一些。要求测量纹波的 P-P 值，选择峰值测量法。在额定工作电压范围内，纹波不大于 300mV。

6.2.2 三相 PMSM 电机驱动

三相 PMSM 电机驱动系统因其结构简单紧凑、效率高、功率因数高、动态响应与过载能力强、可靠性高、运行维护费用低等突出优点，在民用、工业、航空航天和国防等领域中得到了广泛使用。

三相 PMSM 电机驱动器一般按照以下步骤进行调试。

（1）外观检查：工程师拿到工厂加工制作的电路板后，需要观察每个元器件是否有虚焊、短接、极性错误的现象。根据元器件特性，使用万用表等测试仪器确认关键元器件，例如 MOSFET、整流器桥、IPM 等是否有损坏。

（2）测量辅助电源部分是否工作正常，MCU 控制电路能否烧写程序，程序指示灯是否正常。整个调试过程要求用差分隔离探头，保证测量的安全性。

（3）驱动部分：使用差分隔离探头，不接电机，使高级定时器输出 6 路互补 PWM，改变占空比，测量 MCU 的 I/O 口输出波形是否正确。继续测量三相逆变模块的 U、V、W 对地波形的占空比是否正常。验证三相逆变模块的正确输出，从而验证驱动部分是否正常。

（4）电流采样部分：不接通电源，采用仿真器供电，不接电机，用示波器探头，测量单片机的电流采样口是否为基准电平。MCU 进入在线调试模式，连续采样相电流，观察采样数值，此时采样值基本保持 0 值附近（减去基准值），此时值应该比较稳定，变化不大，如果变化比较大，说明有问题。不接通电源，采用仿真器供电，在采样电阻上叠加很小的外部正弦交流电压（保持在采样电阻值功率范围内），示波器抓取 MCU 采样口和叠加电压波形，对比是否同相位和变化趋势。如果相差较大，说明有问题。

（5）霍尔采集部分：不接通电源，采用仿真器供电，接通电机。MCU 进入仿真阶段，此时用手转动电机，观察位置信息是否按照正常 6 个状态（101、100、110、010、011、101）在改变。如果按照 6 个状态依次改变说明无异常，如果不是依次改变则说明有异常。

（6）开环运行：将 V_d 设置为 0，V_q 设置为一个较小的值，然后接电机上主电，此时 SVPWM 会有输出，电机有力矩产生。如果电机转动很慢或者有卡顿，适当增大 V_q 值，直到电机可以转动。

（7）磁链和转矩环的 PID 参数整定：将 I_{dRef} 设置为 0，I_{qRef} 设置为一个合适的值即可。需要注意的是，因为启动电流明显大于稳态电流，如果 I_{qRef} 的值设置得过小，电机无法旋转起来，而增大 I_{qRef}，使电机可以旋转起来后，电机会一直加速到最高转速。为保证安全，需要对输出电压占空比进行限幅。调整电流环的 PI 参数，D 保持 0，然后接电机上电，直到电机可以流畅转动。

（8）速度环 PI 参数整定：此时增加速度外环，设定速度参考值，根据调试效果修改 PI 参数，直到达到性能指标。

6.3 典型电力电子变换器调试与排故实例分析

6.3.1 GaN 基桥臂双脉冲电路调试与排故实例分析

双脉冲电路通常用来测试功率器件的开关特性。如图 6.9 所示，为 GaN 基桥臂双脉冲测试电路拓扑。当下管 Q_1 开通时，电感电流 i_L 线性上升；当下管 Q_1 关断时，电感通过上管类体二极管 D_2 续流，电感电流 i_L 几乎保持不变（实际缓慢下降）。在第一个脉冲下降沿和第二个脉冲的上升沿，能够测量得出被测元器件在一定电压和负载电流状况下的开通和关断波形。

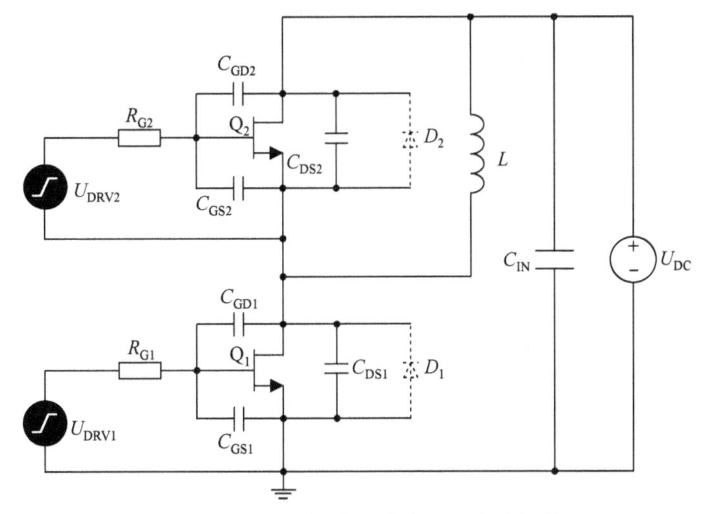

图 6.9　GaN 基桥臂双脉冲测试电路拓朴

GaN 基桥臂双脉冲平台的驱动电路原理图如图 6.10 所示，其主要由驱动芯片、开通关断驱动电阻以及 PNP 三极管构成。驱动芯片采用 Sillicon Labs 公司的 Si8271 驱动芯片。

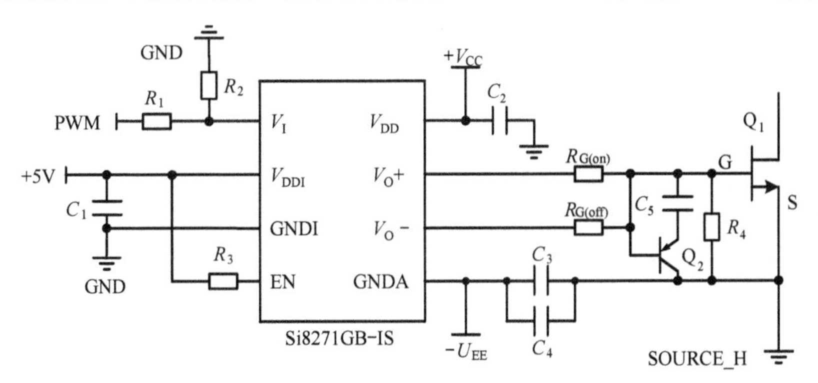

图 6.10　GaN 基桥臂双脉冲平台的驱动电路原理图

6.3.1.1　供电电路调试方法

GaN 基桥臂双脉冲测试平台主要通过 DC/DC 微功率稳压模块电源结合可调稳压芯片，为驱动电路供电，供电电路主要包括两个模块电源和五个线性稳压源。模块电源主要起隔离作用，五个线性稳压源中有四个分别用于为上下管提供正负驱动电压，还有一个为驱动芯片供电，并且供电电压均可调。

供电电路调试遵循由前级到后级的原则。首先通过外部直流源输入+12V 电压，该电压为两个模块电源的输入电压，由于模块电源为+12V 转±9V，因此其输出应为±9V，用万用表测量模块电源输出电压大小，若为±9V，则电路正常工作；若不是，则该部分电路存在问题。模块电源的输出接四个线性稳压电源，这些线性稳压电源的输出可调，为上下管提供正负驱动电压，如图 6.11 所示，在确定 R_3、R_4 后即可计算出线性稳压源输出电压，同样可通过万用表测量线性稳压源输出电压是否正常。同理可通过万用表测量线性稳压源输出电压是否正常。这样通过一级一级地调试，可明确地判断出供电电路的问题出现在具体哪一个元器件上。

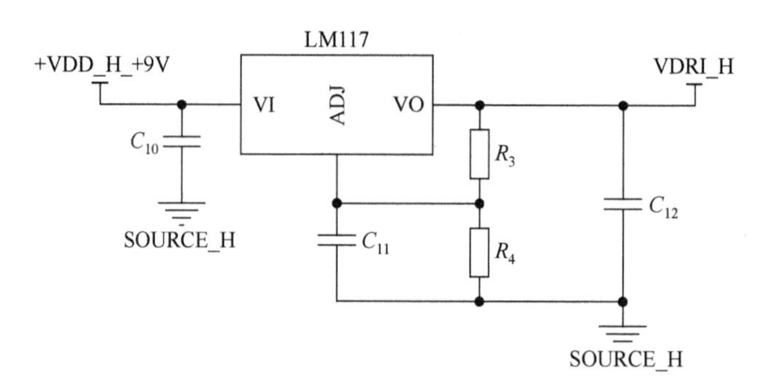

图 6.11 线性稳压源原理图

6.3.1.2 驱动电路调试方法

GaN 基桥臂双脉冲平台的驱动电路原理图如图 6.10 所示，其调试主要分为离线测试和功率测试两个步骤。

离线测试即不接入功率，仅测试驱动信号传输是否有误。在驱动芯片输入端输入连续 PWM 信号，测试驱动芯片的输出信号，并在示波器中对输入输出信号进行比较，观察两者逻辑是否正确，延迟时间是否正常，该过程主要用于判断驱动电路是否存在连接错误、驱动芯片是否损坏以及功率管栅源极是否正常。

功率测试即接入母线电压后，测试功率信号传输是否有误。首先设置较低的母线电压，防止电路工作异常导致功率管损坏，之后输入双脉冲驱动信号，测试功率管的栅源电压、漏源电压以及漏极电流波形，若波形正常，则表明功率管漏源极正常工作，并且功率电路无连接错误。若波形不正常，则需要查找问题来自功率管还是功率电路中的其他元器件。

6.3.1.3 排故方法

1）供电电路短路问题排故

供电电路由于元器件较多，在发生短路时，一个个排查较为烦琐，因此可通过测温仪对供电电路各个元器件的温度进行测量，温度明显高于其他元器件的元器件则出现了短路故障。

2）驱动电路无驱动信号输出问题排故

驱动电路无驱动信号输出问题一般有三个原因：电路连接某处存在开路、驱动芯片损坏、功率管焊接栅源短路或损坏。

对于电路连接某处是否存在开路问题可通过万用表直接测试判断。

对于驱动芯片是否损坏问题，首先去掉功率管，以排除功率管的影响，之后在驱动芯片输入端输入 PWM 信号，观察其输出端是否有 PWM 波形输出，若没有，则驱动芯片存在问题。

对于功率管栅源短路或损坏问题，首先可通过万用表测试其栅源是否短路，若确实短路，则可以重新焊接，若重新焊接后仍然存在短路现象，并且排除了电路本身的短路问题后，那么可知功率管本身栅源已经损坏。

6.3.1.4 排故实例分析

主题创新区的同学在 GaN 基桥臂双脉冲板制作过程中遇到了三个典型问题。下面对这三个问题的排故过程进行分析论述。

1）第一版电路栅源电压信号在关断后无端振荡问题

第一版双脉冲测试电路选择 Si8274 作为驱动芯片，该驱动芯片与 Si8271 属于同系列芯片，但是 Si8274 只需要一路 PWM 信号输入，可输出两路 PWM 互补信号，并且自带死区调节功能，不仅面积更小，而且使用较为方便。

（1）故障现象

在进行双脉冲实验时，当母线电压加到一定值的时候，在第二个脉冲会出现强烈的振荡情况，如图 6.12 所示。这种情况发生时的母线电压值并不固定，有的时候当母线电压加到 200V 时才会出现这种情况，有的时候母线电压加到 60V 时就已经出现这种情况。改变测量探头的位置，也会对该现象是否发生产生影响。总而言之，该现象的出现是随机性的，所加的母线电压越大，该现象越容易发生，并且一旦发生该现象，随着母线电压的上升，该现象不会消失。

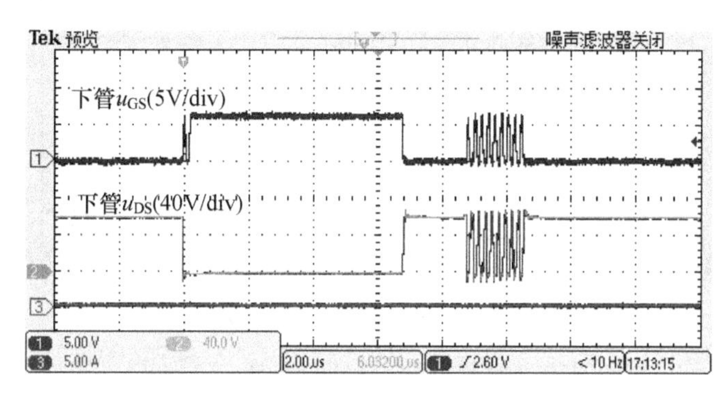

图 6.12　故障时上下管栅源电压波形

（2）故障分析

初步怀疑可能是探头相互干扰、开关管焊接问题、开关管或驱动芯片损坏、驱动芯片供电不稳定、PCB 本身存在问题、输入 PWM 信号出错的问题，于是对上述可能性进行了一一的测试排故。

① 探头相互干扰

为了测试是否为探头相互干扰造成的该问题，在测量波形时，仅只加了一个探头，即只在漏源端或是栅源端加探头，但是无论是只在哪一端加探头，测到的波形仍然存在上述问题，更换为普通探头仍然无法消除上述问题，因此认为该问题并非由探头相互干扰造成。

② 开关管焊接问题

对开关管进行了重新焊接，并未解决上述问题，因此排除。

③ 开关管或驱动芯片损坏

为了排除焊接时开关管或驱动芯片损坏，更换了新的开关管和驱动芯片，仍未解决上述问题，因此排除。

④ 驱动芯片供电不稳定

对驱动芯片输入和输出两端的供电电压均进行了测试，发现在发生上述问题时，驱动芯片的供电电压并未发生不稳定现象，因此排除。

⑤ PCB 本身存在问题

更换新的 PCB 重新焊接测试仍然存在上述问题，因此排除。

⑥ 输入 PWM 信号出错

对于输入驱动芯片的驱动信号而言，由于驱动芯片为反逻辑，因此在双脉冲发生器后接了一个反相器，以反相器输出的信号作为驱动芯片的输入 PWM 信号，同时测试得到的驱动芯片输入 PWM 信号和输出 PWM 信号波形如图 6.13 所示，由图 6.13 可见，驱动芯片输入 PWM 信号和输出 PWM 信号明显不匹配。驱动芯片的输入低电平最大值为 0.8V，输入高电平最小值为 2V，因此当驱动芯片输入 PWM 信号超过 0.8V 时，输出 PWM 信号应为低电平，当驱动芯片输入 PWM 信号低于 0.8V 时，输出 PWM 信号应为高电平，由此可以判断，驱动芯片的输出 PWM 信号振荡与输入 PWM 信号无关，输入 PWM 信号的振荡应是由输出 PWM 信号的振荡耦合至输入端导致的。因此可以排除是输入 PWM 信号出错导致的上述问题。

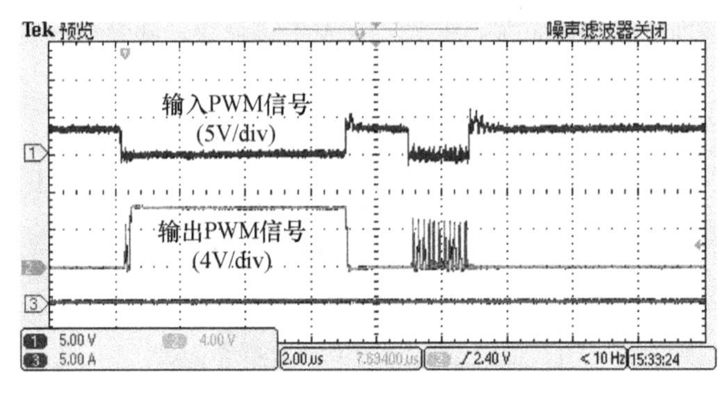

（a）驱动芯片输入 PWM 信号和输出 PWM 信号波形

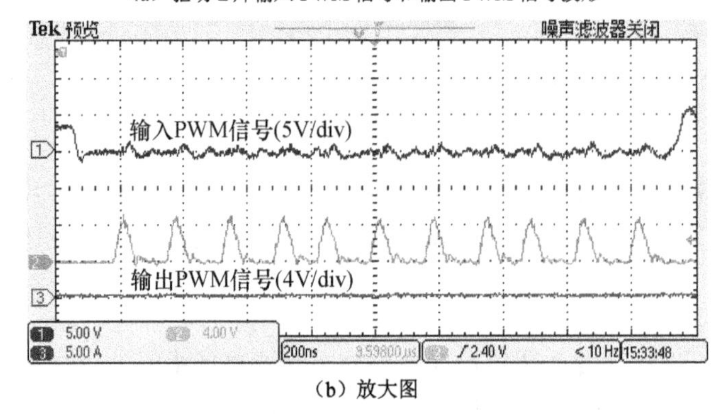

（b）放大图

图 6.13 驱动芯片输入 PWM 信号和输出 PWM 信号波形

（3）问题解决考虑

通过上述的故障分析之后，怀疑是驱动芯片本身存在的逻辑问题，因为最初选择 Si8274 作为驱动芯片，主要是考虑到其只需要一路 PWM 信号输入，即可输出两路 PWM 互补信号，并且自带死区调节功能，但是芯片 Datasheet 上推荐的外围电路为自举式电路，为了避免自举式驱动电路上管驱动电压相较于下管较低的问题，在当时设计驱动电路时并未采用自举式的驱动方法，而是给上下管分别提供一路供电电源的方式。

最后将驱动芯片更换为 Si8271，该问题得到了解决。

2）第二版电路漏极电流尖峰过大问题

（1）故障现象

在进行双脉冲测试时，遇到了开通过程功率管漏极电流过大的问题，具体波形如图 6.14

所示，在开通过程中，设置的漏极电流为 5A，而实际的电流达到了 17A，有 12A 的超调量，这是很不合理的现象。

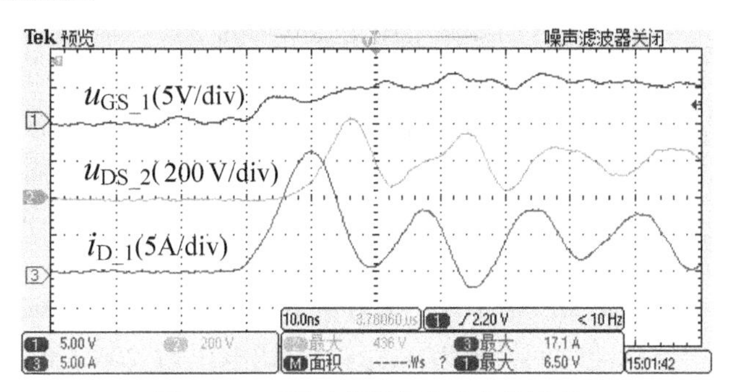

图 6.14　开通过程漏极电流尖峰波形

（2）故障分析

由于起初并不清楚为何开通时电流尖峰非常大，因此需要对该电流尖峰的影响因素进行测试。通过改变母线电压和负载电流分别测试了这两个因素对开通时电流尖峰值的影响。图 6.15 为母线电压分别为 100V 和 500V，负载电流为 12A 时的开通波形，可见当母线电压从 100V 上升至 500V 时，开通漏极电流超调量从 10A 上升至 14A。这表明随着母线电压的增大，开通漏极电流超调量也会增大。图 6.16 为负载电流分别为 5A 和 12A，母线电压为 200V 时的开通波形，可见当负载电流从 5A 上升至 12A 时，开通漏极电流超调量从 12A 上升至 18A。这表明随着负载电流的增大，开通漏极电流超调量也会增大。

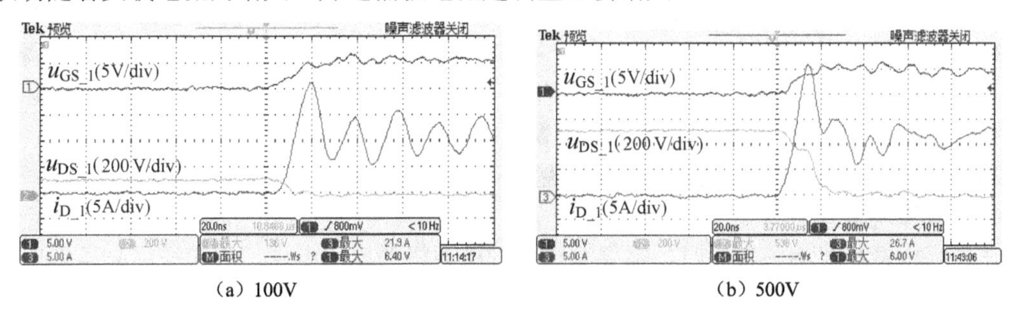

（a）100V　　（b）500V

图 6.15　母线电压对开通漏极电流尖峰的影响

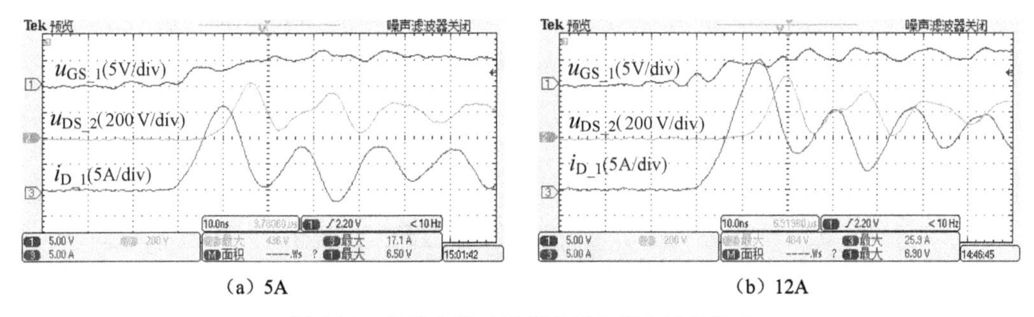

（a）5A　　（b）12A

图 6.16　负载电流对开通漏极电流尖峰的影响

在正常情况下，开通时的漏极电流主要是由于上管寄生电容充电导致的，在下管开通之前，负载电感电流通过上管的类体二极管续流，上管漏源电压为零，在下管开通时，负载电感电流从上管类体二极管换流至下管沟道中，下管的漏极电流增大，在换流过程结束后，上管的漏源电压开始上升，寄生电容开始充电，该充电电流流过下管的沟道，导致下管的漏极电流出现尖峰，因此该尖峰值主要与上管寄生电容大小以及上管漏源电压变化率有关。

根据上述实验波形可知，上管的漏源电压变化率约为 50V/ns，根据电流尖峰的大小，计算可得上管实际的寄生电容值约为 240pF，实验采用的 GaN 器件为 GaN Systems 公司的 GS66506T，在漏源电压为 200V 时，其输出电容为 60pF，而负载电感的寄生电容通过测试可得为 52.2pF，与实际测试得到的寄生电容相差约 130pF。为了验证测试是否有误，搭建了桥臂双脉冲仿真模型，在上管额外并联 180pF 的电容以匹配实际测得的电容值，在 200V、5A 条件下进行仿真，仿真结果发现开通时下管电流尖峰值也为 12A，与实际测试得到的电流峰值相同。由此可见，实际电路中多出了 130pF 的寄生电容，无法判断其来自哪里。

除此以外，在第一个脉冲时间设置为 8.5μs，母线电压为 200V 时，测得的负载电流为 5A，由此可计算出负载电感为 341μH，但是采用阻抗分析仪测量得到的负载电感值为 682μH，正好是测试得到的值的 2 倍。

（3）问题解决考虑

对于实际电路中多出了 130pF 的寄生电容的问题，一直无法判断其源自哪里，也无从下手，而对于测试计算得到的负载电感值是实际电感值的 0.5 倍问题，经考虑应该是测试的负载电流值不正确，因为母线电压和第一个脉冲时间均与设置值相同。在排除了电流探头损坏的问题之后，负载电流测量错误只有可能是示波器的问题，在示波器中影响电流值大小的参数为探头的倍率设置，初始时示波器中电流探头倍率设置为 20 倍，但是电流探头本身的倍率并不清楚，实验室使用的电流探头型号为 TCP2020，从网上查阅电流探头的数据表后，发现其本身的倍率为 10 倍，因此示波器中设置的探头倍率并不正确，在调整了电流探头倍率后，发现示波器显示的漏极电流波形幅值变为原来的一半，即负载电流变为了 2.5A，漏极电流超调量也变成 6A，经过计算后可得上管实际电容值约为 120pF，负载电感值约为 680μH，与实际值相符。至此可知，该问题产生原因是示波器设置的电流探头倍率与电流探头实际倍率不符。

3）差分探头测试栅源信号振荡过大问题

（1）故障现象

在进行桥臂串扰相关实验时，需要测试上管栅源极的串扰电压，起初采用高压差分探头进行测试，波形如图 6.17 所示，其振荡非常剧烈，完全无法判断串扰电压的真实波形。

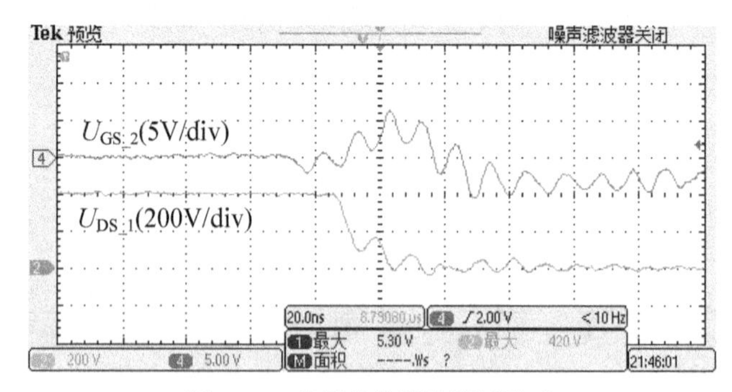

图 6.17　高压差分探头测试波形

（2）故障分析

由于栅源驱动回路的寄生参数较小，而高压差分探头的探针较长，接入电路中引入的寄生电感较大，会导致测得的电压波形相较于真实波形存在较大的振荡，同时高压差分探头的带宽较小，实验时采用的高压差分探头型号为 SI-9002，其带宽为 25MHz，而由于 GaN 器件开关速度较快，栅源电压上升下降时间通常仅有 20ns 左右，因此采用高压差分探头测量栅源电压波形可能会出现波形失真的问题。

（3）问题解决考虑

由于普通探头的带宽较高可达 500MHz，因此首先考虑采用普通探头代替高压差分探头测量栅源电压波形，但是普通探头的地线探针较长，同样会引入较大的寄生电感，因此需要对普通探头进行改进。具体采用的方法是将普通探头本身自带的长地线去除，采用自制铜线在探头上绕一根地线以尽可能减小地线长度，改进后的普通探头实物图如图 6.18 所示。在采用改进后的普通探头进行测试后，得到的上管栅源极串扰电压波形如图 6.19 所示，几乎没有振荡现象，波形较为正常。

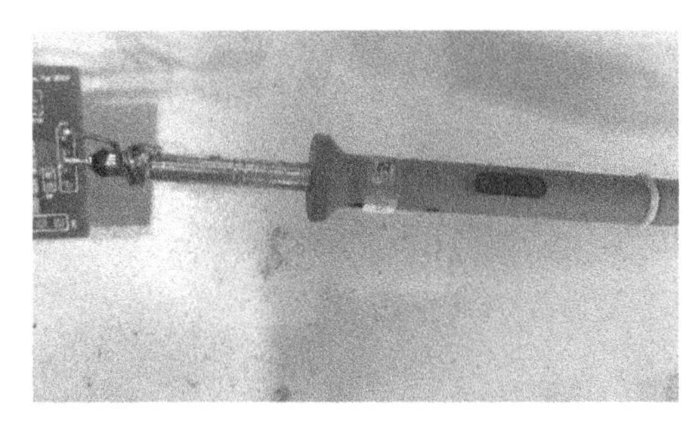

图 6.18　改进后的普通探头实物图

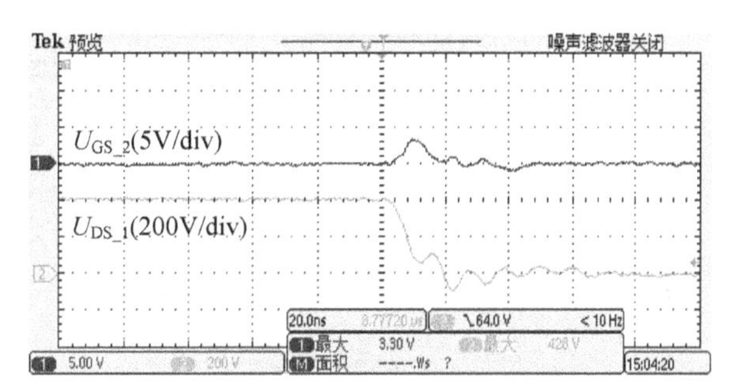

图 6.19　普通探头测试波形

6.3.2　三管 Buck-Boost 电路调试与排故分析

某单位委托开发一款三管 Buck-Boost 变换器，其主要技术指标要求为：

（1）输入电压范围：6.5～42V；

（2）输出电压：12V；

（3）输出电压纹波：<50mV；

（4）输出电流：3A；

（5）开关频率：200kHz；

（6）工作温度：−40～125℃；

（7）输入输出电压同相。

如图 6.20 所示为三管 Buck-Boost 变换器电路，控制器采用 ISL8117A。

6.3.2.1　排故过程及分析

根据指标要求，制作了两款 12V/5A 的板子和一款 12V/3A 的板子，分别编号为 1 号板、2 号板、3 号板，以便调试时加以区分。

首先使用规格为 12V/5A 的 1 号板进行轻载测试，发现输入电压从 0V 向上直到 20V，输出 U_{OUT} 始终为 0V；为了进一步判断出现的问题，分别对 Q_2 和 Q_3 的栅源电压进行测试，测试波形如图 6.21 所示，其中通道 1 为 Q_2 栅源电压，通道 2 为 Q_3 栅源电压。此时频率为 208.3kHz，驱动电压高电平在 5V 左右，但是调整输入电压 U_{IN}，驱动信号的占空比不发生变化。

分析此测试波形，认为 Q_3 输入电容放电不充分，始终保持导通状态，因此将如图 6.22

所示的反相图腾柱中的电阻 R_4 短路，并将 R_{11} 由 1kΩ 改为 50Ω，但是修改完成之后测试时发现 Q_1、Q_2 栅源电压均为 0V，Q_3 栅源电压保持为高电平。综合以上的测试情况，认为控制芯片可能出现问题，于是换了规格为 12V/5A 的 2 号板进行测试。

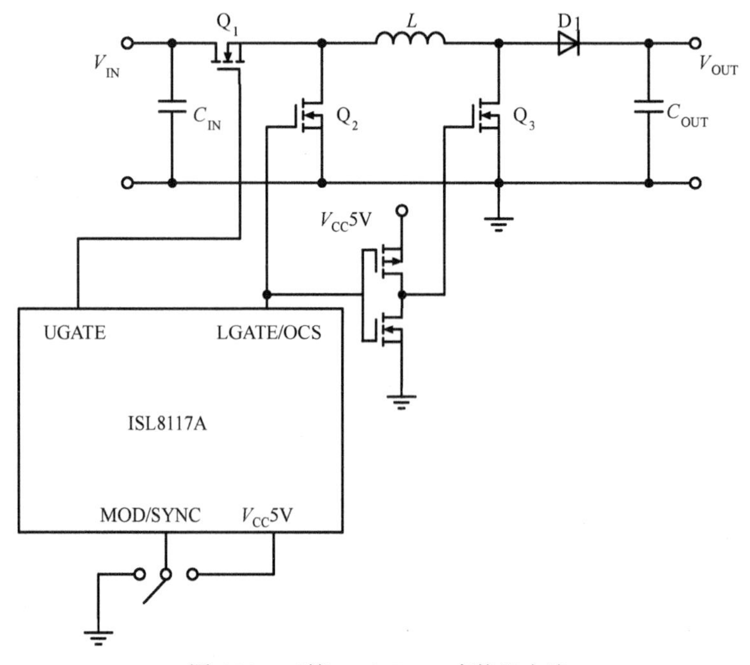

图 6.20　三管 Buck-Boost 变换器电路

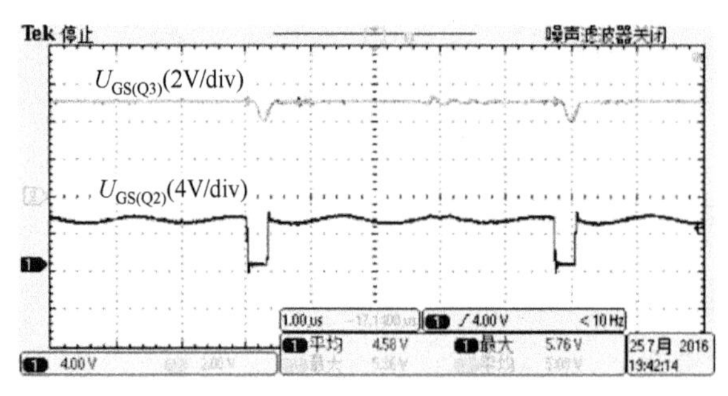

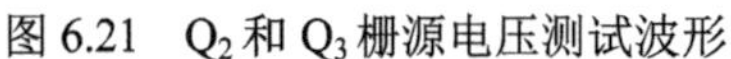

图 6.21　Q_2 和 Q_3 栅源电压测试波形

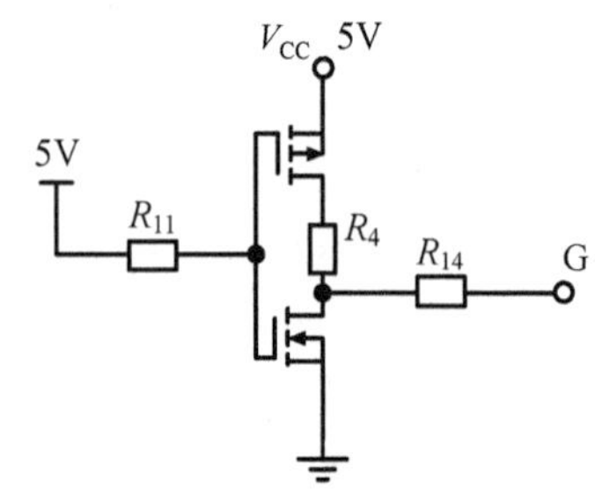

图 6.22　反相图腾柱电路

2 号板测试结果与 1 号板相似：在开始测量时，Q_1 和 Q_2 均有驱动信号，但是加电测量一段时间后，Q_1 和 Q_2 的栅极电压均为 0V。

根据两块板的测试结果，开始考虑影响 U_G 输出的因素，查阅 ISL8117A 的 Datasheet 可以看到，当 COMP 引脚电压低于 1V 时，U_{GATE} 的占空比将为 0，考虑可能是电压不足导致 Q_1 栅极电压为 0V，因此在 COMP 引脚端增加测量点，图 6.23 为输入电压为 10V 时，2 号板 COMP 引脚处电压波形。可以看到其峰值为 1.6V，但是大部分时间内其电压值低于 1V，其低电平为 0.4V 左右。

实际上 COMP 引脚是一个输出端，其输出电压的值反映了芯片的工作情况。但是由于对 ISL8117A 的学习程度不够，误认为其是一个输入引脚，因此在随后的测试中试图将这点的反馈回路断开，从外部引入电压令其高于 1V，测量芯片的输出情况来判断芯片的工作状态，但是测试结果是 COMP 引脚电压几乎不改变。

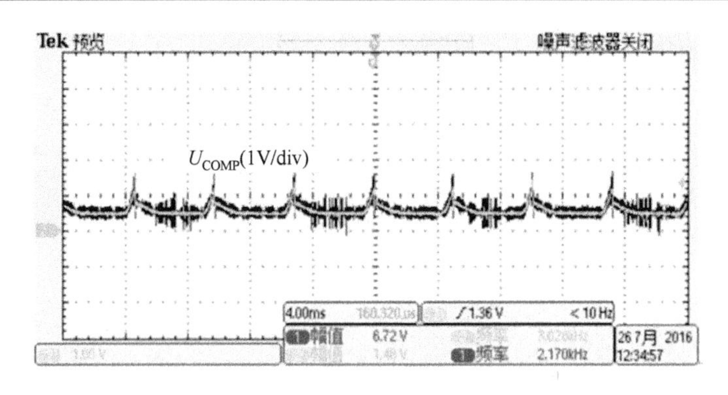

图 6.23　2 号板 COMP 引脚处的电压波形

上述调试未能解决问题，进一步考虑可能是芯片未能正常启动工作，因此使用两通道对 1 号板的软启动 SS 引脚和 FB 引脚的电压进行测试。图 6.24 为测试结果，其中 2 通道为 SS 引脚的电压波形，4 通道为 FB 引脚的电压波形，可以看到软启动引脚并未完成启动充电。

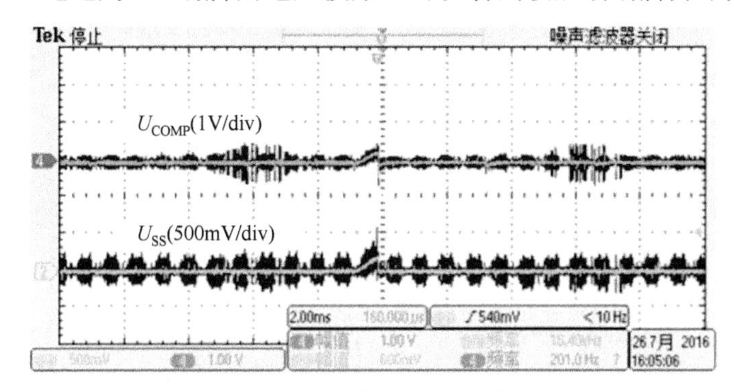

图 6.24　1 号板软启动引脚 SS 和 FB 引脚的电压波形

为了排除因为之前测试造成 1、2 号板损坏的可能性，使用规格为 12V/3A 的 3 号板进行测量，图 6.25 为测试结果，其中 2 号通道为 SS 引脚电压波形，3 号通道为 Q_2 栅极电压波形，4 号通道为 COMP 引脚的电压波形，可以看到与 1、2 号板测试结果相同，芯片软启动引脚并未完成充电。

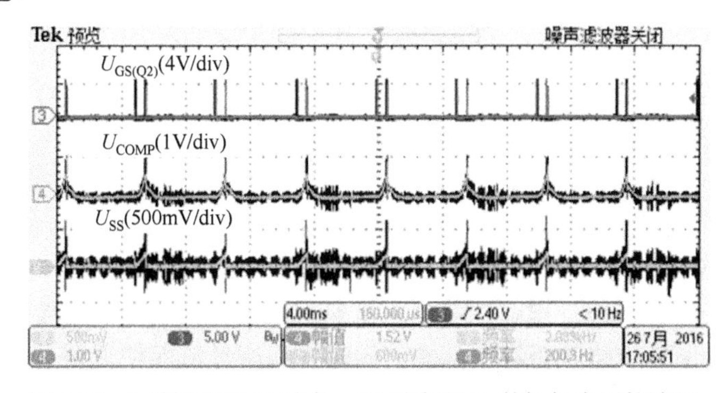

图 6.25　3 号板 COMP 引脚、SS 引脚和 Q_2 的栅极电压的波形

对 3 号板进行空载测试，图 6.26 为测试结果，其中通道 1 为输出 U_{OUT} 电压波形；通道 2 为 SS 引脚的电压波形，其低电平为 0V，峰值达到了 1V；通道 3 为 COMP 引脚的电压波形，其峰值高于 1V。根据 COMP 引脚和 SS 引脚的电压波形，可以确认芯片工作在开通、

关断、开通、关断的循环过程。

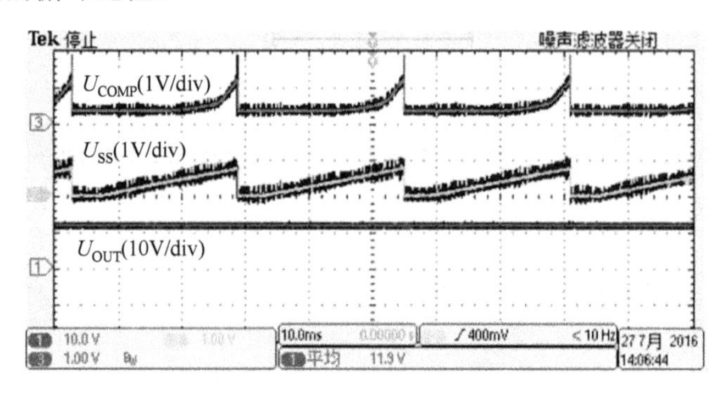

图 6.26　3 号板 SS 引脚和 COMP 引脚的电压波形

进一步在空载的情况下测试 3 号板 Q_1、Q_2、Q_3 的栅极驱动电压波形。图 6.27 为测试结果，其中通道 1 为 Q_1 栅源电压波形、通道 2 为 Q_3 栅源电压波形、通道 3 为 Q_2 栅源电压波形，通道 4 为输出 U_{OUT} 电压波形，可以看到 Q_1、Q_2 导通时间很短，而 Q_3 驱动电压波形最低点为 1.5V，超过其阈值电压，即 Q_3 处于恒导通状态，初步怀疑 Q_3 的驱动电路存在问题。

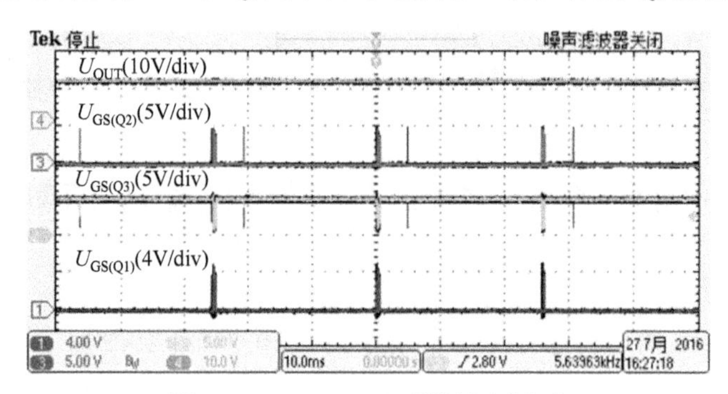

图 6.27　Q_1、Q_2、Q_3 栅源电压波形

根据以上测试结果，可以分析出空载时芯片从加电开始的工作状态，当芯片开始的 EN 引脚电压超过阈值电压之后，芯片开始工作输出电压为 12V；之后芯片受到影响，开始进行开通、关断循环，这时 Q_3 一直处于导通状态，导致 PH2 节点电压大部分时间为 0V，仅存在 12V 的脉冲，输出电压主要由输出电容提供。这也解释了不能带负载的原因，带负载后将输出电容的电荷释放完毕后，无法为输出电容提供足够的电荷，导致其电压始终为 0V。

根据空载、轻载测试结果，初步认为可能存在的问题有两点：

（1）Q_3 驱动电路存在问题；

（2）过流保护可能存在问题，但不知是由于 Q_3 的不正常驱动导致的，还是过流保护设置本身存在问题，需要进一步测试。

下一步测试将 Q_3 及其驱动电路从主功率电路中断开，即将电路配置成 Buck 电路模式进行测试，来判断 Q_3 驱动电路是否存在问题，同时来测试过流保护设置是否存在问题。

将 3 号板的 Q_3 及其驱动去掉，将 R_{14} 去掉，Q_3 的栅源电压短接，D_1 短接，以改接成 Buck 电路进行测试。图 6.28 为测量结果，其中通道 2 为 Q_2 栅源电压波形、通道 3 为反相图腾柱输出电压波形，通道 4 为输出 U_{OUT} 电压波形，可以看到这时 Q_2、Q_3 的驱动波形是反相的。

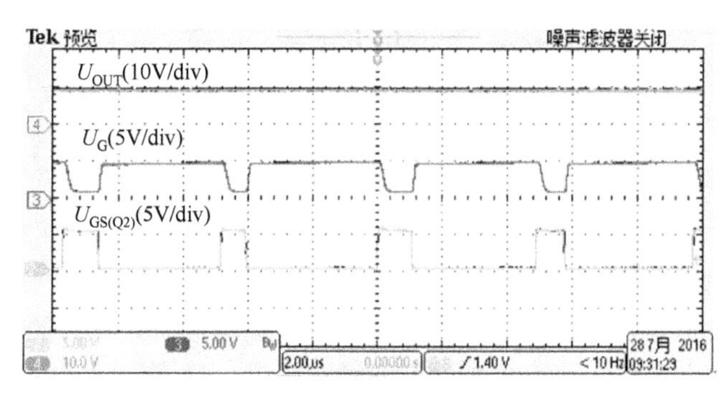

图 6.28　3 号板 Q_2、Q_3 栅源电压波形

将电路配置成 Buck 电路之后，空载情况下测试，占空比随着输入电压 U_{IN} 的变化而变化，且开关频率与设计相符，证明此时芯片工作正常。但是一旦加载输出 U_{OUT} 即降为 0V，进一步证明过流保护设置存在问题。

首先对 Q_3 的驱动部分进行排故，将其反相图腾柱进行了修改，令其驱动正常工作。图 6.29 为修改后的反相图腾柱电路。当 U_G 为高电平时，Q_2 栅源电压为高电平，Q_2 导通，这时 U_1 为低电平；当 U_G 为低电平时，Q_2 栅源电压为负压，Q_1 导通，U_1 为高电平。

修改之后初步测试空载正常，图 6.30 是轻载情况下的测试结果。其中通道 2 为 Q_2 栅源电压波形、通道 3 为 Q_3 栅源电压波形，通道 4 为输出 U_{OUT} 电压波形。

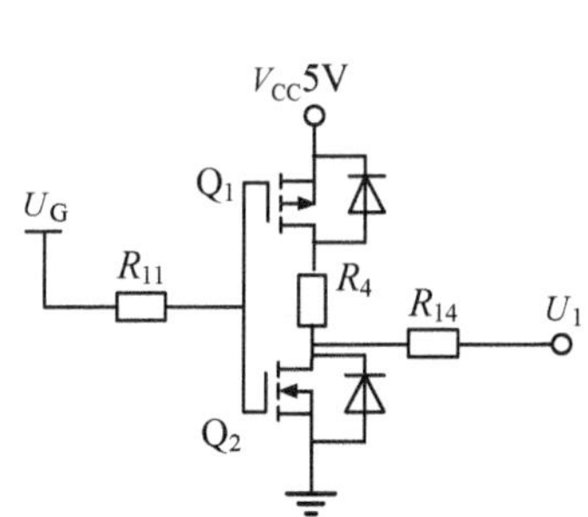

图 6.29　修改后的反相图腾柱电路

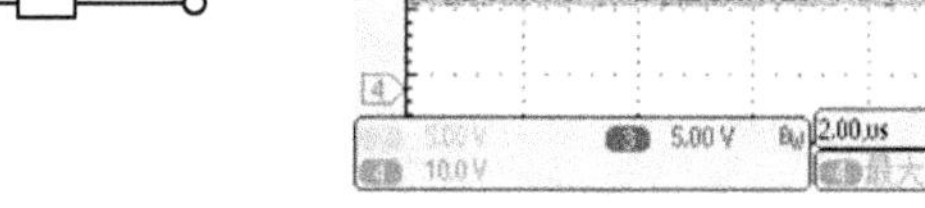

图 6.30　修改图腾柱后 3 号板 Q_2、Q_3 栅源电压波形

但是增大负载，输出电压 U_{OUT} 会降至 0，因此过流保护设置仍然存在问题，下一步对过流保护进行调整。对芯片 ISL8117 的过流保护进行修正。根据芯片的使能端的开启电压，以及电感电流的计算公式，将输入电压设置在 7V，对其过流保护进行修改使其能够满载工作，经过调试最终电阻 R_{16} 设置为 30kΩ，能够实现输入 7V 时满载工作，至此样板可以正常工作，排除故障工作完成。

在对样板排除故障之后，对其进行进一步的测试，主要进行了空载测试和带载测试，带载测试主要观察满载样板的工作情况。测试部分主要进行了以下测试。

（1）芯片启动过程的测试。对芯片在输入电压为 7V、12V、24V 等典型工作点和极限工作点情况下的启动过程，启动方式有逐渐加载启动和预偏置启动两种。主要测试点是软启动引脚（SS）、控制芯片使能端（EN）、反应芯片工作状态的端口（PG）、下管驱动信号（U_G）以及输出电压 U_{OUT}。根据这些点的电压来观察芯片在启动过程中是否存在问题，主要是调整芯片使能端的电阻来调整芯片开始工作的电压，调整软启动电容容值来调整芯片的软启动时间。

（2）控制芯片驱动信号输出测试。测试芯片在输入电压为 7V、12V、24V 等典型工作点和极限工作点时不同负载下的驱动信号的情况，这一测试主要还是调整过流保护、电流采样和反馈回路的参数。在测试过程中同时在观察桥臂中点的电压尖峰的情况，以观察开关管的定额是否满足需求。

（3）效率测试。在调整好反馈回路和过流保护之后，对整个样板的效率进行了测试。输入电压选择了 7V、12V、24V、36V 和 42V，负载则选取了空载、0.5A、1A、1.5A、2A、2.5A 和 3A。最初的效率测试中输入端电压和电流直接读取了直流源的显示，输出端的电流使用电流表读取，输出电压则用万用表读取。经过测量、绘表之后发现了两个问题：①与典型点的效率相比，极限情况下测得的效率会出现突降；②测得的整体效率偏低。经过核对测试发现是因为输入电压、电流和输出电流测量数据不够准确导致的。为了使测量数据更加精确，采用万用表直接测量样板输入、输出端子来测量其输入、输出电压，使用电流探头测量输入、输出电流，这样测量所得效率曲线更为精确。

在调试过程中对电感进行了更换，分别测试了电感值为 33μH 和 15μH 时的效率曲线，图 6.31 给出了对比结果，可以看到随着电感值的降低，效率也降低。

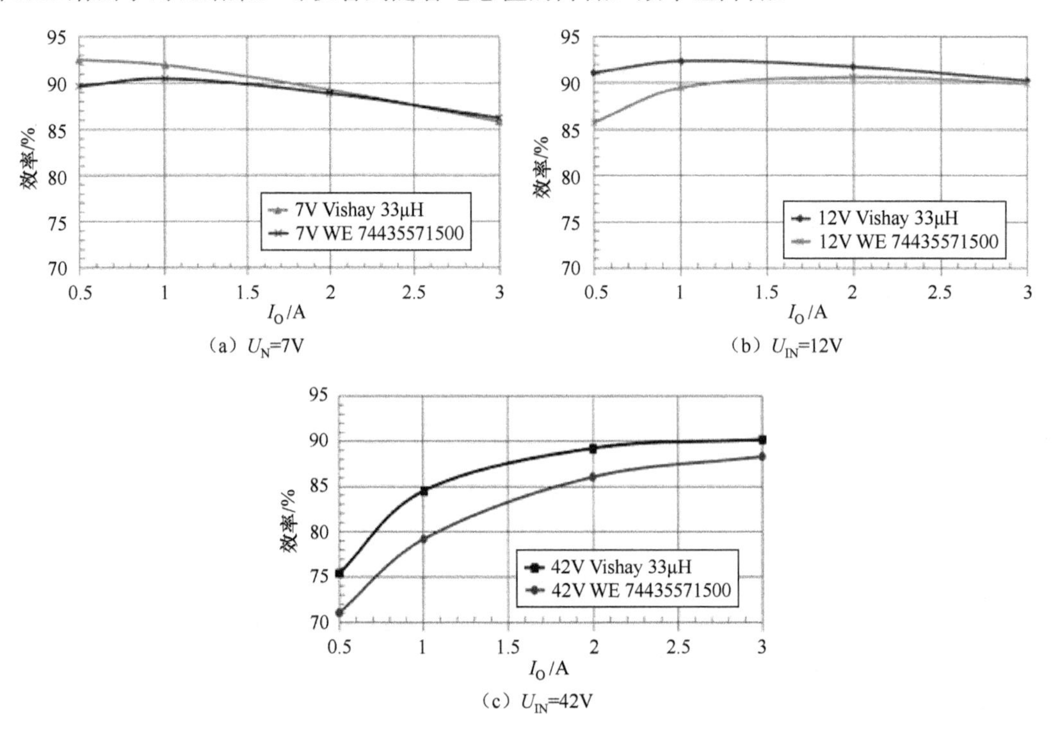

图 6.31 电感值改变后样板效率测试结果

效率测试需要注意的地方主要有两点。

① 测量点的选取。效率测试一般要选取极限情况和典型情况进行，在样板测试初期由于测量点选择的问题导致了多次重复测量，浪费时间。

② 电压、电流的测量方法。不同的测量方法的测量精度不同，对于电源板来说测量电压需要测量其输入、输出端子上的电压，而不是测量直流源输出或直接读取直流源输出；电流也要在靠近其端子的部位使用电流探头进行测量。

（4）温升测试。温升测试对典型工作点和极限工作点的温升进行测量，测量时需要实时

关注主要发热元器件的温度防止元器件过温损坏，

图 6.32 为输入电压 U_{IN}=24V、I_O=3A 时的温升测试，可以看到与理论计算大致相同，Q_1、Q_2、Q_3 的散热情况比较好，而 D_1、D_2 虽然实现了均流，但是散热情况不如开关管。

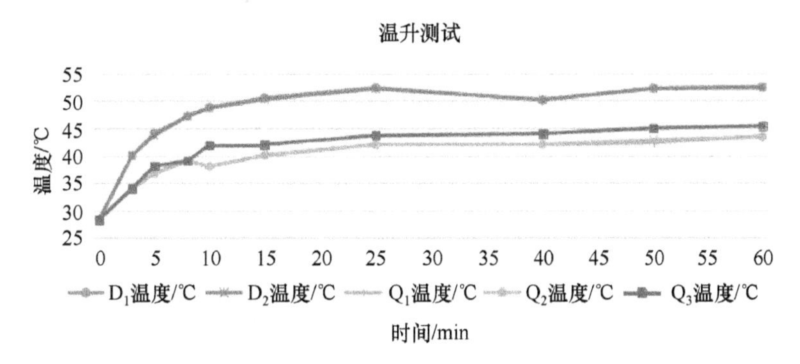

图 6.32 U_{IN}=24V、I_O=3A 温升测试

图 6.33 为输入电压 U_{IN}=7V，I_O=3A 时的温升测试，可以非常明显地看到：随着温度的上升，几个测量点的温度越来越接近，这与理论计算结果明显不符，原因是发热元器件之间产生了相互影响。

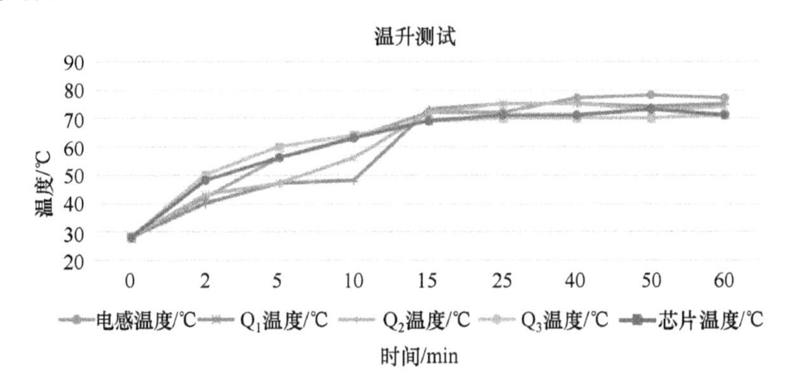

图 6.33 U_{IN}=7V、I_O=3A 温升测试

比较两种测量情况，可以看到当发热元器件温度不高时，发热元器件散热正常，不同位置的元器件稳定温度有明显的差别，相互之间的影响较小；而随着温度的上升散热情况变差，元器件之间的相互影响增加，主要元器件的温度趋向一致。因此在进行设计时，尤其需要注意在计算极限温度时需要特别关注元器件之间的相互影响，往往由于散热能力有限，主要元器件的温度最终都会趋向于发热最严重的元器件的温度。

（5）输出电压纹波测试。首先是输出电压纹波的测试方法，需要将示波器通道调到交流耦合，调整示波器的噪声滤除器。输出电压纹波容易受到噪声的影响，因此需要特别注意由探头和测量方式引起的噪声，最佳的测量方式是使用如图 6.34（a）所示的地线环进行测试，图 6.34（b）给出了实际测量方法。但是由于实验室条件所限，没有使用地线环，只是将普通探头的地线绕在探头之上，尽可能降低二者所包围的面积，减少噪声的拾取。

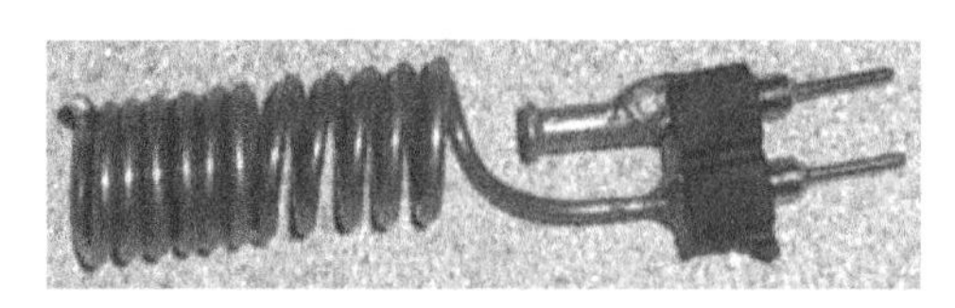

（a）地线环

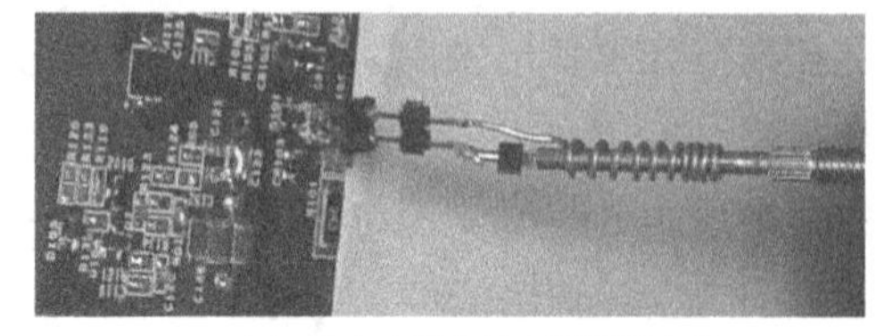

（b）输出电压纹波实际测量方法

图 6.34　输出电压纹波测量方法

图 6.35 是 12V/3A 样板在输出电压为 24V，满载时的输出电压纹波达到了 208mV，远高于 50mV 的要求，样板所用的输出电容的 ESR 为 0.4Ω。

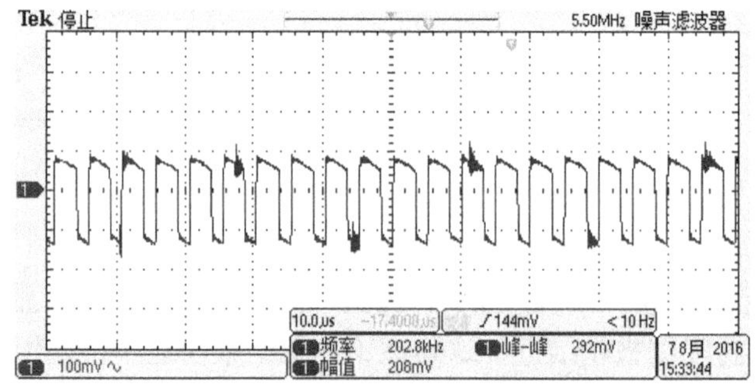

（a）噪声滤波器为 5.5MHz

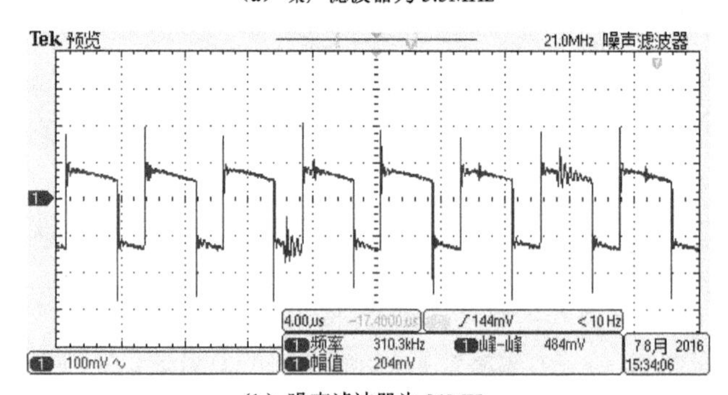

（b）噪声滤波器为 21MHz

图 6.35　12V/3A 样板的输出电压纹波

在输出端增加了 3 个 ESR 比较低的 35V/47μF 钽电容后的输出电压纹波，输出电压纹波如图 6.36 所示，其值在 100mV 左右，此钽电容的 ESR 为 10mΩ 左右。

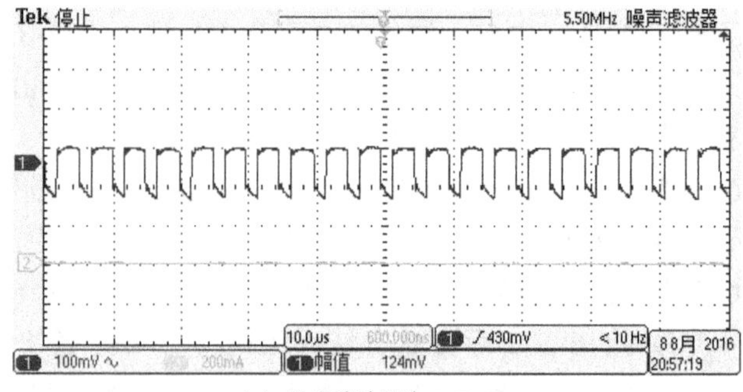

（a）噪声滤波器为 5.5MHz

图 6.36　输出端增加钽电容后 12V/3A 样板的输出电压纹波

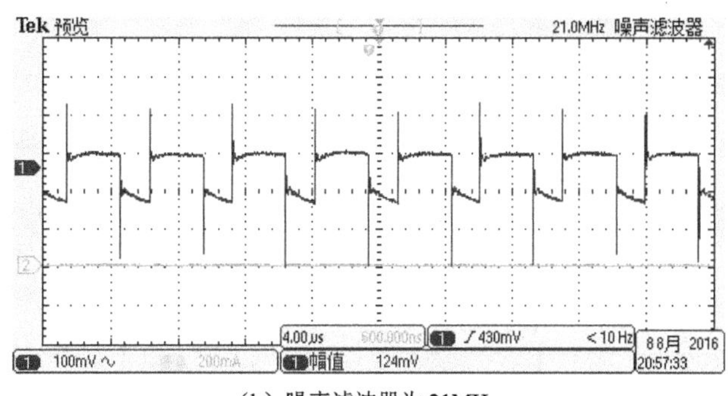

（b）噪声滤波器为 21MHz

图 6.36　输出端增加钽电容后 12V/3A 样板的输出电压纹波（续）

但是由于钽电容的成本较高，因此采用并联容值较小的贴片陶瓷电容起滤波作用来降低输出电压纹波，图 6.37 为样板输出端并联 54.7μF 的贴片电容时，输出电压纹波的测试结果，为 100mV 左右。

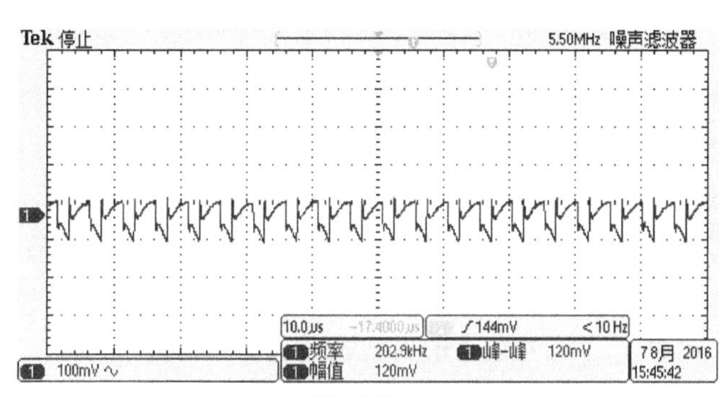

（a）噪声滤波器为 5.5MHz

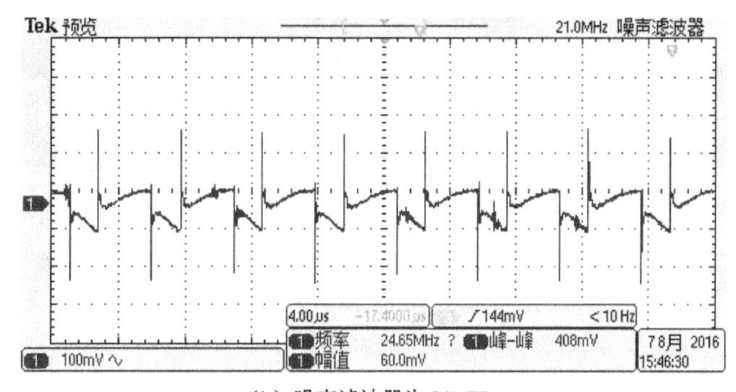

（b）噪声滤波器为 21MHz

图 6.37　输出端并联贴片电容时 12V/3A 样板的输出电压纹波

输出电压纹波的测试需要注意的问题主要有 2 个：

① 测试方法，需要尽可能地降低探头所围成的面积，降低噪声拾取；

② 降低输出电压纹波主要还是在输出端增加小容值的电容来实现。

6.3.3　交错并联 Boost 变换器调试与排故实例分析

某研究单位的一款交错并联 Boost 变换器样机在使用现场遇到故障，委托我单位协助其排故。交错并联 Boost 变换器主电路拓扑如图 6.38 所示。

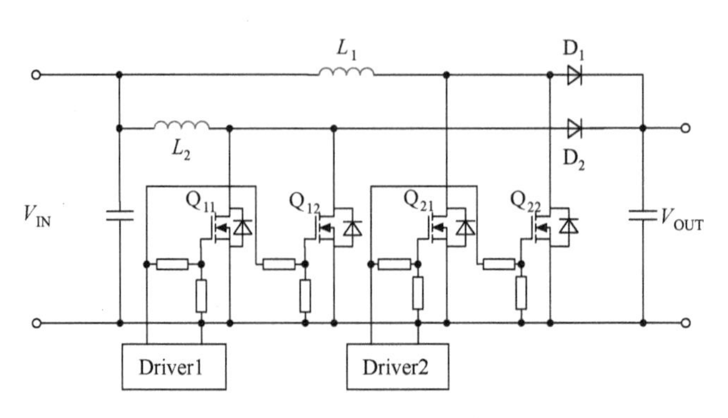

图 6.38 交错并联 Boost 变换器主电路拓扑

根据研究单位提供的故障现象描述，我们对开机起动过程、混合并联样机的不同通道的电感电流、负载突变、输入电压从低压 Boost 输出切换到跟随输出时的动态特性等进行了摸底测试，从这些测试中可以再现研究单位所描述的故障现象，从而找到真正的故障原因进行排故。

6.3.3.1 故障现象再现及原因分析

1. 开机启动测试

样机在输入电压高于和低于 22V 时，分别工作在直接跟随输出和 Boost 输出模式，在两种工作模式下分别测试不同负载下的启动波形。

1）输入电压 V_{IN}=18V，不同负载下的启动波形

输入电压设置为 18V，在不同负载下开机启动时的波形如图 6.39 所示。

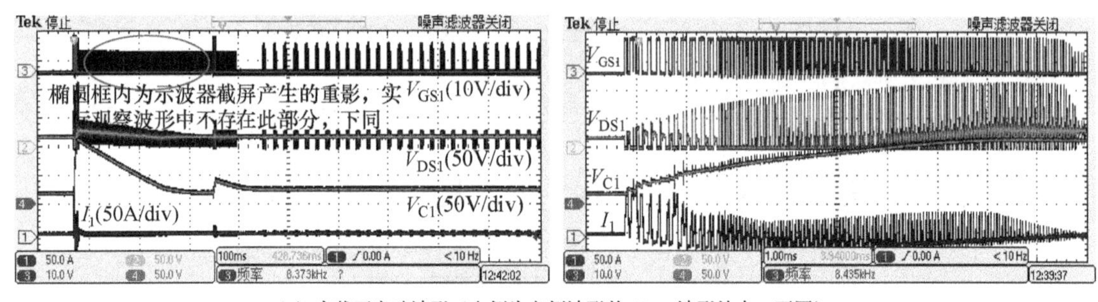

（a）空载下启动波形（右侧为左侧波形前 10ms 波形放大，下同）

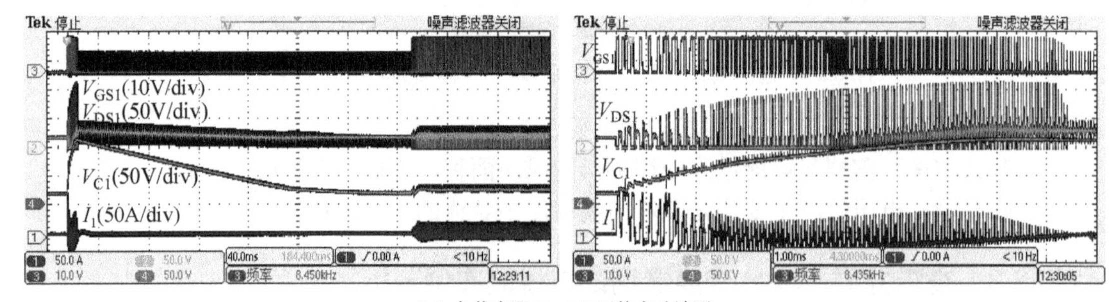

（b）负载电阻 R_L=2Ω 下的启动波形

图 6.39 输入电压 V_{IN}=18V，不同负载下的启动波形

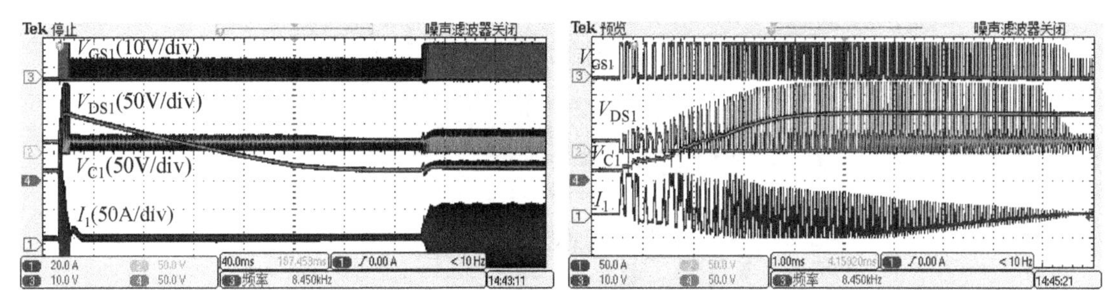

（c）负载电阻 R_L=1Ω 下的启动波形

图 6.39　输入电压 V_{IN}=18V，不同负载下的启动波形（续）

2）输入电压 V_{IN}=23V 下的启动波形

输入电压设置为 23V，在不同负载下开机启动时的波形如图 6.40 所示。

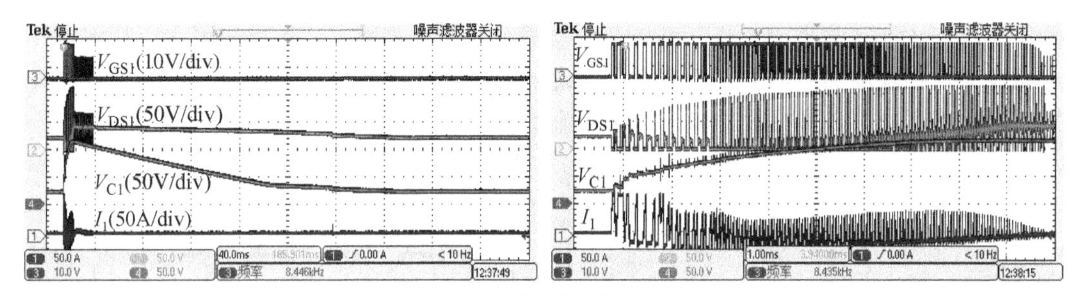

（a）空载下启动波形

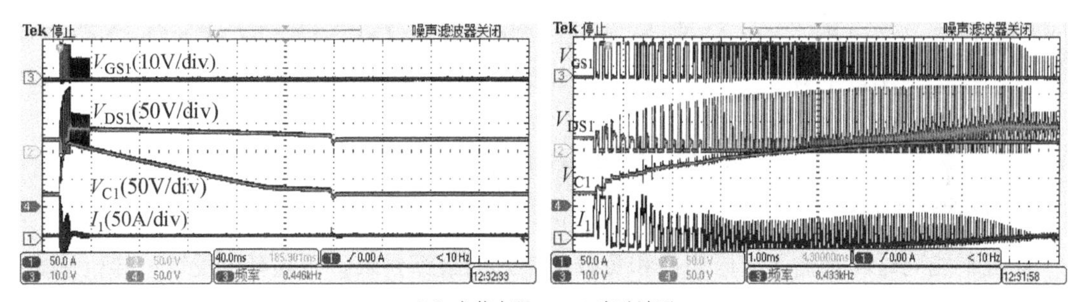

（b）负载电阻 R_L=2Ω 启动波形

图 6.40　输入电压 V_{IN}=23V，不同负载下的启动波形

3）测试波形分析

开机启动过程的典型波形如图 6.41 所示，靠近输出电压接线柱的一相 Boost 电路产生接近 10ms 的 PWM 驱动信号，在此驱动信号下该相输出滤波电容上会建立起 100～120V 的电压，此电压也为该相 Boost 电路主开关的关断电压，超过了样机所选型号功率器件的耐压，很容易损坏元器件。另外，在两种输入电压，三种负载测试条件下启动时所测得的波形除了输出电压上升的快慢稍有差别，其余在本质上几乎无差别，说明这一故障现象跟输入电压、负载等工况条件无关。

初步判断此段不应出现的 PWM 驱动信号很可能为 MCU 引脚在启动时被误触发所致，待修正完善开机启动过程中的控制程序解决这一问题。

按照目前所选元器件定额，开机启动期间出现的过流和过压现象，很可能损坏功率管，为了样机能够可靠工作必须解决目前出现的启动问题。

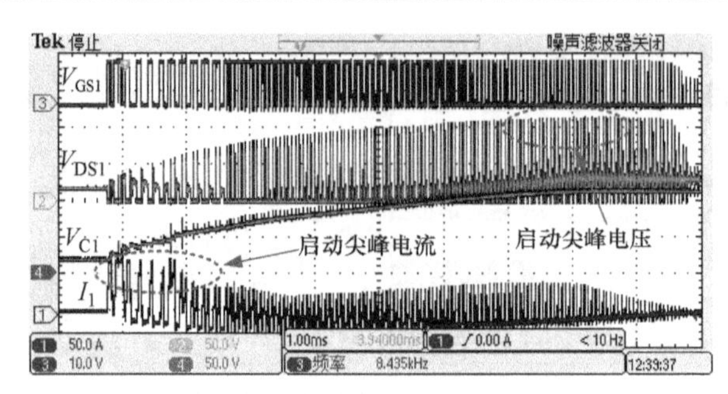

图 6.41　开机启动过程的典型波形

2. 不同通道的电感电流测试

如图 6.42 所示，为不同负载下两相电流波形测试结果。可以看出：在 240W 和 480W 的负载条件下，两通道电流均存在一定程度的不均衡，随着负载增加不均衡程度加重，进而有可能导致两相 Boost 电路热失衡。温度升高会导致磁导率衰减，纹波电流增大，功率器件导通电阻变大，损耗增加，加剧了两通道之间的热失衡，这种恶性循环最终有可能导致热失控并烧毁样机。因此，必须相应采取一定的均流手段以确保样机能够可靠工作。

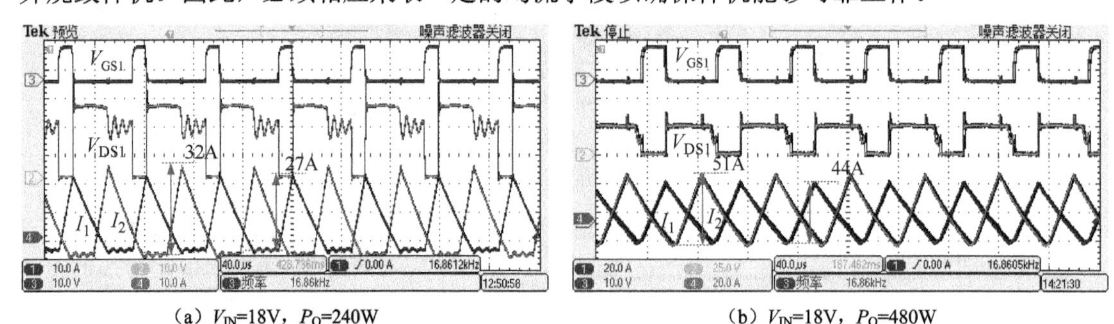

（a）V_{IN}=18V，P_O=240W　　　（b）V_{IN}=18V，P_O=480W

图 6.42　不同负载下两相电感电流波形

3. 动态响应问题

样机不能同时满足输入电压切换和负载切换时的指标要求。研究单位反馈：样机从满载切到空载测试时，输出容易过压，可能会损坏功率器件。研究单位闭环控制采用的是增减计数模式，而不是 PI 控制，因此应对突然变化的输入电压和负载响应较慢，容易出问题。初步判断响应慢问题时由于未采用 PI 控制引起的。

6.3.3.2　故障排除方法及验证

1. 排除开机启动问题

经排查，研究单位原先编写的程序中变量存在数据溢出问题，通过在程序中加入 200μs 的延迟时间有效地解决了启动过程中误触发 PWM 产生的过压问题，实验测试后不再出现开机启动问题。

2. 排除通道不均流问题

对于通道不均流问题，若要采用电流闭环，需要额外增加新的硬件电路，目前机箱内尺寸不允许。为此就要加强两通道硬件电路对称性：母排、功率器件、电感的对称性。其中，电感参数对称性尤其重要。

通过改进电感设计，排除了通道不均流问题。如图 6.43 所示，与原样机相比可以看出改进设计样机的交错并联两通道之间具有较好的电流均衡性。

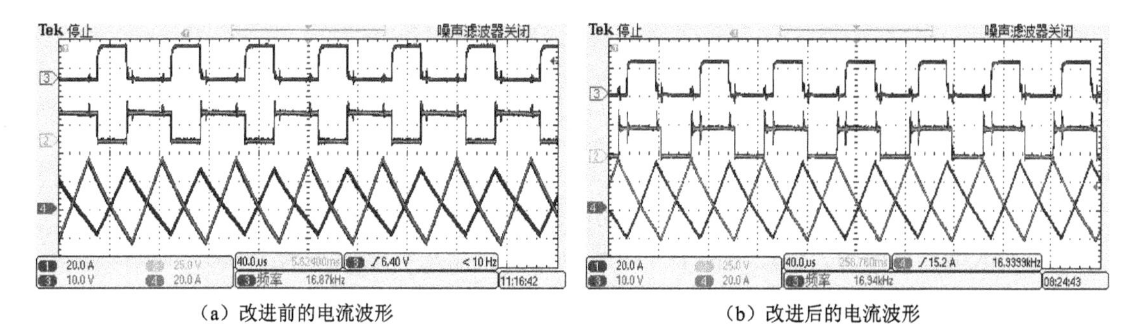

（a）改进前的电流波形　　（b）改进后的电流波形

图 6.43 改进前后电流波形对比

3. 动态响应问题排除

对于闭环控制，研究单位最初设计的控制思路是单纯通过在软件中不断增减 PWM 占空比来调节输出电压，因此这种方法在实际应用中当输入电压或者负载突变时输出电压调节较慢，动态响应速度慢，并有可能发生输出电压调节失控击穿开关管的情况。为了改善占空比调节缓慢的状况，把电压环重新设计为 PI 控制，测试并记录在负载突变和输入电压突变情况下，采用 PI 控制后输出电压调节过程波形，如图 6.44 所示。从图中可以看出，在输入电压从跟随状态切到低压状态时，输出电压均能够快速升压至 24V，调节时间为 10ms 左右，可以满足 15ms 的设计要求。负载从满载突卸至空载时，输出电压略有升高，很快恢复至稳定电压。

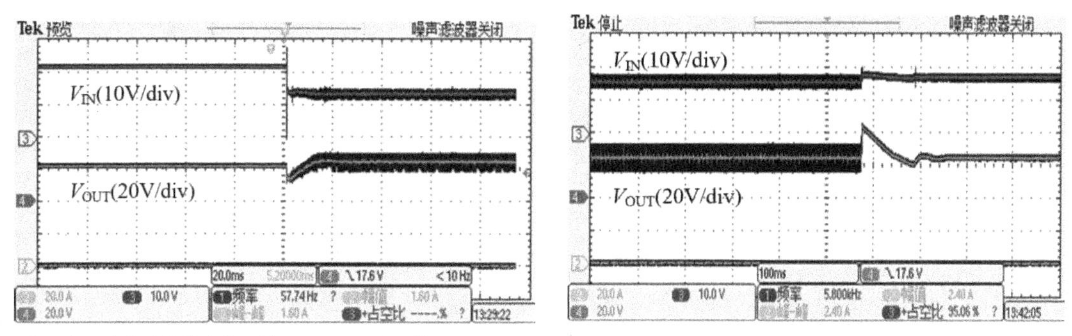

（a）输入电压突变时的输出电压波形（24V 跟随切换到 18V 升压）　　（b）负载突卸

图 6.44 PI 控制下的动态响应测试结果

6.4 小结

电力电子变换器调试是其成功研制的重要环节。本章对电力电子变换器调试的定义、分类及目的进行了介绍，概述了电力电子变换器调试前应做的准备工作、一般要求、步骤和方法以及故障的一般检测方法。以反激变换器和三相 PMSM 电机驱动器为例阐述了典型电力电子变换器的调试过程。并以 GaN 基桥臂双脉冲电路调试排故、三管 Buck-Boost 变换器调试排故、交错并联 Boost 变换器调试排故作为实例进行了排故过程阐述和相关分析。

思考题和习题

6-1 简述调试的含义。

6-2 调试有哪些分类？

6-3 简述调试前一般要做好哪些准备。

6-4 简述调试中遇到故障时一般可采用哪些检测方法。

6-5 试结合你在相关实践环节中（如课程设计/大学生科创/电子竞赛等）的调试经历，简述你在遇到故障时是如何排故的，以及用到哪些检测方法。

参考文献

[1] 杨荫福，段善旭，朝泽云. 电力电子装置及系统[M]. 北京：清华大学出版社，2006.

[2] 中国电工技术学会电力电子学会组，王兆安，张明勋. 电力电子设备设计和应用手册[M]. 北京：机械工业出版社，2009.

[3]（美）Ron Lenk. 实用开关电源设计[M]. 王正仕，张军明，译. 北京：人民邮电出版社，2006.

[4] 路宏敏，余志勇，李万玉. 工程电磁兼容[M]. 西安：西安电子科技大学出版社，2010.

[5]（英）MartyBrown. 开关电源设计指南[M]. 徐德鸿，译. 北京：机械工业出版社，2004.

[6] 马洪涛，沙占友，周芬萍. 开关电源制作与调试[M]. 北京：中国电力出版社, 2010.

[7] 陈梓城，胡敏敏，陈红春，等. 实用电子电路设计与调试[M]. 北京：中国电力出版社，2012.

[8] 袁立强，赵争鸣，宋高升，等. 电力半导体器件原理与应用[M]. 北京：机械工业出版社，2011.

[9] 陈建业. 开关电源计算机仿真技术[M]. 北京：电子工业出版社，2011.

[10] 陈治明，李守智. 宽禁带半导体电力电子器件及其应用[M]. 北京：机械工业出版社，2010.

[11] 钟志远. 基于 SiC 器件的全桥 DC DC 变换器优化设计研究[D]. 南京：南京航空航天大学，2015.

[12] 秦海鸿，赵朝会，荀倩，等. 碳化硅电力电子器件原理与应用[M]. 北京：北京航空航天大学出版社，2020.

[13] 秦海鸿，严仰光. 多电飞机电气系统[M]. 北京：北京航空航天大学出版社，2016.

[14] 秦海鸿，荀倩，张英，等. 氮化镓电力电子器件原理与应用[M]. 北京：北京航空航天大学出版社，2020.

[15] 李宏，王崇武. 现代电力电子技术基础[M]. 北京：机械工业出版社，2012.

[16] 蔡宣三，倪本来. 开关电源设计与制作基础[M]. 北京：电子工业出版社，2012.

[17] 张兴柱. 开关电源功率变换器拓扑与设计[M]. 北京：中国电力出版社，2010.

[18] 徐德鸿. 电力电子系统建模及控制[M]. 北京：机械工业出版社, 2006.

[19] 张世祥. 电流传感器在化工电气设备中的应用研究[D]. 成都：四川大学，2006.

[20] 石静波. 霍尔传感器在电流检测中的应用[J]. 电子测试，2018，393(12):9-10.

[21] 李富安. 闭环霍尔电流传感器的设计与测试[D]. 武汉：华中科技大学，2012.

[22] Xu M, Yan J, Geng Y, et al. Research on the Factors Influencing the Measurement Errors of the Discrete Rogowski Coil[J]. Sensors, 2018, 18(3):847.

[23] 娄凤伟. 光学电流传感器的现状与发展[J]. 电工技术杂志，2002，4(6)：90-93.

[24] 李振华，王尧，孙婉桢，等. 光学电流互感器的研究现状分析[J]. 变压器，2018，572(5)：39-44.

[25] 李宏. 电力电子设备通用器件与集成电路应用指南·第 3 册，传感、保护用和功率集成电路[M]. 北京：机械工业出版社，2001.

[26] 何耀三，唐卓尧，林景栋. 电气传动的微机控制[M]. 重庆：重庆大学出版社, 1997.

[27] Thermal resistance of IGBT Modules -specification and modelling[online], Available at: https://www.semikron.com/dl/service-support/downloads/download/semikron-application-note-thermal-resistances-of-igbt-modules-en-2014-11-30-rev-01/.

[28] Thermal design of capacitors for power electronics [online], Available at: https://site.tdk.com/pdf_download en?

p=capacitor_seg_en.pdf.

[29] 廖建兴. 大功率通信电源的散热设计(1)——非标准电源变压器、PFC 电感和电解电容器散热设计[J]. 电源世界，2013(4): 30-33，29.

[30] 廖建兴. 工业电源小功率器件的散热设计[J]. 电源世界, 2011(5): 36-39，25.

[31] https://www.rohm.com.cn/products/sic-power-devices/sic-mosfet.

[32] https://www.infineon.com/cms/en/product/power/mosfet/silicon-carbide/.

[33] https://www.wolfspeed.com/power/products/sic-mosfets.

[34] 余建祖，高红霞，谢永奇. 电子设备热设计及分析技术（第 2 版）[M]. 北京：北京航空航天大学出版社，2008.

[35] Rectifiers thermal management, handling and mounting recommendations[online], Available at: https://www.st.com/content/ccc/resource/technical/document/application_note/group0/ee/b3/e1/4c/e1/90/49/62/DM00437554/files/DM00437554.pdf/jcr:content/translations/en.DM00437554.pdf.

[36] XM3 Thermal Interface material application note[online]. Available at: https://www.wolfspeed.com/downloads/ dl/file/id/1504/product/441/xm3_thermal_interface_material_guide.pdf.

[37] 赵争鸣，袁立强，鲁挺，等. 我国大容量电力电子技术与应用发展综述[J]. 电气工程学报，2015，10(4)：26-34.

[38] Yang S, Bryant A, Mawby P, et al. An Industry-Based Survey of Reliability in Power Electronic Converters[J]. IEEE Transactions on Industry Applications, 2011, 47(3):1441-1451.

[39] Choi U M, Blaabjerg F , Lee K B . Study and Handling Methods of Power IGBT Module Failures in Power Electronic Converter Systems[J]. IEEE Transactions on Power Electronics, 2015, 30(5): 2517-2533.

[40] Blackburn D L . Temperature measurements of semiconductor devices—a review[C]. Twentieth Annual IEEE Semiconductor Thermal Measurement and Management Symposium. San Jose, CA, USA, 2004.

[41] [美]Sanjaya Maniktala. 精通开关电源设计（第 2 版）[M]. 王健强，等译. 北京：人民邮电出版社，2015.

[42] 朱立文，陈燕，郭远东. 电子电器产品电磁兼容质量控制及设计[M].北京：电子工业出版社，2015.

[43] 王天曦，李鸿儒. 电子技术工艺基础[M]. 北京：清华大学出版社，2000.

[44] 陈继良. 从零开始学散热[M]. 北京：机械工业出版社，2021.

[45] 黄云升. 电子电路 PCB 的散热分析与设计[D]. 西安：西安电子科技大学，2010.

[46] Kolar J W, Biela J, Waffler S, et al. Performance trends and limitations of power electronic systems[C]. 2010 6th International Conference on Integrated Power Electronics Systems, Nuremberg, Germany, 2010: 1-20.

[47] Angus Bryant, Nii-Adotei Parker-Allotey, Dean Hamilton, et al. A Fast Loss and Temperature Simulation Method for Power Converters，Part Ⅰ：Electro-thermal Modeling and Validation [J]. IEEE Transactions on Power Electronics, 2012, 27(1): 248-257.

[48] 张英. GaN 基电机驱动器中的关键问题探究[D]. 南京：南京航空航天大学，2019.

[49] 谢文华. 基于 Flotherm 软件的双极功率晶体管热分布研究[D]. 成都：电子科技大学，2010.

[50] 何文志，丘东元，肖文勋，等. 高频大功率开关电源结构的热设计[J]. 电工技术学报，2013，28(2)：185-191.

[51] 胡建辉，李锦庚，邹继斌，等. 变频器中的 IGBT 模块损耗计算及散热系统设计[J]. 电工技术学报，2009，24(3)：159-163.

[52] 陈晨. 开关电源的 PCB 布局及 EMI 滤波器设计[D]. 浙江：浙江大学，2012.

[53] 葛晶晶. 基于 PCB 板的电磁兼容分析与改进[D]. 山西：中北大学，2009.

[54] 蒋森，徐晨琛，龚敏，等. 平面耦合 EMI 滤波器电容和电感的确定[J]. 现代电子技术，2012，35(22)：

76-81.

[55] (美)Sanjaya Maniktala. 开关电源故障诊断与排除[M]. 王晓刚，谢运祥，译. 北京：人民邮电出版社，2011.

[56] 李宏. 常用电力电子变流设备调试与维修基础[M]. 北京：科学出版社，2011.

[57] 杨晖. 开关电源维修技能实训[M]. 北京：科学出版社，2011.

[58] 韩广兴. 常用仪表使用方法与应用实例[M]. 北京：电子工业出版社，2005.

[59] 陈永真，陈之勃. 反激式开关电源设计、制作、调试[M]. 北京：电子工业出版社，2014.

[60] 魏邦霞. 电子电路设计常用调试方法与步骤新探[J]. 电子测试，2021(11)：119-120+107.

[61] 吴小光. PW4000 发动机典型振动故障及排故方法[J]. 航空维修与工程，2021，66(05)：53-56.

[62] 史建飞. 电力机车数字化调试系统设计[J].轨道交通装备与技术，2021，29(03)：29-31.

[63] 向金水. 变电站二次系统的安装与调试策略[J]. 集成电路应用，2021，38(05)：178-179.

[64] Talebi M, Unludag Y. Substation testing and commissioning: Power transformer through fault test[C]. 71st Annual Conference for Protective Relay Engineers (CPRE), College Station, TX, USA, 2018: 1-6.

[65] Akbari A, Rahimi A, Werle P, et al. Fault localization and analysis for a damaged hydrogenerator and a proposal to improve the standard for generator commissioning tests. IEEE Electrical Insulation Magazine, 2020, 36(3):19-30.

[66] Malabanan F, Abu P A, Oppus C, et al. Design of an Interface Test Adapter for Sequential Testing of Transient Voltage Suppressor Diodes to Reduce Test Cycle Time[C]. IEEE Eurasia Conference on IOT, Communication and Engineering (ECICE), Yunlin, Taiwan, 2019: 390-393.

[67] 彭子和. GaN 基电机驱动器设计和死区补偿控制策略研究[D]. 南京：南京航空航天大学，2021.